U0252495

木竹功能材料科学技术丛书

傅　峰　主编

木质纳米功能复合材料制备技术

王思群　吕少一　黄　彪　等　著

科学出版社

北　京

内 容 简 介

木质纳米功能复合材料是木材科学研究的热点之一。本书是对国家林业公益性行业科研专项重大项目"纳米纤维素绿色制备和高值化应用技术研究（201504603）"的研究成果及应用的总结；全面系统地梳理了项目组在木质纳米材料的绿色制备、精确表征和高值应用方面的研究成果；在总结近年来国内外研究与应用成果的基础上,概述了木质纳米材料及木质纳米功能复合材料的基本概念和研究进展,详细介绍了纳米纤维素晶体和纳米纤维素纤丝的绿色制备方法与影响因素,全面阐述了木质纳米材料的结构表征与评价方法,重点分析了基于木质纳米材料的吸附、超疏水、阻燃、储能等功能特性的纳米复合材料的研究方法与功能特性。

本书可供木材科学与技术、木基复合材料科学与工程、林产化学加工工程、高分子材料科学、复合材料科学、纳米材料、无机非金属材料等领域的本科生、研究生和科研人员,以及木材加工、林产化工、制浆造纸等生产企业的工程技术人员学习和参考。

图书在版编目（CIP）数据

木质纳米功能复合材料制备技术/王思群,吕少一,黄彪等著. —北京：科学出版社,2020.5

（木竹功能材料科学技术丛书 / 傅峰主编）

ISBN 978-7-03-064143-4

Ⅰ. ①木… Ⅱ. ①王… ②吕… ③黄… Ⅲ. ①木质复合材料–纳米材料－材料制备 Ⅳ. ①TB333.2

中国版本图书馆 CIP 数据核字（2020）第 011773 号

责任编辑：张会格 白 雪 闫小敏 / 责任校对：严 娜
责任印制：吴兆东 / 封面设计：刘新新

科学出版社 出版
北京东黄城根北街 16 号
邮政编码：100717
http://www.sciencep.com

北京凌奇印刷有限责任公司 印刷
科学出版社发行 各地新华书店经销

＊

2020 年 5 月第 一 版 开本：787×1092 1/16
2021 年 3 月第二次印刷 印张：20 3/4
字数：490 000
定价：198.00 元
（如有印装质量问题,我社负责调换）

著 者 名 单

（按姓氏汉语拼音排序）

陈 媛　陈志林　郭丽敏　黄 彪　黄景达　江 华

孔振武　李改云　卢 芸　卢麒麟　吕少一　王慧庆

王思群　吴 强　吴国民　张 洋

前　　言

　　木质材料是自然界储量大、可再生、可自然降解、可固碳、绿色无污染的一种环境友好型天然材料，在家居、建筑、包装、铁路、汽车、桥梁等领域发挥着重要作用，是在不可再生自然资源日趋减少的严峻情况下，世界各国科研人员重点关注的战略性科学领域之一。近些年，对木质材料进行精细加工和纳米制造，可获得结构优异与性能优良的木质纳米材料，是林业行业极具发展潜力的绿色材料之一。因此，围绕木质纳米材料的绿色制备、精确表征及其高附加值功能化应用开展研究，是将纳米技术应用到传统木质材料行业，瞄准世界林业科技前沿，强化基础研究，实现木质纳米材料前瞻性基础研究的培育性工作。开展木质纳米材料的研究工作，对拓展木质材料应用领域、满足木质材料未来的发展需求，促进木材工业向科技创新型转变，具有重要的理论意义和实际应用价值。

　　木质材料作为一种天然可再生资源，对其进行功能化复合是改善其性能的一种途径。木质纳米功能复合材料是将木质功能材料拓展到纳米科技这一前沿领域的一个成功范例，其特有的性质与功能已成为木材科学研究的热点。以木、竹等木质化的植物资源为原材料获得的木质纳米材料中，研究最多的便是纳米纤维素。由于纳米纤维素具有性能独特和成本较低的优势，是目前最具有商业化前景的纳米材料，本书的主要内容也是围绕纳米纤维素的制备、表征和应用进行重点阐述。利用具有小尺寸效应、量子效应、表面效应的纳米纤维素与其他具有优良力学、电学、磁学、光学等特性的材料相复合，可以获得具有储能、阻燃、超疏水、吸附等特殊性能的新型木质纳米功能复合材料。木质纳米功能复合材料是木材科学学科所关注的前沿研究方向之一。对木质纳米功能复合材料的研究，可以极大地拓宽木材科学的研究领域，将会促进木材科学外延并与相关学科交叉和综合，使研究深度从细胞水平上升到分子水平。

　　本书是对国家林业公益性行业科研专项重大项目"纳米纤维素绿色制备和高值化应用技术研究"的研究成果及应用的总结。本书共分为十章内容，第一章介绍了纳米材料、木质纳米材料及木质纳米纤维素功能复合材料的基本概念、研究进展；第二和第三章深入介绍了利用绿色方法（机械、酶、固体酸等）制备纳米纤维素的技术；第四至六章全面分析了电镜、X射线衍射、光谱、流变、激光粒径等对纳米纤维素结构的表征方式；第七至十章重点阐述了纳米纤维素与具吸附、超疏水、阻燃、储能等功能特性的材料进行复合和纳米功能化的方法，以及复合材料的功能特性和相关应用。本书涉及木质纳米功能复合材料研究范畴的多个方面，包括纳米结构加工与制造、纳米检测及其标准、功能化修饰与应用、先进功能纳米材料的设计与组装等，具有较高的理论和学术价值，为木质纳米材料的高效和高附加值利用提供了重要的理论基础与研究方法。

　　感谢团队成员通力协作使得本书得以完成。感谢本书参考文献的所有作者，为本书提供了丰富的资料。鉴于作者掌握的资料和水平有限，书中不足之处在所难免，恳请广大读者提出宝贵意见。

著 者

2019 年 6 月 1 日

目　录

第一章　概　述

21世纪的纳米科学技术正在成为推动世界各国经济发展的主要驱动力之一。未来20～30年，纳米科学技术有望广泛应用于信息、能源、环保、生物医学、制造、国防等领域，产生新技术变革，促进传统产业改造和升级，并形成基于纳米技术的新兴产业。各发达国家均对纳米科学技术发展进行了战略性布局，纷纷设立纳米科学技术计划支持其发展。至今，发布国家级纳米科学技术发展规划的国家已达60多个。中国也先后发布了《国家纳米科技发展纲要》、《纳米研究国家重大科学研究计划"十二五"专项规划》和《"十三五"材料领域科技创新专项规划》等。

生物质资源在林业、环境、能源和先进制造技术等领域具有广泛的应用，是世界各国重点发展的战略性科学领域。近年来，通过对木质纤维素分子在纳米层级上进行超分子组装和功能化与衍生化，可设计并创制出具有优异功能特性的木质纳米材料。木质纳米材料的绿色制备、表征及其功能化、应用技术的基础研究是对传统木材行业开展的基础性和培育性研究工作，是将纳米技术应用到林业生物质材料领域，瞄准世界林业科技发展前沿，抢占纳米材料新型领域技术制高点的创新性前瞻研究。

因此，低资源消耗、高附加值功能化、环境友好的木质纳米材料是林业可持续发展的战略性需求与发展趋势。利用纳米科技与工程，可以有效地获取木质纳米材料所能提供的全部价值，实现低值木竹材的高附加值利用，以持续满足现在和未来对木质材料及林产品的需求，促进我国木材工业由资源依赖型向科技创新型转变。

第一节　纳　米　材　料

一、纳米材料的定义

随着人类科技的不断进步，产生了很多新的科学，纳米科学是其中最重要的学科之一。纳米科学涉及化学、物理、材料、光电、生物甚至医学等各个学科领域里从基础研究到应用研究的若干前沿科学问题。纳米仅是一个尺寸计量单位，$1nm$ 等于 $10^{-9}m$，而1个氧原子的半径在 $10^{-10}m$ 量级范围，因此，$1nm$ 与10个氧原子的尺寸相当。当材料尺寸减小到纳米尺度的某一临界值时，由于晶体中原子的长程有序排列被破坏，纳米材料展现出不同的微观结构，进而表现出独特的物理、化学和力学性能。这种特殊结构和独特性质与纳米材料受到的界面影响密不可分，因为当材料处于纳米尺度时，界面占材料总体积的比例显著提高，导致材料自身的物理化学结构与能量状态均会产生较大的变化。因此，纳米科学的研究寄希望于在纳米材料上发现新的功能特性，并最终在纳米尺度上实现材料的精细裁剪、原子编排、微观结构调控等，同时通过纳米加工与纳米制造，获得具有特定功能的新材料[1]。

通常，将尺寸在 1～100nm 的纳米颗粒、薄膜或固体称为纳米材料，即三维空间尺寸至少有一维处于纳米量级的材料。纳米材料按照维数大致可以分为 4 种类型[2]，如图 1-1 所示：①零维纳米材料，即三维空间尺寸均在纳米尺度范围的材料，这类材料大多为介于原子、分子与宏观物质之间处于中间物态、晶粒度在 100nm 以下的固体颗粒材料，如纳米颗粒、原子团簇、量子点（半导体纳米晶体）等；②一维纳米材料，即三维空间尺寸中有两维在纳米尺度范围的材料，如纳米棒、纳米线、纳米管、纳米带、纳米纤维等，典型的材料如碳纳米管、纳米纤维素、纳米碳纤维等；③二维纳米材料，即三维空间尺寸中有一维在纳米尺度范围的材料，如单层纳米薄膜、多层纳米膜、超晶格等，典型的材料如石墨烯、各类金属氧化物纳米片等；④三维纳米材料，即由纳米颗粒聚集而成的纳米块状材料。

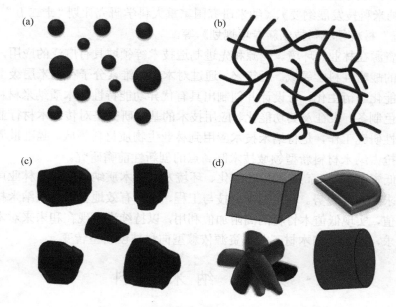

图 1-1　4 种维数类型的纳米材料示意图
（a）零维纳米材料；（b）一维纳米材料；（c）二维纳米材料；（d）三维纳米材料

由于处于纳米尺度的材料具有独特的表面效应、体积效应、量子尺寸效应等，因此其具有不同于普通材料的光学、热学、电学、磁学、力学等性质[3]。这些均与纳米材料自身的结构与性质密不可分。纳米材料具有独特的微观结构。纳米材料的尺寸小、比表面积大，材料表面裸露出来的无序排列原子相对较多，这些原子在界面处于高度无秩序、混乱的状态，从而使得纳米材料处于既无长程有序又非短程有序的一种特殊状态。以量子点为例：①电子激发跃迁能力具有空间限制效应；②材料的结构特征与特性发生变化，如材料的能带结构消失；③导电性、导热性、硬度、颜色、磁性等材料的属性会发生明显变化；④在材料尺寸降低到与电子波长相当时会出现量子现象，这一量子效应会显著影响材料的光电特性；⑤材料呈现介观状态；⑥材料可按空间受限的维数分为一维量子阱、二维量子线和三维量子点。

二、纳米材料的特性

纳米材料是介于宏观物质与微观原子或分子间的过渡亚稳态物质，因此纳米材料还表现出一些独特性质，如表面效应、量子限域效应、量子尺寸效应、宏观量子隧道效应等[4]。

（一）表面效应

表面效应是一种量子效应，指的是随着纳米材料粒径尺寸的减小，纳米材料的表面原子数与总原子数之比、表面能及表面张力均大幅度增加，从而引起各种特异效应[5]。

一般而言，三个维度均达到纳米尺度的零维纳米材料具有明显的表面效应。这是因为，纳米材料的粒径越小，材料表面暴露的原子越多（表 1-1），导致原子配位不足，不饱和键与悬键增多，原子极不稳定，从而使材料具有较高的活性和大的表面能。表面效应导致纳米材料表面缺陷增多，致使电子、空穴和激子的运动状态发生变化，从而影响纳米粒子的光学性质，产生非线性的光学效应。表面效应还包括纳米粒子与周围环境之间的界面效应。

表 1-1　纳米材料粒径与表面原子数比例关系[5]

纳米材料粒径（nm）	总原子数	表面原子数比例（%）
10	3×10^4	20
4	4×10^3	40
2	2.5×10^2	80
1	30	99

（二）量子限域效应

当纳米材料的粒径小于激子波尔半径时，受小粒径的限制作用，电子被局限在很小的三维纳米空间中，引起空穴约束电子而形成激子，其波函数的重叠产生激子吸收带。同时，由于电子的运动能力受限，动能增加，因此纳米材料的有效带隙增加，连续的能带结构变成准分立能级，光谱发生蓝移现象。一般而言，纳米材料的粒径尺寸越小，形成激子的概率越大，激子浓度就越高，光谱蓝移程度越大，这种效应称为量子限域效应[5]。

（三）量子尺寸效应

当纳米材料的粒径处于纳米量级时，尤其当粒径尺寸小于或等于电子的德布罗意波长时，电子的波粒二重性会以波动性为主，金属费米能级附近的电子发生能级离散，能级间距比粒子能级间距更宽，纳米材料微粒的能带间隙变宽，这种现象称为量子尺寸效应[6]。

对于尺寸较大的粒子，其电子能级间距一般为零，是连续的能级。而当粒子粒径在纳米尺度时，电子能级间距将显著增大，低温下能级间距发生分裂，呈现离散的能级。量子尺寸效应会导致纳米材料的光、热、磁、电及超导电性与宏观物质有着显著差异。

例如，能隙变宽使光谱发生蓝移现象；粒径减小可使导电金属微粒变为绝缘体；粒径改变导致宏观物体外观颜色发生改变；此外，还可能会产生较强的光学非线性、氧化还原性及特殊的催化特性等。

（四）宏观量子隧道效应

一般的宏观物理元件，由于其尺寸较大，呈现出群电子输运行为，所表现的性质主要为宏观物理量。当元件尺寸减小至纳米尺度时，电子将出现明显的波动性，此时需要考虑量子隧道效应的影响。随着尺寸的进一步减小，纳米材料的一些宏观物理量可穿越宏观系统的势垒产生隧道效应，这种现象称为宏观量子隧道效应[7]。例如，纳米材料的电子输运具有通道电阻效应，随着纳米材料尺寸的减小，其电阻率和电导热系数均会明显下降。此外，宏观量子隧道效应和量子尺寸效应会对微电子器件产生重要影响，未来微电子器件进一步微型化的极限将由其确定。

表面效应、量子限域效应、量子尺寸效应、宏观量子隧道效应均为纳米材料的基本特性，这些特性使纳米材料在光学、电学、磁学、力学、热学、化学等方面呈现出很多独特的物理与化学性能。因此，纳米材料在光学材料、电子材料、能源材料、磁性材料、环境材料、生物医学材料、催化材料等领域具有广阔的应用前景。

第二节　木质纳米材料

一、木质纳米材料的概念

木质纳米材料一般包括两层含义：一是木竹材衍生的纳米材料，即以木、竹等木质植物资源为原材料，通过纳米化技术得到纳米尺度的材料，包括纳米纤维素、纳米木质素及以二者为基体得到的功能材料；二是木竹材纳米复合材料，即利用其他行业生产的纳米材料，与木质材料相结合得到的复合材料。利用木竹材衍生出的纳米材料可用于制备具有独特力学、光学、电磁及化学性能的新型纳米材料。利用其他行业生产的纳米材料与木竹材相结合，可以赋予传统木质林产品新的功能特性，提高其附加值。

随着科技的发展，曾经为木材工业强国的美国、加拿大、日本等国的木材工业国际竞争力减弱，为了保持和增强木材工业的国际竞争力，欧美日等国家和地区把出路定为依靠科学技术、依靠纳米技术振兴木材工业，把纳米技术定位为木材工业的未来发展方向。鉴于此，我国木质纳米材料研究应着眼于国内外重大前沿基础科学研究，突出原始创新，抢占未来木材学科发展的制高点，目的是培养中国木材工业的战略性新兴产业。木质纳米材料研究范畴，一类是木竹材衍生的纳米材料的研究，包括纳米结构加工与制造、纳米检测及其标准、功能化修饰与应用、先进功能纳米材料、纳米材料宏观器件的设计与组装等；另一类是木竹材纳米复合材料的研究，包括其他纳米材料与木竹材的复合工艺、界面相互作用、力学性能与微观结构等。

木质纳米材料是木材科学学科所关注的前沿研究方向之一。对木质纳米材料的研究，可以极大地拓宽木材科学的研究领域，将会促进木材科学外延并与相关学科交叉和综合，使研究深度从细胞水平上升到分子水平。

二、木质纳米材料的分类

（一）木竹材衍生的纳米材料

木竹材衍生的纳米材料，主要是指将木、竹等木质化植物资源的主要成分纤维素和木质素，利用纳米技术加工到纳米尺度得到的纳米纤维素、纳米木质素。由于其独特性能和较低的成本优势，纳米纤维素是目前研究最多的木质纳米材料，也是目前最具有商业化前景的纳米材料，本书的主要内容也是围绕纳米纤维素的制备、表征和应用进行重点阐述的。

1. 纳米纤维素

作为大自然的馈赠之礼，纤维素是一种取之不尽、用之不竭的资源。纤维素来源广泛、储量丰富，每年通过木材、棉、麻、稻草秸秆等植物资源的光合作用的合成量约千亿吨。作为一种天然可再生高分子资源，纤维素具有聚合度高、亲水性优良、易于化学改性、易于形成膜材料与凝胶材料，且可生物降解、生物相容性好等特性。一直以来，纤维素及其衍生材料在建筑、纺织、食品添加剂、石油钻井等传统行业发挥着重要作用。随着纳米科技的发展，纤维素逐渐向纳米化学、纳米加工技术、纳米复合材料等高附加值领域发展[8]。

纳米纤维素由此应运而生。近几年，经过化学、物理、酶催化等方法的合理利用与工艺优化，大规模化、高效率生产纳米纤维素得以实现[9]。纳米纤维素具有纳米尺寸的精细结构[10]、较高的强度[11]、较低的热膨胀系数[12]及较低的密度[13]。由于纳米纤维素的优异特性，近年来，其在造纸、食品、药物、包装、电子显示屏、生物传感器及能量存储方面得到广泛关注。

从分子角度来说，纤维素是由 D-吡喃式葡萄糖基以 β-1,4-糖苷键连接而成的直链状高分子聚合物[14]。纤维素葡萄糖环上具有三种类型的羟基，包括 C2 和 C3 位上的仲羟基及 C6 位上的伯羟基。纤维素是结晶区和无定形区两相共存的体系。结晶部分具有三维有序的规则排列，无定形区是由大分子链经无规卷曲和相互缠结而形成的。由于来源和处理的方法不同，纤维素有 5 种结晶变体，即纤维素Ⅰ、纤维素Ⅱ、纤维素Ⅲ、纤维素Ⅳ和纤维素Ⅴ[15]。纤维素在结构上可以分 3 层：①葡萄糖大分子链组装成尺寸在几个 Å 的纤维素晶体；②纳米尺寸的纤维素晶体进一步组成 4nm～1μm 纳米纤维超分子层；③纳米纤维进一步构成纤维束，之后由纤维素结晶分子和无定形分子组装成的基元原纤等进一步自组装形成纤维。

不同制备方法与反应条件获得的纳米纤维素三维形态各异（图 1-2），且多具有不同的长径比与表面平整度，导致比表面积有所差异，产生不同的力学行为、热力学行为及可功能化程度，造成纳米纤维素物理和化学性质有所差异，从而直接影响纳米纤维素的利用。目前制备天然植物纳米纤维素的方法主要有三种，分别是机械法[16]、TEMPO 氧化法[10]和水解法[17]，如表 1-2 所示。

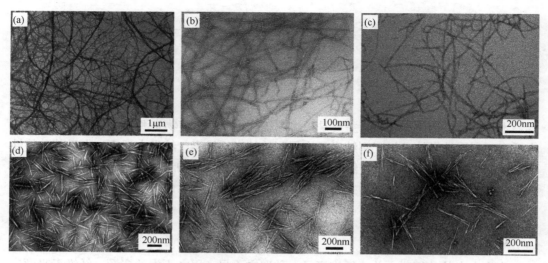

图 1-2 不同植物原料制备的纳米纤维素透射电镜（TEM）图
（a）甜菜纳米纤维素纤丝[18]；（b）硬木漂白浆纳米纤维素纤丝[19]；（c）柳杉纳米纤维素纤丝[20]；
（d）苎麻纳米纤维素晶体[21]；（e）棉花纳米纤维素晶体[22]；（f）竹子纳米纤维素晶体[23]

表 1-2 植物资源衍生的纳米纤维素分类[24]

类别	别称	原料来源	制备方法	平均尺寸
纳米纤维素纤丝（CNF）	微纤化纤维素纤维素微纤丝	木材、竹材、蔗渣、棉、麻等	机械法	直径 5～60nm、长度几微米
	羧基化纳米纤维素	木材、竹材、棉、麻、蔗渣等	TEMPO 氧化法	直径 4～10nm、长度 1～4μm
纳米纤维素晶体（CNC）	纤维素纳米晶须纳米纤维素晶须	木材、棉、竹材、麻、秸秆、微晶纤维素等	水解法	直径 5～20nm、长度 100～250nm

（1）机械法：采用大功率高速高压均质设备的往复液力剪切、摩擦、离心挤压、液流碰撞等作用，对纤维素纤维进行反复的撕裂、破碎、剥离，从而剥离出具有纳米尺寸范围的纤维素纤丝。由于不用化学试剂，通过机械法制备纳米纤维素纤丝（cellulose nanofibril，CNF），环境污染最小，也更为环保，更适用于大规模工业化生产。但机械法得到的 CNF 粒径分布较宽，研究发现，通过提高均质功率、增加研磨循环次数及延长打浆时间，能够增强微纤化作用，可以得到更多纳米尺寸范围的 CNF[25]。此外，为了提高 CNF 的得率，利用机械法的高强度研磨剥离作用结合化学预处理法的化学预处理机械法逐渐引起大家的重视。先利用化学预处理方法脱除生物质纤维中的半纤维素及木质素，从而降低纤丝间的氢键作用力，然后再进行高强度的机械均质作用，可以得到纤丝直径分布相对均匀的纳米纤维素。可以通过化学法（如硫酸酸化、羧甲基化）进行预处理[26, 27]，也可以利用酶水解法（如内切葡聚糖酶）进行预处理[28-30]，经过预处理得到的 CNF 具有相对高的得率，长径比也更加合适。

（2）TEMPO 氧化法：2,2,6,6-四甲基哌啶氧化物（TEMPO）作为一类亚硝酰自由基，具有选择性氧化糖类物质伯羟基的能力。利用 TEMPO 的这一特性，可对纤维素 C6 位上的伯羟基进行选择性氧化得到羧酸根（—COO⁻），使纤丝表面带有负电荷，纤丝之间产生电排斥力，从而降低纤丝间的氢键作用力。再进行高压均质处理或高强度超声破碎处理，即可得到直径 3～5nm 的 CNF 水悬浮液。东京大学的研究人员对这一体系进行了大量研究[31-34]，他们用 TEMPO/NaClO/NaBr 氧化体系，在水相体系中，对未干燥过的湿木浆（或棉浆等其他纤维素原料）进行缓慢氧化处理，其间通过不断滴加 NaOH 溶液维持体系 pH 在 10 左右，直至不再有 NaOH 消耗时为止，经洗涤和超声分散后，即可获得澄清透明的 CNF 悬浮液。TEMPO 氧化法制备 CNF，由于在 C6 位上引入羧基，CNF 的化学活性进一步增强，为进一步功能改性提供了有力的平台。

（3）水解法：利用无机酸（如硫酸）水解植物纤维，破坏其分层结构，去除纤维素的无定形部分，得到的高强度结晶部分即纳米纤维素晶体（cellulose nanocrystal，CNC）。CNC 长度为 100～250nm，而横截面尺寸只有 5～20nm，长径比为 1～100。它有较高的比表面积（150～170m²/g）和杨氏模量（130～150GPa）[35]，使其能够在聚合物中形成充足的接触面积，发挥出较大的增强作用。利用不同的无机酸制备 CNC，发现使用盐酸制备的 CNC 在水悬浮液中有絮凝的趋势，而使用硫酸水解时，硫酸可以与羟基反应生成带负电荷的硫酸酯基，这种带负电的基团使 CNC 可以依靠静电排斥作用在水中稳定分散[36]。

当前酸水解法制备 CNC 主要采用无机酸，回收困难，给环境造成压力。采用可回收的固体酸催化制备 CNC 最近备受关注[37]。磷钨酸作为一种低毒、高催化活性、易回收的绿色环保固体杂多酸催化剂[38]，可用于催化降解纤维素来制备 CNC。以固体磷钨酸为催化剂，在球磨和超声等机械力的协同作用下，实现了 CNC 的绿色高效制备，得到直径为 25～50nm、长度为 200～300nm 的棒状 CNC。该制备方法仅产生少量废液，磷钨酸可回收利用，得率高达 88%[39]。磷酸锆也是一种性能稳定且易于回收利用的固体酸催化剂，通过磷酸锆辅助催化磷酸水解制备 CNC，可显著提高纤维素水解反应速率和 CNC 的得率（可达 50%），大幅度减少水解过程中磷酸的用量，有效降低了废液的生成。该方法所制备的 CNC 呈颗粒状，直径为 20～30nm，长度为 40～50nm，结晶度为 75%[40]。此外，采用离子交换树脂作为催化剂，结合超声处理也可以制备得到棒状的 CNC，离子交换树脂经酸活化后可重复使用，对设备和环境的影响小[41]。

2. 纳米木质素

作为木、竹等木质化植物资源的三大主要成分之一，木质素是仅次于纤维素的储量丰富的可再生天然高分子材料之一[42]。它是由三种醇单体（对香豆醇、松柏醇、芥子醇）形成的一种复杂的无定形聚合物，其单体分子包括紫丁香基丙烷、愈创木基丙烷及对-羟基苯基丙烷三种结构[43]。

木质素作为木材水解工业和造纸工业生产的副产物并未引起大众的足够重视，其在全世界将近有 7000 万 t 的年产量，其中 95% 被排放弃用或燃烧掉，对环境产生严重的污染。目前，仅有少量的木质素用于合成工业化产品，应用于添加剂、分散剂、胶黏剂和表面活性剂等方面[44, 45]。此外，木质素还具有良好的耐候性、优良的光和热稳定性，在抗氧化剂、热稳定剂、光稳定剂等方面具有潜在应用[46, 47]。如何实现木质素的高附加值利用是木质素利用的一个重要课题。将木质素加工到纳米级别，能够有效改善木质素的某些基本特性，为木质素的应用提供了一种新途径[48-50]。

相比普通木质素颗粒，处于纳米尺度的纳米木质素颗粒表现出更大的比表面积，从而具有纳米材料特有的纳米效应。纳米木质素作为添加剂或分散剂与不同聚合物复合时，能提高聚合物基体的相互作用和分布均匀性，从而提高聚合物/纳米木质素复合材料的机械性能、热稳定性能和阻隔性能。微/纳米尺寸的木质素颗粒具有良好的抗菌性和无细胞毒性[51, 52]，可替代无机纳米粒子，在组织工程、医疗器械、再生医学等领域具有潜在应用价值。此外，木质素还具有丰富的羟基、甲氧基、羰基和羧基等活性官能团，可进一步通过化学修饰来提高其性能或赋予其新功能。对经化学修饰后的木质素进行纳米化制备或直接对纳米木质素进行化学修饰，可开发出一系列纳米木质素功能化产品，进而拓展纳米木质素的应用范围。

利用不同纳米化方法得到的纳米木质素的微观结构会有所差异，进而导致纳米木质素的物理化学性能有所不同。纳米木质素的制备方式主要包括：静电纺丝法、溶胶-凝胶法、溶解再沉降法、机械法等。

（1）静电纺丝法：是制备木质素纳米纤维的一种有效方法，其原理是利用高压静电的拉伸作用使以木质素为主要原料的纺丝溶液形成喷射细流并经喷丝孔喷射而形成木质素纳米纤维[53]。静电纺丝法简单易行，获得的木质素纳米纤维直径一般为几十纳米到几微米，但缺点也很明显，即静电纺丝法得到的纳米纤维长丝或短丝彼此难以分离，且纳米纤维的强度较低。

（2）溶胶-凝胶法：以搅拌均匀的木质素溶液作为前驱体，在溶液中形成稳定的透明溶胶体系，经陈化胶粒间逐渐聚集形成三维网络凝胶，凝胶再经过干燥、烧结固化制备出微米至纳米尺寸的木质素[54]。该方法的优点是制备条件相对温和，但是制备过程耗时较长、效率和得率较低，且制备的纳米木质素分布均匀性较差。

（3）溶解再沉降法：木质素无法在水或酸性水溶液中溶解，但在乙二醇、四氢呋喃、丙酮、N,N-二甲基甲酰胺等有机溶剂中具有较好的溶解性能。将溶解在上述有机溶剂中的木质素用稀酸水溶液沉降形成木质素胶状球体，其通过疏水性分子逐渐自组装而形成纳米胶体球（图 1-3），可以获得稳定性良好的木质素纳米粒子[55, 56]。相比使用酸或有机溶剂沉淀制备纳米木质素的方法，超临界萃取技术能避免纳米木质素沉淀过程中酸或有机溶剂的使用，可以制备出纯度高、粒径分布均匀的纳米木质素分散粒子[57]。

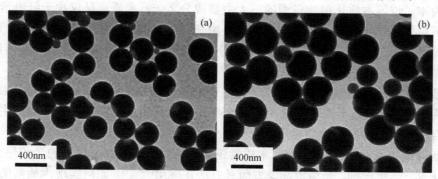

图 1-3　不同初始浓度下制备的素纳米胶体球 TEM 图[58]

(a) 0.5mg/ml；(b) 1.0mg/ml

（4）机械法：利用机械法制备纳米木质素时能避免其他方法中化学试剂的使用，更加绿色无污染。利用高压均质法[59]和超声破碎法[60]均可以制备出纳米木质素，且对木质素的分子量分布和多分散系数影响很小。

（二）木竹材纳米复合材料

木竹材纳米复合材料，主要是指利用有机、无机纳米材料与木、竹等木质化植物资源相结合得到的复合材料。通过对纳米材料的表面官能团、尺寸（粒径、直径、长径比等）、形态及分布进行控制，实现纳米材料分散相和木竹材基体界面的相互作用与两相之间的协同效应，得到性能符合设计要求的木竹材纳米复合材料。木竹材纳米复合材料可为木竹材带来新的功能特性与增值性[61]。

木竹材作为一种天然有机高分子材料，与纳米材料复合后构成的木竹材纳米复合材料，不仅具有纳米材料的颗粒体积效应、表面效应等性质，而且将纳米粒子的刚性、尺寸稳定性和热稳定性与木竹材的韧性、加工性、介电性及独特的木竹材环境学特性、保护学特性融合在一起，赋予木竹材新的功能特性[62]。木竹材与无机纳米材料复合后将在力学性能上得到较大的改善，可最大限度地保持木竹材的环境学特征，如利用纳米材料可以制备表面性能特殊的木材，通过与纳米纤维素/无机纳米材料复合，可在木材表面构筑纳米超疏水涂层，可以极大地提高木材的疏水能力。此外，纳米材料还能赋予木竹材防腐、杀菌、自清洁、阻燃及提高木竹材尺寸稳定等方面的性能[63, 64]。

纳米材料与木竹材复合来获得新的功能特性主要表现在以下几个方面。

1. 抗菌、防腐

传统的木竹材防腐剂无论是油溶性（五氯苯酚、环烷酸铜等）或是水溶性（铜铬砷、铜铬硼）的，虽然其毒性对于减轻微生物的危害具有显著效果，但是对人畜健康和环境产生诸多不利影响，引起大众的重视。某些木竹材防腐剂不但具有毒性，而且抗流失性较差，因此，新型、无毒无害且环境友好的高效防腐剂是未来发展趋势。无机纳米材料，如纳米氧化铜（CuO）、氧化锌（ZnO）、二氧化钛（TiO$_2$）及氧化锰（MnO）作为抗菌防腐材料具有化学性质稳定、无毒、抗菌与杀菌力及防腐防霉效果良好等特性，将一种或多种纳米材料与木竹材复合，可以赋予木竹材防腐、杀菌等方面的性能。例如，利用CuO/ZnO 纳米复合防腐剂处理杨木能够抑制白腐菌和褐腐菌生长，其处理后杨木木材的防腐性和抗流失性能均得到提高[65]。采用溶胶-凝胶法将纳米 TiO$_2$ 溶胶浸渍竹材后获得的纳米复合竹材，对大肠杆菌的杀菌率超过 99%；相比未处理竹材，其防霉性能提高了10 倍以上[66]。采用水热反应法制备的纳米氧化锰负载木材，其耐腐性和抗菌性均优于未处理的木材[67]。此外，二元纳米材料协同处理木材，其抗菌性和耐候性均优于经单一纳米材料处理的木材[68]。

2. 阻燃

在聚合物阻燃领域，在添加量极少（≤5%）的条件下纳米阻燃剂即可明显降低聚合物材料的燃烧性能，并能提高其力学性能[69]。在木竹材阻燃领域，传统的木竹材阻燃处理方法通过物理渗透将阻燃剂等浸渍到木竹材孔隙中实现其阻燃效果。某些纳米材料同样具有一定的阻燃效果，通过其与木竹材复合，可以获得具有一定阻燃性能的阻燃木竹材。例如，用纳米二氧化硅（SiO_2）与糠醇复合来浸渍杨木，当纳米 SiO_2 的添加量超过 2%时，杨木处理材的阻燃性明显提高[70]。使用载银纳米 TiO_2 浸渍处理后的马尾松，其热释放速率和总热释放量降低，点燃时间和质量损失率峰值出现时间延迟，但有效燃烧热、平均质量损失率、总发烟量基本未变[71]。采用水热法在木材表面负载 TiO_2 纳米颗粒，TiO_2 粒径尺寸越小，负载量越多，处理材的阻燃性越好[72]。

3. 疏水

将纳米材料负载在木竹材上可以获得表面性能特殊的木竹材。由于纳米材料具有小尺寸和高比表面积，利用溶胶-凝胶、沉积、喷涂等方法，可在木竹材表面上构筑纳米尺寸、形状互补的微/纳米粗糙结构，再经低能物质处理后，可获得疏水性的木材。通过涂覆、喷涂或自组装的方式，将纳米 SiO_2 负载在木竹材表面可以获得超疏水木竹材[73-75]。此外，水热法[76]、溶胶-凝胶法[77]、化学气相沉积法[78]、湿化学法[79]均可以在木竹材表面附着微/纳米结构的纳米材料而使其获得超疏水性能。

4. 增强性

木竹材具有分级多孔结构，包含丰富的微米级和纳米级孔隙，为纳米材料的进入提供了通道。将纳米材料分散于水、溶剂或树脂等介质中，通过浸渍进入木材，纳米材料可以与树脂协同作用增强木竹材细胞壁。此外，原位合成和原位生长也是纳米材料进入木竹材内部的一种有效途径[80]。例如，不同比例纳米 SiO_2 与酚醛树脂的混合液浸渍杨木，均可以提高杨木的密度、硬度和力学强度[81]。利用无机纳米碳酸钙（$CaCO_3$）[82, 83]和纳米蒙脱土[84]的水分散液浸渍木材可提高其力学性能，处理材的硬度、耐磨性及抗冲击性均获得一定程度的提高，阻燃性能也得到增强。

5. 其他新领域

充分利用木材细胞多孔结构和亲液特性的独特优势，将木材作为柔性载体，与纳米碳材料[85, 86]、纳米导电高分子材料（纳米聚吡咯、纳米聚苯胺）[87, 88]有机结合，在木材细胞壁内附着形成良好的纳米层或纳米颗粒，设计出基于木材的柔性电极材料及其超级电容器器件，其表现出良好的电化学性能和储能特性，可为新型绿色储能材料提供一种环境友好的研究思路（图1-4）。利用木材管胞天然的吸水特性，通过在木材表层负载纳米碳材料（氧化石墨烯）[89]或金属纳米颗粒（钯、金、银）[90]获得上层结构负责光捕获、下层结构负责水输运、不破坏两层间管胞微结构连接的木基太阳能蒸汽发生器，木材的热绝缘性和多孔结构有助于能量的阻隔与水蒸气的透过，从而获得较高的太阳能热效率，该材料在光吸收、光热转换、热积聚等领域具有潜在应用价值。鉴于金属纳米颗粒钯的催化效果，负载纳米钯的纳米复合木材可以去除溶液中的亚甲基蓝，有望在废水处理方面获得应用[91]。此外，通过浸渍、涂布或者原位生长等方式，可以将纳米磁性材料负载在木材表面或填充于木材细胞内获得具有一定磁性的木材，有望应用于微波和电磁波吸收等领域[92, 93]。这些木竹材纳米复合材料赋予传统木竹材更多的特征与标签，拓展了传统木竹材科学与技术学科的应用领域和研究范畴。

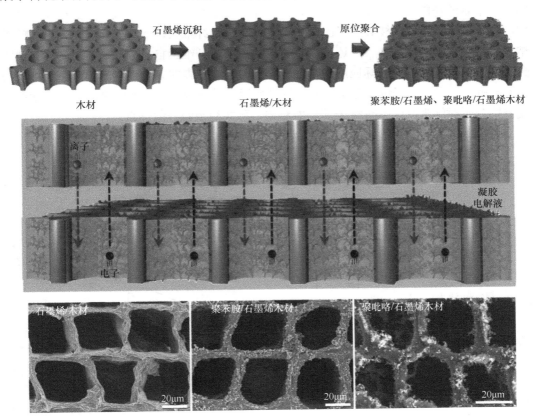

图 1-4 木竹材纳米复合材料在储能方面的研究示意图[88]（彩图请扫封底二维码）

第三节 木质纳米纤维素功能复合材料

一、木质纳米纤维素功能复合材料的复合方式

木质纳米纤维素功能复合材料，根据复合方式的不同，大致分为两类，一是以木质纳米纤维素为基体通过化学键合方式将带有光电、磁、生物标记等的小分子物质、大分子链接到纳米纤维素的活性羟基上，得到功能基团修饰的纳米纤维素功能复合材料；二是通过物理混合方式，以氢键形式，将纳米纤维素与有机、无机纳米功能材料复合得到的纳米纤维素功能复合材料。因此，通过纳米纤维素与功能基团或功能材料的复合，可得到具有革命性的力学、光学、电学及化学性能的新型纳米功能复合材料。

（一）纳米纤维素的功能化修饰

纳米纤维素表面具有丰富的羟基，可对纳米纤维素进行多种功能性修饰，引入各种功能基团，从而制备出多种纳米纤维素功能材料。由于纳米纤维素的纳米尺寸效应，以及在纳米纤维素制备过程中大量的纤维素链段被破坏和断裂，其表面形成大量反应点与处于高度活化状态的表面原子，因此纳米纤维素具有很强的化学反应活性与吸附能力。纳米纤维素的功能化修饰主要有酯化、点击化学、非共价键作用、氨基甲酸酯化、酰胺化、硅烷化、聚合物接枝等[94]（图 1-5）。通过对纳米纤维素进行功能化修饰，不但赋予纳米纤维素更多的功能特性，还可以有效地防止纳米纤维素自身团聚，增加其稳定性和分散性，从而满足各种实际应用的需要。除了纳米纤维素的共价键功能化外，还可以利用 π-π 相互作用、离子键及氢键等非共价键作用，进行吸附表面活性剂或聚合物涂层，使修饰分子对纳米纤维素进行表面功能修饰，形成稳定的分散体系。

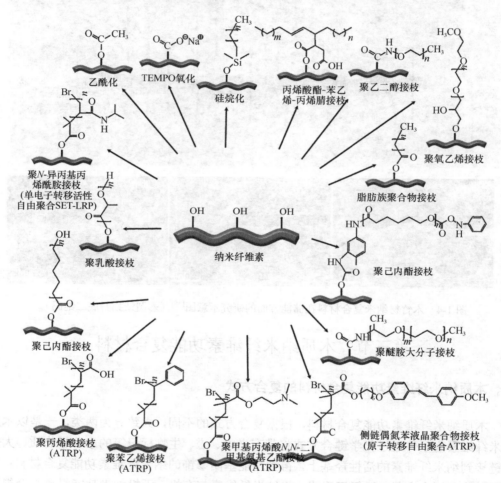

图 1-5　纳米纤维素的各类功能化修饰示意图[94]（彩图请扫封底二维码）

1. 酯化

纳米纤维素分子上具有大量的极性羟基，在强酸性溶液中极易发生亲核取代反应。纳米纤维素可以与多种无机酸和有机酸发生酯化反应，与有机酸或其衍生物，如酸酐、酰卤（主要为酰氯）等通过发生 O-酰化反应，可在纳米纤维素分子上引入芳香族酰基或不同链长的脂肪族化合物。

纳米纤维素与无机酸硝酸反应可制备出纳米硝化纤维素，由于纳米纤维素具有尺寸小、比表面积大、在硝酸中分散均匀等特点，硝化反应在近似均相的条件下进行，与传统微米级直径的精制棉相比，其硝化速度快，极限含氮量高，在 5min 内即可实现纳米纤维素的完全硝化[95]。将纳米硝化纤维素与普通的硝化纤维素混合制备出的硝化纤维素纳米复合材料膜片表现出良好的综合力学性能，当纳米硝化纤维素添加量为 3.5%时，与空白膜相比，纳米复合材料膜片的拉伸强度提高了 21.7%，拉伸模量提高了 32.7%，断裂伸长率提高了 123.6%[96]。

纳米纤维素的有机酸酯化主要包括利用有机酸或有机酸衍生物的方法，根据不同的使用目的，可以在纳米纤维素表面引入脂肪族链或芳香族酰基，得到具有特定性能的纳米纤维素酯。例如，采用乙酸和乙酸酐修饰纳米纤维素，对其超微结构研究表明，随着反应的进行，修饰后纳米纤维素直径变小，而长度仅有少量变化，说明酯化反应仅在纳米纤维素晶体表面发生，而未破坏结晶区[97]。利用丁二酸酐对纳米纤维素进行表面修饰，经过混合、冷冻干燥、再加热到 105℃，即可得到高疏水性酰化纳米纤维素，可以良好分散于各种不同极性溶剂中（二甲基亚砜、1,4-二噁烷等）[98]。利用十六酰氯对经临界点干燥后的纳米纤维素进行气相酯化，得到不同取代度的脂肪酸链纳米纤维素，研究发现，酯化反应是由纳米纤维素基体表面向晶核方向进行的。中等取代度的脂肪酸链纳米纤维素，表面完全酯化而内部基本不变，纤维形态也没有变化。在一定条件下，几乎完全酯化，高取代度的纳米纤维素酯几乎完全酯化[99]。

此外，利用纳米纤维素表面的羟基与异氰酸酯进行化学反应，可在纳米纤维素表面引入氨基甲酸酯基团。将异氰酸酯与氨基嘧啶类化合物反应形成含有嘧啶酮基团的化合物，再与纳米纤维素反应使其表面引入嘧啶酮基团，将含有嘧啶酮基团的纳米纤维素加入到聚乙烯-聚丁烯基遥爪聚合物中，获得了具有光响应性的纳米纤维素复合材料[100]。采用异硫氰酸酯修饰纳米纤维素，再与氨基化合物发生酯化反应引入氨基，以氨基作为反应位点接枝荧光物质，可制备成具有 pH 响应性的纳米纤维素复合材料[101]。

2. 硅烷化

硅烷即硅与氢的化合物，如甲硅烷（SiH_4）、乙硅烷（Si_2H_6）等一系列化合物的总称。用硅烷修饰物质时常用其有机硅化合物，即硅烷偶联剂（$RSiX_3$），其中 R 表示氨基、巯基、乙烯基、环氧基、氰基及甲基丙乙烯酰氧基等基团，而 X 表示卤素、烷氧基、酰氧基等能够水解的基团。因此，硅烷偶联剂既能与羟基反应，又能与聚合物大分子链相互作用，将不同性质的材料偶联起来以改善复合材料的性能。

纳米纤维素具有良好的亲水性和水分散性，而通过对纳米纤维素表面的羟基进行硅烷化修饰可增加纳米纤维素的疏水性。例如，对纳米纤维素表面进行烷氧基硅烷改性后可以提高其疏水性，添加到聚合物基体中可显著提高其与聚合物基体之间的相容性[102]。将经 3-氨基丙基三乙氧基硅烷（KH550）修饰后的纳米纤维素与天然橡胶复合得到的纳米复合材料，其硫化性能、机械性能、压缩疲劳性和动态力学性能均获得增强[103]。

以纳米纤维素为模板，对其表面进行超薄硅涂层包裹，硅层表面的羟基与蛋白质羧基、氨基间形成共价键而使铁蛋白分子沉积于纳米纤维素纤维表面，三价铁离子经过储铁蛋白壳离子通道发生还原重构而形成亚铁离子，重新包裹重构铁蛋白分子，再经热处理使有机物质如蛋白质壳和纳米纤维素分解，所得材料很好地复制了纳米纤维素模板的原始形貌，制备出具有显著热稳定性和超顺磁性的生物刺激型超顺磁性层状复合材料[104]。

通过硅烷修饰纳米纤维素还可以提高其黏附力。以纳米纤维素为涂层材料，为了改善纳米纤维素膜在玻璃和铝基体上的附着性，提高其物理和机械性能，采用了具不同官能团的硅烷对其进行修饰。研究发现，与环氧基和甲基丙烯酸氧基硅烷相比，氨基硅烷修饰的纳米纤维素膜具有最佳的黏附性能，其中氨基硅烷的比例越高，纳米纤维素膜与玻璃和铝基体的黏附性能越好。此外，氨基硅烷还可以提高纳米纤维素涂层的表面硬度、弹性模量和耐刮擦性，并能一定程度提高纳米纤维素膜的光学性能和疏水性[105]。

3. 聚合物接枝

利用纤维素表面的羟基作为接枝点，通过化学作用与聚合物发生接枝共聚反应，从而在纳米纤维素上引入具有功能特性的聚合物链，得到纳米纤维素基接枝聚合物，不仅能够改善纳米纤维素在极性和非极性介质中的分散稳定性，而且赋予纳米纤维素特殊的功能性。

自由基聚合法是目前纳米纤维素常用到的接枝反应方法。以硝酸铈铵为引发剂，在纳米纤维素表面接枝丙烯酸单体（甲基丙烯酸缩水甘油酯、丙烯酸乙酯、甲基丙烯酸甲酯、丙烯酸丁酯和甲基丙烯酸 2-羟乙基酯），接枝率均高于普通纤维素材料，且接枝修饰后的纳米纤维素保留了其纳米纤维的结构，疏水性得到提高[106]。以过硫酸钾为引发剂，在纳米纤维素上接枝丙烯酸单体，可以提高接枝产物的分散性和热稳定性[107]。通过紫外光照射，也可以在纳米纤维素表面接枝丙烯酸单体，得到的纳米纤维素接枝产物对铜离子（Cu^{2+}）具有良好的吸附性能，该吸附材料的最大吸附量可达到 66mg/g，且可以吸附-脱附循环使用[108]。

开环接枝聚合法也是一种常用的接枝反应方法。通过开环聚合反应将环氧乙烷接枝到纳米纤维素表面，发现其在浓度高于 5%时能够在偏光显微镜下观察到手性向列型液晶[109]。以辛酸亚锡为引发剂，聚乳酸和聚己内酯二元嵌段共聚物通过开环聚合与纳米纤维素进行接枝反应，接枝后的纳米纤维素的形貌及晶体结构并未改变，而且其在聚己内酯与聚乳酸共混物中具有良好的分散性和相容性，提高了共混物的力学性能[110]。

氮氧稳定自由基聚合是活性自由基聚合的一种，可用于纳米纤维素的聚合物接枝。以碳二亚胺为催化剂，室温条件下，将经 TEMPO 氧化后的纳米纤维素与端氨基聚乙二醇进行接枝反应，由于纳米纤维素上接枝的聚合物分子链之间的空间位阻排斥作用，接枝后的纳米纤维素在多种介质中都具有良好的分散性，而且其分散性能不受介质离子强度的影响[111]。利用氮氧稳定自由基聚合可将 DNA 低聚物接枝到纳米纤维素表面，实现了纳米纤维素表面固定 DNA 序列的可能，并对复合纳米材料的温度依赖性和结构形貌进行了研究[112]。利用接枝共聚反应将热敏性聚合物接枝到纳米纤维素上，改性后的纳米纤维素胶体稳定性好，表面活性高，表现出优异的热敏性，可以创制热响应性纳米纤维素功能材料[113]。

原子转移自由基聚合法是目前在纤维素及其衍生物中使用最为广泛的活性自由基聚合方法，最早由 Jin-Shan Wang 和 Krzysztof Matyjaszewski 提出[114]。采用表面引发的原子转移自由基聚合法合成由聚苯乙烯链接枝的一系列具不同接枝率和分子量的纳米纤维素产物，该纳米复合材料对水中的 1,2,4-三氯苯具有很好的吸附能力，与未经接枝修饰的纳米纤维素吸附量相比，经接枝修饰的纳米纤维素可以吸附其自身质量 50%的污染物，同时表现出更快的吸附动力学[115]。经聚苯乙烯原子转移自由基聚合接枝后的纳米纤维素热分解温度由 150℃上升到 220℃，热稳定性得到提高[116]。

单电子转移活性自由基聚合也是广泛应用于纤维素聚合接枝的一种方式。在室温下，通过表面引发的单电子转移活性自由基聚合将纳米纤维素与聚 N-异丙基丙烯酰胺接枝共聚，经 X 射线衍射测定，接枝后纳米纤维素晶型结构未发生明显破坏。接枝纳米纤维素的悬浮稳定性、界面相互作用、摩擦性等性能可以通过聚合温度变化来控制，为进一步开发刺激响应型纳米材料提供了独特的平台[117]。在混合反应溶剂体系 DMF/H_2O中，利用表面引发的单电子转移活性自由基聚合将荧光和温敏性聚 N-异丙基丙烯酰胺与纳米纤维素接枝聚合，随着纳米纤维素表面接枝聚合物刷长度的增加，产物的分解温度和玻璃化转变温度均升高，表现出与染料溶液相反的温致荧光增强性能[118]。

自 Filpponen 和 Argyropoulos[119]首次采用点击化学的方法修饰纳米纤维素以来，点击化学反应在纳米纤维素功能修饰方面的应用得到了迅速发展。点击化学反应操作过程简单，反应条件温和，选择性好，反应过程溶剂易除去，甚至不需要溶剂，产生的副产物较少，目标产物易于分离，通常能够获得具较高得率的目标产物，而且反应的后续处理过程简单，对环境的影响较小[120]。将纳米纤维素与有机叠氮化合物在碱液-异丙醇混合介质中反应，在纳米纤维素上引入叠氮基团，然后利用叠氮基团与炔丙胺发生点击化学反应，再与三唑甲胺发生环加成反应得到了具有 pH 响应性的纳米复合材料[121]。采用点击化学方法对纳米纤维素膜进行化学改性，显著提高了反应速率，获得了功能性纳米纤维素膜材料[122]。采用可逆加成-断裂链转移聚合法制备了端基带有炔基官能团的聚甲基丙烯酸二甲基氨基乙酯均聚物，然后利用点击化学反应将聚合物链段接枝到经叠氮修饰的纳米纤维素表面，获得具有 pH 和温度响应行为的纳米纤维素接枝共聚物，有望在生物医药、药物缓释、Pickering 乳液方面获得潜在应用[123]。

（二）纳米纤维素的物理复合

纳米纤维素易于成膜与凝胶化，这些优势特性能够与多数有机、无机纳米材料不易加工成型的劣势形成互补，由此，纳米纤维素可以作为结构稳定与机械性能优良的载体材料、基体材料或者骨架支撑材料，与无机纳米材料（纳米晶体、纳米线、纳米管）、纳米金属及其氧化物、碳纳米材料（碳纳米管、石墨烯）等复合形成性能优良的新型纳米功能材料。利用共混法、溶胶-凝胶法、插层法、模板组装法、非共价弱相互作用复合法和仿生矿化法等，进一步将纳米纤维素优越的机械性能与功能性无机纳米材料进行优势互补，构筑结构可塑、稳定，集轻质和强韧于一身的新型有机、无机纳米相-纳米纤维素杂化纳米材料[124]。

1. 金属纳米粒子-纳米纤维素复合

金属纳米粒子因具特殊的物理、化学性质，在光、电、磁、催化、生物传感、生物医学诊断和抗癌药物开发等方面存在着广泛的应用前景。金属纳米粒子的自发团聚现象会严重降低其催化活性，利用高分子材料等基体对其进行固定负载，可以有效地保持金属纳米粒子的原始尺寸。

金（Au）和钯（Pb）纳米粒子具有优异的催化性能，将其与纳米纤维素复合可以获得催化性能良好的纳米复合催化剂。例如，在纳米纤维素上进行金纳米粒子的拓扑化学合成，纳米纤维素表面附着了高度分散的金纳米粒子，该纳米复合物的催化活性是传统聚合物基金纳米粒子催化剂的 840 倍[125]，为生物质资源高效利用有限贵重金属提供了好的解决方案。以 TEMPO 氧化纳米纤维素为载体，采用拓扑化学反应法分别与金纳米粒子、钯纳米粒子和金/钯纳米粒子三种金属纳米粒子复合，得到催化活性高的纳米纤维素基催化剂。研究表明，纳米纤维素表面规整分布的羧基与贵重金属粒子之间具有强相互作用，可为金属纳米粒子产物的固定化提供均匀的表面锚合点，从而有效地阻止了贵重金属纳米粒子的团聚[126]。以纳米纤维素为固体载体，通过无溶剂固态合成方法制备金、银纳米粒子-纳米纤维素复合物，得到催化性能良好的有机-无机杂化复合材料，且纳米纤维素能够与金属纳米粒子之间形成较强的氢键结合力[127]。

银（Ag）纳米粒子因具有较低的生理毒性及对多数细菌、真菌、霉菌、孢子等微生物有强效杀菌活性而广受青睐。选择无毒、生物相容性佳、比表面积大的纳米纤维素作为银纳米粒子的分散介质，可以大大减少银纳米粒子之间的团聚，从而使银纳米粒子的高效抗菌性得到充分发挥。通过双螺杆捏合挤出-膜成型技术制备了含有乙氧基化壬基酚磷酸酯表面活性剂的纳米纤维素/聚乳酸/银纳米粒子的多功能纳米复合薄膜，该纳米复合薄膜具有优异的热稳定性和拉伸性能，银纳米粒子的加入使其具有长效的抑菌效果，可应用于食品包装和卫生用品材料[128]。以 TEMPO 氧化纳米纤维素为载体，采用液相氧化-还原法制备了超细结构的银纳米粒子/纳米纤维素杂化材料。鉴于纳米纤维素表面有大量的羟基和羧基，其能与纳米粒子之间形成良好的络合吸附作用，有效地阻止了银纳米粒子的团聚。该纳米杂化物可与 DNA 标记物形成低聚核酸探针，实现 DNA 靶向分子的选择性灵敏检测[129]。此外，还可以以纳米纤维素为成核剂来合成不同尺寸和尺寸分布的银纳米粒子[130]。

2. 无机氧化物纳米粒子-纳米纤维素复合

无机氧化物（二氧化硅 SiO_2、二氧化钛 TiO_2、氧化锌 ZnO 等）因其具有的热稳定性、催化、光电等领域的性能，是近几年与纳米纤维素进行复合研究较多的纳米材料。利用传统造纸方法快速制备了纳米纤维素/纳米 SiO_2 复合材料，随着纳米 SiO_2 质量分数的增多，纳米复合材料的初始降解温度和热解活化能逐渐提高[131]。采用简单浸渍法在纳米纤维素气凝胶基体中引入 SiO_2 颗粒制备纳米纤维素/SiO_2 复合气凝胶，该气凝胶具有超疏水性能，接触角可达 152°，同时气凝胶仍具有较好的力学性能和较低的密度[132]。采用两步溶胶-凝胶法（先水解正硅酸四乙酯，再凝聚 SiO_2 纳米粒子）将纳米纤维素气凝胶浸入 SiO_2 溶液中制备了纳米纤维素/ SiO_2 复合气凝胶，该气凝胶的孔隙率为 85%～

96%，比表面积达到 $700.1m^2/g$，压缩性能为单纯硅胶气凝胶的 8～30 倍，可用作力学强度良好的隔热材料[133]。

在室温水相介质中将 TiO_2 纳米颗粒与 TEMPO 氧化纳米纤维素经静电自组装形成透光均相杂化薄膜，控制 TiO_2 纳米颗粒含量少于 16%时，薄膜的杨氏模量和硬度可分别达 44GPa 和 3.4GPa[134]。以钛酸异丙酯为前驱体，利用化学气相沉积法将纳米 TiO_2 附着到纳米纤维素气凝胶骨架上，功能修饰后的纳米纤维素气凝胶具有优异的光响应润湿性能（紫外光照射下能在超疏水与超亲水状态之间可逆切换）和光催化活性，有望在微流体器件和水体系污染控制领域获得应用[135]。采用原子层沉积法，经纳米 TiO_2 沉积后的纳米纤维素气凝胶具有优良的超疏水性和油水分离性能，对非极性油的吸附容量可达自身质量的 20～40 倍，可用作油污吸附材料[136]。

经聚二烯丙基二甲基胺盐酸盐和聚苯乙烯磺酸钠聚电解质体系预处理后的纳米纤维素，进一步通过静电自组装与纳米 ZnO 胶体复合，制备获得纳米纤维素/ZnO 纳米杂化材料，将其与淀粉水溶液均质混合后涂覆于纸张上，获得了透气性和机械性能俱佳的抗菌纸[137]。采用静电纺丝和溶剂热技术相结合的新方法，将纳米 ZnO 原位嵌入纳米纤维素中，得到的纳米纤维素/ZnO 纳米杂化材料对罗丹明具有良好的光催化性能，且热稳定性、机械性能和耐溶剂性能均得到提高[138]。以纳米纤维素作为主体聚合物，通过原位溶液浇铸法合成了纳米纤维素/纳米 ZnO 杂化材料，该材料对亚甲基蓝降解的光催化活性高于纯纳米 ZnO，对革兰氏阳性金黄色葡萄球菌和革兰氏阴性大肠杆菌的抗菌活性也有所提高[139]。

3. 碳纳米材料-纳米纤维素复合

纳米纤维素能够呈现不同的结构形态，尤其是纳米纤维素纤维可以形成具有不同微观尺度的 3D 分级多孔结构，可以允许小分子物质扩散或填充其内，再加上纳米纤维素原有的高吸水性、溶胀性、生物相容性等特性，可使纳米纤维素与碳纳米管、石墨烯（氧化石墨烯）等碳纳米材料复合时产生良好的相容性，在导电、储能、传感器等方面具有潜在应用价值。

碳纳米管（carbon nanotube，CNT）被认为是未来纳米科技中最重要的材料之一，但纯碳纳米管由于加工性差，应用受到了限制[140]。众多生物质材料都通过非共价键与 CNT 结合，增溶后的 CNT 可以很容易地附着在高分子材料表面而不会影响其电子网络及其与高分子材料间的非共价键作用。先溶液状态均匀混合后浇铸成型是最常用的成型方式，如将 TEMPO 氧化纳米纤维素与 CNT 混合，制备得到了强度高、透明及可以打印的导电膜材料[141]。以纳米纤维素为水性分散介质，将 CNT 高度分散其中，然后通过分子自组装获得半透明的导电膜材料。该材料具有高达 13.3GPa 的模量和 307MPa 的拉伸强度，电导率高达 200S/cm，电流密度更是达到 $1400A/cm^2$，可用作柔性电极材料[142]。另一种 CNT 与纳米纤维素的复合方式是，先将纳米纤维素制成膜材料，然后利用过滤的方法，将 CNT 附着在纳米纤维素纸上形成导电复合材料。例如，采用过滤方式制备了 CNT 与纳米纤维素的复合膜材料，该膜材料具有良好的柔性，拉伸强度达到 196.6MPa。将其作为电极材料组装形成全固态柔性超级电容器，表现出良好的电化学性能，质量比容量达到 50.5F/g，5000 次循环稳定性达到 99.5%[143]。还可以将纳米纤维素与 CNT 复合，经冷冻干燥或超临界干燥形成多孔气凝胶材料，得到具有电导响应和压力响应的传感器材料[144]与气凝胶电极材料，用于超级电容器的研究[145]。

石墨烯（graphene，GE）是具有理想二维晶体结构的单原子层石墨晶体薄膜。GE 为刚性层片结构，层片上有大量的含氧官能团，纳米纤维素为大分子直链结构，其链上具有大量的羟基。GE 与纳米纤维素复合，使 GE 能够与纳米纤维素之间发生物理或化学作用，诱导高分子取向，增强复合材料界面作用力，从而提高复合材料的力学性能和柔韧性。纳米纤维素作为桥梁连接 GE 片可形成网格状的类纸复合物。例如，用氨基修饰后的纳米纤维素与不同含量的 GE 制备成机械性能和导电性良好的纳米复合导电纸[146]。当 GE 质量分数达到 10%时，纳米复合导电纸的电导率高达 71.8S/m。同时，GE 还具有优良的机械增强作用，当 GE 质量分数达到 5%时，纳米复合导电纸的拉伸强度为 273MPa，较之单纯纤维素或石墨烯分别提高 1.4 倍和 2.8 倍。将纳米纤维素与 GE 复合形成的气凝胶材料用作柔性超级电容器电极材料，可获得 207F/g 的质量比容量和 15.5mW/cm^2 的功率密度[147]。以纳米纤维素透明薄膜为基体，利用层层自组装技术，以 Cu^{2+}为络合剂，将 GE 沉积到薄膜表面形成柔性透明导电纸[148]，该透明导电纸在 550nm 处的透光率为 76%，方块电阻为 2.5kΩ/□。GE 与纳米纤维素复合还可以制备高度可伸缩的压敏电阻材料，将该压敏电阻材料嵌入在可伸缩的弹性体矩阵中可得到应变传感器，该材料具有 3D 的多孔结构，其断裂伸长率可达到 100%[149]。应变传感器用于检测机械形变过程中电子转移变化情况，可广泛应用于电子设备等的健康监测方面。

4. 有机纳米材料-纳米纤维素复合

导电高分子是一种经过化学或电化学掺杂形成的具有大π共轭主链结构的具导电功能的高分子。常见的导电高分子有聚噻吩（polythiophene，PTh）、聚吡咯（polypyrrole，PPy）、聚苯胺（polyaniline，PANI）等。导电高分子的成型问题是困扰其发展的瓶颈。纳米纤维素由于具强大的氢键作用，易于成膜。因此，将纳米纤维素作为基体材料与导电高分子复合成型，则可以解决导电高分子成型困难的问题。

例如，将 PPy 原位聚合在纳米纤维素的单根纤维表面得到导电复合材料，其具有 1.5S/m 的电导率和 90m^2/g 的比表面积[150]。以纳米纤维素为骨架材料，分别与纳米 PANI 和聚对苯撑乙炔形成均匀溶液，通过浇铸方式得到导电复合薄膜材料。该薄膜不但具有良好的机械强度和柔性，而且对导电高分子的电性能起到协同辅助作用[151]。将碳纤维增强的 PPy/纳米纤维素导电复合膜材料用作柔性电极制备成柔性超级电容器器件，该器件具有 60～70F/g 的质量比容量[152]。利用电化学共沉积法制备了纳米纤维素与纳米 PPy 的多孔纳米复合材料，用作电极材料具有良好的电化学性能[153]。将纳米 PPy 附着到纳米纤维素制备了具有 3D 纳米结构的自支撑 PPy 复合材料，该材料具有 185F/g 的质量比容量，容量保持率在 92%[154]。将纳米 PANI、石墨烯、碳纳米管通过层层自组装方式沉积到木纤维/纳米纤维素晶体复合气凝胶的多孔结构中，可以获得电化学性能良好的气凝胶电极材料，有望在绿色储能材料领域获得应用[155]。

二、木质纳米纤维素功能复合材料的研究进展

作为一种性能优越的新的环境友好型材料，纳米纤维素具有强度高、热膨胀系数低等独特优点。纳米纤维素表面具有较多的活性羟基，选择合适的功能基团，将其嫁接到纳米纤维素表面，可设计创制出基于纳米纤维素的新型功能化材料。纳米纤维素具有良好的成膜性和凝胶性能，作为结构稳定与机械性能优良的载体材料、基体材料或者骨架支撑材料与其他功能材料复合得到的材料，不但保留着纳米纤维素和功能材料各自的优势特点，而且纳米纤维素作为基体材料能够赋予功能材料更多的形态特征，使功能材料在纳米纤维素的平台之上发挥出更多的功能特性，可制备具有 CO_2 吸附、超疏水、阻燃、储能等功能的复合材料。

（一）纳米纤维素 CO_2 吸附材料的研究进展

近年来，由于以 CO_2 为主的温室气体的大量排放，"温室效应"造成的气候变化越来越严重，已成为全球性环境问题。从目前形势来看，在未来的几十年内人类并不能找到完全取代化石燃料的新型清洁能源，仍然需要大量的化石燃料供给，因此，为了避免"温室效应"的再恶化并提高环境质量，需要采取措施来控制 CO_2 等温室气体在大气中的含量。CO_2 的捕集和封存技术（CCS）被认为是能够最有效减少 CO_2 含量的措施之一[156]。CCS 主要包括溶剂吸收法、固体吸附法、膜分离法、深冷分馏法等，其中固体吸附法由于设备工艺流程简单、产品纯度高、自动化程度高、能耗低、节能效果明显等优点而备受研究者关注，是一种具有巨大应用潜能的方法。该方法的主要吸附原理是利用高效稳定的固体吸附材料对环境中的 CO_2 直接进行吸附以达到捕集分离 CO_2 的目的，固体吸附材料中的固体胺吸附材料是现今研究的热点，主要是由于这种材料表现出吸附量大、选择性高、脱附能耗低等优异特点，特别是氨基改性的介孔材料[157]。固体胺吸附材料的制备过程是通过物理浸渍法或化学嫁接法将有机胺和固体载体复合，从而得到优秀的 CO_2 吸附材料，已引起广泛关注。到目前为止这种材料已有许多文献报道[158]。

气凝胶是一种独特的多孔固体材料，具有密度低、空隙率高、比表面积大和可调控的表面化学特性等，在 CO_2 的捕集、挥发性有机物的去除、水中污染物的去除等方面，气凝胶已经受到科学界的高度关注[159]。液态有机胺转变为固态胺有物理法和化学法，物理法固定的有机胺容易流失，化学法固定的有机胺较为稳定。通过化学法将有机胺固定在气凝胶表面为有机胺固定提供了新思路。纳米纤维素气凝胶不仅具有一般气凝胶的特性，而且它来源于丰富的可再生资源，合成过程不需要使用对环境有害的溶剂；另外，它还具有较高的柔韧性和机械强度（耐压强度高达 300kPa）[160]。根据纳米纤维素表面富含活性羟基的特点，可对它进行相应的化学改性，提高纳米纤维素气凝胶吸附特定组分的选择性。已有的研究表明，纳米纤维素气凝胶是一种潜在的新一代生物基多孔吸附材料，适用于环境保护和修复[161-163]。在 CO_2 吸附方面，将纳米纤维素进行氨基化处理，可以得到具有很好 CO_2 吸附性能、优异再生性和稳定性的吸附剂材料。

采用偕胺肟功能化处理纳米纤维素晶体与介孔氧化硅复合成的材料，结果这种复合材料具有较高的 CO_2 吸附容量（3.30mmol/g，25℃，常压；5.54mmol/g，120℃，常压）、

良好的再生性能[164]，但是该功能化过程较为复杂，难以工业化应用。利用胺化剂聚乙烯亚胺与纳米纤维素复合成功制备了多孔聚乙烯亚胺/纳米纤维素气凝胶，这种材料对CO_2具有优异的吸附能力，对CO_2的吸附容量最大为2.2mmol/g[165]。氨基硅烷是一类良好的有机胺功能化试剂，通过硅烷化反应，可将有机胺嫁接到表面富含羟基的纳米纤维素表面，使其具有选择性吸附CO_2的能力和较高的吸附容量。而且，氨基硅烷功能化纳米纤维素的过程简单、环境友好，该方法受到高度关注。N-氨乙基-3-氨丙基甲基二甲氧基硅烷作为一种常用的氨基硅烷功能化试剂，已被用来功能化纳米纤维素[166-168]，通过冷冻干燥的方法合成了气凝胶，研究结果表明，功能化纳米纤维素气凝胶对CO_2的吸附容量为1.4～2.3mmol/g（25℃，常压）。

（二）纳米纤维素超疏水材料的研究进展

超疏水涂层具有防水、自清洁、防腐、油水分离、减阻等作用，在日常生活、国防、工农业等领域有广阔的潜在应用前景。近年来，超疏水涂层的相关研究有很多，取得了一定进展，如成功制备出具有超高接触角[169]、高透明度[170]或多功能化[171]的超疏水涂层。但仍存在微细结构强度低、耐磨性差、易老化、制备过程烦琐、环保性能差等不足。关于超疏水涂层的构筑，目前以SiO_2、TiO_2、ZnO、$CaCO_3$等无机微粒和二甲基硅氧烷、聚丙烯、聚四氟乙烯、聚苯乙烯等非天然高分子聚合物作为主要结构物质来进行。根据Wenzel理论[172]，当固体表面本身亲液时，随着表面粗糙度的增加而更亲液；当固体表面本身疏液时，随着表面粗糙度的增加而更疏液。因此，可通过增加疏水表面的粗糙结构来提高其疏水效果。基材表面要实现超疏水，必须要满足构建一定的表面粗糙结构（常见为微-纳米分层结构）和低表面自由能这两个条件。目前，超疏水处理的常用方法有浸/喷涂法、溶胶-凝胶法、刻蚀法、聚合法、化学气相沉积法、电化学层积法等[173]。

纤维素基材料应用广泛，近年来对纤维素基材料表面进行浸润改性引起了极大关注。纤维素表面含有大量的羟基，具有很强的亲水特性，限制了纤维素基材料的使用范围，如纤维素气凝胶和纤维素滤膜等多孔材料容易吸水导致微孔结构崩塌等。因此，需要进行疏水改性处理。简单来说，对于一些对疏水性要求不是很高的纤维素基材料，只要用低能物质进行处理，使其表面的亲水基团被疏水基团取代，即可实现其疏水性。常用的低能改性剂有硅氧烷类物质、含氟聚合物等。纳米纤维素作为一种绿色可再生的天然高分子材料，具有强度高、结晶度高、长径比大、比表面积大、可生物降解和生物相容性优异等优点，对其进行疏水和超疏水处理引起广泛关注。

通过浸渍法用低能物质季铵烷基铵对纳米纤维素进行功能化修饰，再制得疏水纳米纤维素薄膜，其水接触角可达100°[174]。利用甲基三甲氧基硅烷在一定条件下对纳米纤维素进行浸渍处理，与纳米纤维素上的羟基发生反应，并将疏水基团接枝到纳米纤维素上，然后通过冷冻干燥制得纳米纤维素气凝胶，同样也得到疏水表面，且有良好吸油能力[175]。通过点击化学的方法将聚己内酯二醇接枝到纳米纤维素表面，可提高其疏水性[176]。还可以通过简单地在有机溶液N-甲基-2-吡咯烷酮中加入烯基琥珀酸酐对纳米纤维素进行疏水处理[177]。另外，通过溶剂置换将纳米纤维素分散于乙酸乙酯中，然后与双乙烯酮均匀混合，在 1-甲基咪唑的催化下，于 130℃条件下养护 20h，也可制得疏水的纳米纤维素粉末[178]。通过冷干法制备纳米纤维素气凝胶，用甲基三氯硅烷作为低能物质通过化学气相沉淀法制得疏水的纳米纤维素气凝胶，水接触角可达 141°，能高效地进行油水分离[179]。

　　纳米纤维素的超疏水功能化修饰也取得了相应进展。利用纳米纤维素与碳酸钙染料混合液对滤纸进行浸涂，于滤纸上共同构建出表面粗糙结构，且混合液有良好的黏合作用，可让碳酸钙染料与滤纸纤维表面结合更好，再用烷基烯酮二聚体对滤纸浸涂降低表面能，便得到超疏水滤纸，且在一定范围内，纳米纤维素与碳酸钙染料的质量比对超疏水效果影响不明显；但如果不在混合液中加入纳米纤维素，则达不到超疏水效果，加入纳米纤维素后，表面粗糙度明显增加[180]。将纳米纤维素微球作为模型浸渍到 TiO_2 溶胶里，TiO_2 原位生长在纳米纤维素微纤丝表面，冷干后制得纳米纤维素多孔微球，低能改性后，纳米纤维素多孔微球显现出优异的超疏水性能[181]。通过冷冻干燥法制得高弹性纳米纤维素气凝胶，气凝胶轻质多孔，本身具有良好的粗糙结构，后期通过气相沉积用辛基三氯硅烷进行低表面能改性，制得超疏水和亲油表面[182]。基于聚乙烯醇/纳米纤维素复合气凝胶表面良好的粗糙结构，再利用甲基三氯硅烷通过化学气相沉积法对其表面进行低表面能处理制备超疏水气凝胶，聚乙烯醇的存在改善了产品的强度和韧性，且具有很强的油吸附能力，可用于吸收污染油等[183]。目前的研究多集中在纳米纤维素超疏水气凝胶方面，直接利用纳米纤维素作为主要物质来构筑超疏水涂层的研究相对较少。

（三）纳米纤维素阻燃气凝胶材料的研究进展

　　纳米纤维素气凝胶较低的导热系数使其在保温隔热材料上有着巨大的应用潜力，然而，天然纳米纤维素气凝胶材料在实际使用中仍面临着许多挑战。首先，纳米纤维素是一种亲水性的生物质高分子，纯纳米纤维素气凝胶表面含有大量羟基基团，使其极易吸收环境中的水分。其次，纳米纤维素气凝胶内部结构主要靠纤维素之间的氢键和物理纠缠连接在一起，整体力学强度低，尤其是回弹性差，在储存和使用过程中其不可避免地会受到一定的挤压作用，外力去除后如果内部结构变化较大，将导致其孔隙率、比表面积、导热系数等物理性能发生较大改变，它的使用性能必然受到影响；再次，纳米纤维素气凝胶比表面积大，表面化学环境活泼，相对其他生物质材料，更容易燃烧。以上这些不足导致其应用范围受到限制，因此，在保证纳米纤维素气凝胶具一定力学强度的基础上改善其阻燃性能的研究在该领域具有一定现实意义，对于扩展这种新型功能材料的应用领域至关重要。

　　目前，常见的纳米纤维素气凝胶力学性能改善方法主要有以下几种：控制成型条件、化学交联法和材料复合法等。在成型过程中，纳米纤维素悬浮液的浓度、冷冻条件、干燥方式等是影响气凝胶宏观/微观结构、表观密度、比表面积和孔隙率等物理性能的主要因素，而其结构和物理性能最终决定其机械性能。通过控制成型条件，能够有效地调控纳米纤维素气凝胶的微观结构，使其呈现出不同的力学性能。但由于纯纳米纤维素气凝胶的网络结构主要通过纤维素表面羟基形成的氢键及纳米纤维素之间的相互纠缠连接在一起，其低密度、高孔隙率的特性决定了气凝胶材料的低模量和低强度。因此，仅仅通过控制制备工艺来改善纳米纤维素气凝胶力学性能很难满足实际应用的要求。化学交联法，即通过在纳米纤维素水悬浮液中添加一种能在纤维素分子间起架桥作用的交联剂（1,4-丁二醇二缩水甘油醚、柠檬酸、1,2,3,4-丁烷四羧酸等），从而提高纳米纤维素中三维网络交联点的强度，达到改善其力学强度的效果，同时可以减少纳米纤维素表面的活性羟基数量，从而降低其吸湿性。另外，还可以通过在纳米纤维素气凝胶的网络结构骨架上引入有机或无机增强组分来提高骨架自身的强度，同时赋予纳米纤维素气凝胶某些特殊功能。该方法可以有效改善纳米纤维素气凝胶的力学强度，但较多情况下会牺牲其超轻的特性，并对其柔韧性产生负面影响，同时引入两相/多相界面结合问题，因此在提高气凝胶强度的同时保证其韧性（柔韧性）方面还有待进一步深入研究。

纳米纤维素保持着天然纤维素的基本化学结构和晶型结构，其燃烧特性遵循天然纤维素的特征。纤维素在高温下不熔融，遇明火后燃烧迅速，火焰蔓延快，烟气毒性较低。其燃烧主要经历三个阶段[184]，第一为热引发阶段，纤维素受到外部热/火源后发生相态变化和化学变化；第二为热降解阶段（280～350℃），当纤维素吸收的外部热量足以克服纤维素分子内原子间的键合能时，纤维素开始降解或热解，一般认为降解过程存在两个竞争反应，一个是脱水成炭，另一个是某些葡萄糖单元发生重排而形成左旋葡萄糖[185]，而左旋葡萄糖会进一步裂解生成易燃、可挥发的小分子物质，并形成二次焦炭；第三是引燃阶段，在氧气充足条件下，上一阶段产生的可燃性挥发气体与其充分混合，当达到着火极限时发生自燃，即可诱发纤维素的燃烧。以上裂解产物达到燃烧温度后会发生氧化反应，释放出大量热量，这些热量又促进了纤维素的继续热解和进一步燃烧，形成一个循环。

现有研究成果认为阻燃的基本原理是延缓材料的热分解过程，通过减少可燃性气体的生成阻碍气相燃烧过程中的基本反应，还可以通过吸收燃烧区域的热量、隔绝空气等阻碍燃烧进程。目前，纳米纤维素及其气凝胶的阻燃改性方法主要有化学接枝改性、直接添加法、原位复合无机纳米粒子等。例如，在纳米纤维素水悬浮液中加入一定量的氧化石墨烯、海泡石和硼酸，采用冷冻-铸造法并通过控制冷冻速率制备了一种各向异性、孔结构均匀规整的超轻泡沫材料。研究发现，和含有卤素阻燃剂的聚合物泡沫相比，该纳米纤维素基气凝胶具有更高的氧指数（34%）和更好的阻燃性能；轴向方向上的机械强度也较纯纳米纤维素气凝胶显著提高，其比强度可达到77kN·m/kg；同时其径向方向上的导热系数低至15.2mW/(m·K)，明显低于空气在常温下的导热系数[23mW/(m·K)]和目前常用的合成聚合物基泡沫保温材料的导热系数[18～50mW/(m·K)][186]。采用次磷酸铵/尿素体系对亚硫酸盐溶解纸浆纤维实现了磷酸化改性，然后用其制备成直径约为3nm的磷酸化纳米纤维素，研究发现磷酸化纳米纤维素上的磷酸基团可以明显改善其阻燃性能，由该磷酸化纳米纤维素制备的纳米纸片被点燃后在空气中具有良好的自熄性能[187]。通过控制pH研究硼酸和纳米纤维素之间化学交联的关系，结果发现，pH依赖性的分子途径对纳米纤维素气凝胶的阻燃性有很大的影响。固态核磁共振表明，在碱性条件下形成了热稳定的硼酸酯键交联结构，硼酸交联可以改变纳米纤维素的热降解途径，可以将纤维素结构转化为稳定的芳香苯环。同时发现，在碱性条件下制备的纳米纤维素/硼酸/海泡石/纳米黏土复合多孔材料在锥形量热仪测试中没有被点燃，经过长时间热辐射暴露后仍能保持其结构的完整性[188]。将纳米纤维素和二氧化硅纳米颗粒复合还可以制备宏观阻燃纤维。将纳米纤维素的水悬浮液在酸性 pH 条件下挤压到含有二氧化硅纳米颗粒的混凝浴中制成直径约为 15μm 的混合纤维，该纤维具有一定的阻燃性能[189]。通过在纳米纤维素悬浮液中加入有机硅和聚多巴胺可以制备出力学、隔热、阻燃性能良好的纳米纤维素气凝胶。该材料具有较高的压缩强度（76.6～135.8kPa）、较低的密度（15.1～28.5mg/cm^3）和导热系数[46mW/（m·K）]，而极限氧指数可高达 29.5，表现出良好的阻燃特性[190]。

（四）纳米纤维素储能材料的研究进展

由于纳米纤维素具有高强度、高比表面积、低热膨胀系数、易交织成网状结构等特点，其作为基体材料在柔性屏幕、透明传感器及储能器件方面发展迅速。按照储能机理的不同，导电储能活性物质主要包括导电高分子（聚吡咯、聚苯胺等）、金属氧化物（二氧化锰、二氧化钛、氧化锌等）和碳材料（碳纳米管、石墨烯等）。由于纳米材料形态特征的差异性，纳米纤维素与导电储能活性物质可以形成具不同微观尺度和结构特性的导电储能复合材料。在研究领域上，导电高分子/纳米纤维素复合材料主要用于电致变色器件、电化学传感器及驱动器、超级电容器等研究领域，尤其是应用于赝电容超级电容器，表现出更出色的比容量；碳材料与纳米纤维素形成的复合材料，可作为柔性电极用于柔性电池、柔性超级电容器等电子器件领域；金属氧化物纳米粒子具有独特的磁性、光学、压电等性能，其纳米纤维素复合材料在光电材料、太阳能电池等领域具有应用价值[191]。

正是由于纳米纤维素易于成膜与凝胶化，具有高吸水性、溶胀性、生物相容性等特性，其才可以作为结构稳定与机械性能优良的载体材料或者骨架支撑材料，并与上述各类具有特定导电、储能性能的无机或有机纳米材料相互融合在一起，进而产生具有高导电性、光电转换性、电化学氧化还原特性的特殊功能材料。在制备方法上，导电高分子不但可以通过溶液分散方式与纳米纤维素形成导电储能膜材料，还可以通过原位聚合方式与纳米纤维素形成导电储能复合材料；而棒状的碳纳米管、片状的石墨烯及颗粒状的金属氧化物主要是通过溶液分散方法在纳米纤维素中形成稳定溶液或水凝胶，进一步通过溶剂挥发、过滤、冷冻干燥或超临界干燥等方法得到导电和储能性能良好的薄膜材料或者气凝胶材料，还可以通过层层自组装技术得到透明导电膜材料。

层层自组装（layer-by-layer assembly）技术最早由 Ralph K. Iler 提出[192]。1992 年，Gero Decher 提出了基于静电作用驱动力的层层自组装技术[193]。层层自组装技术可以在纳米尺度上调节和控制沉积在基体上物质的厚度，基体材料和沉积物质具有广泛选择性，且实验操作简单，可应用于聚合物膜的组装、锂离子电池、燃料电池、超级电容器、多孔交换膜及生物医药微胶囊、组织工程学等领域。层层自组装过程中组装物质之间的作用力是非共价键相互作用力，包括氢键、共价键、配位键、π-π 堆叠作用及静电作用驱动等。利用层层自组装技术将纳米纤维素与导电储能活性物质相结合形成的先进导电储能材料，纳米活性物质的大小、尺寸等微观形貌获得有效控制，并表现出良好的电化学性能，可应用在超级电容器、锂离子电池等能源器件上[194]。以 ITO 玻璃为基体，层层自组装聚苯胺纳米颗粒和硫酸酯基修饰的纳米纤维素形成纳米复合薄膜,纳米纤维素在复合材料中起到骨架支撑作用。该纳米复合薄膜逐层沉积的厚度可控,电化学性能方面具有明显的聚苯胺氧化还原特性[195]。利用纳米纤维素的良好分散性能,使其与羧基化单壁碳纳米管混合形成具有优良稳定性的悬浮液,然后再利用层层自组装技术与阳离子聚电解质聚丙烯胺盐酸盐层层复合,形成多层纳米复合薄膜。该薄膜单层厚度约为17nm,具有良好的导电性能,可应用于超薄储能器件领域[196]。

纳米纤维素形成的薄膜,具有强度高、热膨胀系数低、柔性良好、质轻、可弯曲等特点,可将其作为层层自组装的柔性基体,经过多种组装材料的层层自组装后既能得到柔性、轻便、可弯曲的复合膜,又能使其结构具有层级性、可控性等特点。相关研究表明以纳米纤维素膜为基体的多层导电复合膜表现出良好的电化学性能,具有柔性、质轻、可弯曲等特点,在电子器件、智能可穿戴设备、小型便携传感器等方面具有潜在应用价值。以二价铜离子(Cu^{2+})为络合剂、纳米纤维素薄膜为基体来组装氧化石墨烯,经氢碘酸还原后得到透明性良好和可弯曲的柔性导电薄膜,将其组装成柔性透明的超级电容器器件,透光率达到56%(550nm),而且该超级电容器器件表现出良好的电化学性能,面积比容量可达到1.73mF/cm^2,经过5000次循环后电容保持率超过80%,该导电薄膜在柔性透明电子器件方面具有潜在的应用价值[197]。

相比于纳米纤维素膜或纳米纤维素纸,纳米纤维素气凝胶具有高比表面积、多孔性、低密度、低热导率等优点,以其为基体层层自组装时,多孔结构有利于吸附和沉积更多的组装材料。特别是在储能领域,这一优势将更加突出。以气凝胶为基体组装导电活性物质形成的气凝胶电极,其多孔结构能够吸附更多的电解液,并为电子传输、离子扩散提供更多的通道。将经丁烷四羧酸交联后的纳米纤维素气凝胶作为基体,层层组装聚醚酰亚胺和碳纳米管形成纳米纤维素气凝胶电极材料,以此气凝胶电极材料组装了超级电容器器件,经电化学测试发现该器件的比容量为(419±17)F/g,比将碳纳米管涂覆在纸张(200F/g)、碳纸(104F/g)上及碳纳米管自身层层自组装得到的自支撑膜(159F/g)的值都要高,表明以层层自组装技术制备气凝胶电极材料,能提高导电活性物质的吸附能力和电化学性能[198]。以交联型纳米纤维素气凝胶微球为层层自组装的基体,与聚醚酰亚胺、碳纳米管进行组装得到的气凝胶材料,均具有明显的多孔结构,且层层自组装过程并未造成气凝胶结构的塌陷。研究发现,气凝胶微球的导电性随着沉积层数的增加而增大,组装5次的气凝胶微球电导率可达到1.6mS/cm,电流密度可达2kA/cm^2。另外,将气凝胶微球压缩至其体积的45%时,其形状结构依然能够保持完整,且导电性不受材料压缩的影响。将组装5次的气凝胶微球作为超级电容器的电极材料时,测得比容量为9.8F/g;在50次充放电循环后比容量损失较少,循环稳定性好[199]。以具有纳米纤维交联结构的纳米纤维素纤丝气凝胶为载体,通过层层自组装方式将纳米活性材料PANI、石墨烯、羧基化碳纳米管组装其上得到结构有序的有机-无机杂化纳米复合电极,可用于制备大容量柔性超级电容器器件,在聚乙烯醇/磷酸(PVA/H$_3$PO$_4$)电解质中的面积比容量可达到1.59F/cm^{2}和1.46F/cm^2,并具有良好的耐久性和柔性。层层自组装方法为制备具良好纳米结构的绿色和柔性储能器件提供了简单而有效的方法[200]。

参 考 文 献

[1] 张立德, 牟季美. 纳米材料和纳米结构[M]. 北京: 科学出版社, 2002.

[2] 张中太, 林元华, 唐子龙, 等. 纳米材料及其技术的应用前景[J]. 材料工程, 2000, 3(7): 42-48.

[3] 石士考. 纳米材料的特性及其应用[J]. 大学化学, 2001, 16(2): 39-42.

[4] 朱屯, 王福明, 王习东, 等. 国外纳米材料技术进展与应用[M]. 北京: 化学工业出版社, 2002.

[5] Ball P, Garwin L. Science at the atomic scale[J]. Nature, 1992, 355: 761-766.

[6] 齐晓华, 佟慧, 徐翠艳. 纳米材料量子尺寸效应的理解及应用[J]. 渤海大学学报(自然科学版), 2006, 27(4): 362-363.

[7] Awschalom D D, DiVincenzo D P, Smyth J F. Macroscopic quantum effects in nanometer-scale magnets[J]. Science, 1992, 258(5081): 414-421.

[8] Klemm D, Schumann D, Kramer F, et al. Nanocellulose materials-different cellulose, different functionality[J]. Macromolecular Symposia, 2009, 280(1): 60-71.

[9] Klemm D, Kramer F, Moritz S, et al. Nanocelluloses: a new family of nature-based materials[J]. Angewandte Chemie International Edition, 2011, 50(24): 5438-5466.

[10] Saito T, Hirota M, Tamura N, et al. Individualization of nano-sized plant cellulose fibrils by direct surface carboxylation using TEMPO catalyst under neutral conditions[J]. Biomacromolecules, 2009, 10(7): 1992-1996.

[11] Sakurada I, Nukushina Y, Ito T. Experimental determination of the elastic modulus of crystalline regions in oriented polymers[J]. Journal of Polymer Science, 1962, 57(165): 651-660.

[12] Nogi M, Iwamoto S, Nakagaito A N, et al. Optically transparent nanofiber paper[J]. Advanced Materials, 2009, 21(16): 1595-1598.

[13] Nakagaito A N, Yano H. The effect of morphological changes from pulp fiber towards nano-scale fibrillated cellulose on the mechanical properties of high-strength plant fiber based composites[J]. Applied Physics A, 2004, 78(4): 547-552.

[14] Heinze T, Petzold K. Cellulose Chemistry: Novel Products and Synthesis Paths[M]. Amsterdam: Elsevier, 2008.

[15] Bondeson D, Mathew A, Oksman K. Optimization of the isolation of nanocrystals from microcrystalline cellulose by acid hydrolysis[J]. Cellulose, 2006, 13(2): 171-180.

[16] Stelte W, Sanadi A R. Preparation and characterization of cellulose nanofibers from two commercial hardwood and softwood pulps[J]. Industrial & Engineering Chemistry Research, 2009, 48(24): 11211-11219.

[17] Eichhorn S J. Cellulose nanowhiskers promising materials for advanced applications[J]. Soft Matter, 2011, 7: 303-315.

[18] Dufresne A, Cavaillé J Y, Vignon M R. Mechanical behavior of sheets prepared from sugar beet cellulose microfibrils[J]. Journal of Applied Polymer Science, 1997, 64(6): 1185-1194.

[19] Saito T, Kimura S, Nishiyama Y, et al. Cellulose nanofibers prepared by TEMPO-mediated oxidation of native cellulose[J]. Biomacromolecules, 2007, 8(8): 2485-2491.

[20] Saito T, Kuramae R, Wohlert J, et al. An ultrastrong nanofibrillar biomaterial: the strength of single cellulose nanofibrils revealed via sonication-induced fragmentation[J]. Biomacromolecules, 2012, 14(1): 248-253.

[21] Habibi Y, Goffin A L, Schiltz N, et al. Bionanocomposites based on poly (ε-caprolactone)-grafted cellulose nanocrystals by ring-opening polymerization[J]. Journal of Materials Chemistry, 2008, 18(41): 5002-5010.

[22] Kaushik M, Fraschini C, Chauve G, et al. Transmission electron microscopy for the characterization of cellulose nanocrystals[M] //Kaushik M, Fraschini C, Chauve G, et al. The Transmission Electron Microscope-Theory and Applications. London: IntechOpen, 2015.

[23] Brito B S L, Pereira F V, Putaux J L, et al. Preparation, morphology and structure of cellulose nanocrystals from bamboo fibers[J]. Cellulose, 2012, 19(5): 1527-1536.

[24] 黄彪, 卢麒麟, 唐丽荣. 纳米纤维素的制备及应用研究进展[J]. 林业工程学报, 2016, 1(5): 1-9.

[25] Chakraborty A, Sain M, Kortschot M. Cellulose microfibrils: a novel method of preparation using high shear refining and cryocrushing[J]. Holzforschung, 2005, 59(1): 102-107.

[26] Iwamoto S, Abe K, Yano H. The effect of hemicelluloses on wood pulp nanofibrillation and nanofiber network characteristics[J]. Biomacromolecules, 2008, 9(3): 1022-1026.

[27] Wågberg L, Decher G, Norgren M, et al. The build-up of polyelectrolyte multilayers of microfibrillated cellulose and cationic polyelectrolytes[J]. Langmuir, 2008, 24(3): 784-795.

[28] Pääkkö M, Ankerfors M, Kosonen H, et al. Enzymatic hydrolysis combined with mechanical shearing and high-pressure homogenization for nanoscale cellulose fibrils and strong gels[J]. Biomacromolecules, 2007, 8(6): 1934-1941.

[29] Henriksson M, Henriksson G, Berglund L A, et al. An environmentally friendly method for enzyme-assisted preparation of microfibrillated cellulose (MFC) nanofibers[J]. European Polymer Journal, 2007, 43(8): 3434-3441.

[30] Janardhnan S, Sain M M. Isolation of cellulose microfibrils—an enzymatic approach[J]. Bioresources, 2007, 1(2): 176-188.

[31] Saito T, Kimura S, Nishiyama Y, et al. Cellulose nanofibers prepared by TEMPO-mediated oxidation of native cellulose[J]. Biomacromolecules, 2007, 8(8): 2485-2491.

[32] Fukuzumi H, Saito T, Iwata T, et al. Transparent and high gas barrier films of cellulose nanofibers prepared by TEMPO-mediated oxidation[J]. Biomacromolecules, 2008, 10(1): 162-165.

[33] Isogai A, Saito T, Fukuzumi H. TEMPO-oxidized cellulose nanofibers[J]. Nanoscale, 2011, 3(1): 71-85.

[34] Ishii D, Saito T, Isogai A. Viscoelastic evaluation of average length of cellulose nanofibers prepared by TEMPO-mediated oxidation[J]. Biomacromolecules, 2011, 12(3): 548-550.

[35] Šturcová A, Davies G R, Eichhorn S J. Elastic modulus and stress-transfer properties of tunicate cellulose whiskers[J]. Biomacromolecules, 2005, 6(2): 1055-1061.

[36] Rusli R, Shanmuganathan K, Rowan S J, et al. Stress transfer in cellulose nanowhisker composites influence of whisker aspect ratio and surface charge[J]. Biomacromolecules, 2011, 12(4): 1363-1369.

[37] 林凤采, 卢麒麟, 卢贝丽, 等. 纳米纤维素及其聚合物纳米复合材料的研究进展[J]. 化工进展, 2018, 37(9): 3454-3470.

[38] Ngu T A, Li Z. Phosphotungstic acid-functionalized magnetic nanoparticles as an efficient and recyclable catalyst for the one-pot production of biodiesel from grease via esterification and transesterification[J]. Green Chemistry, 2014, 16(3): 1202-1210.

[39] Lu Q, Cai Z, Lin F, et al. Extraction of cellulose nanocrystals with a high yield of 88% by simultaneous mechanochemical activation and phosphotungstic acid hydrolysis[J]. ACS Sustainable Chemistry & Engineering, 2016, 4(4): 2165-2172.

[40] 卢麒麟. 巨菌草制备纳米纤维素的研究[D]. 福州: 福建农林大学硕士学位论文, 2013.

[41] Tang L, Huang B, Ou W, et al. Manufacture of cellulose nanocrystals by cation exchange resin-catalyzed hydrolysis of cellulose[J]. Bioresource Technology, 2011, 102(23): 10973-10977.

[42] Yang W, Kenny J M, Puglia D. Structure and properties of biodegradable wheat gluten bionanocomposites containing lignin nanoparticles[J]. Industrial Crops and Products, 2015, 74: 348-356.

[43] Vanholme R, Morreel K, Ralph J, et al. Lignin engineering[J]. Current Opinion in Plant Biology, 2008, 11(3): 278-285.

[44] Laurichesse S, Avérous L. Chemical modification of lignins: towards biobased polymers[J]. Progress in Polymer Science, 2014, 39(7): 1266-1290.

[45] Lievonen M, Valle-Delgado J J, Mattinen M L, et al. A simple process for lignin nanoparticle preparation[J]. Green Chemistry, 2016, 18(5): 1416-1422.

[46] Cazacu G, Pascu M C, Profire L, et al. Lignin role in a complex polyolefin blend[J]. Industrial Crops and Products, 2004, 20(2): 261-273.

[47] Fernandes D M, Hechenleitner A A W, Job A E, et al. Thermal and photochemical stability of poly (vinyl alcohol) /modified lignin blends[J]. Polymer Degradation and Stability, 2006, 91(5): 1192-1201.

[48] 熊福全, 韩雁明, 王思群, 等. 纳米木质素的制备及应用研究现状[J]. 高分子材料科学与工程, 2016, 32(12): 156-161.

[49] 熊凯, 金灿, 霍淑平, 等. 木质素纳米化技术的研究进展[J]. 化工新型材料, 2015, 43(10): 33-36.

[50] 张文心, 张涛, 沈青. 木质素基纳米材料的研究进展[J]. 高分子通报, 2009(9): 32-37.

[51] Baurhoo B, Ruiz-Feria C A, Zhao X. Purified lignin: nutritional and health impacts on farm animals—a review[J]. Animal Feed Science and Technology, 2008, 144(3-4): 175-184.

[52] Ugartondo V, Mitjans M, Vinardell M P. Comparative antioxidant and cytotoxic effects of lignins from different sources[J]. Bioresource Technology, 2008, 99(14): 6683-6687.

[53] 黄燕. 静电纺木质素/醋酸纤维素微纳米纤维及其对重金属离子的吸附研究[D]. 广州: 华南理工大学硕士学位论文, 2012.

[54] 张静. 超细木质素粉末的制备及其在橡胶中的应用[J]. 特种橡胶制品, 2002, 23(6): 29-31.

[55] Frangville C, Rutkevičius M, Richter A P, et al. Fabrication of environmentally biodegradable lignin nanoparticles[J]. Chem Phys Chem, 2012, 13(18): 4235-4243.

[56] Qian Y, Deng Y, Qiu X, et al. Formation of uniform colloidal spheres from lignin, a renewable resource recovered from pulping spent liquor[J]. Green Chemistry, 2014, 16(4): 2156-2163.

[57] Myint A A, Lee H W, Seo B, et al. One pot synthesis of environmentally friendly lignin nanoparticles with compressed liquid carbon dioxide as an antisolvent[J]. Green Chemistry, 2016, 18(7): 2129-2146.

[58] Xiong F, Han Y, Wang S, et al. Preparation and formation mechanism of size-controlled lignin nanospheres by self-assembly[J]. Industrial Crops and Products, 2017, 100: 146-152.

[59] Nair S S, Sharma S, Pu Y, et al. High shear homogenization of lignin to nanolignin and thermal stability of Nanolignin-Polyvinyl alcohol blends[J]. Chem Sus Chem, 2014, 7(12): 3513-3520.

[60] Gilca I A, Popa V I, Crestini C. Obtaining lignin nanoparticles by sonication[J]. Ultrasonics Sonochemistry, 2015, 23: 369-375.

[61] 赵广杰. 木材中的纳米尺度、纳米木材及木材-无机纳米复合材料[J]. 北京林业大学学报, 2002, 24(5): 204-207.

[62] 李坚, 邱坚. 纳米技术及其在木材科学中的应用前景(Ⅱ)——纳米复合材料的结构、性能和应用[J]. 东北林业大学学报, 2003, 31(2): 1-3.

[63] 崔会旺, 杜官本. 纳米材料在木材工业中的应用[J]. 中国人造板, 2008, 15(1): 5-8.

[64] 田翠花, 吴义强, 罗莎, 等. 纳米材料与纳米技术在功能性木材中的应用[J]. 世界林业研究, 2015, 28(1): 61-66.

[65] 许民, 李凤竹, 王佳贺, 等. CuO-ZnO 纳米复合防腐剂对杨木抑菌性能的影响[J]. 西南林业大学学报, 2014, (1): 87-92.

[66] 孙丰波, 余雁, 江泽慧, 等. 竹材的纳米 TiO₂ 改性及抗菌防霉性能研究[J]. 光谱学与光谱分析, 2010, 30(4): 1056-1060.

[67] 于泽, 高鹤, 郑恺, 等. 纳米氧化锰表面功能化木材的制备及性质[J]. 高等学校化学学报, 2017, 38(9): 1518-1523.

[68] 高鹤, 梁大鑫, 李坚, 等. 纳米 TiO₂-ZnO 二元负载木材的制备及性质[J]. 高等学校化学学报, 2016, 37(6): 1075-1081.

[69] 马海云, 宋平安, 方征平. 纳米阻燃高分子材料: 现状、问题及展望[J]. 中国科学: 化学, 2011, (2): 314-327.

[70] Dong Y, Yan Y, Zhang S, et al. Flammability and physical-mechanical properties assessment of wood treated with furfuryl alcohol and nano-SiO₂[J]. European Journal of Wood and Wood Products, 2015, 73(4): 457-464.

[71] 杨优优, 卢凤珠, 鲍滨福, 等. 载银二氧化钛纳米抗菌剂处理竹材和马尾松的防霉和燃烧性能[J]. 浙江农林大学学报, 2012, 29(6): 910-916.

[72] 毛丽婷, 汪洋, 朱丽虹. TiO₂/木材复合材料的制备及其性能研究[J]. 林产工业, 2015, 42(7): 21-25.

[73] Hsieh C T, Chang B S, Lin J Y. Improvement of water and oil repellency on wood substrates by using fluorinated silica nanocoating[J]. Applied Surface Science, 2011, 257(18): 7997-8002.

[74] Manoudis P N, Karapanagiotis I, Tsakalof A, et al. Superhydrophobic composite films produced on various substrates[J]. Langmuir, 2008, 24(19): 11225-11232.

[75] 卢茜, 胡英成. 层层自组装 SiO₂/木材复合材料的超疏水性及其形成机制[J]. 功能材料, 2016, 47(7): 7109-7113.

[76] Sun Q, Lu Y, Liu Y. Growth of hydrophobic TiO₂ on wood surface using a hydrothermal method[J]. Journal of Materials Science, 2011, 46(24): 7706-7712.

[77] Wang S, Liu C, Liu G, et al. Fabrication of superhydrophobic wood surface by a sol-gel process[J]. Applied Surface Science, 2011, 258(2): 806-810.

[78] Tian G L, Yu Y, Wang G, et al. Preliminary study on superhydrophobic modification of bamboo[J]. Journal of Beijing Forestry University, 2010, 32(3): 166-169.

[79] Liu C, Wang S, Shi J, et al. Fabrication of superhydrophobic wood surfaces via a solution-immersion process[J]. Applied Surface Science, 2011, 258(2): 761-765.

[80] 董友明, 张世锋, 李建章. 木材细胞壁增强改性研究进展[J]. 林业工程学报, 2017, (4): 34-39.

[81] 沈德君, 周丛礼. 纳米复合材料改性杨木木材的物理力学性能[J]. 东北林业大学学报, 2009, 37(3): 53-54.

[82] 张南南, 袁光明, 陈超. 水基纳米碳酸钙表面改性及其对杉木的增强效应[J]. 中南林业科技大学学报, 2012, (1): 79-82.

[83] Merk V, Chanana M, Keplinger T, et al. Hybrid wood materials with improved fire retardance by bio-inspired mineralisation on the nano-and submicron level[J]. Green Chemistry, 2015, 17(3): 1423-1428.

[84] Wang W, Zhu Y, Cao J, et al. Improvement of dimensional stability of wood by *in situ* synthesis of organo-montmorillonite: preparation and properties of modified Southern pine wood[J]. Holzforschung, 2014, 68(1): 29-36.

[85] 吕少一, 傅峰, 郭丽敏, 等. 柔性薄木/纳米碳材料复合电极的微观结构与电导性能[J]. 林业科学, 2017, 53(11): 150-156.

[86] Lv S, Fu F, Wang S, et al. Eco-friendly wood-based solid-state flexible supercapacitors from wood transverse section slice and reduced graphene oxide[J]. Electronic Materials Letters, 2015, 11(4): 633-642.

[87] Lv S, Fu F, Wang S, et al. Novel wood-based all-solid-state flexible supercapacitors fabricated with a natural porous wood slice and polypyrrole[J]. RSC Advances, 2015, 5(4): 2813-2818.

[88] Lyu S, Chen Y, Han S, et al. Natural sliced wood veneer as a universal porous lightweight substrate for supercapacitor electrode materials[J]. RSC Advances, 2017, 7(86): 54806-54812.

[89] Liu K K, Jiang Q, Tadepalli S, et al. Wood-graphene oxide composite for highly efficient solar steam generation and desalination[J]. ACS Applied Materials & Interfaces, 2017, 9(8): 7675-7681.

[90] Zhu M, Li Y, Chen F, et al. Plasmonic wood for high-efficiency solar steam generation[J]. Advanced Energy Materials, 2018, 8(4): 1701028.

[91] Chen F, Gong A S, Zhu M, et al. Mesoporous, three-dimensional wood membrane decorated with nanoparticles for highly efficient water treatment[J]. ACS Nano, 2017, 11(4): 4275-4282.

[92] 王汉伟, 孙庆丰, 盛成皿, 等. 木材趋磁性仿生矿化形成及微波吸收性能[J]. 科技导报, 2017, (35): 71-76.

[93] Trey S, Olsson R T, Ström V, et al. Controlled deposition of magnetic particles within the 3-D template of wood: making use of the natural hierarchical structure of wood[J]. RSC Advances, 2014, 4(67): 35678-35685.

[94] Dufresne A. Nanocellulose: a new ageless bionanomaterial[J]. Materials Today, 2013, 16(6): 220-227.

[95] 王文俊, 邵自强, 张凤侠, 等. 以纳米纤维素晶须悬浮液为原料制备纳米硝化棉[J]. 火炸药学报, 2011, 34(2): 73-76.

[96] 王文俊, 冯蕾, 邵自强, 等. 纳米纤维素晶须/硝化纤维素复合材料的制备与力学性能研究[J]. 兵

工学报, 2012, 33(10): 1173-1177.

[97] Sassi J F, Chanzy H. Ultrastructural aspects of the acetylation of cellulose[J]. Cellulose, 1995, 2(2): 111-127.

[98] Yuan H, Nishiyama Y, Wada M, et al. Surface acylation of cellulose whiskers by drying aqueous emulsion[J]. Biomacromolecules, 2006, 7(3): 696-700.

[99] Berlioz S, Molina-Boisseau S, Nishiyama Y, et al. Gas-phase surface esterification of cellulose microfibrils and whiskers[J]. Biomacromolecules, 2009, 10(8): 2144-2151.

[100] Biyani M V, Foster E J, Weder C. Light-healable supramolecular nanocomposites based on modified cellulose nanocrystals[J]. ACS Macro Letters, 2013, 2(3): 236-240.

[101] Nielsen L J, Eyley S, Thielemans W, et al. Dual fluorescent labelling of cellulose nanocrystals for pH sensing[J]. Chemical Communications, 2010, 46(47): 8929-8931.

[102] Andresen M, Johansson L S, Tanem B S, et al. Properties and characterization of hydrophobized microfibrillated cellulose[J]. Cellulose, 2006, 13(6): 665-677.

[103] Yano S, Maeda H, Nakajima M, et al. Preparation and mechanical properties of bacterial cellulose nanocomposites loaded with silica nanoparticles[J]. Cellulose, 2008, 15(1): 111-120.

[104] Gu Y, Liu X, Niu T, et al. Superparamagnetic hierarchical material fabricated by protein molecule assembly on natural cellulose nanofibres[J]. Chemical Communications, 2010, 46(33): 6096-6098.

[105] Pacaphol K, Aht-Ong D. The influences of silanes on interfacial adhesion and surface properties of nanocellulose film coating on glass and aluminum substrates[J]. Surface and Coatings Technology, 2017, 320: 70-81.

[106] Littunen K, Hippi U, Johansson L S, et al. Free radical graft copolymerization of nanofibrillated cellulose with acrylic monomers[J]. Carbohydrate Polymers, 2011, 84(3): 1039-1047.

[107] 周刘佳, 叶代勇. 丙烯酸单体接枝纳米纤维素晶须的研究[J]. 精细化工, 2010, 27(7): 720-725.

[108] 叶代勇, 伊双莉. 纤维素纳米晶须表面紫外光接枝丙烯酸及其吸附 Cu^{2+}[J]. 功能材料, 2014, (5): 5097-5101.

[109] Kloser E, Gray D G. Surface grafting of cellulose nanocrystals with poly (ethylene oxide) in aqueous media[J]. Langmuir, 2010, 26(16): 13450-13456.

[110] Goffin A L, Habibi Y, Raquez J M, et al. Polyester-grafted cellulose nanowhiskers: a new approach for tuning the microstructure of immiscible polyester blends[J]. ACS Applied Materials & Interfaces, 2012, 4(7): 3364-3371.

[111] Cheng D, Wen Y, Wang L, et al. Adsorption of polyethylene glycol (PEG) onto cellulose nano-crystals to improve its dispersity[J]. Carbohydrate Polymers, 2015, 123: 157-163.

[112] Mangalam A P, Simonsen J, Benight A S. Cellulose/DNA hybrid nanomaterials[J]. Biomacromolecules, 2009, 10(3): 497-504.

[113] Azzam F, Heux L, Putaux J L, et al. Preparation by grafting onto, characterization, and properties of thermally responsive polymer-decorated cellulose nanocrystals[J]. Biomacromolecules, 2010, 11(12): 3652-3659.

[114] Wang J S, Matyjaszewski K. Controlled/"living" radical polymerization. atom transfer radical polymerization in the presence of transition-metal complexes[J]. Journal of the American Chemical Society, 1995, 117(20): 5614-5615.

[115] Morandi G, Heath L, Thielemans W. Cellulose nanocrystals grafted with polystyrene chains through surface-initiated atom transfer radical polymerization (SI-ATRP)[J]. Langmuir, 2009, 25(14): 8280-8286.

[116] 尹园园, 田秀枝, 朱春波, 等. 聚苯乙烯改性纤维素纳米晶体对聚甲基丙烯酸甲酯热稳定性的增强作用[J]. 南京林业大学学报(自然科学版), 2016, 40(5): 138-142.

[117] Zoppe J O, Habibi Y, Rojas O J, et al. Poly (N-isopropylacrylamide) brushes grafted from cellulose nanocrystals via surface-initiated single-electron transfer living radical polymerization[J]. Biomacromolecules, 2010, 11(10): 2683-2691.

[118] 吴伟兵, 徐朝阳, 庄志良, 等. 单电子转移活性自由基聚合制备温敏型荧光纤维素纳米晶[J]. 高

分子学报, 2015, (3): 338-345.

[119] Filpponen I, Argyropoulos D S. Regular linking of cellulose nanocrystals via click chemistry: synthesis and formation of cellulose nanoplatelet gels[J]. Biomacromolecules, 2010, 11(4): 1060-1066.

[120] 熊福全, 韩雁明, 李改云, 等. 点击化学在木质纤维素化学修饰中的研究现状[J]. 林业科学, 2016, 52(3): 90-96.

[121] Pahimanolis N, Hippi U, Johansson L S, et al. Surface functionalization of nanofibrillated cellulose using click-chemistry approach in aqueous media[J]. Cellulose, 2011, 18(5): 1201.

[122] Tingaut P, Hauert R, Zimmermann T. Highly efficient and straightforward functionalization of cellulose films with thiol-ene click chemistry[J]. Journal of Materials Chemistry, 2011, 21(40): 16066-16076.

[123] 张修强, 董莉莉, 朱金陵, 等. RAFT 及点击化学结合制备双敏感型纳米纤维素接枝共聚物及其性能研究[J]. 河南科学, 2016, 34(10): 1643-1649.

[124] 吴巧妹, 陈燕丹, 黄彪, 等. 无机纳米相-纳米纤维素杂化纳米材料的研究进展[J]. 生物质化学工程, 2014, 48(1): 28-36.

[125] Koga H, Tokunaga E, Hidaka M, et al. Topochemical synthesis and catalysis of metal nanoparticles exposed on crystalline cellulose nanofibers[J]. Chemical Communications, 2010, 46(45): 8567-8569.

[126] Azetsu A, Koga H, Isogai A, et al. Synthesis and catalytic features of hybrid metal nanoparticles supported on cellulose nanofibers[J]. Catalysts, 2011, 1(1): 83-96.

[127] Eisa W H, Abdelgawad A M, Rojas O J. Solid-state synthesis of metal nanoparticles supported on cellulose nanocrystals and their catalytic activity[J]. ACS Sustainable Chemistry & Engineering, 2018, 6(3): 3974-3983.

[128] Fortunati E, Armentano I, Zhou Q, et al. Multifunctional bionanocomposite films of poly (lactic acid), cellulose nanocrystals and silver nanoparticles[J]. Carbohydrate Polymers, 2012, 87(2): 1596-1605.

[129] Liu H, Wang D, Song Z, et al. Preparation of silver nanoparticles on cellulose nanocrystals and the application in electrochemical detection of DNA hybridization[J]. Cellulose, 2011, 18(1): 67-74.

[130] Lokanathan A R, Uddin K M A, Rojas O J, et al. Cellulose nanocrystal-mediated synthesis of silver nanoparticles: role of sulfate groups in nucleation phenomena[J]. Biomacromolecules, 2013, 15(1): 373-379.

[131] 李慧媛, 吴清林, 周定国. 纳米二氧化硅/纳米纤维素复合材料制备及性能分析[J]. 农业工程学报, 2015, 31(7): 299-303.

[132] 付菁菁, 何春霞, 王思群. 浸渍过程对纳米纤维素/二氧化硅复合气凝胶结构与性能研究[J]. 光谱学与光谱分析, 2017, (7): 2019-2023.

[133] Fu J, Wang S, He C, et al. Facilitated fabrication of high strength silica aerogels using cellulose nanofibrils as scaffold[J]. Carbohydrate Polymers, 2016, 147: 89-96.

[134] Schütz C, Sort J, Bacsik Z, et al. Hard and transparent films formed by nanocellulose-TiO$_2$ nanoparticle hybrids[J]. Plos One, 2012, 7(10): e45828.

[135] Kettunen M, Silvennoinen R J, Houbenov N, et al. Photoswitchable superabsorbency based on nanocellulose aerogels[J]. Advanced Functional Materials, 2011, 21(3): 510-517.

[136] Korhonen J T, Kettunen M, Ras R H A, et al. Hydrophobic nanocellulose aerogels as floating, sustainable, reusable, and recyclable oil absorbents[J]. ACS Applied Materials & Interfaces, 2011, 3(6): 1813-1816.

[137] Martins N C T, Freire C S R, Neto C P, et al. Antibacterial paper based on composite coatings of nanofibrillated cellulose and ZnO[J]. Colloids and Surfaces A: Physicochemical and Engineering Aspects, 2013, 417: 111-119.

[138] Ye S, Zhang D, Liu H, et al. ZnO nanocrystallites/cellulose hybrid nanofibers fabricated by electrospinning and solvothermal techniques and their photocatalytic activity[J]. Journal of Applied Polymer Science, 2011, 121(3): 1757-1764.

[139] Lefatshe K, Muiva C M, Kebaabetswe L P. Extraction of nanocellulose and *in-situ* casting of ZnO/cellulose nanocomposite with enhanced photocatalytic and antibacterial activity[J]. Carbohydrate

Polymers, 2017, 164: 301-308.

[140] Chen J, Hamon M A, Hu H, et al. Solution properties of single-walled carbon nanotubes[J]. Science, 1998, 282(5386): 95-98.

[141] Koga H, Saito T, Kitaoka T, et al. Transparent, conductive, and printable composites consisting of TEMPO-oxidized nanocellulose and carbon nanotube[J]. Biomacromolecules, 2013, 14(4): 1160-1165.

[142] Hamedi M M, Hajian A, Fall A B, et al. Highly conducting, strong nanocomposites based on nanocellulose-assisted aqueous dispersions of single-wall carbon nanotubes[J]. ACS Nano, 2014, 8(3): 2467-2476.

[143] Kang Y J, Chun S J, Lee S S, et al. All-solid-state flexible supercapacitors fabricated with bacterial nanocellulose papers, carbon nanotubes, and triblock-copolymer ion gels[J]. ACS Nano, 2012, 6(7): 6400-6406.

[144] Wang M, Anoshkin I V, Nasibulin A G, et al. Modifying native nanocellulose aerogels with carbon nanotubes for mechanoresponsive conductivity and pressure sensing[J]. Advanced Materials, 2013, 25(17): 2428-2432.

[145] Gao K, Shao Z, Wang X, et al. Cellulose nanofibers/multi-walled carbon nanotube nanohybrid aerogel for all-solid-state flexible supercapacitors[J]. RSC Advances, 2013, 3(35): 15058-15064.

[146] Luong N D, Pahimanolis N, Hippi U, et al. Graphene/cellulose nanocomposite paper with high electrical and mechanical performances[J]. Journal of Materials Chemistry, 2011, 21(36): 13991-13998.

[147] Gao K, Shao Z, Li J, et al. Cellulose nanofiber-graphene all solid-state flexible supercapacitors[J]. Journal of Materials Chemistry A, 2013, 1(1): 63-67.

[148] Gao K, Shao Z, Wu X, et al. Cellulose nanofibers/reduced graphene oxide flexible transparent conductive paper[J]. Carbohydrate Polymers, 2013, 97(1): 243-251.

[149] Yan C, Wang J, Kang W, et al. Highly stretchable piezoresistive graphene-nanocellulose nanopaper for strain sensors[J]. Advanced Materials, 2014, 26(13): 2022-2027.

[150] Nyström G, Mihranyan A, Razaq A, et al. A nanocellulose polypyrrole composite based on microfibrillated cellulose from wood[J]. The Journal of Physical Chemistry B, 2010, 114(12): 4178-4182.

[151] van den Berg O, Schroeter M, Capadona J R, et al. Nanocomposites based on cellulose whiskers and (semi) conducting conjugated polymers[J]. Journal of Materials Chemistry, 2007, 17(26): 2746-2753.

[152] Razaq A, Nyholm L, Sjödin M, et al. Paper-based energy-storage devices comprising carbon fiber-reinforced polypyrrole-cladophora nanocellulose composite electrodes[J]. Advanced Energy Materials, 2012, 2(4): 445-454.

[153] Liew S Y, Thielemans W, Walsh D A. Electrochemical capacitance of nanocomposite polypyrrole/cellulose films[J]. The Journal of Physical Chemistry C, 2010, 114(41): 17926-17933.

[154] Wang Z, Tammela P, Zhang P, et al. Freestanding nanocellulose-composite fibre reinforced 3D polypyrrole electrodes for energy storage applications[J]. Nanoscale, 2014, 6(21): 13068-13075.

[155] Lyu S, Chen Y, Han S, et al. Layer-by-layer assembled polyaniline/carbon nanomaterial-coated cellulosic aerogel electrodes for high-capacitance supercapacitor applications[J]. RSC Advances, 2018, 8(24): 13191-13199.

[156] Haszeldine R S. Carbon capture and storage: how green can black be[J]? Science, 2009, 325(5948): 1647-1652.

[157] 李勇, 李磊, 闻霞, 等. 二次嫁接法制备氨基修饰的硅基二氧化碳吸附剂[J]. 燃料化学学报, 2013, 41(9): 1122-1128.

[158] Qi G, Fu L, Choi B H, et al. Efficient CO_2 sorbents based on silica foam with ultra-large mesopores[J]. Energy & Environmental Science, 2012, 5(6): 7368-7375.

[159] Maleki H. Recent advances in aerogels for environmental remediation applications: a review[J]. Chemical Engineering Journal, 2016, 300: 98-118.

[160] Sehaqui H, Zhou Q, Berglund L A. High-porosity aerogels of high specific surface area prepared from nanofibrillated cellulose (NFC)[J]. Composites Science and Technology, 2011, 71(13): 1593-1599.

[161] Bernard F L, Duczinski R B, Rojas M F, et al. Cellulose based poly (ionic liquids): tuning cation-anion interaction to improve carbon dioxide sorption[J]. Fuel, 2018, 211: 76-86.

[162] Kang K S. The method of capturing CO_2 greenhouse gas in cellulose matrix[J]. Journal of Environmental Chemical Engineering, 2013, 1(1-2): 92-95.

[163] Mahfoudhi N, Boufi S. Nanocellulose as a novel nanostructured adsorbent for environmental remediation: a review[J]. Cellulose, 2017, 24(3): 1171-1197.

[164] Dassanayake R S, Gunathilake C, Dassanayake A C, et al. Amidoxime-functionalized nanocrystalline cellulose-mesoporous silica composites for carbon dioxide sorption at ambient and elevated temperatures[J]. Journal of Materials Chemistry A, 2017, 5(16): 7462-7473.

[165] Sehaqui H, Gálvez M E, Becatinni V, et al. Fast and reversible direct CO_2 capture from air onto all-polymer nanofibrillated cellulose polyethylenimine foams[J]. Environmental Science & Technology, 2015, 49(5): 3167-3174.

[166] Gebald C, Wurzbacher J A, Tingaut P, et al. Amine-based nanofibrillated cellulose as adsorbent for CO_2 capture from air[J]. Environmental Science & Technology, 2011, 45(20): 9101-9108.

[167] Gebald C, Wurzbacher J A, Borgschulte A, et al. Single-component and binary CO_2 and H_2O adsorption of amine-functionalized cellulose[J]. Environmental Science & Technology, 2014, 48(4): 2497-2504.

[168] Wu Y, Cao F, Jiang H, et al. Preparation and characterization of aminosilane-functionalized cellulose nanocrystal aerogel[J]. Materials Research Express, 2017, 4(8): 085303.

[169] Feng L, Li S, Li H, et al. Super-hydrophobic surface of aligned polyacrylonitrile nanofibers[J]. Angewandte Chemie International Edition, 2002, 41(7): 1221-1223.

[170] 刘朝杨, 程璇. 透明超疏水疏油涂层的制备及性能[J]. 功能材料, 2013, 44(6): 870-873.

[171] Chen N, Pan Q. Versatile fabrication of ultralight magnetic foams and application for oil-water separation[J]. ACS Nano, 2013, 7(8): 6875-6883.

[172] Wenzel R N. Resistance of solid surfaces to wetting by water[J]. Industrial & Engineering Chemistry, 1936, 28(8): 988-994.

[173] Teisala H, Tuominen M, Kuusipalo J. Superhydrophobic coatings on cellulose-based materials: fabrication, properties, and applications[J]. Advanced Materials Interfaces, 2014, 1(1): 1300026.

[174] Shimizu M, Saito T, Fukuzumi H, et al. Hydrophobic, ductile, and transparent nanocellulose films with quaternary alkylammonium carboxylates on nanofibril surfaces[J]. Biomacromolecules, 2014, 15(11): 4320-4325.

[175] Zhang Z, Gilles S, Rentsch D, et al. Ultralightweight and flexible silylated nanocellulose sponges for the selective removal of oil from water[J]. Chemistry of Materials, 2014, 26(8): 2659-2668.

[176] Zhou L, He H, Li M C, et al. Grafting polycaprolactone diol onto cellulose nanocrystals via click chemistry: enhancing thermal stability and hydrophobic property[J]. Carbohydrate Polymers, 2018, 189: 331-341.

[177] Wang L, Ando M, Kubota M, et al. Effects of hydrophobic-modified cellulose nanofibers (CNFs) on cell morphology and mechanical properties of high void fraction polypropylene nanocomposite foams[J]. Composites Part A: Applied Science and Manufacturing, 2017, 98: 166-173.

[178] Yan Y, Amer H, Rosenau T, et al. Dry, hydrophobic microfibrillated cellulose powder obtained in a simple procedure using alkyl ketene dimer[J]. Cellulose, 2016, 23(2): 1189-1197.

[179] Liao Q, Su X, Zhu W, et al. Flexible and durable cellulose aerogels for highly effective oil/water separation[J]. RSC Advances, 2016, 6(68): 63773-63781.

[180] Arbatan T, Zhang L, Fang X Y, et al. Cellulose nanofibers as binder for fabrication of superhydrophobic paper[J]. Chemical Engineering Journal, 2012, 210: 74-79.

[181] Cai H, Mu W, Liu W, et al. Sol-gel synthesis highly porous titanium dioxide microspheres with cellulose nanofibrils-based aerogel templates[J]. Inorganic Chemistry Communications, 2015, 51: 71-74.

[182] Cervin N T, Aulin C, Larsson P T, et al. Ultra porous nanocellulose aerogels as separation medium for mixtures of oil/water liquids[J]. Cellulose, 2012, 19(2): 401-410.

[183] Zheng Q, Cai Z, Gong S. Green synthesis of polyvinyl alcohol (PVA)-cellulose nanofibril (CNF) hybrid aerogels and their use as superabsorbents[J]. Journal of Materials Chemistry A, 2014, 2(9): 3110-3118.

[184] Kandola B K, Horrocks A R, Price D, et al. Flame-retardant treatments of cellulose and their influence on the mechanism of cellulose pyrolysis[J]. Journal of Macromolecular Science, Part C: Polymer Reviews, 1996, 36(4): 721-794.

[185] Lin Y C, Cho J, Tompsett G A, et al. Kinetics and mechanism of cellulose pyrolysis[J]. The Journal of Physical Chemistry C, 2009, 113(46): 20097-20107.

[186] Wicklein B, Kocjan A, Salazar-Alvarez G, et al. Thermally insulating and fire-retardant lightweight anisotropic foams based on nanocellulose and graphene oxide[J]. Nature Nanotechnology, 2015, 10(3): 277.

[187] Ghanadpour M, Carosio F, Larsson P T, et al. Phosphorylated cellulose nanofibrils: a renewable nanomaterial for the preparation of intrinsically flame-retardant materials[J]. Biomacromolecules, 2015, 16(10): 3399-3410.

[188] Wicklein B, Kocjan D, Carosio F, et al. Tuning the nanocellulose-borate interaction to achieve highly flame retardant hybrid materials[J]. Chemistry of Materials, 2016, 28(7): 1985-1989.

[189] Nechyporchuk O, Bordes R, Köhnke T. Wet spinning of flame-retardant cellulosic fibers supported by interfacial complexation of cellulose nanofibrils with silica nanoparticles[J]. ACS Applied Materials & Interfaces, 2017, 9(44): 39069-39077.

[190] Li Y, Wang B, Sui X, et al. Facile synthesis of microfibrillated cellulose/organosilicon/polydopamine composite sponges with flame retardant properties[J]. Cellulose, 2017, 24(9): 3815-3823.

[191] 吕少一, 傅峰, 王思群, 等. 纳米纤维素基导电复合材料研究进展[J]. 林业科学, 2015, (10): 117-125.

[192] Iler R K. Multilayers of colloidal particles[J]. Journal of Colloid and Interface Science, 1966, 21(6): 569-594.

[193] Decher G, Hong J D, Schmitt J. Buildup of ultrathin multilayer films by a self-assembly process: III. Consecutively alternating adsorption of anionic and cationic polyelectrolytes on charged surfaces[J]. Thin Solid Films, 1992, 210: 831-835.

[194] 陈艳萍, 吕少一, 韩申杰, 等. 基于自组装技术的纳米纤维素基功能材料研究进展[J]. 木材工业, 2018, (5): 14-18.

[195] Shariki S, Liew S Y, Thielemans W, et al. Tuning percolation speed in layer-by-layer assembled polyaniline-nanocellulose composite films[J]. Journal of Solid State Electrochemistry, 2011, 15(11-12): 2675-2681.

[196] Olivier C, Moreau C, Bertoncini P, et al. Cellulose nanocrystal-assisted dispersion of luminescent single-walled carbon nanotubes for layer-by-layer assembled hybrid thin films[J]. Langmuir, 2012, 28(34): 12463-12471.

[197] Gao K, Shao Z, Wu X, et al. Paper-based transparent flexible thin film supercapacitors[J]. Nanoscale, 2013, 5(12): 5307-5311.

[198] Hamedi M, Karabulut E, Marais A, et al. Nanocellulose aerogels functionalized by rapid layer-by-layer assembly for high charge storage and beyond[J]. Angewandte Chemie International Edition, 2013, 52(46): 12038-12042.

[199] Erlandsson J, Durán V L, Granberg H, et al. Macro-and mesoporous nanocellulose beads for use in energy storage devices[J]. Applied Materials Today, 2016, 5: 246-254.

[200] Lyu S, Chen Y, Zhang L, et al. Nanocellulose supported hierarchical structured polyaniline/nanocarbon nanocomposite electrode via layer-by-layer assembly for green flexible supercapacitors[J]. RSC Advances, 2019, 9(31): 17824-17834.

第二章 纳米纤维素纤丝的定向制备技术

纤维素作为自然界取之不尽、用之不竭的可再生天然高分子化合物，有其独特的应用优势，然而纤维素材料自身在性能上存在某些缺点，如易化学腐蚀、强度低等，限制了其大范围的应用。纳米纤维素及其复合材料由于具有纤维素独特的化学分子结构及纳米尺寸效应，具备许多特殊的物理力学性能，在高值化利用领域，如电子工业、医药工业、日用化工业、先进材料、包装等领域应用前景广阔。优异的性能加上固有的环境友好特征，使纳米纤维素及其复合材料制备与应用研究成为众多领域关注的热点。

制备纳米纤维素纤丝（CNF）的原料来源十分广泛，包括绿色植物[1]，如木材、棉花、大麻等植物；此外，一些被囊动物、海藻和细菌也可以生产纤维素，如葡糖醋杆菌能合成细菌纤维素[2, 3]，被囊动物能合成动物纤维素[4]；另外也可以通过化学法如开环聚合合成人工纤维素[5]。纳米纤维素纤丝的结晶度和尺寸在一定程度上取决于纤维素的来源与制备方法[6-15]。根据文献报道，针叶材采用预处理结合机械法制备的 CNF 直径一般在 10～30nm[7,14]，而阔叶材的直径在 3～5nm[7]；农作物及其副产品的 CNF 直径在 3～5nm[9, 10]；以木材为原料，利用化学方法制备的 CNF 直径在 10～20nm[14]；生物法产生的细菌纤维素直径在 3～5nm[12, 13]。

在目前的研究中，纳米纤维素纤丝的制备方法主要分为化学法、机械法和生物法[16]。化学法一般使用强酸水解，易腐蚀反应设备，对设备要求高，而且反应残留物不易回收处理。生物法制备细菌纤维素工艺复杂、成本高、耗时长，大规模制备有困难[17]。机械法制备过程中不添加化学试剂，对环境污染程度很小，机械设备可选择性多，应用更加广泛。但是植物纤维具有特殊的细胞壁多层结构，分子内和分子之间存在大量相互作用的氢键，纤维素聚集状态结构复杂[18]，这就使得纳米纤维素纤丝的制备对设备要求高，耗能高，效率低。这些问题限制了纳米纤维素纤丝的大规模制备和应用，目前，许多研究通过预处理和传统机械法相结合来制备纳米纤维素纤丝。

日本、美国及欧洲一些国家近十几年对 CNF 的制备技术做了大量的研究，取得了一批专利技术及成果。但是由于植物细胞的多层次结构及纤维素、半纤维素和木质素在细胞壁中的复杂结合方式及其自身形成的超分子结构，目前纳米纤维素纤丝的制备技术仍然存在一些缺陷。为了解决纳米纤维素纤丝制备过程中存在的高消耗等问题，本章主要介绍了生物酶预处理和传统机械法相结合的制备技术，实现了纳米纤维素纤丝的绿色、低能耗及长度可控制备，旨在为未来的 CNF 高值化、功能化应用提供定向制备依据。

第一节　机械法制备纳米纤维素纤丝

一、原料预处理技术

在最近几年的研究中，机械法制备纳米纤维素纤丝发展最为迅速，并且已经成功进行大规模商业生产。2010 年瑞典 Innventia 研究院成为世界首家生产 CNF 的中试工厂，在连续高速气流或液体流中，纸浆不断加速，喷射形成压差，使纤维素分裂成 CNF，初期产能实现了日产 100kg。但是机械法制备纳米纤维素纤丝存在耗能大的问题[19]，因此需要在机械制备过程前加入必要的预处理过程。

预处理技术和传统机械法相结合制备纳米纤维素纤丝可以解决单一制备技术中存在的能量消耗高、反应时间长和纳米纤维素纤丝粒径分布不均匀等问题。预处理可以最大程度上局部降解已经纯化的纤维原料，使其在机械处理过程中易于反应，以减少能量消耗。目前预处理的主要方法包括化学处理法[20]、氧化处理法[21]和酶预处理法[22]。

（一）化学处理法

化学处理法常用的化学试剂是酸、碱或者有机溶剂，使用较多的试剂是碱。首先，碱液可以溶解纤维素分子周围的半纤维素和木质素，破坏木质素和多糖之间的连接，进一步纯化原材料；其次，碱液处理可以加速润胀纤维素，有利于机械过程中高速剪切力分离纤维素微纤丝[23, 24]。但是碱液浓度过高时，不仅会溶解半纤维素和木质素，纤维素也会发生降解，从而降低 CNF 的得率[25]，而且纤维素的结晶状态也有可能从纤维素 I 型转变为纤维素 II 型。另外，化学处理后需要对纤维进行多次洗涤，不但产生大量废液，对环境也会产生一定的危害，而且增加了生产成本。

（二）氧化处理法

纤维素是由 D-吡喃式葡萄糖基以 β-1,4-糖苷键连接而成的线性聚合物，每个葡萄糖分子中有 3 个具不同活性的羟基，2,2,6,6-四甲基哌啶氧化物（TEMPO）是亚硝酰自由基类，可以有选择地氧化糖类物质的伯羟基。在氧化处理时，TEMPO 氧化体系可以将纤维素分子中的 C6 羟基氧化成醛基，再进一步氧化成羧基[26]。此时，羧基官能团带有负电荷并产生较强的排斥力，促使微纤丝分离。虽然 TEMPO 氧化法[27, 28]针对性强、时间短、效果好，但是纤维素在强氧化体系下极易发生剥皮反应，纤维素降解程度很难控制，极易引起反应不均匀的现象。

（三）酶预处理法

与酸碱相比，纤维素酶专一性强，为可再生资源，预处理过程温和，能量消耗低，符合绿色环保安全的要求。酶预处理过程就是纤维素酶有选择地作用于纤维素表面，柔化纤维，增强纤维在水中的流动性，增加细胞壁的分层，此过程中还伴随有纤维表面剥皮、纤维细化和切断现象，纤维素分子的聚合度也随之降低[29, 30]。该过程加速了纤维素纳米化过程，更加有利于机械处理，有效节省时间，降低能耗。

纤维素酶并不是单体酶，而是可以使纤维素降解的一组酶的总称，是相互起到协同作用的复合酶。纤维素酶根据催化反应功能不同分为以下三种：内切葡聚糖酶（也称 Cx 酶，1,4-β-D-glucangiucanohydrolase 或 endo-1,4-β-D-glucanase，来自真菌的简称 EG，来自细菌的简称 Len）、外切葡聚糖酶（也称 C1 酶，1,4-β-D-glucan cellobiohydrolase 或 exo-1,4-β-D-glucanase，来自真菌的简称 CBH，来自细菌的简称 CEX）和 β-葡聚糖苷酶（也称纤维二糖酶，β-1,4-glucosidase，简称 BG）[31]。内切葡聚糖酶主要作用于纤维素多糖链内部的无定形区，将其随机切断，暴露出许多新链的末端；外切葡聚糖酶作用于纤维素多糖链末端，释放葡萄糖或者纤维二糖；而 β-葡聚糖苷酶可以将暴露出的纤维素二糖分解，产生两分子的葡萄糖。纤维素酶反应由于多组分酶系的组成特点，反应过程十分复杂。

二、高压均质法制备

高压机械处理是常用的制备纳米纤维素纤丝的方法，它可以使纤维素纤维发生细纤丝化，最终分离出具有纳米尺寸结构的纤维素微/纳纤丝。高压均质法作为一种简单、高效的机械制备技术，被广泛应用于生物领域[32-36]。高压均质法制备纳米纤维素纤丝的过程中，先将纤维素悬浮液挤入一条狭窄的通道，当均质阀突然失去压力时，形成空穴效应并产生强烈的剪切力和冲击力，这两种力量的结合使得纤维被快速切断，微纤丝分解，从而制得高长径比的纳米纤维素纤丝[33]。1983 年，Turbak 等[32]第一次使用均质器制备出微米级纤维素纤丝。随后，Henniges 等[35]将木材纤维素原料提纯后再使用高压均质法，成功制备出直径分布为 6～30nm 的 CNF；采用该方法同时制备了以竹材为原料的 CNF，直径为 15～20nm，结晶度相对原细胞壁提高了 10%左右[36]。然而，这个过程容易出现堵塞，使得制备难以连续进行。因此，在高压均质之前一般要对原料进行精细化预处理。调整纤维悬浮液的浓度，通过预处理使得纤维细胞壁逐层剥落，细胞壁变得疏松，可以减少高压均质机堵塞的现象[34]。

三、超声法制备

超声法是一种非常简便的 CNF 制备方法，通过高频超声的空化效应，有效地从天然植物纤维中提取纳米纤维素纤丝[37-39]。超声作用可以使纤维素悬浮液产生无数的微小气泡，这些气泡迅速生长，直到大于临界尺寸时，在纤维素纤丝周围发生爆破，在爆破的瞬间产生强烈的冲击波，形成快速运动的微流射，使纤维沿轴向撕开[40]，促使纤维表面剥蚀，达到纤维纳米纤丝化的目的。超声法操作简单，不受浓度大小限制，可直接制备高浓度的 CNF 溶胶，而且该方法剪切力小，对纤维长度的损伤较大。但是，高强度超声法功率较高，超声周期长，能耗大，成本高。美国田纳西大学王思群教授的团队首创了超声波破碎法制备 CNF，Cheng 等[37, 38, 41]以超声功率大于 1000W 的条件处理纤维素，成功制得了直径为 5～20nm、长度在数微米的纳米纤维素纤丝。东北林业大学的卢芸等[40]通过化学处理与高频超声结合的方法，利用落叶松制备出直径分布均匀、结晶度高达 60%的高质量 CNF。陈文帅[42]对杨木木粉提纯后，借助高强度超声的空化作用制备出直径在纳米尺度、长径比高、相互交织成网状结构的木质纳米纤维素纤丝。

四、机械法制备

高速机械研磨机是一种常用的纳米纤维素纤丝制备设备，研磨机的主要构成包括入/出料口、磨盘、间隙调节装置、马达等部分。核心配件是上下两部分磨盘，其中固定在上部的是静态磨盘，安装在下部可随转子高速旋转的是动态磨盘。间隙调节装置用来调整磨盘的上下间距，该间距显示具体的数值，间距过大将起不到纤丝化效果，间距过小可能会损伤磨盘，因此需要通过实验多次验证，确定合适的间距大小。一定浓度的纤维素悬浮液进入研磨机后，转子高速旋转带动磨盘旋转，从而对样品产生强烈的剪切作用，有效地切断微纤丝之间的氢键，使纳米纤丝从纤维中分离出来，实现纤维素纤丝的纳米化。磨盘表面的凹槽使得纳米纤丝化的纤丝在离心力作用下进入出料口，而未纤丝化的纤维素将进一步承受磨盘的剪切力作用，直到全部样品从凹槽进入出料口流出[43]。2007年，Abe 和 Yano[44]以新西兰辐射松纤维为原料，通过机械法制备得到了平均直径为 15nm 的 CNF。Iwamoto 等[45]将匀浆处理后的纸浆纤维重复研磨 10 次后，得到了直径为 50～100nm 的纳米纤维素纤丝。薛莹莹[46]利用化学预处理结合研磨法分别从木粉、纸浆和棉花中分离制得了纳米纤维素纤丝，其中以木粉和纸浆为原料制得的 CNF 直径非常均匀。王超[47]对针叶纸浆纤维预处理后再经研磨和高压均质处理制备的 CNF 直径约为 20nm，但是纤丝之间互相缠绕，团聚现象比较严重。

机械法制备纳米纤维素纤丝是目前较为常用的方法之一，该类方法普遍存在能耗高、纤维化不彻底的情况，因此，增加原料预处理过程对提高纳米纤维素纤丝化均匀度起着重要作用。首先，原料的预处理阶段能够去除绝大部分的木质素和大部分的半纤维素，起到纯化纤维素的目的。其次，在预处理过程中，在纳米纤维素纤丝间引入空隙，降低纤维素之间的作用力，提高机械制备的效率。最后，优化预处理条件能够可控地剪切纤维素长度，配合机械法实现纤维素的定向制备。在预处理的基础上，利用高压均质法、超声法或高速的机械法等处理方法，最终制备出长为几微米、直径为 5～20nm 的纤维素纤丝。该方法制备的纳米纤维素纤丝因为去除了木质素和大部分无定形物质，具有较高的结晶度和热稳定性。

第二节　纳米纤维素纤丝定向制备技术

纳米纤维素纤丝的高纯度、高结晶度、高杨氏模量、高强度等特性，使其在材料合成方面展现出优异的性能，加之生物材料的可降解性、轻质、生物相容性优良等多种特性，使得基于纳米纤维素纤丝的复合材料展示出巨大的应用前景。

纳米纤维素纤丝的制备方法与其复合材料的性能息息相关。植物纤维的多壁层结构及微纤丝分子内和分子间的氢键作用，使得纤维素聚集状态结构复杂，目前，纳米纤维素纤丝的制备方法总结起来可概括为化学法、机械法、生物法等。本章第一节中提到，机械法由于制备过程中不需要添加化学试剂、污染程度小、工艺简单，应用较为广泛，尤其适用于规模化制备[48-50]。采用预处理手段能有效改善机械法制备存在的能耗高、时间长和粒径分布不均等问题[45, 51]。相对于强酸、强碱水解法，酶预处理是一个非常温和的生物过程，纤维素酶能柔化、胀化纤维，使之在水中有更好的流动性，这加速了纤维素的纤丝化。此外纤维素酶专一性强，为可再生资源，采用生物酶预处理方法制备微/纳纤丝是一种绿色环保节能的制备方法。本节以桉树纸浆为制备 CNF 的原料，采用酶预处理结合机械研磨的方法制备长度可控、绿色环保型纳米纤维素纤丝。通过改变预处理条件及研磨工艺参数，研究预处理手段和机械研磨技术对纳米纤维素纤丝结构与性能的影响[52-54]。

一、预处理工艺优化

纤维素酶广泛存在于自然界的生物体中，属于绿色可再生资源，细菌、真菌和动物体内都可以产生纤维素酶。酶预处理过程不会产生化学预处理中的酸碱废液，过程温和，符合绿色环保的要求，因此在最近几年逐渐得到了越来越高的重视[55-59]。瑞典皇家理工学院的 Henriksson 等[55]对酶预处理结合机械法制备纳米纤维素纤丝做了许多研究，发现使用内切葡聚糖酶处理可以促进木材纸浆纤维转化为纳米纤维素纤丝，高浓度的内切葡聚糖酶可以有效降低纤维长度。此外，Henriksson 等[55]还对比了酶预处理结合机械研磨制备的 CNF 和强酸水解制备的 CNF，酶预处理结合机械研磨得到的 CNF 具有更优异的结构。Pääkkö 等[56]的研究也证明了酶预处理后的纤维再进行高压均质可以加速细胞壁的分层，与未酶解直接进行高压均质的反应过程相比，还可以避免高压均质机的堵塞。国内南京林业大学张洋教授的团队也对酶预处理结合机械法制备纳米纤维素纤丝做了大量的研究，以杨木纤维为原料[57]，经酶预处理后使用超声法制备杨木微/纳纤丝。酶处理后的纤维素表面光滑，结晶度明显提高，所制备的微/纳纤丝稳定性高，在水中分散性好，而且具有较大的比表面积。刘艳萍[58]研究发现纤维素酶可以分解纤维素的无定形区，并且增加了纤维的润胀性，利用超声法制得的微/纳纤丝结晶度较高。因此，本节将重点介绍酶预处理结合机械研磨方法定向制备纳米纤维素纤丝的研究工作[52-54]。

（一）酶预处理的重要性

本研究以桉树纸浆为原料（购置于广东湛江晨鸣浆纸有限公司），分别按照 GB/T 2677.10—1995、GB/T 744—1989、GB/T 2677.8—1994 和 GB/T 742—2008 国家标准测定 α-纤维素、半纤维素、酸不溶木质素含量、水分及灰分，具体分析结果见表 2-1。结果表明，桉树纸浆中含有少量的酸不溶木质素及半纤维素，但是 α-纤维素含量已经达到 84.64%，纸浆可以不经过纯化直接用于制备纳米纤维素纤丝。

表 2-1　桉树纸浆成分与含量分析[52]

原料	综纤维素	酸不溶木质素	α-纤维素	半纤维素	水分	灰分
含量	95.71%	0.09%	84.64%	11.07%	6.2%	0.55%

称取一定质量的桉树纸浆（约 10g），撕成约 1cm×1cm 大小的纸片，之后加入蒸馏水用高速搅拌机搅拌 30min，转速为 500r/min，搅拌后在室温下放置 24h 使纸浆纤维充

分润胀。润胀后的纸浆经玻璃滤芯过滤后放入三角瓶中，并依次加入 250ml pH 为 4.8 的缓冲溶液、纤维素酶，放入 50℃摇床中恒温震荡反应一定时间。反应结束后将酶解纸浆过滤，用蒸馏水洗至中性，再加入一定量的蒸馏水置于 80℃摇床中恒温震荡反应 30min，中止酶反应。

　　桉树纸浆、酶解桉树纸浆粗研磨 1h 和未酶解桉树纸浆粗研磨（−100μm 间隙）1h、2h 后拍摄的扫描电镜图片如图 2-1 所示[52]。未经处理的桉树纸浆纤维直径（图 2-1a）为 9～12μm，表面光滑，没有微纤丝裸露。酶解桉树纸浆粗研磨 1h 后（图 2-1b），大部分纤维都已经分离成直径在纳米级别的丝状纤维，而且直径分布均匀，使用 Nano Measurer 粒径分布软件计算得到纳米纤维素纤丝的平均直径为 87nm。未酶解桉树纸浆在相同的研磨条件下粗研磨 1h 后（图 2-1c），可以看到很多纤维还没有分离开，直径较大，许多还在微米级别，而且已经分离的纤维直径不均匀，平均直径在 500nm 以上；粗研磨 2h 后（图 2-1d），纤丝直径变小，尺寸变得均匀，但依然有很强的团聚现象，平均直径在 100nm 以上[52]。经过对比研究发现，酶解纸浆经粗研磨后纤维直径明显减小，大部分都在纳米级别，酶预处理对桉树纸浆纤维作用明显，酶解后的纸浆更容易研磨，纤维更容易分离。酶预处理可以有效减少纳米纤维素纤丝的制备时间，降低能量消耗，因此进行酶预处理是非常必要的。

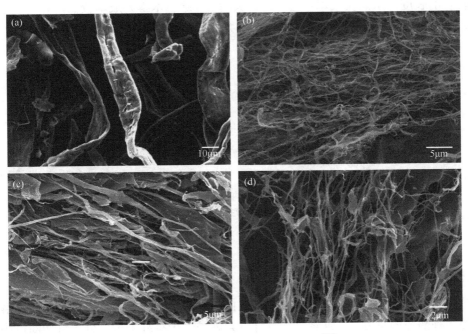

图 2-1　纸浆酶解前后微观形貌表征[52]

（a）桉树纸浆；（b）酶解桉树纸浆粗研磨 1h；（c）和（d）未酶解桉树纸浆分别粗研磨 1h、2h

　　纤维素酶作为一种生物酶，受温度、时间、pH 和酶浓度等多种因素的影响。目前的研究表明纤维素酶适宜的反应温度为 45～65℃，最适 pH 一般在 4.5～6.5[60]。本研究中所使用的两种纤维素酶最适反应温度为 50℃，最适 pH 为 4.8，在研究中纤维素酶的反应温度和 pH 固定时，纤维素酶柔化木纤维可优化的工艺参数包括：酶种类、酶用量和酶解时间。

（二）酶种类

分别采用纤维素酶 1（Novo enzyme C2730）和纤维素酶 2（绿色木霉）（北京国药集团化学试剂有限公司）两种酶进行柔化处理。酶用量的优化梯度为 0.1～0.6g（纤维素固含量的 1%～6%），酶解时间梯度为 5～20h。本研究用两种纤维素酶，经纤维素酶（cellulase，CL）活性试剂盒测定，纤维素酶 1（Novo enzyme C2730）的酶活为 3.39U/ml，其中内切酶酶活为（39.65±0.49）U/ml，外切酶酶活为（79.77±1.08）U/ml；纤维素酶 2（绿色木霉）的酶活为 178.62U/g，内切酶酶活为（836.87±10.89）U/g，外切酶酶活为（1188.27±20.08）U/g。

在相同的酶用量和酶解时间条件下，对比了纤维素酶 1（Novo enzyme C2730）和纤维素酶 2（绿色木霉）对纤维的柔化效果。如图 2-2 所示，两种酶水解后，经酶作用的纤维表面均呈现出微孔，纤维表面粗糙，出现褶皱，微孔附近有明显的微纤维存在。经酶处理的纤维素再经过研磨得到的纤维素纤丝，直径明显降低。相比而言，纤维素酶 2（绿色木霉）处理过的纤维素纤丝更加均匀，纤维出现明显的断裂，均匀度较高，并保持了较长的长度。从购买成本考虑，纤维素酶 2（绿色木霉）成本较低，且购买方便，因此，本节使用纤维素酶 2（绿色木霉）作为纤维素预处理试剂。

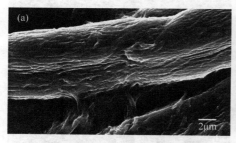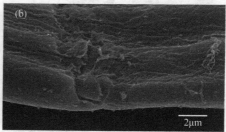

图 2-2　经不同酶预处理后制备的纳米纤维素纤丝扫描电镜（SEM）图
（a）纤维素酶 1（Novo enzyme C2730）；（b）纤维素酶 2（绿色木霉）

（三）酶用量

纤维素酶并不是指单一的一种酶，而是由多种水解酶构成的可以把纤维素降解为葡萄糖的一种酶系的总称。纤维素酶水解纤维素就是一个将纤维素大分子链切断成小片段并最终将其分解的过程。酶预处理的目的是柔化木纤维素，使其易于进行机械处理，并不是为了把纤维素水解为葡萄糖，因此控制酶用量和酶解时间可以使纤维润胀、长度变短，起到促进纤维素纳米化的作用。

本节同时考察了不同酶用量下纤维素酶 2（绿色木霉）（以下简称纤维素酶）水解制备的纳米纤维素纤丝的形貌。图 2-3 为未预处理过的桉树纸浆及分别用 0.1g、0.2g、0.4g、

0.6g（为纸浆固含量的 1%～6%）纤维素酶水解预处理 10h 后、经 6 次精细研磨（−300μm间隙）得到的纤维形貌，未经过预处理的桉树纸浆直接研磨，纤维素纤丝直径明显减少，从几微米到几十纳米，但是纤丝依然呈现不均匀状态，难以完全达到纳米纤维的尺寸（图2-3a）。采用纤维素酶进行预处理，当酶用量为 0.1g 时（图 2-3b），纤维直径降低，但仍有部分纤丝未完全分离，很多已经分离开的纤丝呈网状交织在一起，出现网状交织状态的原因可能是纤丝彼此分离后，氢键断裂，纤丝表面会暴露更多的羟基，这些羟基在冷冻干燥过程中又会彼此连接在一起，形成氢键，使纤丝和纤丝之间重新连接成网状的结构，这就导致整体形貌呈现不均匀状态；随着酶用量的增加，纤维素纤丝直径明显降低，且较为均匀，更重要的是，伴随着酶用量的增加，纤维逐渐出现断裂点，纤维长度也明显变短。从 SEM 图片中可以观察到纤维断裂点逐渐增加，当酶用量达到纸浆固含量的6%后（图 2-3e），断裂异常明显，这说明酶用量是影响纤维素酶降解效果的关键因素，一方面，酶用量越高，纤维素酶对纤维的作用越明显，更多的纤维表面变得疏松粗糙，在相同的研磨条件下纤维更容易分丝帚化、分离出更小的纤维；另一方面，酶预处理结合机械研磨能有效地实现纤维的剪切，而调节酶用量，可以达到纳米纤维素纤丝定向剪切、可控制备的要求[53]。

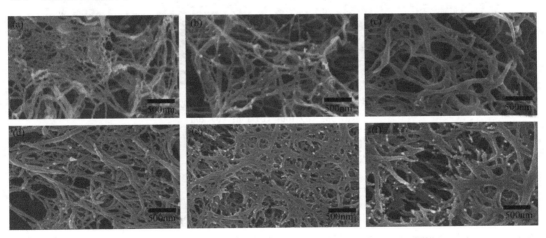

图 2-3　纤维素酶用量对纳米纤维素纤丝微观形貌的影响[53]
（a）0g；（b）0.1g；（c）0.2g；（d）0.4g；（e）和（f）0.6g

（四）酶解时间

　　酶解时间也是预处理过程中一个重要的影响参数。纤维素酶用量为 0.4g，酶解时间分别为 5h、10h、15h 和 20h，经 6 次机械研磨，得到的纳米纤维素纤丝形貌如图 2-4 所示。当酶解时间为 5h 和 10h 时（图 2-4a 和 b），纤丝排列紧密，直径比较均匀，但是还可以明显看到一些比较粗的纤维，而且是几根细的纤丝结合在一起的状态，交织成大片网状，这其中的原因可能是纤维表面的羟基在冷冻干燥过程中形成氢键，使得纤丝又重新连接在一起。当酶解时间增加至 15h 时（图 2-4c），所制备的纳米纤维素纤丝分布均匀。酶解时间由 10h 增加到 20h 后，经研磨制得的纳米纤维素纤丝直径并没有明显减小，但是纤维的断裂点增加，这是因为纤维素酶在特定的条件下有适宜的反应时间，当酶解时间为 10h 时，纤维素酶可能已经充分作用于纸浆纤维，随着酶解时间延长，大量酶对纤维的剥离受到限制，只有少数酶继续渗入纤维缝隙，深入作用于结晶区和非结晶区，在机械力的作用下最终形成断裂点。因此，随着时间的延长，纳米纤维素纤丝的直径变化不明显，长度变化较大[53]。

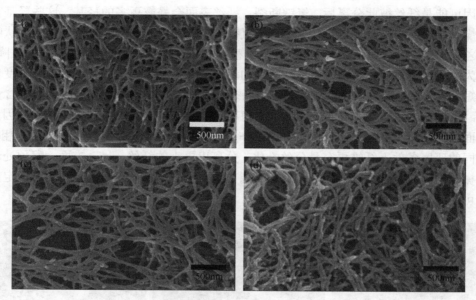

图 2-4　纤维素酶酶解时间对纳米纤维素纤丝微观形貌的影响[53]
(a) 5h；(b) 10h；(c) 15h；(d) 20h

二、纤维素酶柔化木纤维机理

（一）酶预处理对纤维形貌的影响

图 2-5 是在纤维素酶作用下纸浆纤维的形貌变化过程，从中可以清晰地看到纸浆纤维表面形态的变化[54]。未经任何处理的桉树纸浆纤维表面光滑，没有孔洞和褶皱（图 2-5a）。在酶处理阶段，可以看到部分纸浆纤维表面不再光滑，有褶皱出现，出现褶皱的原因是纤维素酶作用于纤维表面，使其变得疏松。随着酶用量的增加，纤维表面出现了更明显的褶皱，不仅粗糙不平，还出现大量微孔（图 2-5b～e）[54]，随酶解时间的增加也出现相同的微观形貌。出现微孔的原因是该处的纤维素酶比较集中，纤维素酶不仅疏松了纤维表面，而且已经开始作用于纤维素多糖链的 1,4-糖苷键。酶用量和酶解时间进一步增加，微孔变得更加疏松，呈现纳米化的纤丝结构。

从图 2-6 可以看出，随着酶用量的增加，纤维表面出现类似于纸屑状的白色物质，并逐渐增多，从这种白絮状物质放大后的电镜图片可以看出，其为呈纺锤体形貌的纤丝束，纤丝束直径大约 1.5μm，长度约 5.5μm，尺寸远远小于纸浆纤维。这说明纤维素酶在疏松纤维表面，采用层层剥落、逐渐深入的方式作用于纤维，同时纤维素的多糖链被逐渐切断，纤维层脱落后形成了纤维形貌的纺锤体结构，实现了纤维长度的锐减，纸浆

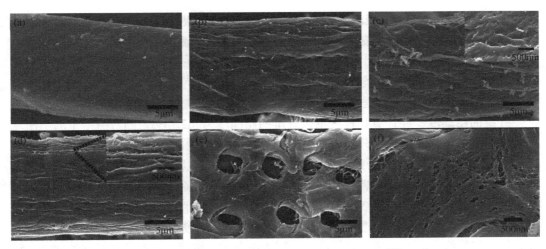

图 2-5　不同酶用量对纤维素表面形貌的影响[54]
（a）0g；（b）0.1g；（c）0.2g；（d）0.4g；（e）和（f）0.6g

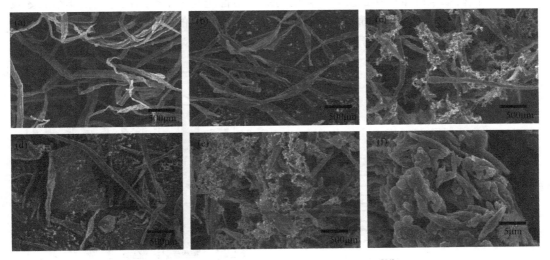

图 2-6　纤维素纤维在不同酶用量下的形貌[54]
（a）0g；（b）0.1g；（c）0.2g；（d）0.4g；（e）和（f）0.6g

纤维主体逐渐裸露为纳米纤丝[54]。该过程不但证明了纤维素酶预处理可以润胀纤维，使纤维变得疏松，易于机械分离，也证明了酶预处理可以有效地切断纤维纤丝，或在纤丝表面形成脆弱点，为机械剪切纤维、定向制备长度可控的 CNF 提供了依据。

（二）酶预处理对纤维结晶结构的影响

　　纤维素分子结构由结晶区和非晶区，也称为定形区和无定形区组成。结晶区的纤维素分子链定向有序排列，具有完全的规整性，但是非结晶区的纤维素分子链排列不整齐，结合松散，规则性不明显。纤维素的结晶区和非结晶区没有明显界限，是逐渐过渡的。纤维素的结晶度指的是结晶区占纤维素微纤丝整体的百分比。

　　将粉碎过筛的桉树纸浆、经不同条件酶预处理后的纸浆冷冻干燥样品置于温度为

20℃、相对湿度为 65%的恒温恒湿箱中平衡一周左右，使桉树纸浆的平衡含水率达到 12%左右。之后将桉树纸浆按照 X 射线衍射（XRD）仪的测试要求装片，所得各样品的 X 射线衍射图如图 2-7a 所示[54]。可以看出，所有的样品在 2θ 为 16.5°和 22.5°时有明显的衍射峰，表明所有的样品均呈现了典型的天然纤维素 I 型结构[61]，但样品的结晶度发生了较大的变化。图 2-7b 是桉树纸浆纤维及经不同酶用量和不同酶解时间预处理后的纸浆纤维的结晶度。经计算，桉树纸浆纤维的结晶度为 62.14%，随着酶用量的不断增加，结晶度呈阶梯式增加，分别为 70.16%（0.1g）、68.87%（0.2g）、70.20%（0.4g）和 72.85%（0.6g）。这是由于纤维素酶中的内切葡聚糖酶可以针对性地作用在非结晶区，随机切断纤维素多糖链 1,4-糖苷键，产生不同长度的非还原性末端小分子纤维素[62]。纤维素酶分解掉非结晶区，非结晶区占纤维素微纤丝整体的百分比降低，相应的，结晶区所占的百分比即结晶度随之增大，因此，酶解后的桉树纸浆纤维的结晶度会有所提高，提高程度与纤维素酶对桉树纸浆纤维的作用大小有关。然而，随着酶解时间的增加，结晶度先增加后持续降低，从酶解 5h 时结晶度为 70.98%降低到 66.35%（20h），但整体高于未酶解桉树纸浆纤维的结晶度。这说明酶解作用首先发生于非结晶区，在非结晶区表面进行侵蚀，细化纤维，而随着水解时间延长，纤维素酶的大部分内切酶活性受限制，而其中部分外切酶开始作用于结晶区，导致结晶度有所下降。

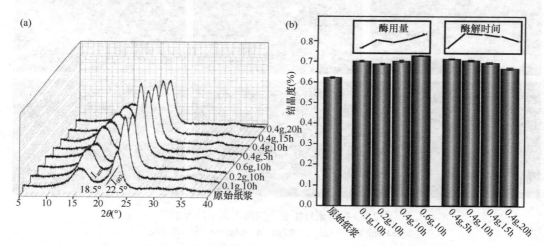

图 2-7 不同酶用量和酶解时间处理下的纤维素 X 射线衍射图与结晶度[54]

(a)中 I_{am}：非结晶区（$2\theta=18.5°$）的衍射峰强度；I_{002}：002 晶面（$2\theta=22.5°$）的衍射峰强度

（三）酶预处理对纤维表面化学结构的影响

图 2-8 是桉树纸浆纤维及不同酶解条件下纸浆纤维的红外谱图[54]。从中可以看出，酶解后的桉树纸浆纤维的红外光谱特征峰无明显变化，与桉树纸浆纤维的红外谱图相似。1636cm^{-1}波数的吸收峰代表木质素侧链—C=O 的伸缩振动，1506cm^{-1}波数的吸收峰为苯环的特征骨架结构，可以看到这两个吸收峰并不存在，可以推断桉树纸浆中基本不存在木质素，与之前的桉树纸浆成分分析中酸不溶木质素含量为 0.09%的结果基本一致。另外，红外谱图中均出现了代表分子内羟基 O—H 伸缩振动的 3400cm^{-1}处吸收峰、

C—H 伸缩振动的 2900cm^{-1} 处吸收峰，在 1641cm^{-1} 处出现的吸收峰体现了半纤维素—C≡O 的伸缩振动，纤维素—CH$_2$ 剪式振动的吸收峰在 1433cm^{-1} 波数附近，C—H 弯曲振动对应的吸收峰在 1369cm^{-1} 波数附近，纤维素和半纤维素之间 C—O—C 伸缩振动对应的吸收峰在 1165cm^{-1} 波数附近，纤维素之间的 C—O—C 伸缩振动峰在 1113cm^{-1} 波数附近，纤维素的 C≡O 伸缩振动峰在 1059cm^{-1} 波数附近，纤维素的 C$_1$—H 变形振动对应的吸收峰在 898cm^{-1} 波数附近，以上波峰的出现均体现了纤维素的红外谱图特征，这说明酶解后纤维素的基本化学结构并没有改变。

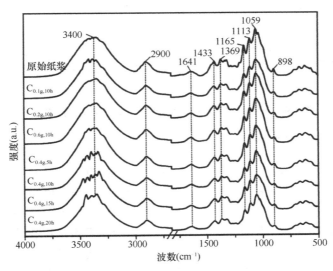

图 2-8 不同酶用量和酶解时间处理下的纤维素傅里叶变换红外光谱（FTIR）表征[54]

（四）酶预处理纤维产物

上一节中提到，纤维素酶一般含有三种组分：①内切 β-1,4-葡聚糖酶（EG），主要作用于纤维素链上 β-1,4-糖苷键，对纤维素的无定形区进行随机水解，释放纤维寡糖，形成还原端；②外切 β-1,4-葡聚糖酶（CBH），沿着纤维素链条，从还原端或非还原端水解结晶纤维素，产生纤维二糖；③β-1,4-葡聚糖苷酶（BG），水解纤维二糖、寡糖和其他低聚糖，最终产生单糖，如葡萄糖。因此，本节对不同酶解条件下的水解产物进行了分析。采用高效液相色谱分析仪器，将酶解产物和标准物进行对比确定产物名称，利用峰高计算样品中水解产物含量。对图 2-9 分析可知[54]，酶解产物主要有单糖和二糖，三者的含量随着酶用量和酶解时间的增加呈现相同的趋势。其中葡萄糖含量最高，随着酶用量从 0.1g 增加到 0.6g，葡萄糖浓度从 1.408mg/ml 增加到 3.630mg/ml；随着水解时间从 5h 增加到 20h，葡萄糖浓度从 2.418mg/ml 增加到 3.273mg/ml。此外，水解产物中还存在少量的木糖和纤维二糖，这两种产物也是随着酶用量和酶解时间的增加而增加，但增长速度低于葡萄糖。木糖浓度随着酶用量增加，从 0.372mg/ml 增长到 1.543mg/ml；随着酶解时间增加，从 0.869mg/ml 增长到 1.564mg/ml。产物中纤维二糖作为水解中间产物，其含量最低（0.570～1.258mg/ml），这可能是因为葡萄糖等终极产物的生成，在反应动力学上起到抑制反应进行的作用。从木糖和纤维二糖的增长速率上也可以看出，随时间增加水解反应的速率逐渐降低，说明酶的反应活性并不能一直增加，随着酶用量及时间的增加，水解过程持续进行，但水解速率有所下降。

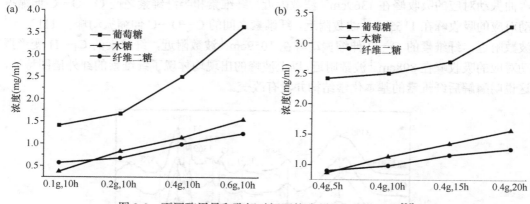

图 2-9　不同酶用量和酶解时间下的酶预处理产物浓度[54]

（五）酶柔化木纤维机理分析

纤维素酶是纤维素水解过程中的一种生物催化剂，具有高度专一的特点，也是把纤维素原料彻底分解为葡萄糖的一组酶的总称。基于以上的研究可知，纤维素酶对纤维素纤维的酶解作用主要体现在以下几点：①纤维素酶作用在纤维表面，促使纤维细胞壁上初生壁和次生壁外层脱落，使纤维表面疏松，由光滑变粗糙，并出现凹陷和褶皱，有利于纤维受机械力作用，缩短纤丝化时间，节省能耗；②从酶解后纤维素样品结晶度的变化可以看出，纤维素酶分子主要作用于纤维素的无定形区，使得纤维素结晶度增加，随着酶解过程的深入，少量纤维素酶作用于结晶区；③纤维素酶作用的主要结果是将纤维素分子长链截断，从而产生不同长度的纤维素分子链，实现纤维长度的定向制备。

纤维素酶通常主要包括内切 β-1,4-葡聚糖酶（EG）、外切 β-1,4-葡聚糖酶（CBH）和 β-葡聚糖苷酶（BG）三类，三种酶各有分工，共同发生作用，最终将纤维素分解为葡萄糖。内切酶主要降解纤维素的无定形区，同时产生不同长度的寡糖和新的还原末端与非还原末端；而外切酶分为两部分，分别为 CBH Ⅰ和 CBH Ⅱ，CBH Ⅰ从还原端单向降解结晶纤维，逐层进行纤丝锐化，CBH Ⅱ从非还原端降解，引起结晶微纤丝的末端锐化；最后起到分解作用的是 β-葡聚糖苷酶，将纤维二糖和纤维三糖分解为葡萄糖分子[54]。

通过纤维素酶的作用，纤维会产生分散和脱纤化的现象。纤维素酶深入纤维素内部后，可以使纤维素孔壁、腔壁和微裂隙壁的压力增大，一方面使纤维素大分子链发生断裂，纤维之间氢键的结合减弱，纤维逐渐被截断且表面起毛，造成表层脱落，形成纤维碎片，从而增大产物中纤维的比表面积，很大程度上降低了纤维的平均长度[63]；另一方面水解后水分子的作用破坏纤维素分子间的氢键，产生一部分可溶性的纤维微结晶，进而促进降解过程[64]。但是，纤维素酶水解的目的是柔化、胀化纤维素，使其易于机械处理，并不是为了把纤维素水解为葡萄糖，因此控制酶预处理的条件，可以使纤维素酶起到润胀纤维、定向截断纤维长度、加速纤维素纳米化的作用。

三、酶预处理结合机械法定向制备技术

通过对未预处理过和酶预处理后的纤维形貌进行表征发现，未预处理过的桉树纸浆纤维表面光滑平整，没有孔洞和褶皱。酶预处理后的纤维表面不再光滑，有褶皱出现，呈现微孔，并裸露大量微/纳尺度纤维；从纤维孔洞的放大图和局部图可以看到纤维在长度方向发生断裂，纤维长度变短。纤维表面有一些类似于纸屑状的白絮状物质，这些物质是经纤维外层脱落后形成的，从局部放大图也可明显地看到较短的纺锤结构纤维，可见纤维在长度方向发生断裂，纤维长度变短。

通过观察未预处理过和酶预处理后的纤维经机械研磨得到的纳米纤维素纤丝的形貌也基本可以发现，未经酶解处理的桉树纸浆纤维研磨后制备的纳米纤维素纤丝呈大片网状交织的状态，纤丝的直径分布不均匀，基本看不到单根纤丝单独分布，也无法测定单根纤丝的长度。而酶解处理后的纸浆纤维经研磨后可以看到明显的纤维断裂，纤维直径变得均匀。

本节以桉树纸浆为原料，经纤维素酶预处理后再进行机械研磨，在温和水解结合研磨剪切力的作用下从桉树纸浆纤维中分离出纳米级的纤丝，并通过多种手段对纳米纤丝的指标进行表征，评价所制备的纳米纤维素纤丝的形貌和性能。

（一）机械法

机械研磨是开发纳米纤维素纤丝定向制备技术的基础，机械法制备纳米纤维素纤丝过程中不添加化学试剂，污染小，应用广泛。但是由于植物纤维的多层结构及纤维素聚集状态结构复杂，制备纳米纤维素纤丝对设备要求高，耗能高，图 2-10 是未经酶预处理的桉树纸浆（图 2-10a）在不同研磨次数（1～6 次）下纤维素纤维的微观形貌。可以看出，在经过 1 次研磨处理后，纤维的直径相比于桉树纸浆原纤维直径已经有了明显的减小，而随着研磨次数的增加，纤维尺寸减小，但降低幅度不大，当研磨次数达到 6 次时，纤维直径基本均匀，呈现纳米级纤维。可见，机械研磨对于降低纤维直径起到了决定性的作用，而研磨频率是制备纳米纤维素纤丝的重要影响因素。然而，高频率的研磨不但增加了能耗和制备成本，还对研磨机和磨盘的使用寿命起到了负面作用。因此，采用纤维素酶预处理技术和机械研磨工艺，可以有效降低能量消耗，提高生产效率。

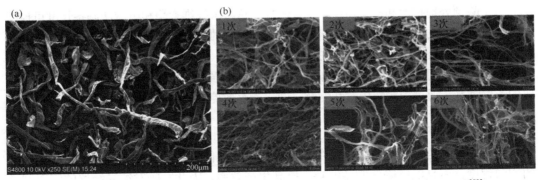

图 2-10　未预处理桉树纸浆在不同研磨次数下制备的纳米纤维素纤丝微观形貌[53]
（a）未预处理桉树纸浆纤维纤丝；（b）不同研磨次数下的纤维纤丝

（二）纳米纤维素纤丝的定向制备技术

图 2-11 对未经预处理的和酶预处理后的桉树纸浆样品结合机械法（2 次研磨）制备的纤维素纤丝直径进行了对比[54]。通过粒径软件对每个样品的 10 张不同扫描电镜图进行数据统计，结果发现，未经预处理的样品机械研磨后纤维素的直径为 50～300nm（图 2-11c），平均直径为（118.6±62.6）nm，直径尺寸不均匀。而采用预处理结合研磨法制备的纤维素直径尺寸大大降低，十分均匀，纤维直径为 20～120nm（图 2-11d），平均直径为（69.1±15.2）nm。更有趣的是，未经酶预处理的样品纤维素纤丝较长，没有明显的断裂点，而酶预处理后的样品纤维素纤丝出现较多断裂点，对纤维长度有影响（图 2-11b箭头指示）。因此，研发纳米纤维素纤丝定向制备技术，可参考酶预处理结合机械法。

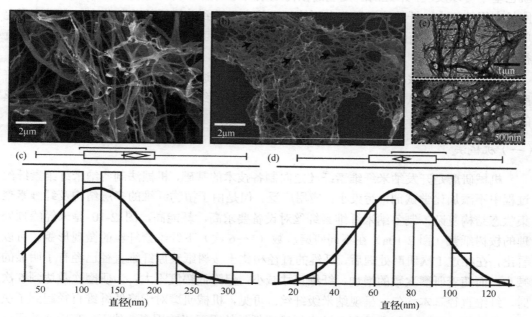

图 2-11　纯机械法和酶预处理辅助机械法制备的纳米纤维素纤丝对比[54]
(a)和(b)分别为纯机械法制备的 CNF 和酶预处理辅助机械法制备的 CNF 的 SEM 图；(c)为本图中样品(a)的直径分布统计图；(d)为本图中样品(b)的直径分布统计图；(e)为本图中样品(b)在不同放大倍率下的 TEM 图

基于酶预处理技术和机械研磨工艺，图 2-12 总结了纤维素酶和机械法制备长度可控型纳米纤维素纤丝的过程[54]。首先，纤维素酶附着在纤维表面，在酶的作用下，纤维疏松，并且部分出现断裂，微纤丝出现，在机械力的作用下，纤维之间的氢键连接被破坏，纤维呈现纳米尺寸，同时，被酶破坏的部分连接更弱，在强机械力的作用下纤维断裂，纳米纤丝的长度缩减，通过控制酶用量和酶解时间，能有效控制制备的纳米纤维素纤丝的长度。

（三）纳米纤维素纤丝尺寸控制

酶预处理结合机械法制备纳米纤维素纤丝，不但能有效地降低纤丝直径，提高纤丝的均匀程度，而且能够降低制备能耗，提高生产效率。因此，研发纳米纤丝的定向制备技术，需要酶预处理辅助机械研磨。通过透射电镜（TEM）图展示了桉树纸浆在不同酶

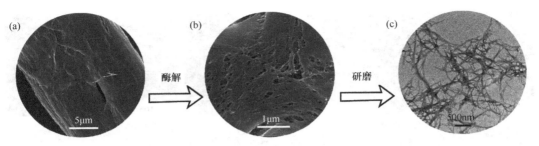

图 2-12　酶预处理结合机械法可控制备纳米纤维素纤丝示意图[54]
（a）原始纤维纤丝；（b）酶解后纤丝表面；（c）研磨后纤丝形貌

用量（0g、0.1g、0.2g、0.4g 和 0.6g；图 2-13[53]）和不同酶解时间（5h、10h、15h 和 20h；图 2-14[53]）预处理下，再经过 6 次机械研磨得到的纳米纤维素纤丝的形貌。可以看出，未经酶预处理的纸浆纤维经研磨后，呈现微/纳纤丝形貌，大部分纤丝聚集在一起，分离的纤丝直径不均匀。而随着酶用量的增加，纤丝直径逐渐均匀，同时开始出现断裂，纤丝长度降低，当酶用量高达 0.6g 时，纤丝的断裂尤为明显。放大的 TEM 图片更加清楚地反映出纤丝的直径和长度。酶解时间是影响纤维素酶水解效果的另一个关键因素，从图 2-14 可以看出，水解时间延长，纤丝断裂更为明显，这说明酶解时间越长，纤维素酶对纤丝的作用越明显。

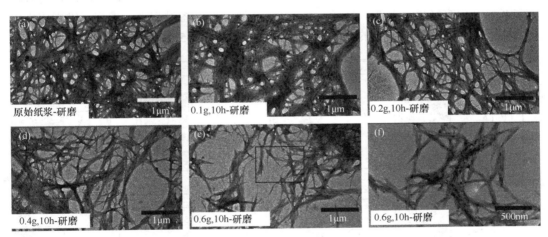

图 2-13　桉树纸浆经不同酶用量预处理辅助机械研磨后得到的纳米纤维素纤丝形貌[53]
（a）0g；（b）0.1g；（c）0.2g；（d）0.4g；（e）和（f）0.6g

在上述条件下，取多张 TEM 图像，统计数据得到纳米纤维素纤丝的平均直径，见图 2-15，通过统计发现，酶用量、酶解时间增加使得纤丝直径变小，纤丝更加均匀，未经过酶预处理的纤丝直径为几纳米到 50nm，平均直径为（12.2±5.8）nm[53]。随着酶用量增加，纤维素纤丝的最大直径从 50nm 左右降低到 20nm 左右，大部分的纤丝直径集中在 5～50nm，这说明纤丝的尺寸变得均匀。当酶用量为 0.1g 时，纤丝平均直径为（9.4±3.3）nm，当酶用量增加到 0.2g 时，纤丝直径逐渐降低到（8.6±3.6）nm，当酶用量增加到 0.6g 时，纤丝直径是（8.9±3.4）nm。可以看出，酶用量从 0.2g 增加到 0.6g，

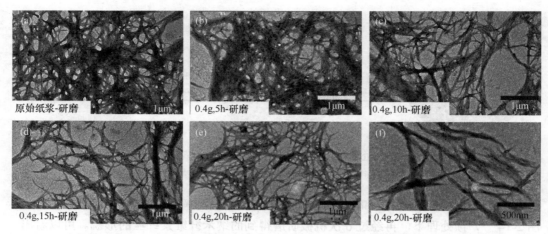

图 2-14　桉树纸浆经不同酶解时间预处理辅助机械研磨后得到的纳米纤维素纤丝形貌[53]
(a) 0h；(b) 5h；(c) 10h；(d) 15h；(e) 和 (f) 20h

纤丝直径并没有大幅度降低，这说明纤维素纤丝的锐化跟酶的使用有关，但和酶用量并不完全呈线性关系，因此，如果只需要纤维素酶起到降低能耗、锐化纤丝的作用，可尽量减少酶的使用，降低成本。酶解时间对纤丝直径的影响也不大，酶解时间为 5h 时，纤丝平均直径为 (10.4±3.6) nm，酶解时间为 10h 时，纤丝平均直径为 (9.1±4.0) nm，随着时间延长，纤丝直径也没有明显降低。基于以上发现，在制备过程中考虑到纤维素酶成本因素，酶用量以为底物质量的 1%～2% 为宜，酶解时间以 5～10h 为最佳。

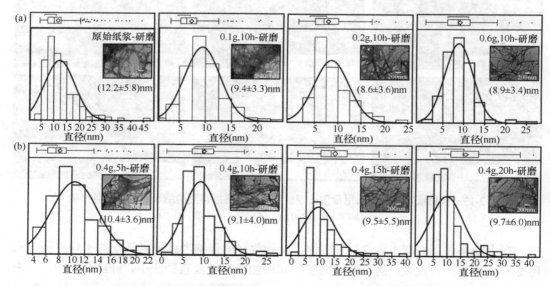

图 2-15　桉树纸浆经不同酶用量和酶解时间预处理辅助机械研磨得到的 CNF 直径统计[53]

　　虽然酶用量和酶解时间对纤维素纤丝的直径影响不大，一旦少量的酶作用于纤维表面，就起到一定的疏松纤维素纤丝的作用，在机械力的作用下，纤维就容易被分解成纳米级直径的纤丝。但是酶用量和酶解时间对纤丝长度的定向控制起到了关键的作用。如

图 2-16a 所示[53]，在酶用量 0.6g、酶解 10h 的条件下，纤丝长度有明显的降低，纤丝呈现棒状形貌，纤丝长度为 0.2～1.5μm，主要集中在 0.7μm 左右，纤丝平均长度为（0.76±0.38）μm，根据纤丝直径计算其长径比为 43～128。采用不同的制备条件，得到的纤丝长度有明显差异，具体的纤丝长度尺寸如图 2-16b 所示，其中，未经过酶预处理的纳米纤维素纤丝的长度最长，长径比≥328。可见，通过控制预处理过程中酶用量及酶解时间，可以实现纳米纤维素纤丝的长度定向可控制备。

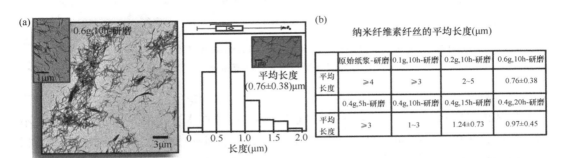

	原始纸浆-研磨	0.1g,10h-研磨	0.2g,10h-研磨	0.6g,10h-研磨
平均长度	≥4	≥3	2～5	0.76±0.38
	0.4g,5h-研磨	0.4g,10h-研磨	0.4g,15h-研磨	0.4g,20h-研磨
平均长度	≥3	1～3	1.24±0.73	0.97±0.45

图 2-16 桉树纸浆经不同酶用量和酶解时间预处理辅助机械研磨后得到的 CNF 长度统计[53]

（四）纳米纤维素纤丝的结晶结构

图 2-17 对比了桉树纸浆、纯酶解、纯机械研磨和酶解-机械研磨 4 种纤维素纤丝的 X 射线衍射图[53]，可以看出，4 种纤维素纤丝衍射峰的峰位基本相同，在 $2\theta=22.5°$、16.5° 处出现了分别归属（200）、（100）晶面的衍射峰，主要为纤维素 I 型结晶结构。在整个处理过程中，纤维素晶体的晶形结构并未发生改变，纳米纤维素纤丝仍然保留了天然纤维素的单斜晶结构。图 2-17b 和 c 是采用不同酶用量和酶解时间预处理结合机械研磨得到的纤维素纤丝的结晶度，可以看出，桉树纸浆、纯酶解、纯机械研磨和酶解-机械研磨 4 种纤维素纤丝分别为 62.1%、70.2%、38.1%和 50.7%，数据显示，纯酶解后纸浆纤维素纤丝的结晶度提高了 8.1%，这说明在酶解过程中，主要是无定形区发生破坏；而纯研磨过程使得结晶度从 62.1%降低到 38.1%，降低幅度高达 24.0%，这说明机械力对结晶区具有较大的破坏力；而酶解-研磨方法制备的纤维素纤丝的结晶度则在这两者之间。随着酶用量的不断增加，纤丝的结晶度增加，结晶度分别为 48.3%（0.1g）、47.5%（0.2g）、50.7%（0.4g）和 58.0%（0.6g），均要低于纯酶解的结晶度（70.2%），但高于纯研磨得到的纤维素纤丝的结晶度（38.1%）。这也进一步说明纤维素酶主要作用于纤维的非结晶区，导致结晶度升高；而研磨的机械作用会破坏结晶区，使得结晶度降低。然而，随着酶解时间的增加，结晶度则呈降低趋势，从酶解 5h 时结晶度为 54.5%降低到 48.5%（15h）。这说明在酶解过程中，无定形区的水解速度在逐渐降低，酶解作用逐渐从非结晶区向结晶区发展，导致结晶度有所下降，这个结果和早期的报道相一致[65]。

（五）纳米纤维素纤丝的化学结构

组成有机物分子的化学键或官能团处于不断振动状态，它的振动频率和红外光的振动频率相当。有机物分子在经红外光照射时，分子中的化学键和官能团会发生振动吸收，

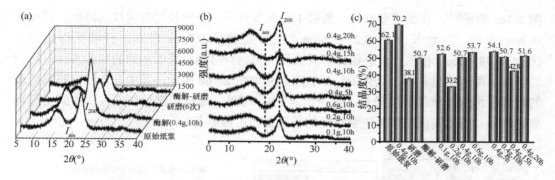

图 2-17　桉树纸浆、纯酶解、纯机械研磨和酶解-机械研磨 4 种纤维素纤丝
的 X 射线衍射（XRD）表征[53]

产生红外特征吸收峰。不同的化学键和官能团都有各自特定的红外吸收峰，不同物质同一官能团的吸收峰总是在一个特定的波数范围内，但是具体波数并不是固定不变的。不管有机物分子内的结构如何变化，特定官能团的红外特征吸收峰总是出现在相同或者相近的频率处，因此红外光谱技术可以作为识别有机化合物组成成分的有效手段，从木材的红外谱图可以识别出组成木材成分的官能团，提供有效的分子结构信息。表 2-2 是纤维素、半纤维素和木质素的红外特征吸收峰[66-68]。

表 2-2　纤维素、半纤维素及木质素的红外特征吸收峰[66-68]

波数（cm^{-1}）	基团振动说明
3200～3400	O—H 伸缩振动
2900	C—H 伸缩振动
1730	非共轭酮、羰基 C═O 伸缩振动（半纤维素）
1650	C═O 伸缩振动（木质素）
1641	C═O 伸缩振动（半纤维素）
1605	苯环的碳骨架振动（木质素）
1506	苯环骨架结构的伸缩振动（木质素）
1460	C—H 弯曲振动（木质素、聚糖中的 CH$_2$）及苯环的碳骨架振动（木质素）
1433	CH$_2$ 剪式运动（纤维素）
1369	C—H 弯曲振动（纤维素）
1336	O—H 面内弯曲振动
1165	C—O—C 伸缩振动（纤维素、半纤维素）
1030	C—O 伸缩振动
895	异头碳（C1）振动（多糖）

　　桉树纸浆、纯酶解、纯机械研磨和不同酶解条件下的酶解-机械研磨纤维素纤丝的 FTIR 如图 2-18 所示[53]。多种纤维素纤丝的红外谱特征峰无明显变化，与桉树纸浆纤维的红外谱图相似。多种样品的红外谱图中均出现了代表纤维素 O—H 伸缩振动的 3334cm^{-1} 处吸收峰，C—H 伸缩振动的 2900cm^{-1} 处吸收峰，—CH$_2$ 剪式运动的 1433cm^{-1} 处吸收峰，C—H 弯曲振动的 1369cm^{-1} 处吸收峰，纤维素、半纤维素 C—O—C 伸缩振动

的 1165cm^{-1} 处吸收峰，C—O 伸缩振动的 1030cm^{-1} 处吸收峰及多糖 C1 振动的 895cm^{-1}
处吸收峰。这说明纳米纤维素纤丝仍具有纤维素的基本化学结构，酶解处理和机械研磨
处理只破坏了纤维的非结晶区，改变了纤维的形态，但是并未破坏纤维素的化学结构。
这些样品的红外谱图中均未在 1650cm^{-1}、1605cm^{-1} 和 1506cm^{-1} 波数出现吸收峰，说明
基本不存在木质素侧链 C=O 的伸缩振动、苯环的碳骨架振动和苯环骨架结构的伸缩振
动，可知酶解前桉树纸浆中基本不存在木质素，酶解后的纸浆及纳米纤维素纤丝中也不
存在木质素。这些红外谱图中，均在 1641cm^{-1} 处出现吸收峰，即为半纤维素 C=O 的伸
缩振动，但是波峰较为平缓，说明酶解后及研磨处理后仍存在少量的半纤维素。

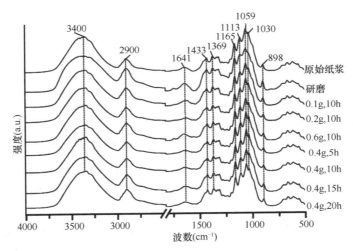

图 2-18　桉树纸浆、纯酶解、纯机械研磨和不同酶解条件下的酶解-机械研磨 CNF 的 FTIR 谱图[53]

（六）纳米纤维素纤丝的热稳定性

　　桉树纸浆、纯机械研磨和不同酶解条件下的酶解-机械研磨纤维素纤丝的热分解曲
线分为多个阶段，如图 2-19 所示[53]。在 50～200℃的初始升温过程中，由于样品中水分
的蒸发，样品均出现少量的质量损失，桉树纸浆的失重率最高，达到 3.28%左右；纯机
械研磨样品的失重率最低，为 0.92%；而不同酶解条件下的酶解-机械研磨样品的失重率
为 1.28%～2.48%。在 200～400℃阶段，纸浆的热分解曲线急剧下降，此阶段失重率达
到 80%左右，主要原因是在此温度范围内，纤维素结构中的各个化学键发生断裂，即纤
维素降解。桉树纸浆中纤维素含量为 84.64%，只含有少量的半纤维素和木质素，因此
桉树纸浆的初始降解温度为 284.9℃，最大降解温度为 351.6℃。桉树纸浆经过机械研磨
处理后与原始纸浆的热分解曲线相似，初始降解温度为 279.9℃，最大降解温度为
362.4℃。而从酶解-机械研磨纤维素纤丝的热分解曲线可以看出，纤丝的初始降解温度
随着酶用量增加和酶解时间延长，呈现下降趋势，这可能是因为酶解后的桉树纸浆经机
械研磨后，结晶度有所降低。而微分热重（DTG）曲线显示最大降解温度并没有明显的
差异，为 350～360℃，这说明制备的纳米纤维素纤丝的热稳定性良好。

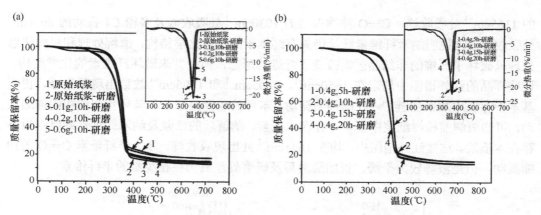

图 2-19　酶预处理辅助机械法制备 CNF 的热分析[53]

（七）纳米纤维素纤丝的剪切黏度

纳米纤维素纤丝的流变性能与纤丝间氢键的作用及网状缠绕结构有密切关系，并且关系着纳米纤维素纤丝作为基质材料的各项性能。纳米纤维素纤丝的黏度可以通过进行流变学测试而精确测得。以浓度为 0.5%和 1%的纳米纤维素纤丝（分别命名为C0.5%和C1%）为测试样品，测定其黏度，探讨浓度对纳米纤维素纤丝黏度的影响[67]。同时测定纳米纤维素纤丝在不同温度下的黏度，探讨温度对纳米纤维素纤丝黏度的影响。

图 2-20a 是不同浓度的纳米纤维素纤丝的黏度变化。随着 CNF 浓度的增大，其黏度也随之增大。CNF 浓度增加使得纳米纤维素纤丝分子之间更加靠近，分子链之间的距离缩短，纳米纤维素纤丝通过其羟基之间及与水之间氢键的作用形成三维网络结构，这种网络结构随着纳米纤维素纤丝含量的增加而逐渐增多和加强。因此，随着纳米纤维素纤丝浓度的增加，纳米纤维素纤丝的黏度随之增大[67]。

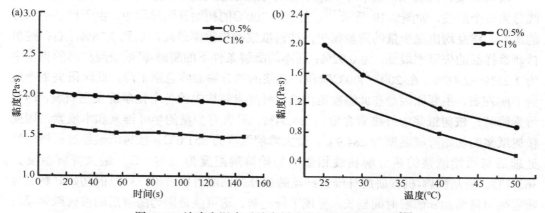

图 2-20　浓度和温度对纳米纤维素纤丝黏度的影响[67]

图 2-20b 是不同温度下纳米纤维素纤丝的黏度变化。从中可以清晰地看到，随着温度的升高，CNF 的黏度随之降低。这是因为温度升高，纳米纤维素纤丝溶液内部分子运

动加快，分子动能的增加可以使分子克服氢键的束缚，流动阻力降低，所以 CNF 的黏度也会降低。此外，CNF 还会因温度升高遭到破坏而产生离析，黏度降低。但是黏度的这种变化是可逆的过程，当温度再次降低到一定值时，分子间和分子内的氢键会重新连接在一起，黏度又随之增大。

四、得率、能耗、稳定性

上一章节主要介绍了以桉树纸浆为原料，采用两步法即温和的酶水解预处理和机械研磨方法，定向制备长度可控的纳米纤维素纤丝的技术，并通过多种手段对纳米纤丝的指标进行表征，评价所制备的纳米纤维素纤丝的形貌和性能。本节将着重介绍经此制备工艺所得纳米纤维素纤丝的外在指标，包括得率、能耗、稳定性等。

（一）得率

图 2-21 是不同酶解条件下 CNF 的得率[54]，可以看出，随着酶用量的增加及酶解时间的延长，纸浆的得率在逐渐下降。从下降的速度来看，在酶解初期，当酶用量较少或酶解时间较短时，CNF 得率降低得较为明显，而随着酶用量和酶解时间进一步增加，得率降低幅度减缓，这说明酶解过程逐渐作用于纤维素的多糖链，将纤维素水解为纤维二糖和葡萄糖[69]，随着纤维二糖和葡萄糖的增加，产物进一步抑制酶的水解作用，使得水解速率变得缓慢。整个酶解过程纳米纤维素纤丝的得率保持在 77.2%～81.9%。图 2-22 是不同条件下酶预处理结合机械法得到的纳米纤维素纤丝的总得率，由于研磨过程进一步破坏了纤维的结晶区，加之仪器内有残留产物，纳米纤维素纤丝总得率进一步降低，整体得率为 63.5%～72.8%。

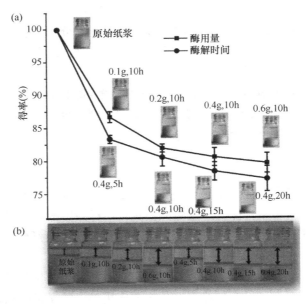

图 2-21　不同酶处理条件下 CNF 得率[54]（彩图请扫封底二维码）

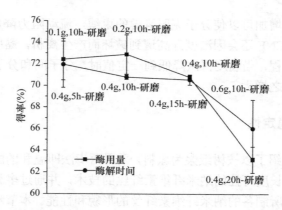

图 2-22　不同条件酶预处理结合机械法制备的 CNF 总得率（彩图请扫封底二维码）

（二）能耗

研发酶预处理结合机械法定向制备纳米纤维素纤丝的技术，必须考虑该方法的能耗问题，这是考察该技术是否能进行工业化生产的前提条件。酶预处理方法的引入，很大程度上是为了降低机械法的能耗，降低成本。因此，本节在实验室范围内对比考察了不同预处理方式结合机械法制备纳米纤维素纤丝的能耗。实验均配制 1%浓度的纤维素水悬浮液 1L，分别采用无预处理、酶预处理、酸预处理（3%）、碱预处理（10%）和 TEMPO预处理方法结合机械法制备纳米纤维素纤丝，分散搅拌、过滤、预处理反应过程、摇床反应、离心、粗研磨和精细研磨等各个步骤的能耗均考虑在内，研究发现，不同预处理方法的总能耗分别为 0.906kW·h、0.305kW·h、0.211kW·h、0.358kW·h 和 0.678kW·h，由于不同预处理方法得到的最终产品的得率不同，因此计算不同产品干重的单位能耗，分别是 0.101kW·h/g、0.042kW·h/g、0.027kW·h/g、0.067kW·h/g 和 0.061kW·h/g。相比于无预处理、酸预处理、碱预处理和 TEMPO 预处理，酶预处理分别是它们的 41.6%、155.6%、62.7%和 68.8%，可见，酶预处理的能耗仅高于酸预处理，远远低于其他预处理方式。之后进一步对比了相同预处理方法（酶预处理）下，不同机械法制备纳米纤维素纤丝的能耗，研究发现，酶解-机械法分别是酶解-超声和酶解-高压均质能耗的 59.2%和 95.4%，可见，在现有的纳米纤维素纤丝制备方法中，酶预处理结合机械法制备纳米纤维素纤丝的能耗较低，对设备要求低，比较适合规模化、产业化生产。

（三）稳定性

将经酶预处理结合机械法制备的纳米纤维素纤丝在常温下（25℃）放置 180 天，观察发现（图 2-23），纤维素样品并未发生颜色变化，样品内部没有气泡产生，也没有生长霉菌，依然保持着初始状态，说明该技术制备的纳米纤维素纤丝具有很好的稳定性，可长期储存使用。

近年来纳米纤维素纤丝及其复合材料以优异的性能和良好的绿色安全性能，广泛应用在多种行业。大规模制备纳米纤维素纤丝主要应用的方法是机械法，但是机械法存在能量消耗高的问题，这并不符合环保节能的要求。本章主要以桉树纸浆为原料，通过

图 2-23　酶预处理结合机械法制备的 CNF 存储过程的图片（彩图请扫封底二维码）

酶预处理结合机械研磨的方法制备纳米纤维素纤丝，并利用各种现代分析仪器设备对纳米纤维素纤丝的结构和性能进行表征，重点研究桉树纸浆纤维在酶预处理和机械研磨过程中微观形貌与长度的变化，探究酶预处理的作用机理，为纳米纤维素纤丝节能高效制备提供依据。

参 考 文 献

[1] Beck C S, Roman M, Gray D G. Effect of reaction conditions on the properties and behavior of wood cellulose nanocrystal suspensions[J]. Biomacromolecules, 2005, 6(2): 1048-1054.

[2] Klemm D, Schumann D, Kramer F, et al. Nanocelluloses as innovative polymers in research and application[J]. Advances in Polymer Science, 2006, 205(1): 49-96.

[3] 杨礼富. 细菌纤维素研究新进展[J]. 微生物学通报, 2003, 30(4): 95-98.

[4] Xiu L C, Lin H, Hao J S, et al. Stimuli-responsive nanocomposite: potential injectable embolization agent[J]. Macromolecular Rapid Communications, 2014, 35(5): 579-584.

[5] Nakatsubo F, Kamitakahara H, Hori M. Cationic ring-opening polymerization of 3,6-di-O-benzyl-α-d-glucose 1,2,4-orthopivalate and the first chemical synthesis of cellulose[J]. Journal of the American Chemical Society, 1996, 118(7): 1677-1681.

[6] Kobayshi S, Ohmae M. Enzymatic polymerization to polysaccharides[J]. Advances in Polymer Science, 2006, 194: 159-210.

[7] Favier V, Chanzy H, Cavaille J Y. Polymer nanocomposites reinforced by cellulose whiskers[J]. Macromolecules, 1995, 28(18): 6365-6367.

[8] Stelte W, Sandi A R. Preparation and characterization of cellulose nanofibers from two commercial hardwood and softwood pulps[J]. Industrial & Engineering Chemistry Research, 2009, 48(24): 11211-11219.

[9] Oksman K, Etang J A, Mathew A P, et al. Cellulose nanowhiskers separated from a bio-residue from wood bioethanol production[J]. Biomass & Bioenergy, 2011, 35(1): 146-152.

[10] Khawas P, Deka S C. Isolation and characterization of cellulose nanofibers from culinary banana peel using high-intensity ultrasonication combined with chemical treatment[J]. Carbohydrate Polymers, 2015, 137: 608-616.

[11] Hassan M L, Hassan E A, Oksman K N. Effect of pretreatment of bagasse fibers on the properties of chitosan/microfibrillated cellulose nanocomposites[J]. Journal of Materials Science, 2011, 46(6): 1732-1740.

[12] Mathew A P, Dufresne A. Morphological investigation of nanocomposites from sorbitol plasticized starch and tunicin whiskers[J]. Biomacromolecules, 2002, 3(3): 609-617.

[13] Mathew A P, Thielemans W, Alain D. Mechanical properties of nanocomposites from sorbitol plasticized starch and tunicin whiskers[J]. Journal of Applied Polymer Science, 2008, 109(6): 4065-4074.

[14] Janardhnan S, Sain M M. Isolation of cellulose microfibrils—an enzymatic approach[J]. Bioresources, 2006, 1(2): 176-188.

[15] Li Y, Liu Y, Chen W, et al. Facile extraction of cellulose nanocrystals from wood using ethanol and peroxide solvothermal pretreatment followed by ultrasonic nanofibrillation[J]. Green Chemistry, 2016, 18(4): 1010-1018.

[16] Kobayshi S, Ohmae M. Enzymatic polymerization to polysaccharides[J]. Advances in Polymer Science, 2006, 194: 159-210.

[17] 叶代勇. 纳米纤维素纤丝的制备[J]. 化学进展, 2007, 19(10): 1568-1575.

[18] 姚文润, 徐清华. 纳米纤维素纤丝制备的研究进展[J]. 纸和造纸, 2014, 33(11): 49-55.

[19] 江泽慧, 王汉坤, 余雁, 等. 植物源微纤化纤维素的制备及性能研究进展[J]. 世界林业研究, 2012, 25(2): 46-50.

[20] Eriksen. The use of microfibrillated cellulose produced from kraft pulp as strength enhancer in TMP paper[J]. Nordic Pulp & Paper Research Journal, 2008, 23(3): 299-304.

[21] Sadeghifar H, Filpponen I, Clarke S P, et al. Production of cellulose nanocrystals using hydrobromic acid and click reactions on their surface[J]. Journal of Materials Science, 2011, 46(22): 7344-7355.

[22] Tsuguyuki S, Satoshi K, Yoshiharu N, et al. Cellulose nanofibers prepared by TEMPO-mediated oxidation of native cellulose[J]. Biomacromolecules, 2007, 8(8): 2485-2491.

[23] 李珊珊, 张洋. 酶处理法制备木质材料微/纳纤丝的研究进展[J]. 木材加工机械, 2013, 1: 43-47.

[24] Wang B, Sain M. Isolation of nanofibers from soybean source and their reinforcing capability on synthetic polymers[J]. Composites Science & Technology, 2007, 67(s11-12): 2521-2527.

[25] Wang B, Sain M, Oksman K. Study of structural morphology of hemp fiber from the micro to the nanoscale[J]. Applied Composite Materials, 2007, 14(2): 89-103.

[26] Saito T, Isogai A. Wet strength improvement of TEMPO-oxidized cellulose sheets prepared with cationic polymers[J]. Industrial & Engineering Chemistry Research, 2007, 46(3): 773-780.

[27] Chen Y, Yang S, Fan D, et al. Dual-enhanced hydrophobic and mechanical properties of long-range 3D anisotropic binary-composite nanocellulose foams via bidirectional gradient freezing[J]. ACS Sustainable Chemistry & Engineering, 2019, 7(15): 12878-12886.

[28] Chen Y, Fan D, Lyu S, et al. Elasticity-enhanced and aligned structure nanocellulose foam-like aerogel assembled with cooperation of chemical art and gradient freezing[J]. ACS Sustainable Chemistry & Engineering, 2019, 7: 1381-1388.

[29] Chen Y, Fan D, Han Y, et al. Effect of high residual lignin on the properties of cellulose nanofibrils/films[J]. Cellulose, 2018, 25(11): 6421-6432.

[30] Ann C E M, Monica E, Gunnar H. Improved accessibility and reactivity of dissolving pulp for the viscose process: pretreatment with monocomponent endoglucanase[J]. Biomacromolecules, 2006, 7(6): 2027-2031.

[31] 杨雨微. 杨木微纳纤丝的分离工艺及特性研究[D]. 南京: 南京林业大学硕士学位论文, 2013.

[32] Turbak A F, Snyder F W, Sandberg K R. Microfibrillated cellulose: US 4374702 A[P]. 1983.

[33] Nakagaito A N, Yano H. The effect of morphological changes from pulp fiber towards nano-scale fibrillated cellulose on the mechanical properties of high-strength plant fiber based composites[J]. Applied Physics A, 2004, 78(4): 547-552.

[34] Stenstad P, Andresen M, Tanem B S, et al. Chemical surface modifications of microfibrillated cellulose[J]. Cellulose, 2008, 15(1): 35-45.

[35] Henniges U, Veigel S, Lems E M, et al. Microfibrillated cellulose and cellulose nanopaper from Miscanthus biogas production residue[J]. Cellulose, 2014, 21(3): 1601-1610.

[36] 王汉坤. 竹基纳米纤维素纤丝的制备、表征及应用[D]. 北京: 中国林业科学研究院博士学位论文, 2013.

[37] Cheng Q, Wang S, Rials T G, et al. Physical and mechanical properties of polyvinyl alcohol and polypropylene composite materials reinforced with fibril aggregates isolated from regenerated cellulose fibers[J]. Cellulose, 2007, 14(6): 593-602.

[38] Cheng Q, Wang S, Rials T G. Poly (vinyl alcohol) nanocomposites reinforced with cellulose fibrils isolated by high intensity ultrasonication[J]. Composites Part A: Applied Science & Manufacturing, 2009, 40(2): 218-224.

[39] Tischer P C S F, Sierakowski M R, Westfahl H. 2010. Nanostructural reorganization of bacterial cellulose by ultrasonic treatment[J]. Biomacromolecules, 2009, 11(5): 1217-1224.

[40] 卢芸, 孙庆丰, 李坚. 高频超声法纳米纤丝化纤维素的制备与表征[J]. 科技导报, 2013, 31(15): 17-22.

[41] Cheng Q, Wang S, Han Q. Novel process for isolating fibrils from cellulose fibers by high-intensity ultrasonication. II. Fibril characterization[J]. Journal of Applied Polymer Science, 2010, 115(5): 2756-2762.

[42] 陈文帅. 生物质纳米纤维素纤丝及其自聚集气凝胶的制备与结构性能研究[D]. 哈尔滨: 东北林业大学博士学位论文, 2013.

[43] López-R A, Lagaron J M, Ankerfors M, et al. Enhanced film forming and film properties of amylopectin using micro-fibrillated cellulose[J]. Carbohydrate Polymers, 1998, 47(3): 249-278.

[44] Abe K, Yano H. Comparison of the characteristics of cellulose microfibril aggregates of wood, rice straw and potato tuber[J]. Cellulose, 2009, 16(6): 1017-1023.

[45] Iwamoto S, Nakagaito A N, Yano H. Nano-fibrillation of pulp fibers for the processing of transparent nanocomposites[J]. Applied Physics A: Materials Science & Processing, 2007, 89(2): 461-466.

[46] 薛莹莹. 纤维素纳米纤丝/丙烯酸树脂复合材料的研究[D]. 南京: 南京林业大学硕士学位论文, 2012.

[47] 王超. 酶处理结合机械法分离纳米纤维素纤丝的特性研究[D]. 南京: 南京林业大学硕士学位论文, 2015.

[48] Wang Q Q, Zhu J Y, Gleisner R, et al. Morphological development of cellulose fibrils of a bleached eucalyptus pulp by mechanical fibrillation[J]. Cellulose, 2012, 19(5): 1631-1641.

[49] Zimmermann T, Bordeanu N, Sturb E. Properties of nanofibrillated cellulose from different raw materials and its reinforcement potential[J]. Carbohydrate Polymer, 2009, 79(4): 1086-1093.

[50] Wang H, Zhang X, Jiang Z, et al. A comparison study on the preparation of nanocellulose fibrils from fibers and parenchymal cells in bamboo (Phyllostachys pubescens)[J]. Industrial Crops and Products, 2015, 71: 80-88.

[51] Iwamoto S, Nakagaito A N, Yano H, et al. Optically transparent composite reinforced with plant fiber-based nanofibers[J]. Applied Physics A, 2005, 81: 1109-1112.

[52] 何玉婵, 韩雁明, 李改云, 等. 酶预处理结合研磨法对桉树纸浆纤维微/纳纤丝微观形貌的影响[J]. 2017, 45(3): 103-110.

[53] Chen Y, Fan D, Han Y, et al. Length-controlled cellulose nanofibrils produced using enzyme pretreatment and grinding[J]. Cellulose, 2017, 24(12): 5431-5442.

[54] Chen Y, He Y, Fan D, et al. An efficient method for cellulose nanofibrils length shearing via environmentally friendly mixed cellulase pretreatment[J]. Journal of Nanomaterials, 2017, 2017: 1-12.

[55] Henriksson M, Henriksson G, Berglund L A, et al. An environmentally friendly method for enzyme-assisted preparation of microfibrillated cellulose (MFC) nanofibers[J]. European Polymer Journal, 2007, 43(8): 3434-3441.

[56] Pääkkö M, Ankerfors M, Kosonen H, et al. Enzymatic hydrolysis combined with mechanical shearing and high-pressure homogenization for nanoscale cellulose fibrils and strong gels[J]. Biomacromolecules, 2007, 8(6): 1934-1941.

[57] 李琛. 碱和酶处理工艺对杨木主要成分及微纳纤丝的制备影响[D]. 南京: 南京林业大学硕士学位

论文, 2012.

[58] 刘艳萍. 酶处理对麦秸纤维及其制板特性的影响机理研究[D]. 南京: 南京林业大学博士学位论文, 2010.

[59] 李珊珊. 微/纳纤丝的分离工艺及其复合材料的特性研究[D]. 南京: 南京林业大学硕士学位论文, 2014.

[60] 刘晓晶, 李田, 翟增强. 纤维素酶的研究现状及应用前景[J]. 安徽农业科学, 2011, 39(4): 1920-1921.

[61] Kim D Y, Nishiyama Y, Wada M, et al. High-yield carbonization of cellulose by sulfuric acid impregnation[J]. Cellulose, 2001, 8(1): 9-33.

[62] 陈昕, 姜成浩, 罗安程. 秸秆微生物降解机理研究[J]. 安徽农业科学, 2013, 23: 9728-9731.

[63] 武秀琴. 纤维素酶及其应用[J]. 微生物学杂志, 2009, 29(2): 89-92.

[64] 阎伯旭, 高培基. 纤维素酶分子结构与功能研究进展[J]. 生命科学, 1995, 5: 22-25.

[65] Rabinovich M L, Melnick M S, Bolbova A V. The structure and mechanism of action of cellulolytic enzymes[J]. Biochemistry (Moscow), 2002, 67(8): 850-871.

[66] Gierlinger N, Schmidt G M. *In situ* FT-IR microscopic study on enzymatic treatment of poplar wood cross-sections[J]. Biomacromolecules, 2008, 9(8): 2194-2201.

[67] 何玉婵. 酶预处理对纳米纤维素纤丝结构和性能的影响[D]. 北京: 中国林业科学研究院木材工业研究所硕士学位论文, 2016.

[68] Guo J, Song K, Salm N L, et al. Changes of wood cell walls in response to hygro-mechanical steam treatment[J]. Carbohydrate Polymers, 2015, 115: 207-214.

[69] Han X, Bao J. General method to correct the fluctuation of acid based pretreatment efficiency of lignocellulose for highly efficient bioconversion[J]. ACS Sustainable Chemistry & Engineering, 2018, 6: 4212-4219.

第三章　固体酸催化水解制备纳米纤维素

纳米纤维素晶体（cellulose nanocrystal，CNC）作为纤维素基纳米材料的代表产品，目前已受到广泛的关注，纤维素经理化处理后可得到纳米级纤维素，其在理化性质方面表现出的特异性，会明显改变材料的光、电、磁等特性，能在一定程度上优化纤维素的性能，使其在精细化工、材料等领域具有更广阔的应用前景[1, 2]。如果进一步对纳米纤维素结构进行调控，在纳米尺度操控纤维素超分子聚集体，设计并组装出稳定的多种纤维素基纳米材料，即可以纤维素为基础原料创制出具有优异功能的精细化工品与材料，这也正是目前生物质材料和纤维素科学的前沿领域与热点[3, 4]。

传统制备纳米纤维素晶体的化学方法主要是强酸（硫酸等）水解法[5, 6]，氢离子进入纤维素内部，使纤维素葡萄糖苷键断裂，其对设备要求高，回收处理反应残留物困难；采用常规物理法制备纳米纤维素需特殊设备，费时耗能；另外，纳米纤维素衍生物生产存在产率低、有大量副产物等缺点，这些都严重阻碍了纤维素高值化材料发展的步伐。以固体酸替代无机酸来制备纳米纤维素是绿色化学的研究方向之一。

第一节　离子交换树脂催化水解制备纳米纤维素

离子交换树脂作为一种固体酸，克服了液体酸反应的缺点，具有可重复使用、对设备腐蚀性小、降解纤维素损伤小、环境污染小等优点。另外，超声作为一种特殊的能量形式，其产生的局部高温、高压及空化作用，可以增加纤维素比表面积，促进试剂在其中渗透扩散，提高纤维素功能基团的可及性，从而起到加速化学反应的作用[7-9]。因此超声辅助离子交换树脂催化水解制备纳米纤维素这一重要的纤维素基纳米材料，其优点为操作简单、易控制、无污染。

利用超声辅助离子交换树脂催化水解制备纳米纤维素，研究其在超声与离子交换树脂催化协同效应下的结构特性，可为实现绿色、高效、易控制、低能耗的纤维素基纳米材料及其他高附加值纳米材料的制备提供新思路与理论基础[10]。

一、纳米纤维素晶体的制备

采用超声辅助强酸性阳离子交换树脂催化水解制备纳米纤维素晶体，在前期单因素实验基础上，采用统计软件 Design-Expert 的 Box-Behnken 模式综合分析比较影响纳米纤维素晶体制备得率的关键因素：树脂与微晶纤维素质量比、温度和时间，通过建立模型与回归方程，对工艺条件的最优化组合和各因素之间的交互作用进行探讨。

（一）阳离子交换树脂催化剂的预处理

取一定量强酸性阳离子交换树脂用去离子水反复清洗，然后用 6%盐酸浸泡酸化 2h，去离子水冲洗至出水 pH 为 6～7；再用 6% NaOH 浸泡树脂2h，去离子水冲洗至出水 pH 为 8～9；再次重复上述酸化过程，将树脂转成氢型；过滤、烘干，将树脂存入干燥器中备用。

（二）纳米纤维素晶体的制备方法

将以竹浆为原料制备的微晶纤维素（microcrystalline cellulose，MCC）与强酸性阳离子交换树脂以一定比例加入去离子水中，获得悬浊液；将悬浊液搅拌，超声处理；催化水解完成后，滤出阳离子交换树脂，并分离出纤维素；于 12 000r/min 高速离心条件下进一步分离提纯样品，出现的乳白色胶体即为纳米纤维素晶体。结果表明超声辅助强酸性阳离子交换树脂催化水解制备纳米纤维素晶体与常规酸、碱水解方法相比，具有操作简单、易控制、环境污染小等优点。

采用统计软件 Design-Expert 中 Box-Behnken 模式来进行实验设计与数据分析。以离子交换树脂与 MCC 的质量比例（以下简称为催化剂比例）、温度、时间 3 个因子为自变量，分别用 X_1、X_2、X_3 表示，并根据现有实验条件，在探索性实验的基础上，确定了各影响因素合适的条件范围，分别为 5：1～15：1、40～60℃、150～210min，按方程 $x_i =（X_i - X_0）/\Delta X$ 对自变量进行编码（x_i 为自变量的编码值，X_i 为自变量的真实值，X_0 为实验中心点处自变量的真实值，ΔX 为自变量的变化步长），并以自变量的编码值+1、0、-1 分别代表自变量的高、中、低水平，CNC 的得率作为响应值 Y。

假设由最小二乘法拟合的二次多项方程为

$$Y = B_0 + \sum_{i=1}^{n} B_i X_i + \sum_{i=j=1}^{n} B_{ij} X_i X_j \tag{3-1}$$

式中，B_0 为常数项；B_i 和 B_j 分别为线性系数；X_i 和 X_j 表示自变量的真实值。为了求得此方程的各项系数，至少需 17 组实验来求解。

二、催化剂比例与温度的交互影响

图 3-1 为时间在零水平，即在固定时间为 180min 的条件下，催化剂比例与温度因素对 CNC 得率影响的响应曲面和等高线，该图反映催化剂比例和温度因素及两者的交互作用对 CNC 得率的影响。在较低温度下，催化剂的活性较低，温度对 CNC 得率的影响较小；当反应温度上升到零水平左右时，催化剂的反应活性明显增大，CNC 得率达到最大值，但随着温度的进一步增大，产物得率呈下降趋势，可见，最适宜的反应温度约为 50℃，此时催化剂具有较高的反应活性。催化剂用量少时，提供的活性中心不足，会导致反应时间长，得率较低，随着催化剂用量的增加，单位溶液体积内树脂的量增大，催化表面积亦增大，反应速度加快，产物得率增大；当催化剂比例增大到 10：1 左右时，CNC 得率开始呈下降趋势，可见，催化剂最佳比例约为 10：1。图 3-1 中等高线图呈近圆形，说明催化剂比例与温度的交互作用不显著。

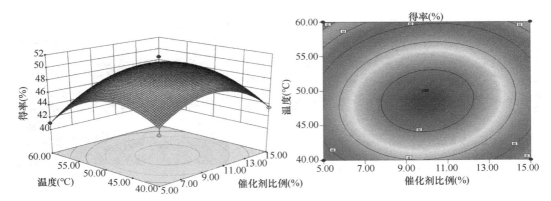

图 3-1　催化剂比例和温度对 CNC 得率影响的响应曲面与等高线图[10]（彩图请扫封底二维码）

三、催化剂比例与反应时间的交互影响

图 3-2 为温度在零水平，即在固定温度为 50℃的条件下，催化剂比例与反应时间因素对 CNC 得率的响应曲面和等高线，该图反映催化剂比例和反应时间因素及两者的交互作用对 CNC 得率的影响。由图 3-2 中三维图可观察到，反应时间对产物得率影响较大，随着时间的增大，CNC 得率呈增大趋势，反应进行到 180min 左右时，产物得率达最大值，再延长反应时间，产物得率反而下降，催化剂选择性降低，所以反应时间以 180min 为宜。在催化时间较短时，催化剂比例对产物得率影响较小，随着阳离子交换树脂用量增大，单位溶液体积内树脂的量增大，催化表面积增大，反应速度加快，可缩短反应时间。图 3-2 等高线图呈近圆形，说明催化剂比例与反应时间的交互作用较不显著。

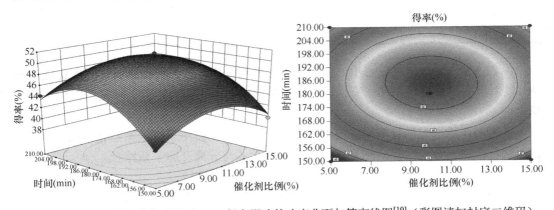

图 3-2　催化剂比例和反应时间对 CNC 得率影响的响应曲面与等高线图[10]（彩图请扫封底二维码）

四、温度与反应时间的交互影响

图 3-3 为催化剂比例在零水平，即在固定比例为 10：1 的条件下，温度与反应时间对 CNC 得率的响应曲面和等高线，该图反映温度和反应时间因素及两者的交互作用对 CNC 得率的影响。由其可知，温度与反应时间的交互作用较显著，在温度约为 50℃、反应时间为 180min 左右时，CNC 得率达到最大值。

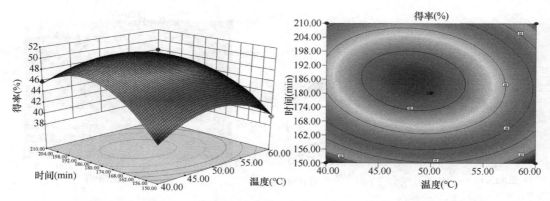

图 3-3　温度和反应时间对 CNC 得率影响的响应曲面与等高线图[10]（彩图请扫封底二维码）

五、纳米纤维素制备工艺的优化

通过软件分析计算，得到纳米纤维素晶体得率预测值最大时的最佳优化条件：催化剂比例为 9.97：1，温度为 48.30℃，反应时间为 189min，预测值为 50.93%。考虑到实际实验条件，将各条件修正为：催化剂比例为 10：1，温度为 48℃，反应时间为 189min。在修正条件下对实验结果进行验证，得到 CNC 的得率为 50.04%，与理论预测值基本吻合。

为了考察催化剂的重复使用性能，将催化水解反应结束后分离出的阳离子交换树脂用去离子水洗涤后，不经任何处理再重复使用，测定其重复次数，实验结果见表 3-1。

表 3-1　阳离子交换树脂的重复使用性

项目	结果		
重复次数（次）	1	2	3
得率（%）	50.04	49.05	48.00

由表 3-1 中的数据可以看出，催化剂重复使用 3 次，纳米纤维素晶体得率仍能达到 48%以上，所以强酸性阳离子交换树脂对于催化水解分离 CNC 具有较高的催化活性和稳定性。

采用超声辅助强酸性阳离子交换树脂催化水解法制备纳米纤维素晶体，操作简单、过程绿色低碳，为高结晶度纳米纤维素的有效制备与分离开辟了新路径。

第二节　机械力化学作用下纳米纤维素的高得率制备

纳米纤维素晶体（CNC）是从构成生物质材料的细胞壁的结构单元中分离提取出的直径低于 100nm 的微纤丝、原纤丝和基元纤丝，其具有较高的结晶度和长径比[11]。它具有结晶度高、强度高、反应活性高和比表面积大等优异性能，以纳米纤维素为原料，可开发出具有不同性能的材料，特别是增强聚合物复合材料、仿生复合材料、纳米薄膜材料及水凝胶和气凝胶等[12, 13]。

传统制备纳米纤维素的方法主要有强酸水解法[14]、机械分离法[15]、生物法[16]等。

强酸水解法制备过程中,纤维素的水解程度难以控制,容易造成结晶区的破坏,得率较低;而且酸液的腐蚀性较大,产生的废液回收处理困难。机械分离法主要包括高压均质处理、高速研磨处理及高强度超声处理。高压均质法制备的纳米纤维素尺寸分布不均匀,均质机极易堵塞,而且对纤维素样品的尺寸要求较高[17]。高速研磨法中纳米纤维素的结晶区会受到影响,降低了纳米纤维素的结晶度[18]。高强度超声法制备的纳米纤维素直径分布范围较大,产物中存在一定量的直径较粗的纤维[19]。生物法制备过程周期长,反应条件苛刻、难以控制,纳米纤维素得率低,制备成本高。因此,在纳米纤维素的制备过程中,纤维素反应活性的提高与反应活化能的降低是关键。

机械力化学法是利用机械能激发化学反应,进而导致物质的结构和性能改变,以构建常规化学法无法制备的新材料的技术[20]。机械力化学法能够降低化学反应的活化能、增加物质颗粒的反应活性,导致化学反应在低温条件下发生成为可能,可加快反应速率,提高生产效率,降低生产成本,而且对环境友好[21]。目前机械力化学法已在化工、无机粒子的制备、超微及纳米材料领域广泛应用[22, 23],但在高分子材料领域的研究还较少。

磷钨酸是一种具有很高催化活性的固体杂多酸,是绿色环保的多功能催化剂,它具有低毒、催化选择性好、回收容易、使用条件温和和热稳定性好的优异性能[24]。目前磷钨酸作为催化剂被广泛应用于缩合反应[25]、酯化反应[26]、氧化反应[27]等各类反应中,解决了传统催化剂造成的设备腐蚀及环境污染问题[28]。磷钨酸能够产生大量的质子酸中心,具有很强的酸性,而且相比液体酸,其回收容易,对设备的腐蚀性小,因而本章采用磷钨酸作为纤维素降解反应的催化剂。

响应面分析法(response surface methodology,RSM)能够较准确地预测实验过程中各因素对实验结果的影响,获得较佳的实验结果,是一种准确度高、实验次数较少的实验分析方法[29]。本章采用磷钨酸作为催化剂,采用机械力化学法制备了纳米纤维素,该方法绿色、高效,操作过程简单,获得的纳米纤维素得率高,为纳米纤维素的绿色、高得率制备开辟了新途径,制备过程如图 3-4 所示。研究分析了磷钨酸浓度、球磨时间、反应时间、超声时间等因素对纳米纤维素得率的影响,采用 Design-Expert 的 Box-Behnken模式进行实验模型的设计,分析各因素之间的交互作用,确定较佳工艺条件。

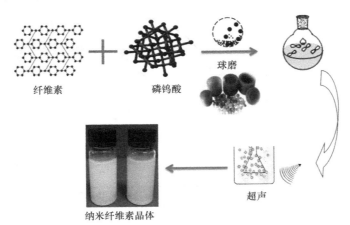

纤维素　　　　磷钨酸　　　　球磨

超声

纳米纤维素晶体

图 3-4　机械力化学辅助磷钨酸水解制备纳米纤维素的示意图[30](彩图请扫封底二维码)

一、纳米纤维素的制备

将竹浆用粉碎机打碎，得到分散均匀的纤维素浆（cellulose pulp，CP），60℃烘干备用。取 2g 浆料和 40ml 一定浓度的磷钨酸溶液于两个 90ml 的玛瑙球磨罐中，每个球磨罐配 20 个直径 6mm 的玛瑙球，600r/min 条件下球磨处理 0.5～2.5h。球磨完成后将球磨罐中的样品转移至 200ml 的圆底烧瓶中，90℃反应一定时间，待反应物冷却至室温后，用去离子水于 9000r/min 条件下反复多次离心，脱除反应后的酸液，直至反应物呈中性，酸液用乙醚进行处理，回收磷钨酸。将反应物悬浮液置于超声波细胞粉碎仪中进行超声处理 1h，5000r/min 条件下离心收集上层乳白色悬浮液，即为纳米纤维素，冷冻干燥得到纳米纤维素粉末。

纳米纤维素悬浮液均匀分散，测出其总体积，量取 25ml 悬浮液于称量瓶中，真空冷冻干燥至恒重，CNC 的得率按照式（3-2）计算。

$$得率(\%)=\frac{(m_1-m_2)V}{25m}\times100\%\qquad(3\text{-}2)$$

式中，m_1 为干燥后样品与称量瓶的总质量，g；m_2 为称量瓶的质量，g；m 为纤维素原料的质量，g；V 为纳米纤维素悬浮液的总体积，ml。

二、磷钨酸浓度对纳米纤维素得率的影响

在球磨时间为 2h、反应时间为 5h、超声时间为 1h 的条件下，探索磷钨酸浓度对 CNC 得率的影响，结果如图 3-5 所示。CNC 得率受磷钨酸浓度的影响较大，在磷钨酸溶液浓度为 8%～13%时，CNC 得率随着磷钨酸浓度的增加而增大，磷钨酸浓度为 12.5%时，得率达到 86%，进一步增加酸浓度，得率呈下降趋势。在较低的酸浓度下，磷钨酸提供的质子酸中心较少，纤维素降解不完全，CNC 得率较低；增加磷钨酸浓度能够加快水解反应的进行，无定形区充分降解，形成的纳米纤维素增多，但酸的用量过大，会导致结晶区分解，纤维素大分子完全解聚，过度水解为低分子糖类，CNC 得率降低[31]。

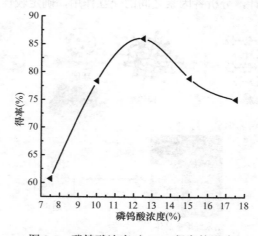

图 3-5　磷钨酸浓度对 CNC 得率的影响

三、球磨时间对纳米纤维素得率的影响

在磷钨酸浓度为 12.5%、反应时间为 5h、超声时间为 1h 的条件下，考察球磨时间对 CNC 得率的影响，结果如图 3-6 所示。随着球磨时间的增加，CNC 得率增大，球磨过程促进了能量的累积，在纤维素界面产生瞬间的微区高温高压，使纤维素分子链发生断裂，粒径减小，反应活性增加，促进了水解反应的进行，球磨时间为 2h 时，CNC 得率达到最大。进一步延长球磨时间，得率略有下降，主要是由于在高速球磨过程中，产生的强烈摩擦力和撞击力对纳米纤维素的结晶区也会产生影响，一定程度上使部分结晶区降解[32]，导致 CNC 得率下降。

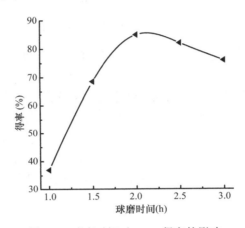

图 3-6 球磨时间对 CNC 得率的影响

四、反应时间对纳米纤维素得率的影响

在磷钨酸浓度为 12.5%、球磨时间为 2h、超声时间为 1h 的条件下，考察反应时间对 CNC 得率的影响，结果如图 3-7 所示。随着反应时间的增加，CNC 的得率显著增大，反应时间为 5h 时，得率达到 86.5%，进一步增加水解反应时间，得率逐渐下降。磷钨酸作为固体酸催化剂，与纤维素之间的接触面积较小，所以在水解反应的初始阶段，反应速率较低；随着反应时间的增加，纤维素在磷钨酸的催化作用下，水解反应充分进行，分子内和分子间氢键遭到破坏，糖苷键断裂，无定形区分解，形成纳米纤维素晶体。反应时间过长，在酸的作用下，纤维素的结晶区也会发生分解，导致 CNC 得率下降。

五、超声作用对纳米纤维素得率的影响

在磷钨酸浓度为 12.5%、球磨时间为 2h、反应时间为 5h 的条件下，考察超声时间对 CNC 得率的影响，结果如图 3-8 所示。随着超声时间的增加，CNC 的得率增大，超声时间达到 1h 时，得率达到最大为 85%。超声处理过程中，超声探头产生的高频机械振荡传到纤维素悬浮液中，使液体振动而产生数以万计的微小气泡，微小气泡产生于超

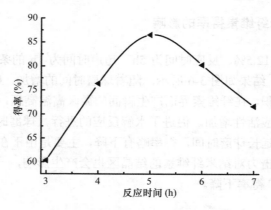

图 3-7　反应时间对 CNC 得率的影响

声波形成的负压区并在此处生长，而在超声波形成的正压区发生闭合，产生空化效应[33]，微小气泡闭合时产生超过 100MPa 的瞬间高压，连续不断产生的瞬间高压不断冲击纤维素表面。在冲击波的不断作用下，纳米纤维素之间的作用力逐渐减弱，最终形成纳米纤维素晶体。空化效应是导致纤维的结构及聚集状态发生变化的主要因素，空化效应在纤维素/水界面处有差异，空化气泡在靠近纤维一侧较平，使得其破裂时产生的高速微射流射向纤维界面，导致纤维素破碎形成纳米纤维素晶体[34, 35]。高强度超声处理会有一定的能源消耗，在保证纳米纤维素得率的前提下，应尽量减少超声处理时间，因此制备过程中选取超声时间为 1h。

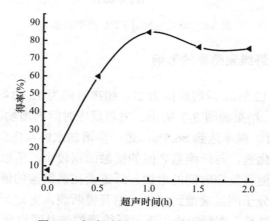

图 3-8　超声时间对 CNC 得率的影响

六、纳米纤维素制备工艺的优化

（一）响应面实验设计

根据单因素实验的分析结果，选取制备过程中对得率影响较大的主要因素：磷钨酸浓度（X_1）、反应时间（X_2）、球磨时间（X_3）为自变量，确定各因素的条件范围，分别为 10%～15%、4.5～5.5h、1.5～2.5h。各自变量的编码值按照 $x_i = (X_i - X_0) / \Delta X$ 计算，各自变量的低、中、高水平分别以-1、0、+1 表示，纳米纤维素的得率作为响应值 Y。各因素编码值及水平见表 3-2。

表 3-2　各变量因素编码值及水平

自变量因素	编码值及水平		
	-1	0	+1
磷钨酸浓度 X_1（%）	10	12.5	15
反应时间 X_2（h）	4.5	5	5.5
球磨时间 X_3（h）	1.5	2	2.5

注：$x_1=(X_1-12.5)/2.5$；$x_2=(X_2-5)/0.5$；$x_3=(X_3-2)/0.5$。

（二）性能表征

1. 形貌分析

采用场发射扫描电子显微镜（FESEM）、场发射透射电子显微镜（FETEM）和原子力显微镜（AFM）对纳米纤维素的表面形貌与尺寸进行分析表征。

FESEM 表征样品的制样方法：将浓度为 0.02%（w/w）的纳米纤维素悬浮液超声分散 30min，取 1 滴于载碳铜网上，室温下自然干燥，用导电胶将铜网固定于样品台上，真空离子溅射机喷金后，在 5kV 的加速电压下进行观察。

FETEM 表征样品的制样方法：将浓度为 0.02%（w/w）的纳米纤维素悬浮液超声分散 30min，取 1 滴于载碳铜网上，室温下自然干燥，用滤纸去除铜网周围的余液，然后用浓度为 2%（w/w）的磷钨酸溶液进行负染，自然干燥，于 100kV 的加速电压下进行测试。

AFM 表征样品的制样方法：首先将云母片的表面剥离，然后将经超声分散后的浓度为 0.02%（w/w）的纳米纤维素悬浮液滴到云母片的新鲜表面上，室温下自然干燥，采用轻敲模式扫描成像。

2. 晶体结构分析

采用 X 射线衍射仪对纤维素样品的晶体结构进行表征。将冷冻干燥后的粉末状纤维素样品置于样品台上，采用 Cu Kα 射线，Ni 片滤波，以 0.1°/s 的扫描频率，在 $2\theta=6°\sim90°$ 进行扫描，获取 X 射线衍射图谱。结晶度的计算按照式（3-3）进行。

$$\mathrm{CrI}=\frac{(I_{200}-I_{am})}{I_{200}}\times100\% \tag{3-3}$$

式中，I_{200} 为 $2\theta=22°\sim23°$ 的衍射强度，代表结晶区的衍射强度；I_{am} 为 $2\theta=18°\sim19°$ 的衍射强度，代表非结晶区的衍射强度[36]。

3. 化学结构分析

采用傅里叶变换红外光谱（FTIR）仪对机械力化学处理前后纤维素样品的表面官能团和化学结构的变化进行分析表征。取 1mg 干燥后的粉末样品与 100mg KBr 混合均匀压成薄片测试，以 32 次/s 的扫描频率，在 $4000\sim400\text{cm}^{-1}$ 扫描，得到样品的 FTIR 图谱。

4. 热性能分析

纤维素样品的热稳定性采用热分析仪进行表征。冷冻干燥后的纤维素样品粉末置于氧化铝坩埚中，N_2 作为保护气，以 10℃/min 的升温速率，由 25℃升温至 600℃，得到样品的热性能分析图谱。

5. Zeta 电位测试

纳米纤维素的表面电荷变化情况用 Zeta 电位测定仪进行分析。测试前将纳米纤维素悬浮液的浓度配制成 1mg/ml，超声分散 20min。

（三）纳米纤维素制备的响应面优化设计

采用 Design-Expert 软件的 Box-Behnken 模式，以磷钨酸浓度（X_1）、反应时间（X_2）、球磨时间（X_3）三个因素为自变量，纳米纤维素的得率为响应值 Y，进行响应面实验设计。实验安排及实验结果如表 3-3 所示。

表 3-3 实验设计及结果

实验序号	自变量			响应值 Y	
	X_1（%）	X_2（h）	X_3（h）	得率（%）	回归方程预测
1	−1（10）	−1（4.5）	0（2）	52.56	53.98
2	1（15）	−1（4.5）	0（2）	79.41	79.87
3	−1（10）	1（5.5）	0（2）	65.28	64.82
4	1（15）	1（5.5）	0（2）	74.08	72.66
5	−1（10）	0（5）	−1（1.5）	43.75	43.93
6	1（15）	0（5）	−1（1.5）	52.24	53.38
7	−1（10）	0（5）	1（2.5）	48.08	46.94
8	1（15）	0（5）	1（2.5）	71.41	71.23
9	0（12.5）	−1（4.5）	−1（1.5）	48.45	46.85
10	0（12.5）	−1（5.5）	−1（1.5）	71.07	71.36
11	0（12.5）	1（4.5）	1（2.5）	80.26	79.98
12	0（12.5）	1（5.5）	1（2.5）	57.49	59.09
13	0（12.5）	0（5）	0（2）	85.62	87.34
14	0（12.5）	0（5）	0（2）	84.69	87.34
15	0（12.5）	0（5）	0（2）	88.39	87.34
16	0（12.5）	0（5）	0（2）	84.32	87.34
17	0（12.5）	0（5）	0（2）	93.66	87.34

注：X_1、X_2 和 X_3 分别表示自变量磷钨酸浓度、反应时间和球磨时间的因素水平及数值

1. 实验模型的确定

应用 Design-Expert 软件对实验过程中各个自变量与响应值之间的关系进行模型拟合，并对得到的各个模型进行方差分析，以选取合适的模型。各个拟合模型的方差分析和 R^2 分析结果如表 3-4 和表 3-5 所示。

表 3-4　多种模型的方差分析

方差来源	平方和	df	均方	F 值	P 值	
平均值	82 011.45	1	82 011.45			
线性模型	793.20	3	264.40	1.01	0.4206	
双因素模型	651.58	3	217.19	0.79	0.5280	
二次多项式	2 686.37	3	895.46	86.41	<0.0001	建议
三次多项式	12.43	3	4.14	0.28	0.8408	
剩余偏差	60.10	4	15.03			
总和	86 215.13	17	5 071.48			

表 3-5　各模型的 R^2 分析

类型	标准偏差	R^2	R^2 校正值	R^2 预测值	预测残差平方和	
线性模型	16.20	0.1887	0.0015	−0.3178	5539.79	
双因素模型	16.61	0.3437	−0.0501	−0.7905	7526.54	
二次多项式	3.22	0.9827	0.9606	0.9303	292.86	建议
三次多项式	3.88	0.9857	0.9428			

由各模型的拟合结果可知，二次多项式模型的 P 值小于 0.0001，拟合结果较理想，因此采用二次多项式模型对实验结果进行分析预测。二次多项式模型的决定系数（R^2）及其校正值（Adj. R^2）接近于 1，其预测残差平方和远小于其他模型，因此综合分析我们选取二次多项式模型对实验结果进行预测。

2. 回归方程的建立与检验

由图 3-9 中实验实际值与预测值的对比可知，回归方程的预测值与实验实际值较为接近，说明采用二次多项式模型设计的回归方程能够较为准确地预测实验结果，回归方程为：$Y=87.34+8.43X_1+0.91X_2+5.22X_3-4.51X_1X_2+3.71X_1X_3-11.35X_2X_3-14.98X_1^2-4.53X_2^2-18.49X_3^2$。

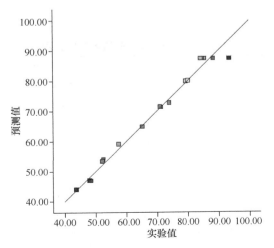

图 3-9　CNC 得率的实验值与模型预测值对照图

由表 3-6 可知，回归模型的 F 值为 44.30，$P<0.0001$，说明该模型具有良好的显著性[37]；而失拟项的 F 值为 0.28，P 值为 0.8408，说明回归模型的失拟程度不显著[38]；所以该回归模型实验准确度高，拟合程度较好，可用于纳米纤维素制备过程的分析。

表 3-6　回归模型方差分析

方差来源	平方和	df	均方	F 值	P 值	
模型	4131.15	9	459.02	44.30	<0.0001	显著
X_1	568.94	1	568.94	54.90	0.0001	
X_2	6.57	1	6.57	0.63	0.4521	
X_3	217.68	1	217.68	21.01	0.0025	
X_1X_2	81.43	1	81.43	7.86	0.0264	
X_1X_3	55.05	1	55.05	5.31	0.0546	
X_2X_3	515.10	1	515.10	49.71	0.0002	
X_1^2	944.29	1	944.29	91.13	<0.0001	
X_2^2	86.22	1	86.22	8.32	0.0235	
X_3^2	1439.75	1	1439.75	138.94	<0.0001	
残差	72.54	7	10.36			
失拟	12.43	3	4.14	0.28	0.8408	不显著
误差	60.10	4	15.03			
总和	4203.68	16				

3. 回归方程的参数评估与效应分析

表 3-7 为回归模型的系数显著性检验结果，X_1、X_3、X_1^2、X_2X_3、X_3^2 对响应值的影响达到极显著水平（$P<0.01$），X_1X_2、X_2^2 达到显著水平（$P<0.05$），X_2、X_1X_3 不显著，表明磷钨酸浓度与球磨时间、磷钨酸浓度与反应时间、反应时间与球磨时间具有一定的交互作用。各因素对 CNC 得率的影响程度从大到小为：球磨时间、磷钨酸浓度、反应时间。

表 3-7　回归模型系数显著性检验表

模型中的系数项	系数估计值	df	标准误差	95%置信度的置信区间		P 值
截距	87.34	1	1.44	83.93	90.74	
X_1	8.43	1	1.14	5.74	11.12	0.0001
X_2	0.91	1	1.14	−1.79	3.60	0.4521
X_3	5.22	1	1.14	2.53	7.91	0.0025
X_1X_2	−4.51	1	1.61	−8.32	−0.71	0.0264
X_1X_3	3.71	1	1.61	−0.096	7.52	0.0546
X_2X_3	−11.35	1	1.61	−15.15	−7.54	0.0002
X_1^2	−14.98	1	1.57	−18.69	−11.27	<0.0001
X_2^2	−4.53	1	1.57	−8.23	−0.82	0.0235
X_3^2	−18.49	1	1.57	−22.20	−14.78	<0.0001

4. 模型的交互作用分析

各实验因素之间的等高线图和响应曲面图可以直观地反映出各因素之间的交互作用及各因素对纳米纤维素得率的影响，以确定较佳工艺条件。

5. 磷钨酸浓度和反应时间之间的交互作用

图 3-10 为球磨时间为 2h 时，磷钨酸浓度和反应时间之间的交互作用及对纳米纤维素得率影响的响应曲面与等高线图。等高线图呈椭圆形，说明磷钨酸浓度和反应时间两因素之间具有较为显著的交互作用[39]。随着磷钨酸浓度和反应时间的增加，纳米纤维素的得率逐渐增大。磷钨酸作为固体酸催化剂，与纤维素之间的接触面积较小，纤维素水解反应完全进行需要一定的反应时间；催化剂浓度较低时，无法提供充足的活性中心，会导致水解反应不完全，得率较低；随着磷钨酸浓度的增加，水解反应速率加快，在一定的反应时间内，水解反应充分进行，纳米纤维素得率增加。磷钨酸的浓度过高，纳米纤维素得率下降，主要是因为反应时间较长时，过高的酸浓度会导致纤维素发生过度降解生成葡萄糖，使纳米纤维素得率下降。

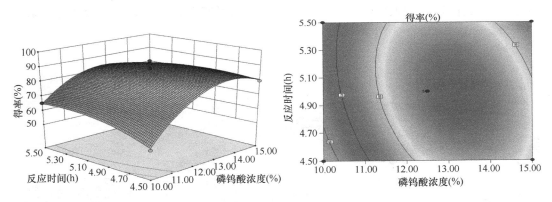

图 3-10　磷钨酸浓度和反应时间对 CNC 得率影响的响应曲面与等高线图[40]（彩图请扫封底二维码）

6. 磷钨酸浓度和球磨时间之间的交互作用

图 3-11 为反应时间为 5h 时，磷钨酸浓度和球磨时间之间的交互作用及对纳米纤维素得率影响的响应曲面与等高线图。球磨作用对纳米纤维素的得率有较大影响，球磨过程促进了能量累积，在纤维界面产生了瞬间的微区高温高压，同时，在磷钨酸及热力的共同作用下，纤维素的反应活性显著增强，促进了水解反应速率的提高，从而促使纤维素的大分子链发生断裂，粒径减小，形成了纳米纤维素晶体。球磨过程对纤维素的晶体结构会产生一定的影响，球磨时间过长会导致纤维素的部分结晶区遭到破坏，使纳米纤维素的得率降低，因此实验过程中控制球磨时间在 2h 以内。

7. 反应时间和球磨时间之间的交互作用

图 3-12 为磷钨酸浓度为 12.5% 时，反应时间和球磨时间之间的交互作用及对纳米纤维

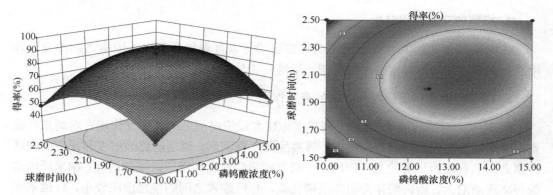

图 3-11　磷钨酸浓度和球磨时间对 CNC 得率影响的响应曲面与等高线图[40]（彩图请扫封底二维码）

素得率影响的响应曲面与等高线图。球磨处理一定时间后，纤维素的比表面积增大，反应活性增强，其对磷钨酸溶液的可及度提高，在磷钨酸的催化作用下，随着反应时间的增加，纤维素分子内和分子间氢键逐渐断裂，聚合度下降，无定形区降解为能够溶于水的小分子糖类，结晶区得以保留，纳米纤维素的得率增加。反应时间超过 5h，磷钨酸溶液进入纤维素的结晶区内部，结晶区开始发生降解，纳米纤维素得率下降。

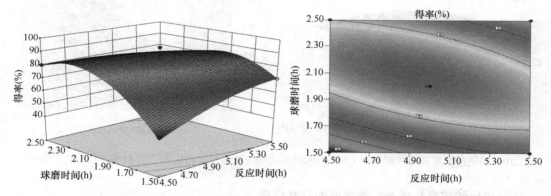

图 3-12　反应时间和球磨时间对 CNC 得率影响的响应曲面与等高线图[40]（彩图请扫封底二维码）

8. Design-Expert 系统的模拟寻优与检验

由各因素间的交互作用分析结果可知，响应值纳米纤维素的得率存在最大值，通过 Design-Expert 软件分析得出纳米纤维素得率达到最大值的最优条件为：磷钨酸浓度 13.51%，反应时间 4.73h，球磨时间 2.17h，此时纳米纤维素预测得率为 89.7%。考虑到实际实验情况，将各因素修正为：磷钨酸浓度 13.5%，反应时间 4.7h，球磨时间 2.2h。对修正后的各因素进行验证，实验结果显示纳米纤维素的得率为 88.4%，位于预测值 95% 置信区间内，说明该模型对机械力化学作用下纳米纤维素的高得率制备能够进行准确合理的预测。

9. 形貌分析

纤维原料和纳米纤维素的微观形貌如图 3-13 所示。图 3-13a 和 b 为纤维原料的 SEM 图，纤维呈卷曲扁平的棒状结构，表面较为粗糙，平均直径为 15μm，长度几百微米。图 3-13c 为纳米纤维素的 TEM 图，纳米纤维素呈短棒状，晶体颗粒之间交错分布形成网状结构，这使其在复合材料中能够起到增强作用；部分纳米纤维素晶体之间存在团聚现象，主要是由于纳米粒子间有较强的氢键作用力，使其形成自组装的网状结构[41]。图 3-14 为纳米纤维素的尺寸分布情况，机械力化学作用下制备的纳米纤维素长度为 200~300nm，直径为 25~50nm。

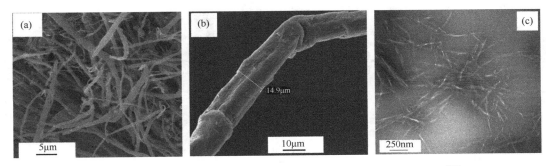

图 3-13　纤维原料的 SEM 图（a）和（b）和 CNC 的 TEM 图（c）[30]

图 3-15 为制备的纳米纤维素的 AFM 图。采用 AFM 进行微观形貌的观察，可以充分利用探针与纳米纤维素样品表面之间的分子力相互作用，获得具有较高分辨率的谱图，能够更为清晰地观察到样品的微观形貌。从中可以看出，纳米纤维素呈棒状，长度为 300~400nm，直径为 30~70nm，这与 TEM 的观察结果相符。经 AFM 观察到的纳米纤维素的尺寸较 TEM 偏大，这可能是由于 AFM 扫描过程中，附着在云母片上的纳米纤维素受到重力的作用容易显现出展宽伪影，因此观察到的纳米纤维素尺寸偏大。从 AFM 图中可以看到，纳米纤维素颗粒之间交错分布形成网状结构，同时出现部分团聚现象，这主要是因为纳米纤维素表面含有大量羟基，而且其比表面积大，羟基之间形成了氢键结合作用，导致其产生自团聚现象。

10. 晶体结构分析

图 3-16a 为纤维原料和 CNC 的 X 射线衍射图谱。由其可知在 $2\theta=15°$、16.5°、22.7°、34.8°处出现较强的衍射峰，分别对应于（1-10）、（110）、（200）和（004）晶面，表明制备的纳米纤维素的晶型并未发生改变，仍为纤维素 I 型[42]。与纤维原料相比，制备的 CNC 在 $2\theta=22.7°$ 的衍射峰强度增强，结晶度由 56.1%增加到 79.6%，说明纤维素大分子中的糖苷键和网络结构的分子链逐步发生断裂。水解反应过程中，纤维素的无定形区容易被降解，在球磨等机械力化学作用下，纤维素分子链间的氢键断裂，无定形区和无序排列的晶体进一步被破坏，但规整排列的晶体受到的影响较小，促进了分子排列规整度增加的晶体的形成，所以形成的纳米纤维素的结晶度增加。X 射线衍射峰的位置没有发生变化，说明在纳米纤维素的制备过程中纤维素的晶体结构并未发生改变，受到影响的

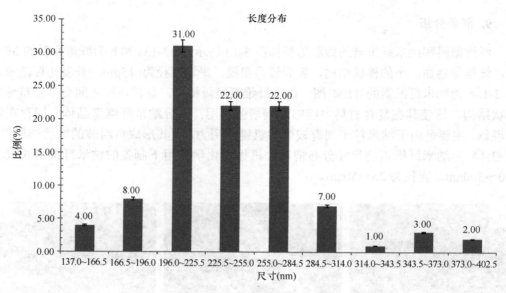

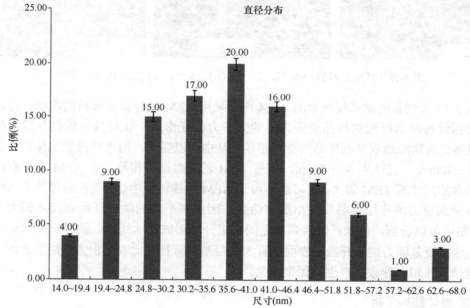

图 3-14 CNC 的尺寸分布[40]

是无定形区和有缺陷的结晶区[43]。图 3-16b 为纤维原料经不同时间（0h、1.5h、2h、2.5h）的球磨处理后制得样品的 X 射线衍射图谱。与纤维原料相比，球磨处理 1.5h 后的样品 BM（1.5）的结晶度由 63.7% 增加到 69.8%，球磨时间增加到 2h，BM（2）样品的结晶度达到了 79.6%，继续增加球磨时间到 2.5h，BM（2.5）样品的结晶度下降至 74.8%，可能是因为随着球磨时间的延长，机械作用力强度增大，部分结晶区的有序结构被破坏，产生了更多的无序区域[44]。

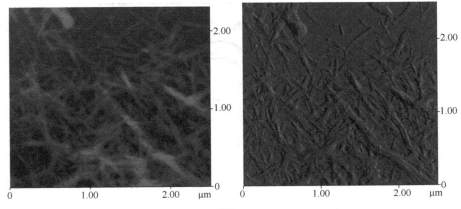

图 3-15　CNC 的 AFM 图[40]（彩图请扫封底二维码）

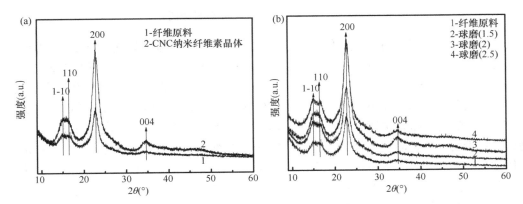

图 3-16　不同球磨时间作用下 CNC 的 XRD 谱图[30]

11. FTIR 分析

图 3-17 为纤维原料和 CNC 的红外谱图。两者在 3440cm⁻¹ 附近均有一较强的吸收峰，该吸收峰为羟基的 O—H 伸缩振动；2890cm⁻¹ 附近的吸收峰对应于纤维素结构中的 C—H 伸缩振动；1640cm⁻¹ 处的吸收峰对应于纤维素分子中的 H—O—H 伸缩振动；1430cm⁻¹ 处的吸收峰对应于纤维素的饱和 C—H 弯曲振动；1160cm⁻¹ 和 1110cm⁻¹ 处的吸收峰分别对应于纤维素的 C—C 骨架伸缩振动和葡萄糖环的伸缩振动；1050cm⁻¹ 处的吸收峰为纤维素醇的 C—O 伸缩振动[45]；895cm⁻¹ 处的吸收峰为纤维素分子中脱水葡萄糖单元间 β-糖苷键的特征峰，是异头碳（C1）的振动吸收[46, 47]。CNC 与纤维原料具有相似的 FTIR 谱图，说明机械力化学处理后 CNC 的化学结构并未改变，仍然保持天然纤维素的基本结构。与纤维原料相比，CNC 在 1160cm⁻¹ 和 1050cm⁻¹ 两处的吸收峰强度增强，表明 CNC 中结晶区含量增加[48]，这与 XRD 谱图的分析结果相同。

12. 热性能分析

图 3-18 为纤维原料和 CNC 进行热分析测试得到的热重（TG）与 DTG 图。由图 3-18 得到样品的起始热分解温度、最大失重速率温度和质量损失数据，如表 3-8 所示。纤维

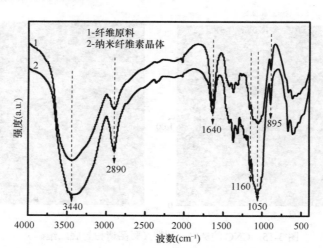

图 3-17　纤维原料和 CNC 的红外谱图

素的热分解包括纤维素分子链的解聚和脱水过程，然后是葡萄糖基单元的分解。纤维原料和 CNC 于 25～120℃最初的质量损失，是由纤维表面吸附的自由水挥发造成的。纤维原料的起始热分解温度为 313℃，在 313～348℃，样品的质量损失程度达到最大，热分解速率达到最大时的温度为 338℃。制备的 CNC 的起始热分解温度为 322℃，在 322～360℃，CNC 的质量损失程度达到最大，热分解速率达到最大时的温度为 348℃。以上测试结果表明，制备的纳米纤维素的热稳定性有所增强。纤维素的热稳定性受其结晶区晶体排列顺序的影响[49]，机械力化学法制备纳米纤维素的条件温和，对结晶区的损害较小，无定形区和排列无序的晶体被去除，有利于形成分子排列规整度增加的晶体，因而纳米纤维素的热稳定性增强。纳米纤维素较好的热稳定性拓展了其在生物复合材料领域的应用前景。

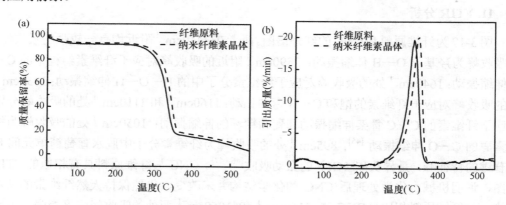

图 3-18　纤维原料和 CNC 的 TG（a）与 DTG 曲线图（b）

表 3-8　纤维原料和 CNC 的起始热分解温度、最大失重速率温度与质量损失

样品	起始热分解温度（℃）	最大失重速率温度（℃）	残余质量（%）
纤维原料	313	338	8.57
CNC	322	348	10.8

13. 表面电荷分析

纳米纤维素分子中有羟基、糖醛酸基等基团，其在水介质中表面电荷显电负性。Zeta电位测试结果显示，制备的纳米纤维素的 Zeta 电位值为（−26.8±0.5）mV，纤维原料的Zeta 电位值为（−8±0.2）mV，说明纳米纤维素在水介质中的分散稳定性显著提高，因为 Zeta 电位绝对值越高，意味着颗粒之间的静电排斥作用越强，粒子在分散介质中的稳定性也就越好[50]。制备的纳米纤维素的 Zeta 电位绝对值超过了 25mV，说明纳米纤维素分散在水介质中不容易产生沉淀或絮凝现象[51]。

第三节　氯化铁催化制备纳米纤维素

氯化铁是一种常见的 lewis 酸，价格便宜、催化活性高、不产生污染、可重复使用，作为催化剂广泛应用于酯化、缩合、成醚、氧化等化学反应中[52, 53]。Fe^{3+} 是外层轨道未被电子完全充满的离子，氯化铁对含氧化合物起催化作用通常认为是 Fe^{3+} 的外层空轨道与含氧化合物的某些部位络合形成配位键并降低活化能。伯永科等[54]研究发现在秸秆纤维素的酸水解过程中加入氯化铜、氯化亚铁、氯化锌等金属盐均能促使水解效率提高。黄彪等[55]将纤维素加入到含氯化钙、氯化锌、硫酸铁等金属盐的高沸点醇溶液中，加热到一定的温度，纤维素的无定形区降解，聚合度下降，结晶度大大提高，获得了直径 10～20nm、长度 200nm 左右的棒状微/纳米纤维素。金属离子催化剂能够显著提高纤维素的降解速率，是改进纳米纤维素制备方法的一个重要途径。目前国内外尚无氯化铁催化制备纳米纤维素的相关研究。

超声波是功率大于 $2×10^4$Hz 的声波，当超声波的强度超过 0.3W/cm^2 时，它就会产生空化作用（cavitation）。空化作用形成的瞬间会产生较强的冲击波，形成瞬时高能环境，这些能量可以促使化学键断裂，促进化学反应的进行，改变物质的物理化学状态。目前超声波在纤维素科学的相关研究中获得了一定程度的应用。Dong 等[56]研究发现，酸水解法制备微晶纤维素的过程中，超声作用对微晶纤维素的液晶结构有一定的影响，增加超声时间能够打断微晶体使纤维素长度减小。唐爱民和梁文芷[57]研究发现，超声处理会影响纤维素的分子量及分布，较短的超声时间不影响纤维素的分子量，但会使纤维素的分子链断裂，导致聚合度下降，超声时间长，纤维素的分子量降低。

当前对金属离子催化剂种类的选择、用量的多少，以及其对纤维素的催化作用机理和对纤维素晶体结构的影响还有待进一步探索，超声对纤维素形态结构、超分子结构和纤维性质的影响仍需深入研究。本章以从巨菌草中提取的纤维素为原料，采用氯化铁催化水解结合超声处理的方法制备了纳米纤维素。考察了反应温度、反应时间、氯化铁用量、超声时间对纳米纤维素得率的影响。选取对纳米纤维素得率影响较大的因素，采用响应面分析法进行实验设计，建立实验模型与回归方程，分析各因素及各因素之间交互作用对纳米纤维素得率的影响，确定纳米纤维素制备的较佳工艺条件。以氯化铁为催化剂，能够催化纤维素发生水解反应，使纤维素分子链断裂，聚合度下降，无定形区破坏，得到纳米纤维素晶体。氯化铁催化活性高、不产生污染、对环境危害小、可重复利用，该方法制备周期短，制备的纳米纤维素粒径较为均一。

一、纳米纤维素的制备

（一）巨菌草纤维素的预处理

将已经漂泊处理过的巨菌草化学浆用 17% 的氢氧化钠于 45℃ 条件下处理 30min，去离子水洗涤至中性，纤维标准解离器疏解 30min，冷冻干燥后备用。

（二）巨菌草纳米纤维素的制备

取一定量的 $FeCl_3$，加入 20g 甘油，加热升温，待 $FeCl_3$ 完全溶解，加入 1g 巨菌草纤维素，进行恒温热解反应。反应结束，加入大量去离子水，析出纤维素，高速离心去除甘油、$FeCl_3$ 和水的混合液，收集下层样品，在超声功率 250W、频率 40kHz 条件下进行超声处理，离心收集上层乳白色悬浮液，得到纳米纤维素胶体，冷冻干燥得到纳米纤维素粉末。

（三）纳米纤维素得率的测定方法

测量收集到的纳米纤维素悬浮液的总体积，移液管量取 25ml 于已称重的称量瓶中，冷冻干燥 48h，称重。

$$Y(\%) = \frac{(m_1 - m_2)v_1}{mv_2} \times 100 \qquad (3-4)$$

式中，m_1 为干燥后样品与称量瓶的总质量，g；m_2 为称量瓶的质量，g；m 为纤维素原料的质量，g；v_1 为纳米纤维素悬浮液的总体积，ml；v_2 为量取的纳米纤维素的体积，ml。

二、反应温度对纳米纤维素得率的影响

在 $FeCl_3$ 用量为 10%（与甘油的质量比）、反应时间为 60min、超声时间为 180min 的条件下，考察反应温度对 CNC 得率的影响，结果如图 3-19 所示。由其可知，随着反应温度的升高，CNC 的得率增大，反应温度为 110℃ 时，得率达到最大，进一步升高温度，得率则下降。在较低的反应温度下，纤维素受氯化铁催化发生缓慢水解，导致其强度下降。升高温度能够促进水解反应的进行，使纤维素分子内氢键断裂，导致纤维素聚合度降低，无定形区遭到破坏，但温度过高会使纤维素发生分解，生成一些新的产物和低分子量的挥发性化合物，导致 CNC 得率下降。

三、反应时间对纳米纤维素得率的影响

在 $FeCl_3$ 用量为 10%（与甘油的质量比）、反应温度为 110℃、超声时间为 180min 的条件下，考察反应时间对 CNC 得率的影响，结果如图 3-20 所示。由其可知，随着反应时间的增加，CNC 得率增大，反应时间为 60min 时，得率达到最大，进一步增加反应时间，得率则下降。随着反应时间的增加，纤维素在 $FeCl_3$ 的催化作用下，内部的致

密结构逐渐变得松散，糖苷键发生断裂，聚合度明显下降，无定形区分解，最终形成纳米纤维素晶体。反应时间过长，会使得纤维素发生过度降解，部分结晶区遭到破坏，导致 CNC 得率下降。

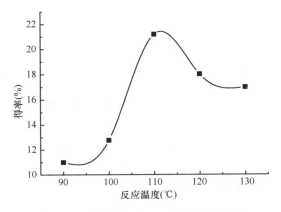

图 3-19　反应温度对 CNC 得率的影响[58]

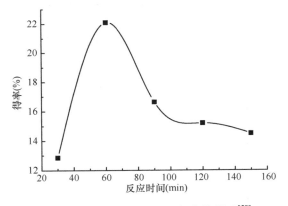

图 3-20　反应时间对 CNC 得率的影响[58]

四、氯化铁用量对纳米纤维素得率的影响

在反应温度为 110℃、反应时间为 60min、超声时间为 180min 的条件下，考察 $FeCl_3$ 用量对 CNC 得率的影响，结果如图 3-21 所示。由其可知，随着 $FeCl_3$ 用量的增加，CNC 的得率增大，$FeCl_3$ 用量为 10%时，得率达到最大，进一步增加 $FeCl_3$ 用量，得率下降。纤维素葡萄糖单元上 C2、C3、C6 位存在三个羟基，羟基的氧原子较活泼，呈极性，O5 也呈极性，比较容易吸附 Fe^{3+}，产生离子效应[59, 60]，导致葡萄糖单元上氧原子和碳原子的电子受到金属离子的影响，使得 C—O 键和 C—C 键的键角改变、键的长度增加、键能降低，纤维素热稳定性降低，更容易发生水解。因此增加 $FeCl_3$ 用量 CNC 得率增加，当催化剂用量太多时，产生较多的催化活性中心，水解反应速率过快，增加了副反应发生的概率，因此 CNC 得率下降。

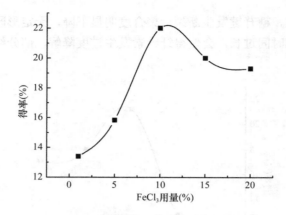

图 3-21　FeCl$_3$ 用量对 CNC 得率的影响[58]

五、超声时间对纳米纤维素得率的影响

在 FeCl$_3$ 用量为 10%（与甘油的质量比）、反应温度为 110℃、反应时间为 60min 的条件下，考察超声时间对 CNC 得率的影响，结果如图 3-22 所示。由其可知，随着超声时间的增加，CNC 的得率增大，超声时间为 180min 时，得率达到最大，进一步增加超声时间，得率变化不明显。超声过程中，产生强烈的空化作用，空化泡破碎产生局部的高压、高温和强烈的冲击波与微射流，使纤维素颗粒进一步破碎[61]，CNC 得率增加。

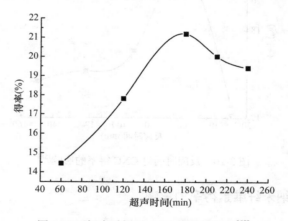

图 3-22　超声时间对 CNC 得率的影响[58]

六、纳米纤维素制备工艺的优化

（一）响应面实验设计和数据处理

采用响应面分析法进行实验设计和数据处理。根据单因素实验分析结果，固定氯化铁用量为 10%（与甘油的质量比），选取影响纳米纤维素得率的三个主要因素：反应温度（X_1）、反应时间（X_2）、超声时间（X_3）为自变量，在单因素实验的基础上，确定了各因素的条件范围，分别为 90～130℃、30～90min、120～240min。自变量的编码值按

照 $x_i=(X_i-X_0)/\Delta X$ 设计，式中，x_i 代表自变量编码值，X_i 代表自变量真实值，X_0 代表中心点处自变量的真实值，ΔX 代表自变量的变化步长。−1、0、+1 代表自变量的水平，响应值 Y 代表纳米纤维素的得率。各因素编码值及水平见表 3-9。

表 3-9　各变量因素编码值及水平

自变量因素	编码值及水平		
	−1	0	+1
反应温度 X_1（℃）	90	110	130
反应时间 X_2（min）	30	60	90
超声时间 X_3（min）	120	180	240

注：$x_1=(X_1-110)/20$；$x_2=(X_2-60)/30$；$x_3=(X_3-180)/60$

（二）响应面实验结果与模型的建立

在单因素实验基础上，采用 Design-Expert 中的 Box-Behnken 模式，以反应温度（X_1）、反应时间（X_2）、超声时间（X_3）三个因素为自变量，纳米纤维素的得率（Y）为响应值，进行 3 因素 3 水平的响应面实验设计，共 17 种组合，其中 12 个为分析因子，5 个为中心实验，用以估计误差。实验安排及实验结果见表 3-10。

表 3-10　实验设计及结果

试验序号	自变量			响应值 Y	
	X_1（℃）	X_2（min）	X_3（min）	得率（%）	回归方程预测
1	−1（90）	−1（30）	0（180）	15.64	15.25
2	1（130）	−1（30）	0（180）	16.536	16.31
3	−1（90）	1（90）	0（180）	17.25	17.48
4	1（130）	1（90）	0（180）	11.322	11.71
5	−1（90）	0（60）	−1（120）	13.416	13.43
6	1（130）	0（60）	−1（120）	15.876	15.74
7	−1（90）	0（60）	1（240）	18.518	18.66
8	1（130）	0（60）	1（240）	11.662	11.64
9	0（110）	−1（30）	−1（120）	17.15	17.52
10	0（110）	−1（30）	−1（120）	15.39	15.15
11	0（110）	1（90）	1（240）	16.66	16.90
12	0（110）	1（90）	1（240）	17.26	16.89
13	0（110）	0（60）	0（180）	22.932	22.36
14	0（110）	0（60）	0（180）	21.978	22.36
15	0（110）	0（60）	0（180）	22.198	22.36
16	0（110）	0（60）	0（180）	22.706	22.36
17	0（110）	0（60）	0（180）	22.008	22.36

注：X_1、X_2 和 X_3 分别表示自变量反应温度、反应时间和超声时间的因素水平及数值

应用 Design-Expert 软件，采用多种模型对纳米纤维素得率和各因素之间的关系进行拟合，以选取较适宜的模型。表 3-11 为各种模型的方差分析，表 3-12 为各种模型的 R^2 综合分析。由表 3-11 可以看出，二次多项式模型拟合效果显著，拟合结果优于其他

模型，因此建议采用二次多项式模型。由表 3-12 可以看出，二次多项式模型的 R^2 预测值与 R^2 校正值接近，其预测残差平方和明显小于其他模型，系统倾向于选择具有最大 R^2 预测值和最小预测残差平方和的模型，所以本实验选择二次多项式模型。

表 3-11 多种模型的方差分析

方差来源	平方和	df	均方	F 值	P 值	
平均值	5241.38	1	5241.38			
线性模型	14.59	3	4.86	0.31	0.8208	
双因素模型	34.73	3	11.58	0.67	0.5880	
二次多项式	170.50	3	56.83	253.34	<0.0001	建议采用
三次多项式	0.83	3	0.28	1.49	0.3461	较差
剩余偏差	0.74	4	0.19			
总计	5462.77	17	321.34			

表 3-12 各模型的 R^2 分析

类型	标准偏差	R^2	R^2 校正值	R^2 预测值	预测残差平方和	
线性模型	3.99	0.0659	−0.1497	−0.4491	320.82	
双因素模型	4.15	0.2228	−0.2435	−0.8889	418.18	
二次多项式	0.47	0.9929	0.9838	0.9350	14.40	建议采用
三次多项式	0.43	0.9966	0.9866	+		较差

注: +表示无法预测出数值

（三）回归方程的建立与检验

应用 Design-Expert 软件对表 3-10 的实验数据进行回归分析，得到的回归方程为：
$Y=22.36-1.18X_1-0.60X_2+0.28X_3-1.71X_1X_2-2.33X_1X_3+0.59X_2X_3-4.46X_1^2-2.72X_2^2-3.03X_3^2$。

对该模型进行方差分析，结果见表 3-13。

表 3-13 二次方程模型的方差分析

方差来源	平方和	df	均方	F 值	P 值
模型	219.28	9	24.42	108.87	<0.0001
X_1	11.11	1	11.11	49.53	0.0002
X_2	2.84	1	2.84	12.65	0.0093
X_3	0.64	1	0.64	2.87	0.1343
X_1X_2	11.64	1	11.64	51.89	0.0002
X_1X_3	21.70	1	21.70	96.72	<0.0001
X_2X_3	1.39	1	1.39	6.21	0.0415
X_1^2	83.84	1	83.84	373.71	<0.0001
X_2^2	31.04	1	31.04	138.37	<0.0001
X_3^2	38.76	1	38.76	172.79	<0.0001
残差	1.57	7	0.22		
失拟	0.83	3	0.28	1.49	0.3461
误差	0.74	4	0.19		
总和	221.39	16			

通常 P 值小于 0.05，表明模型的该项影响是显著的；P 值大于 0.1000，表明该项影响不显著。二次多项式模型的 F 值为 108.87，P 值小于 0.0001，说明该模型是显著的；失拟项的 P 值为 0.3461，大于 0.1000，说明模型的失拟程度不显著，所以该二次多项式模型拟合程度较好，采用该模型设计实验，误差较小，能够较准确地分析和预测纳米纤维素的得率。

模型的决定系数 R^2 和 R^2 校正值可以反映模型的拟合程度，二次多项式模型的 R^2 为 0.9929，说明模型的预测值与实验值之间的相关性达到了 99.29%；R^2 校正值为 0.9838，说明模型可以反映 98.38% 的响应值变化，因此模型拟合程度较好。

（四）回归模型系数的显著性分析

由表 3-14 可以看出，X_1、X_2、X_1X_2、X_1X_3、X_2X_3、X_1^2、X_2^2、X_3^2 对响应值影响显著（$P<0.05$），X_3 对响应值影响不显著，表明反应温度、反应时间、反应温度和反应时间、反应温度和超声时间、反应时间和超声时间之间的交互作用对纳米纤维素的得率都有显著影响。三个因素对响应值影响的主次效应关系为：反应温度>反应时间>超声时间。

表 3-14 回归模型系数显著性检验表

模型中的系数项	系数估计值	df	标准误差	95%置信度的置信区间		P 值
截距	22.36	1	0.21	21.86	22.87	
X_1	−1.18	1	0.17	−1.57	−0.78	0.0002
X_2	−0.60	1	0.17	−0.99	−0.20	0.0093
X_3	0.28	1	0.17	−0.11	0.68	0.1343
X_1X_2	−1.71	1	0.24	−2.27	−1.15	0.0002
X_1X_3	−2.33	1	0.24	−2.89	−1.77	<0.0001
X_2X_3	0.59	1	0.24	0.030	1.15	0.0415
X_1^2	−4.46	1	0.23	−5.01	−3.92	<0.0001
X_2^2	−2.72	1	0.23	−3.26	−2.17	<0.0001
X_3^2	−3.03	1	0.23	−3.58	−2.49	<0.0001

1. 模型的交互作用分析

利用 Design-Expert 软件，作出各因素之间的等高线图和响应曲面图，分析各因素及各因素之间的相互作用对纳米纤维素得率的影响，以确定较佳工艺条件。

2. 反应温度和反应时间的交互作用

图 3-23 为超声时间为 5h 时，反应温度和反应时间的响应曲面与等高线图。从中可以看出等高线图呈椭圆，说明反应温度和反应时间之间的交互作用显著。超声时间恒定时，随着反应时间的增加，纳米纤维素的得率呈现先升高后下降的趋势，当反应时间为 60min 时，得率达到最大；反应时间为 60min 时，随着反应温度的增加，纳米纤维素得

率增大，当反应温度为 110℃时，得率达到最大，进一步升高温度，得率则下降。较高的反应温度会促进纤维素水解反应的进行，导致纤维素强度下降，分子内氢键断裂，聚合度降低，但温度过高会使纤维素发生分解，生成酮、有机酸、CO、CH_4 等一些新的产物，导致 CNC 得率下降。

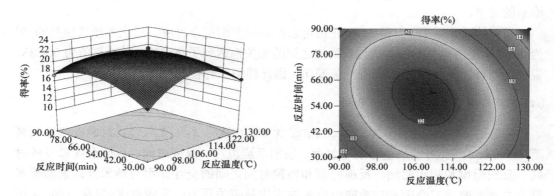

图 3-23　反应温度和反应时间对 CNC 得率影响的响应曲面与等高线图[58]（彩图请扫封底二维码）

3. 反应温度和超声时间的交互作用

图 3-24 为反应时间为 60min 时，反应温度和超声时间的响应曲面与等高线图。从中可以看出等高线图呈椭圆形，说明反应温度和超声时间之间的交互作用较强，反应温度对纳米纤维素得率的影响显著，超声时间的影响不显著。反应时间恒定时，随着超声时间的增加，纳米纤维素的得率增大，当超声时间为 180min 时，得率达到最大。超声能够产生强烈的空化作用，空化泡破碎产生的局部高压、高温、强烈的冲击波和微射流使纤维素进一步破碎，CNC 得率增加，但超声处理对纤维素的破碎作用有限，超声 180min 纤维素已充分破碎，继续增加超声时间对 CNC 的得率影响较小。

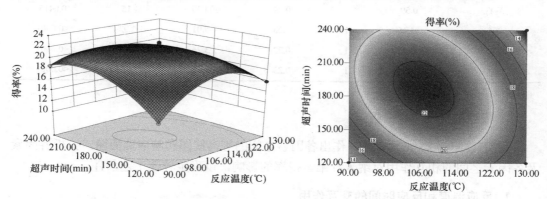

图 3-24　反应温度和超声时间对 CNC 得率影响的响应曲面与等高线图[58]（彩图请扫封底二维码）

4. 反应时间和超声时间的交互作用

图 3-25 为反应温度为 110℃时，反应时间和超声时间的响应曲面与等高线图。从中

可以看出等高线图呈椭圆形，说明反应时间和超声时间之间的交互作用较强。反应温度恒定时，随着反应时间的增加，纳米纤维素的得率呈现先升高后下降的趋势，当反应时间为 60min 时，得率达到最大，进一步增加反应时间，得率则下降。随着反应时间的延长，纤维素发生过度降解，部分结晶区遭到破坏，导致 CNC 得率下降。

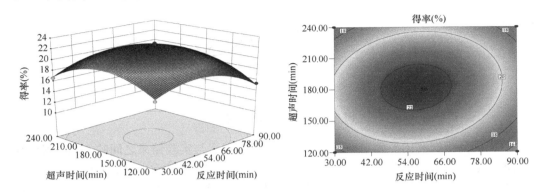

图 3-25　反应时间和超声时间对 CNC 得率影响的响应曲面与等高线图[58]（彩图请扫封底二维码）

利用 Design-Expert 软件计算出纳米纤维素得率最大时的较佳优化条件：反应温度为 107.03℃，反应时间为 58.43min，超声时间为 185.85min，预测得率为 22.481%。结合实际实验条件，确定为：反应温度 107℃，反应时间 60min，超声时间 185min。对该条件进行验证实验，纳米纤维素的得率达到 22%，与模型的预测值基本吻合，说明可以用该模型对纳米纤维素的制备进行预测。

第四节　磷酸锆催化制备纳米纤维素

巨菌草产量高，资源丰富，纤维素含量较高，达到30%~35%，纤维较长，容易提取，采用化学蒸煮法能够去除大部分木质素，再进行漂白处理，可获得较纯净的巨菌草纤维素。纤维素结构中的糖苷键对酸较敏感，利用酸水解能够使糖苷键断裂，纤维素聚合度下降，无定形区被破坏，得到纳米纤维素晶体[62]。采用超声进行分散，可得到粒径分布较均匀的纳米纤维素晶体。超声处理过程中，产生空化作用，能够有效实现纳米纤维素悬浮液的均匀分散，抑制颗粒的团聚[63, 64]。

目前制备纳米纤维素的方法主要是无机酸水解法，但制备过程中会产生大量的废液，对环境产生污染，而且较强的酸浓度会严重腐蚀生产设备。磷酸锆是阳离子型层状化合物，具有较大的比表面积，表面电荷密度大[65, 66]，结构如图 3-26 所示。磷酸锆作为一种固体酸，其磷酸基团的氢质子（P-OH）可自由扩散，发生离子交换反应[67, 68]。由于磷酸基团的引入，磷酸锆表面可接触的酸量增加，反应物所能接触到的催化剂酸位数量增加，使磷酸锆的催化活性增强[69, 70]，酸性磷酸基团形成更强的活性中心，释放出大量氢质子，能够大大减少酸水解过程中磷酸的用量，减少废液的生成，同时磷酸锆不溶于水，具有良好的热稳定性和机械强度，回收容易，可以重复使用。目前国内外尚无关于磷酸锆用于纳米纤维素制备的相关报道。

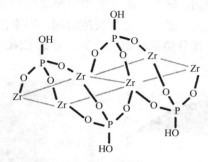

图 3-26　磷酸锆结构示意图[71]

　　响应面分析法利用多元二次回归方程，分析各因素与实验结果之间的关系，得到较佳工艺参数[72, 73]。它具有准确度高、实验次数少的优点，目前在制造、农业、医药、化工等领域广泛应用[74, 75]。本章采用磷酸锆辅助催化磷酸水解法制备了纳米纤维素，通过单因素实验确定了影响纳米纤维素得率的主要因素：磷酸浓度、反应时间、反应温度。采用 Design-Expert 的 Box-Behnken 模式，建立实验模型与回归方程，分析各因素及各因素之间交互作用对纳米纤维素得率的影响，确定纳米纤维素制备的较佳工艺条件。

一、巨菌草纳米纤维素的制备

（一）巨菌草成分的分析

　　巨菌草各主要成分的含量因生长时间不同而有差异。采用硝酸乙醇法[76]测定巨菌草中纤维素含量，并结合国家菌草工程技术研究中心的测定结果，得到不同生长周期的巨菌草各主要成分及含量，如表 3-15 所示。

表 3-15　巨菌草各主要成分及含量

生长周期	粗蛋白（%）	粗纤维（%）	粗脂肪（%）	无氮浸出物（%）	灰分（%）
4 周	10.8	28.5	3.8	43	13.9
6 周	8.8	32.2	3.5	42.6	12.9
8 周	8.7	32.8	3.3	44.3	10.9
10 周	6.5	33	2.7	46.4	11.4
12 周	5.9	31.9	2.9	49	10.3

（二）巨菌草中纤维素的提取

　　取生长周期为两个月的巨菌草为原料，采用烧碱法进行蒸煮，蒸煮条件为：料液比 1∶6，用碱量 18%，温度 165℃，升温时间 2h，165℃保温 2h，以除去大部分木素。采用次氯酸钠对浆料进行漂白处理，用氯量为 7%，获得纯净的巨菌草纤维素。

（三）巨菌草纳米纤维素的制备

取 2g 巨菌草纤维素和一定量的磷酸锆（0.1g、0.5g、1.0g、1.5g）置于 100ml 一定浓度的磷酸溶液中，在超声功率 250W、频率 40kHZ 的条件下进行超声反应；反应完成后，分离出磷酸锆；高速离心提纯纤维素样品，收集上层悬浮液，得到纳米纤维素胶体，冷冻干燥得到纳米纤维素粉末。

（四）CNC 得率的测定方法

测量收集到的纳米纤维素悬浮液总体积，移液管量取 25ml 于已称重的称量瓶中，冷冻干燥 48h，称重。

$$Y(\%) = \frac{(m_1 - m_2)v_1}{mv_2} \times 100 \qquad (3\text{-}5)$$

式中，m_1 为干燥后样品与称量瓶的总质量，g；m_2 为称量瓶的质量，g；m 为纤维素原料的质量，g；v_1 为纳米纤维素悬浮液的总体积，ml；v_2 为量取的纳米纤维素的体积，ml。

二、磷酸锆的催化作用

（一）磷酸锆用量对纳米纤维素得率的影响

在前期实验的基础上，通过分析磷酸锆用量对纳米纤维素得率的影响，考察磷酸锆的助催化作用，确定磷酸锆的较适宜用量。

图 3-27 是巨菌草纤维素质量为 2g、磷酸浓度为 50%、反应时间为 5h、反应温度为 65℃的条件下，磷酸锆用量对 CNC 得率的影响。由其可知，当磷酸锆用量很少时，得到的 CNC 量很少，随着磷酸锆用量的增加，CNC 得率显著增加，当磷酸锆用量达到 1g，即磷酸锆质量与巨菌草纤维素质量比为 1∶2 时，CNC 得率达到最大，继续增加磷酸锆用量，CNC 得率呈下降趋势。说明当磷酸锆与巨菌草纤维素的质量比为 1∶2 时，磷酸锆的助催化效果较好，磷酸锆用量过多，水解反应剧烈，纤维素会发生过度降解；同时表明，在纤维素的磷酸水解过程中，磷酸锆能够起到显著的助催化作用，提高反应的速率和产率，大大减少磷酸的用量，减少了对环境的污染。

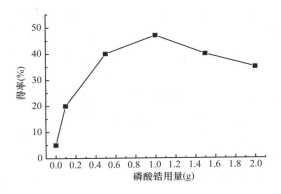

图 3-27　磷酸锆用量对 CNC 得率的影响

（二）磷酸锆的回收利用

将水解反应结束后分离出来的磷酸锆用蒸馏水进行洗涤，干燥，不进行其他处理，重复使用。在磷酸锆与巨菌草纤维素质量比为 1：2、磷酸浓度为 50%、反应时间为 5h、反应温度为 65℃的条件下进行实验，磷酸锆重复使用两次后，测得 CNC 的得率为 40%，说明磷酸锆具有较好的稳定性，能够重复使用。

（三）响应面实验设计和数据处理

采用响应面分析法进行实验设计和数据处理。固定磷酸锆与巨菌草纤维素的质量比为 1：2，以影响纳米纤维素得率的三个主要因素：磷酸浓度（X_1）、反应温度（X_2）、反应时间（X_3）为自变量，在单因素实验的基础上，确定了各因素的条件范围，分别为 45%～55%、60～70℃、4～6h。自变量的编码值按照 $x_i = (X_i - X_0)/\Delta X$ 设计，式中，x_i 代表自变量编码值，X_i 代表自变量真实值，X_0 代表中心点自变量的真实值，ΔX 代表自变量的变化步长。-1、0、+1 代表自变量的水平，响应值 Y 代表纳米纤维素的得率。各因素编码值及水平见表 3-16。

表 3-16　各变量因素编码值及水平

自变量因素	编码值及水平		
	−1	0	+1
磷酸浓度 X_1（%）	45	50	55
反应温度 X_2（℃）	60	65	70
反应时间 X_3（h）	4	5	6

注：$x_1 = (X_1 - 50)/5$；$x_2 = (X_2 - 65)/5$；$x_3 = (X_3 - 5)/1$

三、纳米纤维素制备工艺的优化

（一）响应面实验结果与模型的建立

固定磷酸锆与巨菌草纤维素的质量比为 1：2，采用 Design-Expert 中的 Box-Behnken 模式，以磷酸浓度（X_1）、反应温度（X_2）、反应时间（X_3）三个因素为自变量，纳米纤维素的得率（Y）为响应值，进行 3 因素 3 水平的响应面实验设计，共 17 种组合，其中 12 个为分析因子，5 个为中心实验，用以估计误差。实验安排及实验结果见表 3-17。

应用 Design-Expert 软件，采用多种模型对纳米纤维素得率和各因素之间的关系进行拟合，以选取较适宜的模型。表 3-18 为各种模型的方差分析，表 3-19 为各种模型的 R^2 综合分析。由表 3-18 可以看出，二次多项式模型拟合效果好，拟合结果优于其他模型，因此建议采用二次多项式模型。由表 3-19 可以看出，二次多项式模型的 R^2 预测值与 R^2 校正值接近，其预测残差平方和明显小于其他模型，系统倾向于选择具有最大 R^2 预测值和最小预测残差平方和的模型，所以本实验选择二次多项式模型。

表 3-17　实验设计及结果

试验序号	自变量			响应值 Y	
	X_1（%）	X_2（℃）	X_3（h）	得率（%）	回归方程预测
1	−1（45）	−1（60）	0（5）	42.14	42.15
2	1（45）	−1（60）	0（5）	40.00	39.88
3	−1（45）	1（70）	0（5）	42.85	42.97
4	1（55）	1（70）	0（5）	41.04	41.03
5	−1（45）	0（65）	−1（4）	44.36	44.47
6	1（55）	0（65）	−1（4）	42.30	42.54
7	−1（45）	0（65）	1（6）	43.40	43.16
8	1（55）	0（65）	1（6）	41.00	40.89
9	0（50）	−1（60）	−1（4）	43.56	43.44
10	0（50）	−1（60）	−1（4）	44.64	44.41
11	0（50）	1（70）	1（6）	41.70	41.93
12	0（50）	1（70）	1（6）	42.82	42.94
13	0（50）	0（65）	0（5）	47.69	48.17
14	0（50）	0（65）	0（5）	47.70	48.17
15	0（50）	0（65）	0（5）	48.44	48.17
16	0（50）	0（65）	0（5）	48.00	48.17
17	0（50）	0（65）	0（5）	49.00	48.17

注：X_1、X_2 和 X_3 分别表示自变量磷酸浓度、反应温度和反应时间的因素水平及数值

表 3-18　多种模型的方差分析

方差来源	平方和	df	均方	F 值	P 值	
平均值	33 144.65	1	33 144.65			
线性模型	15.22	3	5.07	0.54	0.6617	
双因素模型	0.056	3	0.019	1.549E-003	0.9999	
二次多项式	119.95	3	39.98	179.88	<0.0001	建议采用
三次多项式	0.31	3	0.10	0.33	0.8039	较差
剩余偏差	1.25	4	0.31			
总计	33 281.43	17	1 957.73			

表 3-19　各模型的 R^2 分析

类型	标准偏差	R^2	R^2 校正值	R^2 预测值	预测残差平方和	
线性模型	3.06	0.1113	−0.0938	−0.2847	175.72	
双因素模型	3.49	0.1117	−0.4213	−1.1711	296.95	
二次多项式	0.47	0.9886	0.9740	0.9495	6.91	建议采用
三次多项式	0.56	0.9909	0.9636			较差

（二）回归方程的建立与检验

应用 Design-Expert 软件对表 3-17 的实验数据进行回归分析，得到的回归方程为：$Y=48.17-1.05X_1+0.49X_2-0.74X_3+0.083X_1X_2-0.085X_1X_3+0.0009X_2X_3-3.54X_1^2-3.12X_2^2-1.87X_3^2$。对该模型进行方差分析，结果见表 3-20。

表 3-20 二次方程模型的方差分析

方差来源	平方和	df	均方	F 值	P 值
模型	135.22	9	15.02	67.60	<0.0001
X_1	8.85	1	8.85	39.84	0.0004
X_2	1.95	1	1.95	8.76	0.0211
X_3	4.42	1	4.42	19.86	0.0029
X_1X_2	0.027	1	0.027	0.12	0.7359
X_1X_3	0.029	1	0.029	0.13	0.7297
X_2X_3	3.240×10^{-4}	1	3.240E-4	1.458E-3	0.9706
X_1^2	52.62	1	52.62	236.72	<0.0001
X_2^2	41.01	1	41.01	184.5	<0.0001
X_3^2	14.65	1	14.65	65.92	<0.0001
残差	1.56	7	0.22		
失拟	0.31	3	0.10	0.33	0.8039
误差	1.25	4	0.31		
总和	136.78	16			

通常 P 值小于 0.05，表明模型的该项影响是显著的；P 值大于 0.1000，表明该项影响不显著。二次多项式模型的 F 值为 67.60，P 值小于 0.0001，说明该模型是显著的，失拟项的 P 值为 0.8039，远大于 0.1000，说明模型的失拟程度不显著，所以该二次多项式模型拟合程度较好，采用该模型设计实验，误差较小，能够较准确地分析和预测纳米纤维素的得率。

模型的决定系数 R^2 和 R^2 校正值可以反映模型的拟合程度，二次多项式模型的 R^2 为 0.9886，说明模型的预测值与实验值之间的相关性达到了 98.86%；R^2 校正值为 0.9740，说明模型可以反映 97.4%的响应值变化，因此模型拟合程度较好。

（三）回归模型系数的显著性分析

由表 3-21 可以看出，X_1、X_2、X_3、X_1^2、X_2^2、X_3^2 对响应值影响显著（$P<0.05$），X_1X_2、X_1X_3、X_2X_3 对响应值影响不太显著，表明磷酸浓度、反应温度、反应时间对纳米纤维素的得率都有显著影响，而各因素之间交互作用的影响不太显著。三个因素对响应值影响的主次效应关系为：磷酸浓度>反应时间>反应温度。

（四）模型的交互作用分析与优化

利用 Design-Expert 软件，作出各因素之间的等高线图和响应曲面图，分析各因素及各因素之间相互作用对纳米纤维素得率的影响，以确定较佳工艺条件。

表 3-21　回归模型系数显著性检验表

模型中的系数项	系数估计值	df	标准误差	95%置信度的置信区间		P 值
截距	48.17	1	0.21	47.67	48.66	
X_1	−1.05	1	0.17	−1.45	−0.66	0.0004
X_2	0.49	1	0.17	0.099	0.89	0.0211
X_3	−0.74	1	0.17	−1.14	−0.35	0.0029
X_1X_2	0.083	1	0.24	−0.47	0.64	0.7359
X_1X_3	−0.085	1	0.24	−0.64	0.47	0.7297
X_2X_3	9.000E-003	1	0.24	−0.55	0.57	0.9706
X_1^2	−3.54	1	0.23	−4.08	−2.99	<0.0001
X_2^2	−3.12	1	0.23	−3.66	−2.58	<0.0001
X_3^2	−1.87	1	0.23	−2.41	−1.32	<0.0001

1. 磷酸浓度和温度的交互作用

图 3-28 为反应时间为 5h 时，磷酸浓度和温度的响应曲面与等高线图。由其可知，磷酸浓度和温度对纳米纤维素得率的影响显著，二者之间的交互作用不明显。反应时间恒定时，随着反应温度的增加，纳米纤维素的得率呈现先升高后下降的趋势，当温度为 65℃时，得率达到最大；温度 65℃时，随着磷酸浓度的增加，纳米纤维素得率增大，当磷酸浓度为 50%时，得率达到最大，磷酸浓度进一步增加，得率则下降。一定浓度的磷酸能够促进磷酸锆释放出氢质子，进而促进纤维素分子内 β-1,4-糖苷键的断裂，导致纤维素聚合度下降，无定形区水解，得到纳米纤维素，但过高的磷酸浓度会促使纤维过度水解生成葡萄糖，导致纳米纤维素得率下降。

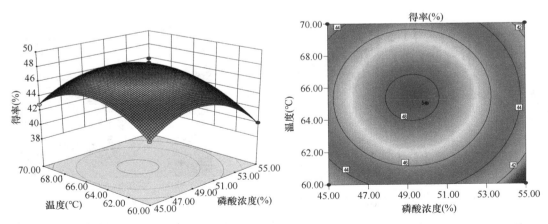

图 3-28　磷酸浓度和温度对 CNC 得率影响的响应曲面与等高线图[58]（彩图请扫封底二维码）

2. 磷酸浓度和反应时间的交互作用

图 3-29 为反应温度为 65℃时，磷酸浓度和反应时间的响应曲面与等高线图。由其可知，随着反应时间的增加，纳米纤维素的得率呈现先升高后下降的趋势，反应时间为 5h 时，得率达到最大，反应时间进一步增加，得率则下降。在一定的磷酸浓度条件下，

随着反应时间的增加，纤维素水解程度增强，部分结晶区可能遭到破坏，导致纳米纤维素得率下降。

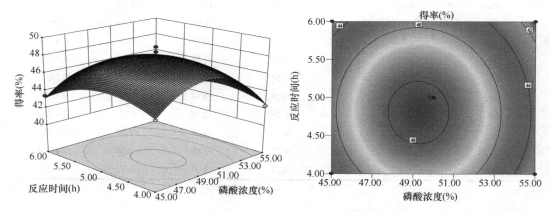

图 3-29　磷酸浓度和反应时间对 CNC 得率影响的响应曲面与等高线图[58]（彩图请扫封底二维码）

3.温度和反应时间的交互作用

图 3-30 为磷酸浓度为 50% 时，温度和反应时间的响应曲面与等高线图。由其可知，等高线图呈椭圆形，表明温度和反应时间的交互作用显著[77]。随着反应温度的增加，纳米纤维素得率呈现先升高后下降的趋势，反应温度为 65℃，得率达到最大，温度进一步升高，得率则下降。较高的温度能够促进氢质子进入纤维素结构内部，使纤维素分子内和分子间氢键断裂，聚合度下降，温度过高会使纤维素发生进一步水解生成葡萄糖，导致纳米纤维素得率下降。

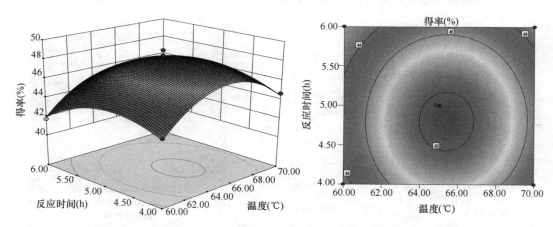

图 3-30　温度和反应时间对 CNC 得率影响的响应曲面图和等高线图[58]（彩图请扫封底二维码）

利用 Design-Expert 软件计算出纳米纤维素得率最大时的较佳优化条件：磷酸锆与巨菌草纤维素的质量比为 1：2，磷酸浓度为 49.27%，温度为 65.38℃，反应时间为 4.8h，预测得率为 48.3334%。结合实际实验条件，确定为：磷酸锆与巨菌草纤维素的质量比 1：2，磷酸浓度 49%，温度 65℃，反应时间 5h。对该条件进行验证，纳米纤维素的得率达到

50%，与模型的预测值基本吻合，说明可以用该模型对纳米纤维素的制备进行预测。

参 考 文 献

[1] Xue Y, Mou Z, Xiao H. Nanocellulose as a sustainable biomass material: structure, properties, present status and future prospects in biomedical applications[J]. Nanoscale, 2017, 9(39): 14758-14781.

[2] Grishkewich N, Mohammed N, Tang J, et al. Recent advances in the application of cellulose nanocrystals[J]. Current Opinion in Colloid & Interface Science, 2017, 29: 32-45.

[3] Siqueira G, Bras J, Dufresne A. Cellulosic bionanocomposites: a review of preparation, properties and applications[J]. Polymers, 2010, 2(4): 728-765.

[4] Siqueira G, Kokkinis D, Libanori R, et al. Cellulose nanocrystal inks for 3D printing of textured cellular architectures[J]. Advanced Functional Materials, 2017, 27(12): 1604619.

[5] Bondeson D, Mathew A, Oksman K. Optimization of the isolation of nanocrystals from microcrystalline cellulose by acid hydrolysis[J]. Cellulose, 2006, 13(2): 171-180.

[6] Beck-Candanedo S, Roman M, Gray D G. Effect of reaction conditions on the properties and behavior of wood cellulose nanocrystalsuspensions[J]. Biomacromolecules, 2005, 6(2): 1048-1054.

[7] Zhao H P, Feng X Q. Ultrasonic technique for extracting nanofibers from nature materials[J]. Applied Physics Letters, 2007, 90(7): 073112.

[8] Filson P B, Dawson-Andoh B E. Sono-chemical preparation of cellulose nanocrystals from lignocellulose derived materials[J]. Bioresource Technology, 2009, 100(7): 2259-2264.

[9] Chen W, Yu H, Liu Y, et al. Isolation and characterization of cellulose nanofibers from four plant cellulose fibers using a chemical-ultrasonic process[J]. Cellulose, 2011, 18(2): 433-442.

[10] Tang L R, Huang B, Ou W, et al. Manufacture of cellulose nanocrystals by cation exchange resin-catalyzed hydrolysis of cellulose[J]. Bioresource Technology, 2011, 102: 10973-10977.

[11] Kargarzadeh H, Sheltami R M, Ahmad I, et al. Cellulose nanocrystal: a promising toughening agent for unsaturated polyester nanocomposite[J]. Polymer, 2015, 56: 346-357.

[12] Bettaieb F, Khiari R, Dufresne A, et al. Mechanical and thermal properties of Posidonia oceanica cellulose nanocrystal reinforced polymer[J]. Carbohydrate Polymers, 2015, 123: 99-104.

[13] Kar K K, Pandey J K, Rana S. Handbook of Polymer Nanocomposites. Processing, Performance and Application[M]. Berlin, Heidelberg: Springer, 2015.

[14] Espinosa S C, Kuhnt T, Foster E J, et al. Isolation of thermally stable cellulose nanocrystals by phosphoric acid hydrolysis[J]. Biomacromolecules, 2013, 14(4): 1223-1230.

[15] Abdul Khalil H P, Davoudpour Y, Islam M N, et al. Production and modification of nanofibrillated cellulose using various mechanical processes: a review[J]. Carbohydr Polym, 2014, 99(1): 649-665.

[16] Tang Y, Shen X, Zhang J, et al. Extraction of cellulose nano-crystals from old corrugated container fiber using phosphoric acid and enzymatic hydrolysis followed by sonication[J]. Carbohydrate Polymers, 2015, 125: 360-366.

[17] Dedhia B S, Vetal M D, Rathod V K, et al. Xylanase and laccase aided bio-bleaching of wheat straw pulp[J]. Canadian Journal of Chemical Engineering, 2013, 92(1): 131-138.

[18] Ambrosio-Martín J, Lopez-Rubio A, Fabra M J, et al. Assessment of ball milling methodology to develop polylactide-bacterial cellulose nanocrystals nanocomposites[J]. Journal of Applied Polymer Science, 2015, 132(10): 41605.

[19] Li W, Yue J, Liu S. Preparation of nanocrystalline cellulose via ultrasound and its reinforcement capability for poly (vinyl alcohol) composites[J]. Ultrasonics Sonochemistry, 2012, 19(3): 479-485.

[20] Baláž P, Achimovičová M, Baláž M, et al. Hallmarks of mechanochemistry: from nanoparticles to technology[J]. Chemical Society Reviews, 2013, 42(18): 7571-7637.

[21]Takacs L. The historical development of mechanochemistry[J]. Chemical Society Reviews, 2013, 42(18): 7649-7659.

[22] Rak M J, Friščić T, Moores A. Mechanochemical synthesis of Au, Pd, Ru and Re nanoparticles with lignin as a bio-based reducing agent and stabilizing matrix[J]. Faraday Discussions, 2014, 170(170): 155-167.

[23] Xu C, De S, Balu A M, et al. Mechanochemical synthesis of advanced nanomaterials for catalytic applications[J]. Chemical Communications, 2015, 51(31): 6698-6713.

[24] Das B, Kanth B S, Reddy K R, et al. Sulfonic acid functionalized silica as an efficient heterogeneous recyclable catalyst for one-pot synthesis of 2-substituted benziimidazoles[J]. Journal of Heterocyclic Chemistry, 2010, 45(5): 1499-1502.

[25] Dhakshinamoorthy A, Opanasenko M, Čejka J, et al. Metal organic frameworks as solid catalysts in condensation reactions of carbonyl groups[J]. Advanced Synthesis & Catalysis, 2013, 355(2-3): 247-268.

[26] Yang Z, Zhao L, Lei Z. Quaternary ammonium salt functionalized methoxypolyethylene glycols-supported phosphotungstic acid catalyst for the esterification of carboxylic acids with alcohols[J]. Catalysis Letters, 2014, 144(4): 585-589.

[27] Liu K, Chen T, Hou Z, et al. Graphene oxide as support for the immobilization of phosphotungstic acid: application in the selective oxidation of benzyl alcohol[J]. Catalysis Letters, 2014, 144(2): 314-319.

[28] Fan G, Wang M, Liao C, et al. Isolation of cellulose from rice straw and its conversion into cellulose acetate catalyzed by phosphotungstic acid[J]. Carbohydrate Polymers, 2013, 94(1): 71-76.

[29] Gunst R F. Response surface methodology: process and product optimization using designed experiments[J]. Technometrics, 2008, 38(3): 284-286.

[30] Lu Q, Cai Z, Lin F, et al. Extraction of cellulose nanocrystals with a high yield of 88% by simultaneous mechanochemical activation and phosphotungstic acid hydrolysis[J]. ACS Sustainable Chemistry & Engineering, 2016, 4(4): 2165-2172.

[31] Liu Y, Wang H, Yu G, et al. A novel approach for the preparation of nanocrystalline cellulose by using phosphotungstic acid[J]. Carbohydrate Polymers, 2014, 110(1): 415-422.

[32] Abe K, Yano H. Comparison of the characteristics of cellulose microfibril aggregates isolated from fiber and parenchyma cells of Moso bamboo (*Phyllostachys pubescens*)[J]. Cellulose, 2010, 17(2): 271-277.

[33] Floris A, Meloni M C, Lai F, et al. Cavitation effect on chitosan nanoparticle size: a possible approach to protect drugs from ultrasonic stress[J]. Carbohydrate Polymers, 2013, 94(1): 619-625.

[34] Lu Q, Tang L, Lin F, et al. Preparation and characterization of cellulose nanocrystals via ultrasonication-assisted $FeCl_3$-catalyzed hydrolysis[J]. Cellulose, 2014, 21(5): 3497-3506.

[35] Tang L, Huang B, Lu Q, et al. Ultrasonication-assisted manufacture of cellulose nanocrystals esterified with acetic acid[J]. Bioresource Technology, 2013, 127: 100-105.

[36] French A D, Santiago C M. Cellulose polymorphy, crystallite size, and the segal crystallinity index[J]. Cellulose, 2013, 20(1): 583-588.

[37] Zhu C, Liu X. Optimization of extraction process of crude polysaccharides from Pomegranate peel by response surface methodology[J]. Carbohydrate Polymers, 2013, 92(2): 1197-1202.

[38] Sarıkaya M, Güllü A. Taguchi design and response surface methodology based analysis of machining parameters in CNC turning under MQL[J]. Journal of Cleaner Production, 2014, 65: 604-616.

[39] Witek-Krowiak A, Chojnacka K, Podstawczyk D, et al. Application of response surface methodology and artificial neural network methods in modelling and optimization of biosorption process[J]. Bioresource Technology, 2014, 160: 150-160.

[40] 卢麒麟. 基于纳米纤维素的超分子复合材料与杂化材料的研究[D]. 福州: 福建农林大学博士学位论文, 2016.

[41] Abraham E, Thomas M S, John C, et al. Green nanocomposites of natural rubber/nanocellulose: membrane transport, rheological and thermal degradation characterisations[J]. Industrial Crops and Products, 2013, 51: 415-424.

[42] Deepa B, Abraham E, Cordeiro N, et al. Utilization of various lignocellulosic biomass for the production of nanocellulose: a comparative study[J]. Cellulose, 2015, 22(2): 1075-1090.

[43] Cheema H M N, Bashir A, Khatoon A, et al. Molecular characterization and transcriptome profiling of expansin genes isolated from Calotropis procera fibers[J]. Electronic Journal of Biotechnology, 2010, 13(6).

[44] Phanthong P, Guan G, Ma Y, et al. Effect of ball milling on the production of nanocellulose using mild acid hydrolysis method[J]. Journal of the Taiwan Institute of Chemical Engineers, 2015, S1876107015004885.

[45] Ibrahim M M, El-Zawawy W K. Extraction of Cellulose Nanofibers from Cotton Linter and Their Composites[M]. Berlin, Heidelberg: Springer, 2015.

[46] Abidi N, Haigler C H, Cabrales L. Changes in the cell wall and cellulose content of developing cotton fibers investigated by FTIR spectroscopy[J]. Carbohydrate Polymers, 2014, 100(2): 9-16.

[47] Soni B, Hassan El B, Mahmoud B. Chemical isolation and characterization of different cellulose nanofibers from cotton stalks[J]. Carbohydrate Polymers, 2015, 134(10): 581-589.

[48] Cherian B M, Pothan L A, Nguyen-Chung T, et al. A novel method for the synthesis of cellulose nanofibril whiskers from banana fibers and characterization[J]. Journal of Agricultural and Food Chemistry, 2008, 56(14): 5617-5627.

[49] Sealey J E, Samaranayake G, Todd J G, et al. Novel cellulose derivatives. IV. Preparation and thermal analysis of waxy esters of cellulose[J]. Journal of Polymer Science Part B Polymer Physics, 1996, 34(9): 1613-1620.

[50] Hamid S B A, Zain S K, Das R, et al. Synergic effect of tungstophosphoric acid and sonication for rapid synthesis of crystalline nanocellulose[J]. Carbohydrate Polymers, 2016, 138: 349-355.

[51] Mirhosseini H, Tan C P, Hamid N S A, et al. Effect of Arabic gum, xanthan gum and orange oil contents on ζ-potential, conductivity, stability, size index and pH of orange beverage emulsion[J]. Colloids & Surfaces A Physicochemical & Engineering Aspects, 2008, 315(1-3): 47-56.

[52] Kobayashi J K, Matsui S I, Itoh T, et al. Iron salt-catalyzed cascade type one-pot double alkylation of indole with vinyl ketones[J]. Tetrahedron, 2010, 66: 3917-3922.

[53] Liu S, Qi Q, Zhao M, et al. Synthesis of tributyl citrate catalyzed by ferric chloride in microwave irra-diation[J]. Journal of Shanxi University (Natural Science), 2005, 28(3): 280-282.

[54] 伯永科, 崔海信, 刘淇, 等. 基于金属盐助催化剂的秸秆纤维素稀酸水解研究[J]. 中国农学通报, 2008, 24(9): 435-438.

[55] 黄彪, 欧文, 林雯怡, 等. 一种微纳米纤维素及其制备方法: CN 201110246796.5[P]. 2011.

[56] Dong X M, Revol J F, Gray D G. Effect of microcrystallite preparation conditions on the formation of colloid crystals of cellulose[J]. Cellulose, 1998, 5: 19-32.

[57] 唐爱民, 梁文芷. 超声波预处理对速生材木浆纤维结构的影响[J]. 声学技术, 2000, 19(2): 78-82.

[58] 卢麒麟. 巨菌草制备纳米纤维素的研究[D]. 福州: 福建农林大学硕士学位论文, 2013.

[59] Wornat M J, Nelson P F. Effects of ion-exchanged calcium on brown coal tar composition as determined by fourier transform infrared spectroscopy[J]. Energy & Fuels, 1992, 6(2): 136-142.

[60] Pouwels A D, Eijkel G B, Arisz P W, et al. Evidence for oligomers in pyrolysates of microcrystalline cellulose[J]. Journal of Analytic Applied Pyrolysis, 1989, 15: 71-84.

[61] Ebringerová A, Hromádková Z. The effect of ultrasound on the structure and properties of the water-soluble corn hull heteroxylan[J]. Ultrasonics Sonochemistry, 1997, 4(4): 305-309.

[62] Kaushik A, Singh M. Isolation and characterization of cellulose nanofibrils from wheat straw using steam explosion coupled with high shear homogenization[J]. Carbohydrate Research, 2011, 346: 76-85.

[63] Filson P B, Dawson-Andoh B E. Sono-chemical preparation of cellulose nanocrystals from lignocellulose derived materials[J]. Bioresource Technology, 2009, 100(7): 2259-2264.

[64] Iwasaki T, Lindberg B, Meier H. The effect of ultrasonic treatment on individual wood fiber[J]. Svensk Papperstidning, 1962, 20: 795-816.

[65] Clearfield A, Duax W L, Garces J M, et al. On the mechanism of ion exchange in crystalline zirconium phosphates-IV potassium ion exchange of a-zirconium phosphate[J]. Journal of Inorganic and Nuclear Chemistry, 1972, 34: 329-337.

[66] Clearfield A, Berman J R. On the mechanism of ion exchange in zirconium phosphates-XXXIV. Determination of the surface areas of a-Zr $(HPO_4)_2 \cdot H_2O$ by surface exchange[J]. Journal of Inorganic and Nuclear Chemistry, 1981, 43: 2141-2142.

[67] Sun L, Boo W J, Browning R L, et al. Effect of crystallinity on the intercalation of monoamine in a-zirconium phosphate layer structure[J]. Chemistry of Materials, 2005, 17: 5606-5609.

[68] Sun L, Boo W J, Sun D, et al. Preparation of exfoliated epoxy/a-zirconium phosphate nanocomposites containing high aspect ratio nanoplatelets[J]. Chemistry of Materials, 2007, 19: 1749-1754.

[69] Zhang H, Xu J S, Tang Y, et al. Studies on synthesis and properties of layered zirconium phosphate[J]. Chemical Journal of Chinese Universities, 1997, 18: 172-176.

[70] Haixia W, Changhua L, Jianguang C, et al. Structure and properties of starch/α-zirconium phosphate nanocomposite films[J]. Carbohydrate Polymers, 2009, 77: 358-364.

[71] Liu C, Yang Y. Effects of α-zirconium phosphate aspect ratio on the properties of polyvinyl alcohol nanocomposites[J]. Polymer Testing, 2009, 28(8): 801-807.

[72] Tarley C R T, Silveira G, Santos W N L, et al. Chemometric tools in electroanalytical chemistry: methods for optimization based on factorial design and response surface methodology[J]. Microchemical Journal, 2009, 92(1): 58-67.

[73] Bezerra M A, Santelli R E, Oliveira E P, et al. Response surface methodology (RSM) as a tool for optimization in analytical chemistry[J]. Talanta, 2008, 76(5): 965-977.

[74] Majumder A, Singh A, Goyal A. Application of response surface methodology for glucan production from *Leuconostoc dextranicum* and its structural characterization[J]. Carbohydrate Polymers, 2009, 75(1): 150-156.

[75] Wu S, Yu X, Hu Z, et al. Optimizing aerobic biodegradation of dichloromethane using response surface methodology[J]. Journal of Environmental Sciences, 2009, 21(9): 1276-1283.

[76] 王林风, 程远超. 硝酸乙醇法测定纤维素含量[J]. 化学研究, 2011, 22(4): 52-56.

[77] Khattar J I S, Shailza. Optimization of Cd^{2+} removal by the cyanobacterium *Synechocystis pevalekii* using the response surface methodology[J]. Process Biochemistry, 2009, 44(1): 118-121.

第四章　纳米纤维素的精确表征技术

近 10 年，关于纳米纤维素材料研究的学术论文发表量增长了 10 倍以上。随着围绕纳米纤维素的基础研究、产品开发、质量控制、市场销售快速发展，迫切需要对纳米纤维素进行精确表征。本章概述了纳米纤维素精确表征技术的原理和应用范围，并通过两个综合案例展示了纳米纤维素精确表征和分析在材料研究中的使用。

本章提到的表征手段对于 CNC 和 CNF 都通用，在我们实践过程中呈现出很好的一致性、可靠性和准确性。特别是针对具有更复杂形貌的 CNF，可以通过多种表征技术的互相验证来完成其精确表征。除此之外，本章中所涉及的表征手段也适用于特殊及未来开发的纳米纤维素新材料。

第一节　纳米纤维素三维形貌精确表征

一、扫描电子显微镜表征方法

（一）扫描电子显微镜原理

扫描电子显微镜（scanning electron microscope，SEM）是一个复杂的系统，它融合了电子光学技术、真空技术、精细机械结构及现代计算机控制技术，其成像是采用二次电子或背散射电子等工作方式，随着 SEM 的发展和应用的拓展，相继发展了宏观断口学和显微断口学，SEM 的原理是电子枪发射的电子在加速高压作用下经过多级电磁透镜汇集成细小（直径一般为 1~5nm）的电子束（相应束流为 10-11A~10-12A），在末级透镜上方扫描线圈的作用下，电子束在样品表面做光栅扫描（行扫+帧扫）。入射电子与样品相互作用会产生二次电子、背散射电子、X 射线等各种信息。这些信息的二维强度分布随样品表面的特征（表面形貌、成分、晶体取向、电磁特性等）而变，将各种探测器收集到的信息按顺序、成比例地转换成视频信号，传送到同步扫描的显像管并调节其亮度，就可以得到一个反映样品表面状况的扫描图像。如果将探测器接收到的信号进行数字化处理即转变成数字信号，就可以由计算机做进一步的处理和存储。SEM 的基本工作原理如图 4-1 所示。

SEM 最基本、最有代表意义、分析检测用的最多功能的就是它的二次电子（secondary electron，SE）衬度像。二次电子是样品中原子的核外电子在入射电子的激发下离开该原子而形成的，它的能量比较小（一般小于 50eV），因而在样品中的平均自由程也小，只有近表面（约 10nm 量级）的二次电子才能逸出表面被接收器接收并用于成像。电子束与样品相互作用涉及的范围呈梨形，如图 4-2 所示。在近表面区域，入射电子与样品的相互作用才刚刚开始，束斑直径还来不及扩展，与原入射电子束直径比，变化还不大，

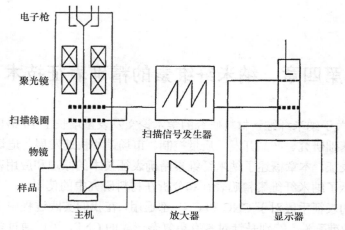

图 4-1　SEM 原理[1]

相互作用发射二次电子的范围小，有利于得到具较高分辨率的图像。目前，商品 SEM 的分辨率已经达到 1nm，加上 SEM 的景深大，因而可以获得倍率高、立体感强、直观的显微图像。这是 SEM 获得广泛应用的最主要原因。

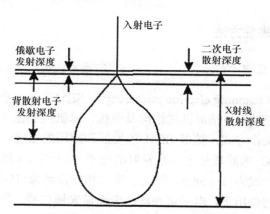

图 4-2　电子束与样品的相互作用[1]

（二）SEM 制样要求

　　表征纳米纤维素时，需要考虑以下几个因素。首先，纳米纤维素是由低密度电子和不导电的原子组成的，这些原子在没有增强对比度和分辨率的情况下几乎是不可见的。对于拥有较高密度原子的样品如金属，无论是散射还是吸收，都具有较高的对比度，这是由于高密度原子样品与电子束有较高的相互作用电位，因此相比于低密度原子样品，这些高密度原子样品在 SEM 中更容易检测到。其次，纳米纤维素的直径很小，其直径甚至会小于 5nm。SEM 是一种利用散射电子来获取样品形貌特征的仪器，样品直径越小，粒子成像的机会越小。

　　为了获得分散的纳米纤维素的 SEM 图像，主要使用纳米纤维素悬浮液。悬浮液应充分分散，可以通过超声处理、控制稀释度、溶剂及纳米纤维素的性质对其分散性进行调整。当纳米纤维素悬浮液的液滴滴在基底上时，可以通过一定方法确保样品沉积在基底上，并且在除去剩余溶剂时应当保持其分散性或增强其分散性。常用的方法包括使用化学分散剂和基体表面改性、过量溶剂脱除等技术。

对纳米纤维素基底材料的选择和处理也很重要。所选用的基底材料需要对样品有吸附性，且不产生竞争信号，还应使样品获得最大程度的曝光。基底表面的疏水性和电荷会影响颗粒的沉积，从而影响颗粒在电子显微镜中成像效果。对于大多数水溶液中的纳米纤维素，通常选用亲水性的基底来保障纳米纤维素颗粒的沉积。在基底使用之前，可以通过等离子辉光放电或化学方法对基底表面进行清洁或涂覆，从而改变基底表面的电荷或增强表面能，有助于将纳米纤维素颗粒及分散溶液吸到表面。对于 SEM 成像，还需考虑基底表面的平坦度。由于纳米纤维素直径很小，可以使用抛光的云母或硅晶片来减小粗糙度对纳米纤维素成像造成的干扰。除此之外，还要使用低电子密度的基底以避免电子对纳米纤维素信号的屏蔽。为了保证颗粒沉积和保留在基底表面上，要尽量避免因去除多余溶液导致的成像颗粒减少或大面积团聚现象。

为了提升纳米纤维素的 SEM 图像质量，特别是改善图像的对比度，应当对纳米纤维素样品进行 Au、Pt 等涂层溅射，从而增加纤维素样品的电子密度。

（三）SEM 对纳米纤维素的表征

图 4-3 是不同超声时间处理后竹纳米纤维素的形态和直径分布。图 4-3a、c 和 e 分别是经过化学纯化的竹纤维在超声 10min、20min、30min 后的 SEM 图像，可以观察到，超声 10min 后，纤维素已经有了一定程度的分散，但还是有部分未被分散，在超声 30min 后，纤维素平均直径分布在 40～70nm。

二、透射电子显微镜表征方法

（一）透射电子显微镜的基本原理

20 世纪 30 年代透射电子显微镜（transmission electron microscope，TEM）的发明，为微观领域科学研究的发展提供了很大的帮助。TEM 的出现和不断完善进一步地从广度及深度上开拓了科学研究的疆域。TEM 是利用电子与样品的相互作用来获取样品的信息，其工作原理为：从电子枪发出的高速电子束经聚光镜均匀照射到样品上，作为一种粒子，有的入射电子与样品发生碰撞，运动方向发生改变，形成弹性散射电子，有的与样品发生非弹性碰撞，形成能量损失电子，有的被样品俘获，形成吸收电子；作为一种波，电子束经过样品后可发生干涉和衍射。总之，均匀的入射电子束与样品相互作用后将变得不均匀，这种不均匀依次经过物镜、中间镜和投影镜放大后在荧光屏上或胶片上就表现为图像对比度，从而反映了样品的信息。

电子显微镜（electron microscope，EM）都是使用聚焦的加速电子束生成纳米级或更小、高分辨率的放大图像，电子与样品碰撞发生了各种粒子的反射和透射。样品和电子之间的相互作用转换了电子的能量，通过检测电子能量的差异形成图像。相比较而言，SEM 是利用样品发射的二次电子实现表面成像的技术，TEM 则是利用电子穿过样品实

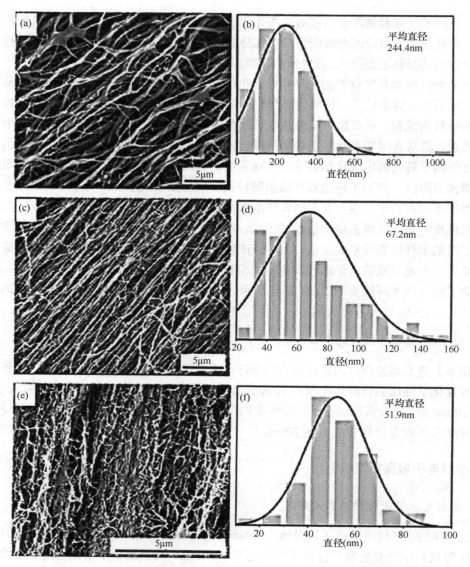

图 4-3 化学纯化的竹纳米纤维素在不同超声时间下的形态和直径分布图[2]

（a）、（c）和（e）分别为超声（1000W，25kHz）10min、20min 和 30min 后的 SEM 图，（b）、（d）和（f）分别为（a）、（c）和（e）纤维的直径分布图，其平均值分别为 244.4nm、67.2nm 和 51.9nm

现样品成像的技术。在理想条件下，SEM 的分辨率可达到 1nm，而 TEM 的分辨率可达到 0.2nm。因此，SEM 和 TEM 均可用于表征纳米粒子的尺寸、形状及颗粒的分散和聚集程度。与 SEM 相比，TEM 具有更高的空间分辨率，是表征纳米颗粒最常用的电子显微镜技术。

（二）纳米纤维素的 TEM 制样要求

因为纳米纤维素的特性，TEM 技术表征纳米纤维素不仅有特殊要求，还需要一定的实践才能获得纳米纤维素样品的制备方法和成像参数。于 TEM 而言，样品越薄，透射电子束与纳米纤维素内电子相互作用的可能性越小。这也意味着对纳米纤维素而言，其电子能量的对比度可能被来自碎片、基底材料的信号所压制。通过样品制备和电子束的控制，可以采用最小化背景信号并提高对比度和分辨率的方法，以获得更好的成像效果。下面将介绍 TEM 对纳米纤维素进行成像表征的几个主要问题和解决办法：改进纳米纤维素在电子显微镜成像基底上的分散性；改善纳米纤维素对比度等。

纳米纤维素需要均匀分布在基底上，这样才能更好地表征其形态并进行尺寸分析。纳米纤维素的理想分散状况应无团聚、重叠等现象。在样品制备过程中，首先要提高样品的分散性。当纳米纤维素在水或 *N,N*-二甲基甲酰胺（*N,N*-dimethylformamide，DMF）等溶剂中分散形成悬浮液时很难表征单根纳米纤维素。纳米纤维素通常通过氢键牢固地结合在一起（如果它们在制备过程中没有完全分散开），导致纳米纤维素形成束状物[3]，即使大功率的超声也无法将其均匀分散，所以很难对其进行尺寸分析。

另外，要改善样品台上样品的干燥效果。TEM 成像需要高度稀释的纳米纤维素悬浮液，样品应该分散成几乎没有重叠的单根纳米纤维素颗粒，但是不要稀释到视场中只能看到一两个纳米纤维素颗粒。TEM 要求的浓度范围为 0.01～0.5mg/ml[4]。当纳米纤维素悬浮液沉积在电子显微镜基底上时，随着液滴的干燥，纳米纤维素颗粒可能开始聚集，会影响表征的结果。通过选择合适的悬浮介质和分散剂，可以将纳米纤维素分散成相互独立的晶体或纤维，并在悬浮液干燥过程中保持较好的分散性。

纳米纤维素样品的起始状态对最终分散性也有影响，可以通过冷冻干燥等方法将制备好的纳米纤维素干燥成粉末或制备成悬浮液进行储存。在制样的时候，常通过超声处理制备分散性更好的纳米纤维素悬浮液。干燥的纳米纤维素通常更难以分散。特别是纳米纤维素晶体（CNC），即使是分散后，也很容易聚集，在电子显微镜下观察到的情况是通常沿尺寸最长的样品对齐并黏在一起[5]。而没有经过干燥的纳米纤维素制备的悬浮液分散性更好[6]。图 4-4 是相同电子显微镜参数条件下同一样品的 TEM 图像，未干燥过的 CNC 分散后的 TEM 图像比冷冻干燥后重分散的样品具有更清晰的轮廓。

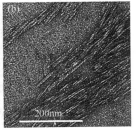

图 4-4 未染色的 CNC 的 TEM 图像比较[7]
（a）从未干燥的 CNC；（b）冷冻干燥后再分散的 CNC

同时需选择合适的分散剂。不同的分散剂对纳米纤维素所起的分散作用不同。水和 DMF 是用于分散纳米纤维素的常用介质。在纳米纤维素制备时，为了避免团聚，通常会补加分散剂。这些分散剂有助于纳米纤维素相互分离，并在后续干燥过程中维持单根纳米纤维素的分离状态。

　　TEM 基底材料进行涂覆改性也能有效改善成像效果。最适合表征纳米纤维素的 TEM 栅格具有连续的碳膜，这些碳膜可以用氧化硅涂层来增强，以增加亲水性，从而更好地吸附纳米纤维素样品。

　　除了对制样有要求，TEM 的图像质量还取决于仪器的对比度和分辨率。对比度是图像亮部和暗部间的差异，而分辨率可以区分两个近处物体或细节的清晰度。纳米纤维素的低电子密度和极小的尺寸使得其进行 TEM 成像特别棘手，需要对样品进行染色处理以改善对比度。提高样品对比度的常用方法是用重金属元素染色，是在纳米纤维素沉积到基底上后添加染色剂。阳性染色剂（四氧化钌、四氧化锇）会与样品发生化学键合，从而使样品本身的对比度增加，样品轮廓周围会出现暗色阴影，提高样品与周围背景的对比度[8]。阴性染色剂的使用则更为广泛，常见的阴性染色剂包括乙酸铀酰、钼酸铵和其他重金属溶液，包括钒基溶液[9]，其中乙酸铀酰（乙酸双氧铀）和钼酸铵最为常用。

　　染色方法：在样品中滴加 1 滴染色剂，静置几秒钟后去除多余的染液，可以用干净的纸巾擦拭或轻触液滴，并用水冲洗，或在样品干燥前在染液中彻底浸泡[10]。图 4-5 是染色样品与未染色的对比图。图 4-5b 中，未染色的 CNC 具有与基底碳膜类似的电子密度，使得纳米纤维素在 TEM 成像过程中，在较低放大倍率下难以进行定位。在图 4-5a 中，负染色后的 CNC 与背景区分开，使得在放大倍率约为 30k 倍时更容易进行定位，从而便于在 100k 倍以上的高放大倍率下观察更多的结构特征。

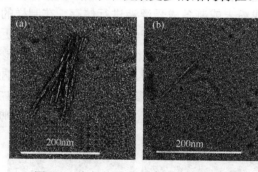

图 4-5　染色前后的 CNC 的 TEM 图片[7]

（a）负染后 CNC 的 TEM 图像；（b）未染色 CNC 的 TEM 图像

（三）TEM 表征纳米纤维素的实例

　　图 4-6 为在典型尺寸范围内（100～200nm）纳米纤维素的 SEM 和 TEM 对比图。SEM 图像显示出明显的混合重叠（图 4-6b 和 d）。受 SEM 分辨率的限制，难以对纳米纤维素单根样品进行成像。因此，这些图像虽然能展示纳米纤维素的基本形态，但单根纳米纤维素的对比度并不清晰。相比之下，TEM 图像具有更高的分辨率（约是 SEM 的 5 倍），能清晰显示出单根纳米纤维素的形态。因此，利用 TEM 可以更精确地研究纳米纤维素的形态和尺寸。例如，CNC 的 TEM 图像显示，CNC 具有牙签状或晶须状的结构。

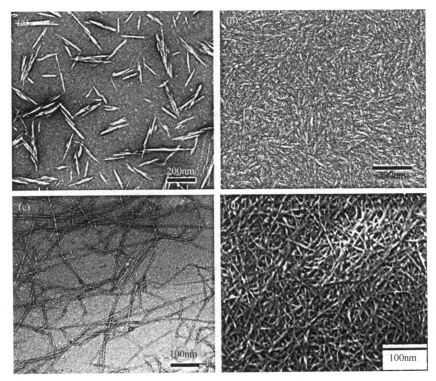

图 4-6　纳米纤维素的 TEM（a 和 c）和 SEM（b 和 d）图像

（a）负染色的 CNC[11]；（b）未染色的 CNC 膜；（c）负染色的 TEMPO 氧化 CNF[12]；（d）未染色的 CNF[13]

三、原子力显微镜表征方法

（一）原子力显微镜的原理

原子力显微镜（atomic force microscopy，AFM）是由 IBM 公司的 Binnig 与斯坦福大学的 Quate 于 1985 年所发明的，是为了使非导电样品可采用扫描探针显微镜（scanning probe microscope，SPM）进行观测。假设两个原子，一个是在悬臂（cantilever）的探针尖端，另一个是在样品的表面，它们之间的作用力会随距离的改变而变化。当原子与原子很接近时，彼此间电子云斥力的作用大于原子核与电子云之间的吸引力作用，所以整个合力表现为斥力的作用，反之若两原子分开有一定距离，其电子云斥力的作用小于原子核与电子云之间的吸引力作用，故整个合力表现为引力的作用。原子力显微镜基本构造如图 4-7 所示。

（二）原子力显微镜的制样

原子力显微镜表征对象包括有机固体、聚合物及生物大分子等，样品的载体选择范围较大，如云母片、玻璃片、石墨、抛光硅片、二氧化硅和某些生物膜等，其中最常用的是新剥离的云母片，其表面非常平整且容易处理，而抛光硅片最好要用浓硫酸与 30% 过氧化氢（7∶3，V/V）混合液在 90℃ 下煮 1h 进行预处理。

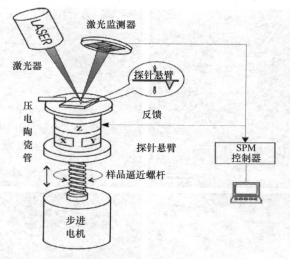

激光监测器

LASER

激光器

探针悬臂

压
电
陶
瓷
管

反馈

Z

X Y

探针悬臂

SPM
控制器

样品逼近螺杆

步进
电机

图 4-7　原子力显微镜的基本构造[14]

样品的厚度，最大为 10mm。样品不能过重，会影响扫描器件的动作。样品的大小以不大于样品台的大小（直径 20mm）为大致标准，最大值约为 40mm，需固定好后再测定，如果未固定好会在测量过程中产生移位。原子力显微镜样品的制备一般分为两种，一种是粉末样品的制备，一种是块状样品的制备。粉末样品的制备常用的是胶纸法，先将双面胶粘贴在样品座上，然后把粉末撒到胶纸上，除去未粘贴在胶纸上的多余粉末。

（三）原子力显微镜图像分析及纳米纤维素表征实例

由于纳米纤维素的长径比较高，一般的分析方法无法有效定量测量它的粒度分布。因此，可以通过 AFM 或 TEM 进行粒径分析，以全面评估粒子宽度（高度）和长度。AFM 和 TEM 是确定粒径和粒度分布最有效、直观的方法。但是，AFM 和 TEM 的图像分别来自尖端卷积/展宽和染色效果，粒度的值可能不同[15]。AFM 只能对分散良好的粒子高度进行测量，但是由于尖端展宽效应，AFM 测量的颗粒宽度误差较大。可以采用颗粒高度（通过横截面高度分析得出）表征颗粒尺寸的分布。对于纳米纤维素而言，跨越纳米纤维素晶体长度的平均高度可作为纳米纤维素的尺度表征值。此外，CNC 的宽度和高度之间有差异，有研究发现 CNC 的高度和宽度偏差为 1.4nm，表明 CNC 不能作为圆柱棒进行处理[16]。应以间歇接触模式收集 AFM 图像，以最大限度地减少颗粒运动和探头损坏，并且应测量至少 100 个独立的样品。

图 4-8 分别显示了 QCM-D（耗散型石英晶体微天平）和 SPR（表面等离子体共振）传感器上旋涂 CNF 与 CNC 薄膜的 AFM 高度图像。由于旋涂的悬浮液浓度较低，可以观察到 CNF 膜比 CNC 膜有更多孔。

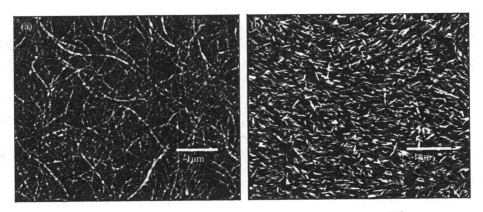

图 4-8　旋涂 CNF（a）和 CNC（b）薄膜的 AFM 高度图像[17]

CNF、CNC=0.4g/L

第二节　纳米纤维素晶体结构精确表征

一、X 射线衍射表征及分析方法

（一）X 射线衍射表征的原理

　　1895 年，德国物理学家伦琴发现了 X 射线，并于 1901 年获诺贝尔物理学奖。X 射线是一种短波长的电磁波，具有很强的穿透性，波长介于 0.001～10nm（紫外线和 γ 射线间）。由于晶体结构具有周期性，当 X 射线入射到晶体时，晶体中呈周期性排列的原子受 X 射线的激发而产生受迫振动，并以自身为中心向四周辐射电磁波。因散射波长与入射波长相同而发生相互干涉，从而产生了衍射花样。衍射花样反映了晶体内部原子的分布规律，我们可以利用 X 射线衍射仪探测到衍射花样，从而判断晶体的点阵参数及晶胞结构单元中原子、离子或分子的种类数目等信息。X 射线衍射遵循布拉格定律：

$$2d \cdot \sin\theta = n \cdot \lambda \tag{4-1}$$

式中，d 为晶体的面间距，mm；θ 为入射角的大小，（°）；n 为反射级数，$n=1,2,\cdots$；λ 为入射 X 射线波长，nm。由此可知晶体的每一衍射花样都必然和一组间距为 d 的晶面组相联系，而 d 值是由晶胞参数 a、b、c、α、β、γ 所决定的。因此，每一种物质都有特定的衍射图谱，我们可以通过 X 射线衍射图谱判断晶体的物相组成。而且，混合物的衍射图谱是其各组成物质物相图谱的叠加。因此，在物相分析过程中，我们可以利用 Hanawalt 数字检索[18]，将得到的谱图与标准粉末衍射数据（powder diffraction file，PDF）卡片对比，从而确定材料的相关信息。目前，国际上已积累了大量的晶体结构数据，建立了主要的晶体学数据库。

（二）X 射线衍射表征计算纳米纤维素结晶度

　　X 射线衍射（X-ray diffraction，XRD）可以表征包括 CNC 和 CNF 的所有纤维素材料[19]。这种方法不仅可以得到块状材料的结晶度，而且可以系统地研究高有序区到低有序区的过渡和分布情况。

结晶度的定义是结晶部分在样品中所占的比例。对于同一种物质，结晶部分和非晶部分共存时，不管其数量比是多少，X 射线的总散射强度是一常数。计算结晶度采用式（4-2）：

$$x = \frac{\sum I_c}{\sum I_c + \sum I_a} \times 100\% \qquad (4\text{-}2)$$

式中，x 为结晶度；$\sum I_c$ 为结晶部分的总衍射积分强度；$\sum I_a$ 为非晶部分的总散射积分强度。

分析步骤：①划出背景散射线，此线以下为背景散射；②分峰；③确定非晶峰，即非晶部分的散射强度 $\sum I_a$，一般非晶峰在 20° 附近，并且很宽，呈鼓包状；④一旦非晶峰确定后，一般其余的峰应均为结晶部分的衍射峰，即 $\sum I_c$；⑤计算机自动拟合，并且计算出结晶度，结晶度是由所有结晶峰的面积与总面积相比得来的。

使用 XRD 分峰法计算结晶度，先要用软件通过曲线拟合的方法分开衍射光谱中的结晶峰和非结晶峰。曲线拟合可以使用高斯、洛伦兹等函数对 XRD 进行反卷积，从而区分出 101、10$\bar{1}$、021、002 和 040 这 5 个结晶峰。通常认为在 21.5° 的宽峰为非结晶峰（图 4-9）。通过分峰拟合程序，反复迭代直到拟合曲线得到最大的 F 值，F 值一般都大于 10 000，对应的 R^2 值为 0.997。图 4-9 显示了纤维素样品的 5 个高斯函数结晶峰。

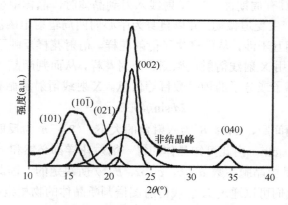

图 4-9 XRD 图谱中结晶度的分峰法分析[20]

由于纤维素样品不同，非结晶峰的位置和强弱也有差异。非结晶峰的位置和强弱难以准确确定，因此结晶度的数值误差很大。此外，XRD 测定的结晶度与其他实验方法获得的结晶度没有可比性。因此，得到的结晶度只能作相对比较。

需要注意一点，如样品中添加无机物，应扣除此无机物的衍射峰，不能计入衍射峰的积分强度中。

二、^{13}C 交叉极化和魔角旋转固态核磁共振光谱表征及分析方法

固态核磁共振（solid-state nuclear magnetic resonance，ssNMR）是分析纳米纤维素原子结构的一种强有力的技术[21]。本节重点介绍 ^{13}C 交叉极化和魔角旋转固态核磁共振（^{13}C CP-MAS NMR）技术，其是最常用的核磁共振技术。^{13}C CP-MAS NMR 光谱是一种高分辨率固态核磁共振（high resolution-ssNMR，HR-ssNMR）光谱，需要交叉极化（cross plorization，CP）、魔角旋转（magic angle spinning，MAS）和高偶极去耦（dipole decoupling，DD）装置的组合。与低分辨率固态核磁共振（low resolution nuclear magnetic resonance spectroscopy，LR-ssNMR）光谱相比，它能够达到与经典液态核磁共振光谱相似的分辨率。

与液态 ^{13}C NMR 技术不同的是，严格控制的条件下，固态 ^{13}C CP-MAS NMR 可以实现定量分析。^{13}C CP-MAS NMR 测量前通常需要先用 2D NMR 技术分析，如研究结晶或半结晶材料的相结构。需要注意的是，普通固体样品的本征各向异性和无序性会导致化学位移，样品分散形成更宽的谱线，这与样品分子溶解后产生的快速运动，以及 NMR 内部的相互作用是不同的。固态 ^{13}C CP-MAS NMR 的化学位移对局部环境（构象、堆积、结晶度等）具有依赖性是测定纤维素的一个优势点，从而能够检测出天然纤维素中两种异形体的存在[22]，并量化纤维素材料中晶相和非晶相结构[23]。

（一）固态核磁共振的制样和数据分析

^{13}C CP-MAS NMR 通常需要样品完全干燥，以保证定量分析，常规实验仅需要 50mg 样品。纳米纤维素的 ^{13}C CP-MAS NMR 归属峰指认详见表 4-1。

表 4-1　各种纳米纤维素的 ssNMR 化学位移表现相似（仅晶区与非晶区比例不同）[7]

化学位移（ppm）	碳	纤维素种类
105.7、103.9	C1	纤维素 I$_\beta$（天然纤维素）
105.0		纤维素 I$_\alpha$（天然纤维素）
107.0、104.7		纤维素 II（再生纤维素）
89.4、88.7	C4	纤维素 I$_\alpha$（天然结晶纤维素）
88.7、87.9		纤维素 I$_\beta$（天然结晶纤维素）
84.2、83.2		可及的无定形纤维素（次页献）
83.4		不可及的无定形纤维素（主页献）
81.7		半纤维素（次页献）
78~70	C2，C3，C5	一维核磁中难以区分，见参考文献[1]或 2D NMR 描述
65.3		纤维素 I$_\alpha$（天然纤维素）
65.5、64.8		纤维素 I$_\beta$（天然纤维素）
62.9、62.2		纤维素 II（再生纤维素，次页献）
61.5		无定形纤维素（主页献）

由于化学位移对构象特征敏感，即使是相同的化学结构（如由 β-1,4-糖苷键连接的脱水葡萄糖单元），也会根据结晶相（天然纤维素 I_α 和 I_β、再生纤维素 II）或结晶度（结晶区与非结晶区）的不同呈现出不同的化学位移。因此，可由 ^{13}C CP-MAS NMR 的表征结果计算出纤维素的晶相比和结晶度。其中，依据 C1 可以分辨纤维素样品的不同晶型，通过 C4 和 C6 产生的信号可分辨纤维素样品的结晶区（分别约为 89ppm 和 65ppm）和非结晶区（分别约为 85ppm 和 62ppm）。

（二）固态核磁共振计算纳米纤维素结晶度的原理及数据分析

通过计算 C4 晶区的峰面积（约 89ppm）与总的 C4 峰面积的比值可获得纳米纤维素结晶度。如图 4-10 所示，在 C4 信号峰中，89ppm 处较窄信号对应高度有序排列的脱水葡萄糖单元，即结晶区；84ppm 处较宽信号峰对应无水葡萄糖结构的多样化排列（即非结晶区）[24]。对 89ppm 和 84ppm 处的 C4 信号进行积分，可以获得埋在表面下的链和表面暴露链的比值，其中有序排列链的比值 X 参数＝（86.2ppm 和 93.9ppm 之间的面积）/（80.3ppm 和 93.9ppm 之间的面积），所得的 X 参数就是结晶度。经 NMR 计算得到的结晶度的值通常比经 XRD 计算的结晶度数值稍低。

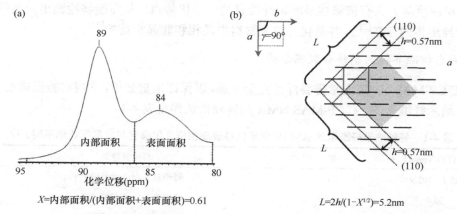

图 4-10　（a）通过 ^{13}C CP-MAS 固态核磁共振谱计算纳米纤维素晶体尺寸的方法；（b）6×6 阵列的 36 个纤维素链示意图[25]

根据 NMR 表征结果，还可以通过 C4 区晶体内埋在表面下的链和表面暴露链的比值来计算纳米纤维素体基本晶体的横向尺寸。如图 4-10 所示，假设基本晶体为方形横截面，纤维素 I 型的基本晶体尺寸可通过 $n×n$ 纤维素链的阵列来计算，其中晶格角为 90°，平均面间距为 $h=0.57nm$。在这种结构模型中，X 参数与微晶的横向尺寸 L 有关，根据 $X=(L-2h)^2/L^2$，可以得到 $L=2h/(1-X^{1/2})$。因此，通过 X 参数，即包含在微晶内部（暗色区域）纤维素链的数量与横截面总面积的比值，就可以计算出横向尺寸相对较窄的纤维素 I 型晶体的尺寸，即纳米纤维素晶体在垂直于（1$\overline{1}$0）和（110）平面方向上的尺寸约为 5.2nm。

第三节　纳米纤维素化学结构精确表征

一、红外光谱表征方法

（一）红外光谱表征原理

用红外光照射样品，光与样品相互作用之后，对吸收、透射和/或反射光的量进行测量，可以获得不同波数下光吸收率的曲线谱图，即红外光谱。谱图提供了关于分子振动的信息，用来识别样品中官能团的种类及结构。傅里叶转换红外线光谱（fourier transform infrared，FTIR）仪使用干涉仪收集干涉图，然后对干涉图进行傅里叶变换，便得到可用于分析的红外光谱。目前，FTIR 仪可同时采集全红外波长范围内的信号，且具有高光谱分辨率和高信噪比，这是该技术的主要优点。

就纳米纤维素的化学结构表征而言，FTIR 是确定纳米粒子表面特定基团和化学键的关键技术，可用于验证特定官能团接枝的有效性。红外光谱在绝大多数情况下仅用作定性分析和相对比较，定量数据一般要用其他表征技术获得，如元素分析、电导滴定或固态高分辨核磁共振等。

如图 4-11 所示，当一束具有连续波长的红外光通过物质，物质分子中某个基团的振动频率或转动频率和红外光的频率一样时，分子就吸收能量由原来的基态振（转）动能级跃迁到能量较高的振（转）动能级，分子吸收红外辐射后发生振动和转动能级的跃迁，该波长的光就被物质吸收。所以，红外光谱法实质上是一种根据分子内部原子间的相对振动和分子转动等信息来确定物质分子结构与鉴别化合物的分析方法。

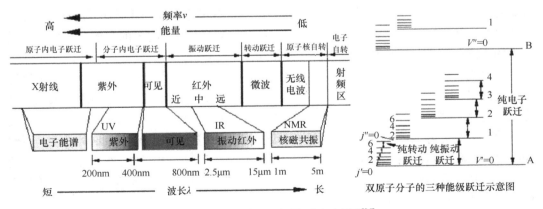

图 4-11　光波谱区及能量跃迁示意图[26]
A、B：电子能级；V'、V''：振动能级；j'、j''：转动能级

红外光谱（infrared spectroscopy，IR）是研究高分子结构及其化学与物理性质最常用的光谱之一，其最主要优点是：①不破坏被分析样品；②可以分析具有各种物理状态（气、液和固体）和各种外观形态（弹性、纤维状、薄膜状、涂层状和粉末状）的有机与无机化合物；③红外光谱的研究基础（分子振动光谱学）已较成熟，因而对化合物红

外光谱的解释比较容易掌握；④国际上已出版了大量各类化合物的标准红外光谱，使谱图的解析变为谱图的查对工作。

对于纤维素而言，利用 XRD 表征分析需要材料具有一定的有序结构以得到必要和足够的数据，而红外光谱能够对具有较低结晶度或者非结晶材料进行表征，因此可与 XRD 互补。红外光谱是研究波长为 $0.8\sim1000\mu m$ 的红外光与物质的相互作用，相应的频率（波数）为 $12\,500\sim10cm^{-1}$。由于研究对象及实验观测的手段不同，红外光谱通常划分为 3 个部分，即近红外区（波数为 $12\,500\sim4000cm^{-1}$）、中红外区（波数为 $4000\sim200cm^{-1}$）和远红外区（波数为 $200\sim10cm^{-1}$）。中红外区的光谱来自物质吸收光能量后分子振动能级之间的跃迁，是分子振动基频吸收区；近红外区为振动光谱的泛频区；远红外区的光谱包括分子转动能级跃迁的转动光谱、重原子团或化学键的振动光谱及晶格振动光谱，较低能量的分子振动模式产生的振动光谱也出现在该区。红外光谱中，高分子基团频率与振动时的偶极变化有关。因此，极性基团如 $C{=\!=}O$、$O—H$、$N—H$ 的伸缩振动或三原子基团 $C—O—C$、$—NO_2$、$O{=\!=}S{=\!=}O$ 的反对称伸缩振动在振动时的偶极变化较大，从而产生较强的红外吸收谱带，是研究高分子化学结构和物理性质的有力手段。

（二）FTIR 制样要求

FTIR 通常以透射或衰减全反射（attenuated total reflection，ATR）模式，对干燥的固体纳米纤维素进行测试，不同的测试模式需要不同的样品制备方法。

在透射模式中，先将冷冻干燥的纳米纤维素精细地分散在干燥的 KBr 细粉基体中进行研磨，并用模具压制成压片。纳米纤维素样品和 KBr 粉末都需要充分的干燥，使得含水量最小化。每克 KBr 混合 10mg 纳米纤维素（即质量浓度 1%），大约需要 100mg KBr 来制备透明薄压片，也就是说只需要大约 1mg 纳米纤维素样品。然后在 $4000\sim400cm^{-1}$ 的透射光中进行扫描，探测 $16\sim64$ 次，分辨率为 $4cm^{-1}$。纯 KBr 的光散射损失及其所吸附的水产生的信号都将作为背景信号被扣除。

在 ATR 模式中，则是将样品压在高折射率棱镜上，并用在棱镜界面上完全反射的红外光测量。因此，与透射模式相比，ATR 方法需较少的样品，可直接测量粉末或薄膜样品。利用这种技术，有效路径长度随入射波长而变化，导致与透射模式相比，ATR 强度在较高波数处降低，大多数 FTIR 软件都配套了 ATR 校正算法来克服这种效应。不到 10mg 样品就可以覆盖在 ATR 的晶体表面做测试。除了这两种方法之外，还有一种简便的方法，是在透射模式下直接通过蒸发悬浮液在 PTFE 表面形成薄膜，或在 IR 透明窗口上干燥成膜后进行测量。

（三）FTIR 对纳米纤维素的表征

已有许多文献报道了天然纤维素的红外光谱数据，特别强调了氢键的存在。表 4-2[27, 28] 是典型的天然纤维素红外光谱特征峰归属表，这是 FTIR 分析最重要的一步，方便研究人员指认未改性纳米纤维素的特征峰。若对纳米纤维素进行了表面改性，则进一步通过研究光谱的不同区域来进行 FTIR 分析。

表 4-2　天然纤维素红外光谱特征峰归属表[27]

波数（cm⁻¹）	归属
3000～3700	伯羟基和仲羟基的伸缩振动带
2900	C—H 键的伸缩振动
1650（400 和 700）	吸附的水
1315、1335、1430 和 1470	伯羟基和仲羟基的面内弯曲振动
1160	C—O—C 糖苷键的不对称伸缩振动
1110、1060 和 1035	C2、C3 和 C6 位 C—O 键的振动
665 和 705	O—H 的氢键面外弯曲振动（自由 O—H：240cm⁻¹）

从 3200～3700cm⁻¹ 区域—OH 和/或—NH 带（频率、强度、轮廓）的变化，可以了解这些基团的修饰情况，如羟基的酯化程度。在 2700～3200cm⁻¹ 区域的吸收带与—CH、—CH₂ 和—CH₃ 基团的拉伸振动有关。在 3000～3200cm⁻¹ 区域出现窄峰表明存在与双键或芳香结构相连的—CH 基团。通常 2000～2600cm⁻¹ 区域很少有振动频率，因此，在此波数内容易检测到—SH 基团及 C≡N 和 C≡C 三键。在 1600～1800cm⁻¹ 波数内可以检测出 C=O、C=C 和 N=O 双键的存在及氨基的变形振动。

FTIR 还可以对改性后纳米纤维素的表面基团和接枝反应进行表征，包括通过酯化、氧化、氨基化和酰胺化反应以共价键结合的官能团或聚合物。例如，通过 FTIR 研究 CNC 表面通过原子转移自由基聚合引发的聚苯乙烯（polystyrene，PS）链的接枝反应[29]。首先，1724cm⁻¹ 处 C=O 振动带的出现，证明了 2-溴代异丁酰溴（2-bromoisobutyryl bromide，BiB）作为表面引发剂被成功引入。这个酯化反应在 3350cm⁻¹ 附近的—OH 信号并没有显著变化，这是纳米纤维素表面羟基被反应的一个共同特征，表明只有表面基团被修饰，而内部羟基保持不变。其次，在纳米纤维素表面引发聚合，3025cm⁻¹（C—H 拉伸）、1494cm⁻¹（C=C 拉伸）和 700cm⁻¹（C—H 弯曲）处相关的几个信号出现说明 PS 链成功聚合（图 4-12）。并且随着接枝长度的增加，670cm⁻¹ 左右的峰值（对应于纤维素结构）也在增加，从而可以计算出 CNC 接枝纳米颗粒中聚苯乙烯的质量百分比。PS 含量的计算结果与元素分析法的结果一致。

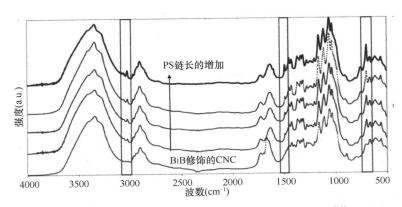

图 4-12　BiB 修饰 CNC 及 PS-接枝-CNC 的 FTIR 图[30]

　　TEMPO 氧化是纳米纤维素发生羧化反应的一个常规途径，通过 FTIR 谱图上 1730cm^{-1} 附近出现的羰基信号峰强度，可以估算样品的氧化程度。但是测试前需要先用稀盐酸进行酸化处理，避免 CNC 与水分子信号峰在 1650cm^{-1} 左右发生重叠。引入的羧基有利于纳米纤维素发生酰胺化（肽偶联）反应，与氨基单体进行接枝，如聚乙二醇链、DNA 寡核苷酸或热敏聚合物等[31]。如图 4-13 所示，1650cm^{-1} 处酰胺 I 带和 1550cm^{-1} 处酰胺 II 带（N—H 伸展）的出现，以及反应消耗导致的羧基带强度降低，都证明了共价酰胺键的存在。

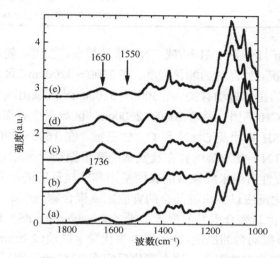

图 4-13　各种 CNC 的 FTIR 图片段[32]

（a）硫酸水解制备的 CNC；（b）TEMPO 氧化的 CNC；（c）Jeffamine 聚醚胺 M1000-接枝-CNC；（d）Jeffamine 聚醚胺 M2070-接枝-CNC；（e）Jeffamine 聚醚胺 M2005-接枝-CNC

二、拉曼光谱表征方法

（一）拉曼光谱表征原理

　　拉曼光谱是一种散射光谱。而光散射是自然界中最常见的光学现象之一，是一部分光偏离原方向传播的现象。其中偏离原方向的光称为散射光。这里要区分开瑞利散射与拉曼散射：光在入射时，光子与分子会发生弹性和非弹性两种碰撞，其中瑞利散射是发生弹性碰撞时，没有能量交换但是方向会发生改变的散射，而拉曼散射是发生非弹性碰撞时，既有能量交换又有方向改变的散射。也就是说，没有能量变化的弹性碰撞成为瑞利散射；有能量变化，分子跃迁到更低或更高基态的非弹性碰撞成为拉曼散射。图 4-14 给出了很好的说明。

　　虚能态（virtual state）是分子处于基态时，光子的能量远大于振动能级跃迁所需要的能量，但又不足以将分子激发到电子能级激发态而达到的一种准激发状态。由于虚能态不是稳定的状态，分子会迅速地回到起始态，同时将能量以光的形式释放。其中，拉曼散射还分为两种，当分子跃迁至较高能态，散射光波长变长的为斯托克斯散射；散射光波长变短的为反斯托克斯散射。

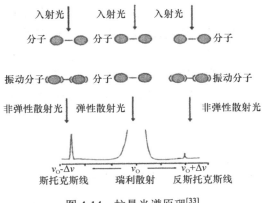

图 4-14　拉曼光谱原理[33]

（二）拉曼光谱的优点及其与红外光谱的区别

红外光谱和拉曼光谱都属于分子振动光谱，都是研究分子结构的有力手段。红外光谱和拉曼光谱的区别见表 4-3。

表 4-3　拉曼光谱与红外光谱的区别

	红外	拉曼
产生机理	振动引起分子偶极矩或电荷分布变化产生的	键上电子云分布产生瞬时变形引起暂时极化，是极化率的改变，产生诱导偶极，当返回基态时发生散射，散射的同时电子云也恢复原态
常规测量范围	4000~400cm^{-1}	4000~40cm^{-1}
光谱产生的方式	吸收光谱	散射光谱
检测对象	化学分子的偶极矩	分子的电子云极化
检测要求	能斯特灯、碳化硅棒等作光源；样品需前处理	激光作光源；样品不需前处理
水溶液样品	水的吸收会严重影响测试结果，限制了应用领域	吸收弱，可以应用于生物的活体测试
谱图信息	主要反映分子的官能团	主要反映分子的骨架，用于分析生物大分子

红外光谱是当被测分子被一定能量的光照射，分子振动能级发生跃迁，同时由于分子的振动能量高于转动能级，振动的同时肯定含有转动，所以红外光谱是分子的振转吸收，也就是分子将能量吸收。而拉曼光谱是当一束光子撞击到被测分子上时光子与分子发生非弹性碰撞，从量子力学角度讲，光子的能量经过碰撞之后增加或者减少，这样就产生拉曼散射，也就是说光子的能量没有完全被吸收；从能级的角度来讲，拉曼散射是分子先吸收了光子的能量，从基态跃迁到虚态，到了虚态之后，由于处于高能级，它从虚态返回到第一振动能级，释放能量，这样放出的光子的能量小于入射光子的能量，也就是斯托克斯散射。当从第一振动能级跃迁到虚态，然后从虚态返回到基态，这样放出的能量就大于入射光的能量，这就是反斯托克斯散射，也是拉曼散射的一种，能量不变的就是瑞利散射。总之，红外光谱本质上是吸收光谱，是分子在振动跃迁过程中偶极矩的改变；拉曼光谱本质上是散射光谱，是分子在振动跃迁过程中极化率的改变。

红外光谱和拉曼光谱各有优势。红外光谱技术的优势：应用范围广、特征性强、信号强、提供的信息多、不受样品物态的限制、仪器操作和维护简单、数据库比较完善。但也存在一些缺点，如不适合分析含水样品，因为水的羟基峰对测定有干扰；定量分析误差大，灵敏度低，故不适用于定量分析；在图谱解析方面主要靠经验。拉曼光谱技术的优势：①一些在红外光谱中为弱吸收或强度变化的谱带，在拉曼光谱中可能为强谱带，从而有利于这些基团的检出；②拉曼光谱低波数方向的测定范围宽，有利于提供重原子的振动信息；③红外需要进行光谱扩展才可实现低波数测试，对于结构的变化，拉曼光谱有可能比红外光谱更敏感；④特别适合于研究水溶液体系；⑤比红外光谱有更高的分辨率；⑥固体样品可直接测定，无须制样。但也存在一些缺点：①信号强度弱；②有荧光干扰；③数据库仍然不全。所以拉曼光谱和红外光谱经常互相配合使用：①同种分子的非极性键 S—S、C=C、N=N、C≡C 产生强拉曼谱带，随单键→双键→三键谱带强度增加；②红外光谱中，由 C=N、C=S、S—H 伸缩振动产生的谱带一般较弱或强度可变，而在拉曼光谱中则是强谱带；③环状化合物的对称振动常常是最强的拉曼谱带；④C—C 伸缩振动在拉曼光谱中是强谱带。

（三）拉曼光谱对纳米纤维素的表征

表 4-4 为纳米纤维素拉曼光谱特征峰归属表，是纳米纤维素拉曼光谱分析的基础，方便研究人员对样品特征峰进行指认。

表 4-4　CNC 的拉曼光谱特征峰

波数（cm^{-1}）	特征峰归属
<380	C—C 和 C—O 的扭曲振动
380	C—C—C 的对称弯曲振动
432~495	C—C—O 骨架的弯曲振动
500~600	C—O—C 的弯曲振动
1092~1098	C—O—C 的不对称伸缩振动
1119~1122	C—O—C 的对称伸缩振动
3200~3500	O—H 的伸缩振动

由于纳米纤维素的许多性质受纳米纤维素-水相互作用的影响，纳米纤维素与水的可及性是一项重要的表征项[34]。纤维素材料的拉曼光谱中，可根据 $1380cm^{-1}$ 处峰强度的增加程度来有效评估样品对水的可及性。例如，Agarwal 等[35]首先对 20mg 纳米纤维素的水悬浮液进行拉曼光谱测试，获得具良好硫/氮（S/N）比的拉曼光谱。随后，样品需要进行多次 OH 与 OD 的交换，随着交换过程的进行，$1380cm^{-1}$ 处的峰强度（纤维素中的—CH_2 弯曲振动）会逐渐增加，经过完全的 OH-OD 交换后，对 20mg 的样品再次进行测试，直到不再增加时表明 OH 与 OD 交换完成。

拉曼光谱需要对 1150~950cm^{-1} 区间进行归一化处理，以及使用 OPUS 中 "rubber band option" 选项进行背景校正。通过基线法计算 $1380cm^{-1}$ 和 $1096cm^{-1}$ 处峰值高度，选择靠近峰位置的强度最小的波数（如 $1380cm^{-1}$ 和 $1096cm^{-1}$ 带选择 $1440cm^{-1}$ 和 $950cm^{-1}$ 处），并在该波数下绘制水平线（来自该波数）获得每一个峰高。强度增加程度可以通

过计算 H_2O 与 D_2O 中样品的峰强度比（I_{1380}/I_{1096}）来确定，标记为 DI 1380。对于完全非晶态的纤维素，强度增加约为 154%。如图 4-15 所示，假如非晶态纤维素中 C6 位的 —OH 完全可被 D_2O 接触，纳米纤维素对 D_2O（或水）的可及性就可以简单地通过纳米纤维素的 DI 1380 与非晶态纤维素的 DI 1380 比值来确定。

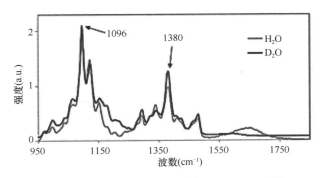

图 4-15　CNC 在 H_2O 与 D_2O 中的拉曼光谱[36]

D_2O 中样品的 1380cm^{-1} 处信号强度增加

三、固态高分辨核磁共振表征方法

（一）固态高分辨核磁共振的原理

高分辨核磁共振（high resolution nuclear magnetic resonance，HR-NMR）技术是一种用于分析高分子结构和材料性能的重要手段。利用具有核磁矩的原子作为磁探针来探测分子内的局部磁场，而这一局部磁场的大小及其随着各种因素的变化会反映出分子的内部结构及各个分子之间的排列情况。由于原子核的磁矩与外磁场的相互作用受到核外电子抗磁屏蔽的影响，其共振频率与裸核不同，因此在核磁共振谱的不同位置上出现吸收峰。通常用化学位移（δ）来描述原子核的化学环境并且提供分子结构的细节信息，化学位移的大小与核受到的磁屏蔽影响直接相关，核的磁屏蔽减小将导致化学位移的增加，即向低场位移。高分子的化学和结构信息通常可通过高分辨 NMR 在其溶液中测得的不同化学位移来获得，但是固态高分辨核磁共振（HR-ssNMR）技术更适用于解析高分子本体结构和不溶性高分子结构、聚集态的链构象、结晶和形态及复合材料的形态和相容性等。

固态核磁共振（ssNMR）是一种强大的分析纳米纤维素原子结构的技术[37]。在种类繁多的 NMR 中，^{13}C CP-MAS NMR 光谱是一种结合了交叉极化（CP）、魔角旋转（MAS）和偶极去耦（DD）装置的 HR-ssNMR 光谱。与低分辨率 ssNMR（LR-ssNMR）光谱相比，它记录的光谱分辨率可以与经典液态核磁共振光谱相媲美。测量固体样品时，^{13}C NMR 谱带变宽、强度较低的主要原因是 ^{13}C-^{1}H 间存在各向异性磁偶极-偶极相互作用、化学位移出现各向异性及弛豫时间长达几分钟。前两者导致固态 NMR 的分辨率较低，而长弛豫时间影响灵敏度。因此，为了提高对 NMR 光谱中精细结构的识别，引入偶极去偶、魔角旋转和交叉极化三种固态高分辨技术。偶极去偶是指采用高能的频带范围达40~50kHz 的辐射，以激发所有质子使其自旋速率大于 ^{13}C-^1H 偶极间相互作用的速度，从而消除偶极间相互作用。魔角旋转技术实质上是一种人为的机械旋转，可以去除粉末样品各向异性造成的基线加宽，从而克服偶极去偶无法消除的问题，如图 4-16 所示。交叉极化是将丰核自旋状态的极化转移给稀核，以提高稀核核磁共振信号强度，如通过交叉极化将 ^1H 较高自旋状态的极化转移给 ^{13}C，从而将信号强度提高 4 倍。

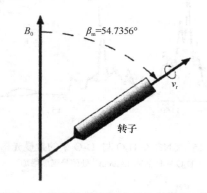

图 4-16　固态核磁共振魔角旋转示意图[38]

^{13}C CP-MAS NMR 光谱已用于纳米纤维素结晶度、相变、物理转变和化学改性的表征。NMR 是原子计数方法，容易进行定量测量。结合 TEM 或 XRD 等其他结构表征技术，^{13}C CP-MAS NMR 可以对样品的化学修饰进行定量分析，并可精准解析化学反应引起的形态变化。^{13}C CP-MAS NMR 的缺点是比 FTIR 或 X 射线光电子能谱（XPS）的灵敏度低（仅 1%的碳为 ^{13}C），但是由于纳米纤维素研究的需求，这一技术已被广泛使用。同时，^{13}C CP-MAS NMR 是非破坏性检测，样品可完全回收利用。

固态高分辨 ^{13}C NMR，使研究难溶或交联高分子的化学结构成为可能，并且表现出优良的测试性能，主要体现在以下方面：①样品制作方便；②对样品不构成损伤；③测定及时，一般可以在几秒或者几分钟之内完成一次测定；④可以对某一变化（反应）进程进行连续测定，适用于反应动力学研究；⑤可以装配在生产线上，对工艺参数进行在线控制；⑥测定精度高，重现性好。

（二）固态核磁共振对纳米纤维素的表征

在进行 NMR 归属峰指认之前，应先观察图谱是否符合要求：①四甲基硅烷的信号是否正常；②杂音大不大；③基线是否平；④积分曲线中没有吸收信号的地方是否平整。如果发现问题，解析时要引起注意，最好重新测试图谱。

如果没有上述问题，下一步则需要区分杂质峰、溶剂峰、旋转边峰、^{13}C 信号峰。区别完之后则可以根据积分曲线，观察各信号的相对高度，计算样品化合物分子式中的氢原子数目。可利用可靠的甲基信号或孤立的次甲基信号为标准计算各信号峰的质子数目。然后根据图谱提供的信号峰数目、化学位移和偶合常数，解析一级类型图谱。组合根据图谱的解析，组合几种可能的结构式。最后对推导出的结构进行指认，即每个官能团上的氢在图谱中都应有相应的归属信号。

图 4-17 为纤维素的结构和与碳原子编号。纳米纤维素的 NMR 归属峰，大部分可以通过 2D-NMR 检测技术确定其化学位移。然而，由于信号重叠，只有 C1、C4 和 C6 信号能够被很好地分辨，而 C2、C3 和 C5 信号是难以区分的（图 4-18）。表 4-4 总结了不同的化学位移及其归属。由于化学位移对构象很敏感，同时晶型（天然纤维素为 I_α 型和 I_β 型，再生纤维素为 II 型）或结晶度（结晶还是非结晶）变化会导致同一化学实体（由 β-1,4-糖苷键连接的脱水葡萄糖单元）产生多种化学位移，因此研究人员能够跟踪化学修饰期间的定量信息。

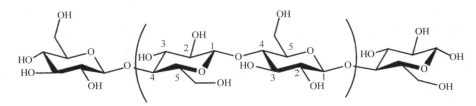

图 4-17　纤维素化学结构上葡萄糖环单元 C1～C5 的碳原子编号[7]

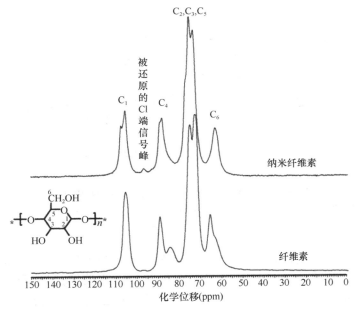

图 4-18　纤维素和纳米纤维素的 ¹³C CP-MAS NMR 光谱及其化学位移分布[39]

纳米纤维素接枝修饰后，可通过新出现的化学位移确定与纤维素连接的共价键。由于碳水化合物的化学位移分布相对较窄（110～60ppm），在非纤维素区域可以容易地检测到许多化学键。例如，化学位移 175ppm 附近出现羧基特征信号峰[40]，可能来自 TEMPO 氧化过程中初级醇的氧化、有机酸的接枝、胺与 TEMPO 氧化纤维素产生的酰胺键（约

172ppm)、酰氯/乙烯基酯与纤维素羟基反应产生的酯键（约 172ppm），甚至硫醇烯化学反应也可以通过 NMR 进行表征。

通常情况下，接枝和非接枝修饰的纳米纤维素可以通过 NMR 识别出来，但有时候检测不到新键。例如，醚化反应产生的新基团信号检测不出来，高碘酸盐氧化所生成的羰基化合物重组而成的半缩醛键（出现在 100~80ppm）也难以检测出来[39]。CNC 制备过程中产生的一些磷酸酯或硫酸酯键同样难以检测，这时候可采用 ^{15}N 或 ^{31}P 等异核NMR 来检测。

用 NaOH 溶胀后可以获得纤维素Ⅱ型样品，纤维素Ⅱ型的化学位移与纤维素Ⅰ型完全不同，可通过 107ppm 处 C1 附加峰的出现和 65ppm 处 C6 峰的减弱来判断纤维素Ⅱ型的存在。

固态核磁共振（ssNMR）研究纳米纤维素表面改性的最典型例子就是研究纳米纤维素的 TEMPO 氧化，固态核磁共振谱中的 178ppm 处信号峰归属于羧基信号，其强度随着 NaClO 添加量的增加而增加，可用来监测氧化反应进程。同时 62ppm处纤维素表面 C6 信号峰在逐渐减弱，表明该氧化反应大多数发生在纳米纤维素的表面（图 4-19）。

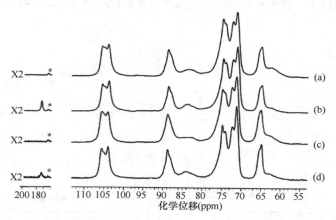

图 4-19　棉短绒纳米纤维素的 ^{13}C CP-MAS NMR 光谱[41]

（a）原始样品；（b）TEMPO 氧化纳米纤维素（2mol NaClO/葡萄二糖单元）；（c）HCl 水解纳米纤维素；（d）HCl 水解纳米纤维素和 TEMPO 氧化纳米纤维素（2mol NaClO/葡萄二糖单元）；＊表示来自 C1 信号的残余旋转边带

乙烯基酯的气相酯化反应由三个不同步骤组成，其中纤维素和接枝部分的信号形状与强度都发生变化。通过固态核磁共振观察纤维素的结晶度变化，发现取代度（degree of substitution，DS）低于 0.33 时，纤维素结晶区（约 90ppm）与非结晶区（约85ppm）的比例信号基本不变，说明结晶区是完整保留的。取代度介于 0.66~1.83 时，结晶区比例显著降低，样品逐渐以非结晶区为主。在 103ppm 处开始出现三酯基团，证实了天然纤维素逐渐变成纤维素三酯。在取代度高于 2.43 时，天然纤维素的固态核磁共振信号完全消失（图 4-20）。

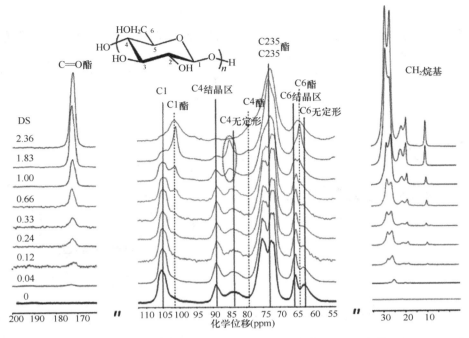

图4-20　不同取代度（DS）的棕榈酰氯蒸气改性 CNF 气凝胶的 ssNMR 光谱（DS=0～2.36）[42]

第四节　纳米纤维素表面电荷密度精确表征

一、电导滴定表征方法

（一）电导滴定原理

电导滴定法（conductometric titration）是电化学分析法的一种，是将标准溶液滴入被测物质溶液，通过电导率的改变来决定滴定终点的方法。能准确地测定溶液中浓度较低的物质的电荷，应用范围与电位滴定法大致相同，一般用于酸碱滴定和沉淀滴定，但不适用于氧化还原滴定和络合滴定，因为在氧化还原滴定或络合滴定中，往往需要加入大量的其他试剂以维持和控制酸度，所以在滴定过程中溶液电导率的变化不太显著，不易确定滴定终点。

在电导滴定过程中只需测量电导率相对变化，无须知道电导率的绝对值。在滴定过程中，滴定剂与溶液中被测离子生成水、沉淀或难解离的化合物，使溶液的电导率发生变化，而在化学计量点时滴定曲线上出现转折点，指示滴定终点，转折点夹角越尖锐，终点的判断越准确。

一般而言，体系温度升高会加快离子的热运动，从而增大电导率；样品中的可溶性气体也会影响溶液的电导率。电导滴定应当注意：①保持温度恒定；②为避免由滴定稀释而产生的误差，滴定剂的浓度最好为被滴定溶液浓度的 100 倍，至少大 10～20 倍；③分析体系中应避免无关离子存在，因为溶液中存在的各种离子不论其参加滴定反应与否，均可参加溶液电导作用；④溶液的浓度不能太低。

当通过电导滴定法测定 CNC 的表面电荷密度时，必须先识别带电基团是强酸（如—OSO₃H）还是弱酸（如—COOH），因为两者的滴定过程完全不同。对于带电基团为强酸的 CNC 如 S—CNC（硫酸水解制得的 CNC），其水悬浮液可通 NaOH 直接进行滴定，得到在中和点具有急剧转变的滴定曲线（图 4-21a）。

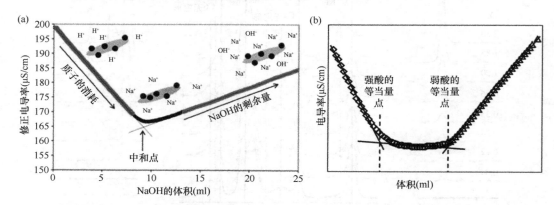

图 4-21　（a）强酸水解制得的 CNC 的电导滴定曲线，斜率的交点（中和点）为—OSO₃⁻的量；（b）酸性介质中弱酸性 CNC（COOH-CNC）的电导滴定曲线，羧基含量为两个等当量点间的体积差[7]

对于具有弱酸基团的纳米纤维素，则需在悬浮液中加入已知浓度的强酸，以便在滴定开始时可测得样品电导率减小。在这种情况下，纳米纤维素和游离酸用 NaOH 进行滴定，弱酸基团含量将由酸性区和碱性区之间的延伸平台区确定（图 4-21b）。在这两个过程中，悬浮液的电导率随着质子被 OH⁻消耗而降低，直到达到等价点为止。在等价点上，所有的纳米纤维素质子抗衡离子都被 Na⁺抗衡离子取代。当 NaOH 继续加入时，由于悬浮液中存在过量游离 OH⁻基团，悬浮液的电导率增加。值得注意的是，由于质子比 OH⁻导电性更好，因此酸性区域的斜率比碱性区域更高。

（二）电导滴定对纳米纤维素的表征

目前对于纳米纤维素的电导滴定测试方法，主要以加拿大标准协会（Canadian Standards Association，CSA）发表的"纤维素纳米材料-表征试验方法"（CSA Z5100-14）[43]，以及 ISO 标准"纤维素纳米晶硫和硫酸盐半酯含量的测定"（ISO/DIS 21400）为标准[44]。

在进行纳米纤维素的电导滴定之前，应先制备 NaOH（5～10mmol）滴定液。NaOH 浓度应通过 pH 滴定与已知浓度的标准酸精确测量。此时不能使用盐酸作为滴定剂，因为酸的强度可能随着时间而变化，同时由于酸被稀释，NaOH 的浓度测定不准确。因此，建议将邻苯二甲酸氢钾（KHP）在 105℃的烘箱中干燥 4h 后制备邻苯二甲酸氢钾溶液，用纯水稀释成与 NaOH 溶液相近的浓度。使用校准的 pH 计，用 NaOH 滴定 KHP 溶液，并确定 NaOH 溶液的中和点。

为了保证电导滴定的准确性，纳米纤维素表面上的带电基团必须完全质子化。所以滴定前要对样品进行反离子交换。Beck 等[45]推荐使用强酸性离子交换树脂（如 Dowex

Marathon C 氢型强酸阳离子交换树脂）处理不同来源的纳米纤维素。

由于悬浮液电导率与电解溶液的量成正比，因此，在每个数据点测量的电导率需通过以下方法校正，才能绘制纳米纤维素悬浮液电导率与滴加 NaOH 体积的关系图：

$$\text{Conductivity}_c = \text{Conductivity}_m \times \left[\frac{V_i - V_0}{V_i}\right] \qquad (4\text{-}3)$$

式中，Conductivity_c 是以 mS/cm 为单位的校正电导率；Conductivity_m 是每个数据点的测量电导率，mS/cm；V_0 是初始悬浮液体积，ml；V_i 是在每个点加入的 NaOH 体积，ml。

强酸性纳米纤维素的滴定：根据 CSA Z5100-14 标准，用去离子水将 10ml 1wt%的纳米纤维素悬浮液稀释至 198ml。搅拌并超声处理获得均匀悬浮液（悬浮液的浓度和体积可以变化，但是必须要确定悬浮液中纳米纤维素的精确质量）。随后向其中加入 2ml 的 100mmol/L NaCl 溶液以将电导率增加至可测量的范围。在不断搅拌下用 10mmol/L NaOH 进行滴定，每隔 100μl 测一次 pH 和电导率。在第一次添加 NaOH 之前，pH 通常在 3～4。随后每次滴加 NaOH 后，都让电导率稳定 30～60s 后再记录数值。在达到中和点时，继续添加过量的 NaOH，以便记录足够的数据点。通过计算加入的 NaOH 摩尔体积计算等效摩尔电荷，确定中和点前后各区域线性回归的交点（图 4-21a 中灰色线段）。表面电荷密度通常记做 mmol/kg。采用硫酸水解法制备的 CNC（表面电荷-OSO_3^-），其表面电荷（硫含量）可以通过式（4-4）（NaOH 的消耗量）得出：

$$S\% = \left(\frac{32NV}{W_t W}\right) \times 100\% \qquad (4\text{-}4)$$

式中，N 为滴定所用 NaOH 的浓度；V 为滴加 NaOH 的体积；W_t 为加入的悬浮液质量；W 为悬浮液的浓度。

弱酸性纳米纤维素的滴定：根据 CSA Z5100-14 标准，此方法适用于表面只存在弱酸性基团的情况，如对于表面是羧基（—COOH）的纳米纤维素，必须先加入强酸以确定两个等当量点[46]。第一个等当量点是 NaOH 滴定前额外加入的强酸基团，第二个等当量点是 NaOH 滴定的弱酸基团（图 4-21b）。向 10ml 1wt%的纳米纤维素分散液中加入 1ml 100mmol/L HCl，并用去离子水稀释至 200ml。此时悬浮液的浓度和体积可以变化，但悬浮液中 0.1g 纳米纤维素，要加 1ml 的 100mmol/L HCl。搅拌 10min 后用 10mmol/L NaOH 溶液滴定，同时测量 pH 和电导率。可以在电导率和 pH 曲线中观察到斜率的变化，滴定曲线会显示两个当量点，在弱酸基团当量点之后，应继续添加 NaOH，以便记录足够的数据点。通过强酸和弱酸基团当量点间加入的 NaOH 摩尔体积计算样品的摩尔表面电荷。由于当量点没有像强酸性纳米纤维素那样明确，因此当量点被确定为强酸中和区、平台区和过量 NaOH 区线性回归的交点。在这些交点间添加的 NaOH 摩尔体积等于纳米纤维素的摩尔表面电荷。表面电荷密度也以 mmol/kg 表示。羧酸含量（n_{COOH}）的计算公式如下：

$$n_{COOH} = C \times (V_2 - V_1) \times 10^{-3} / w \qquad (4\text{-}5)$$

式中，n_{COOH} 为羧酸含量，mmol/g；C 为标准 NaOH 溶液的浓度 mol/L；w 为样品的绝干质量，g；V_1 为电导率最低时对应的 NaOH 标准溶液的最小消耗量，ml；V_2 为电导率最低时对应的 NaOH 标准溶液的最大消耗量，ml。

纳米纤维素氧化度（DO）计算公式如下：

$$DO = \frac{162 n_{COOH}}{w - 14 n_{COOH}}$$ (4-6)

式中，162 为葡萄糖单元的摩尔质量，g/mol；n_{COOH} 为样品的羧酸含量（用滴定数据计算得到），mmol/g；w 为样品的绝干质量，g；14 为单位摩尔氧化纤维素结构单元和未氧化纤维素结构单元之间的相对分子量之差，g/mol。

二、Zeta 电位测定表征方法

（一）Zeta 电位测定的原理

大多数液体及离子具有电负性或正性的原子，分别称为阴离子和阳离子。当带电粒子悬浮于液体中时，带相反电荷的离子会被吸引到悬浮粒子表面。即带负电样品从液体中吸引阳离子，带正电样品从液体中吸引阴离子。粒子表面的离子将会被牢固地吸引，而较远的则松散结合，形成所谓的扩散层。在扩散层内，有一个概念性边界。当粒子在液体中运动时，在此边界内的离子将与粒子一起运动。但此边界外的离子将停留在原处，这个边界称为滑动平面。在粒子表面和分散溶液本体之间存在电位，此电位随粒子表面的距离而变化，在滑动平面上的电位称为 Zeta 电位（zeta potential）或电动电势（ζ-电位），如图 4-22 所示。

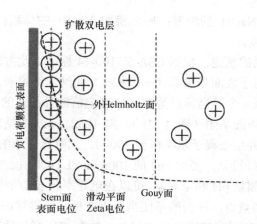

图 4-22　Zeta 电位测定原理[47]（彩图请扫封底二维码）

DLVO 理论认为，胶体体系的稳定性是当颗粒相互接近时它们之间的双电层互斥力和范德瓦尔斯力的净结果。即当颗粒彼此接近时它们之间的能量障碍来自于互斥力，当颗粒有足够的能量克服此障碍时，互吸力将使颗粒进一步接近并不可逆地黏在一起。所以 Zeta 电位可用来作为胶体体系稳定性的指示。如果颗粒带有很多负电或正电电荷，也就是说很高的 Zeta 电位，它们会相互排斥，从而使整个体系稳定；如果颗粒带有很少负电或正电电荷，也就是说 Zeta 电位很低，它们会相互吸引，从而使整个体系不稳定。一般来说 Zeta 电位越高，颗粒的分散体系越稳定。水相中颗粒分散稳定性的分界线一般认为是在+30mV 或−30mV，如果所有颗粒带有高于+30mV 或低于−30mV 的 Zeta 电位，则该分散体系比较稳定。

Zeta 电位测定原理是利用 Henry 方程将迁移率与 Zeta 电位联系起来，由 Henry 方程可以看出，只要测得粒子的迁移率（单位电场下的电泳速度称为迁移率），查到介质的黏度、介电常数等参数，就可以求得 Zeta 电位。迁移率可以用多普勒效应测量法测量：当测量一个速度为 C、频率为 f 的波时，假如波源与探测器之间有一相对运动（速度 V），所测到的波频率将会有多普勒位移。在电场作用下运动的粒子，当激光打到粒子上时，散射光频率会有变化。将光信号的频率变化与粒子运动速度联系起来，即可测得粒子的迁移率。用电泳光散射或激光多普勒测速仪确定粒子在外加电场中的迁移率，然后采用 Henry 方程和斯莫鲁霍夫斯基（Smoluchowski）或赫克尔（Huckel）近似法将电泳迁移率换算为 Zeta 电位。Zeta 电位普遍用于评估胶体稳定性的相对变化。

Zeta 电位计算：

$$U_{\mathrm{E}} = \frac{2\varepsilon\zeta}{3\eta} \cdot g(B) \tag{4-7}$$

式中，U_{E} 为电泳淌度；ε 为介电常数，F/m；ζ 为 Zeta 电位，mV；η 为黏度；$g(B)$ 为 Henry 方程。

$$g(B) = K_{\mathrm{c,B}} \cdot C_{\mathrm{B}} \tag{4-8}$$

式中，$K_{\mathrm{c,B}}$ 为溶质 B 的亨利常数；c_{B} 为 B 的物质的量。

虽然如前所说电导滴定可用于测定表面电荷密度，但在改变介质的 pH 或离子强度时，表面电荷密度值就不能直接决定颗粒聚集程度和胶体稳定性。所以，与表面电位和表面电荷密度相关的 Zeta 电位可作为快速评估各种介质中纳米纤维素胶体稳定性的依据。Zeta 电位测定测的只是表面电荷，电导滴定测的是体系整体中的所有电荷。

（二）Zeta 电位测定对纳米纤维素的表征

一般来说 Zeta 电位绝对值超过 20mV 的悬浮液就被认为是稳定胶体[48]。通常 CNC 的电位值在 20～50mV（不包括 HCl 法制备的 CNC，因为其不带电荷），CNF 由于氧化程度提高，其 Zeta 电位值向 60mV 靠近。对完全分散的 0.25wt% CNC 或 0.05wt% CNF 的 5～10mmol 的 NaCl 悬浮液（具体悬浮液浓度取决于仪器设备）测量三次即可得到可靠的 Zeta 电位值[49]。为了获得准确的 Zeta 电位，需要添加一些盐，保证纳米纤维素周围的双电层不是无限大。

肉眼可见的不稳定悬浮液（如疏水改性的纳米纤维素的水分散液）不能给出有意义的 Zeta 电位读数。此外，由于纳米纤维素具高的长径比和有时特别高的表面电荷密度，往往不符合 Henry 方程的固有假设，此时 Zeta 电位不应视为表面电位或表面电荷密度的定量测量指标，而只是作为研究胶体稳定性的相对参考值。Zeta 电位易受 pH、温度及盐和杂质的影响，要控制这些变量才能获得有意义的数据。

纳米纤维素通常需要一定的表面电荷通过静电排斥作用使其在水中形成稳定的悬

浮胶体。特别是 CNC 的稳定性直接决定于表面电荷的多少，但 CNF 的表面电荷密度则需要受到控制，以降低纤维分离所需的能耗。表面电荷密度会影响材料的其他特性，如自组装行为、悬浮液的流变特性、表面活性、溶胶-凝胶沉淀中的相互作用、物理/化学相互作用和热稳定性等。这些性质对纳米纤维素的混合和复合材料制备至关重要，决定了复合材料中纳米颗粒的分散和均匀稳定性。表面电荷密度的确定对于纳米纤维素的表征是必不可少的。

无机酸水解是制备 CNC 的常规方法，此制备过程会在纤维素表面羟基接枝一些官能团，如硫酸盐或磷酸盐半酯。通过氧化处理，会在纳米纤维素表面引入醛基和羧基[50]。我们分别将硫酸和磷酸水解的 CNC 表示为 S-CNC 和 P-CNC，具有羧基的 CNC 表示为 COOH-CNC。

CNF 的表面电荷一般来自残留半纤维素或化学处理，最常见的是大量羧基或羧甲基基团的引入，可以用 Girard 试剂对醛进行后处理。TEMPO 氧化引入羧基是增加 CNF 和 CNC 表面电荷密度的最常用方法之一。总之无论采用何种分离方法或功能化处理，纳米纤维素具有表面电荷都是将带电物质接枝到颗粒表面的结果。单独的羟基是不带表面电荷的，最典型的就是通过 HCl 水解法制备的 CNC 悬浮液，由于缺乏足够的表面电荷基团，悬浮液稳定性比较差。

纳米纤维素的表面电荷密度取决于引入的表面官能团的类型和特征（包括该基团是否是强弱酸或碱基团）、制备或官能团化的过程和产率、纤维素原料及纳米纤维素的物理性质（如纳米纤维素的尺寸分布和比表面积）。表 4-5 显示了采用常见方法制备的纳米纤维素样品的电荷基团和电荷密度值。纳米纤维素表面电荷密度范围为 10～3500mmol/kg。其中，S-CNC 表面电荷密度范围为 80～350mmol/kg，若 CNC 横截面为长 122nm、宽 8nm（假设横截面是方形结构，密度为 $1.55g/cm^3$），那么对应于每立方纳米就有 0.18～0.63 个电荷，或每个脱水葡萄糖单元含 0.3～1.0 个电荷。

表 4-5　常见方法制备的纳米纤维素的表面电荷基团和电荷密度[7]

纳米纤维素种类	表面电荷基团	制备方法	表面电荷密度范围（mmol/kg）
S-CNC	硫酸半酯	硫酸水解	80～350
不带电的 CNC	无	盐酸水解	0
P-CNC	磷酸半酯	磷酸水解	10～30
COOH-CNC	羧酸	HCl 水解或 TEMPO 氧化 二羧酸水解 过硫酸铵氧化 $NaIO_4$ 氧化	100～3500
CNF	残余羧酸	机械处理（经过或不经过酶处理或添加剂）	40～80
COOH-CNF	羧酸	TEMPO 氧化与机械处理	200～1800
羧甲基化 CNF 阳离子 CNF P-CNF	$CH_2CO_2H-N(CO_3)^+$ 磷酸盐	羧甲基化与机械处理 EPTMAC 处理与机械处理 磷酸化与机械裂解	140～520 1400～1600 1230～1740

第五节　纳米纤维素精确表征综合应用

本节着重介绍实际研究工作中，如何综合利用扫描电镜（SEM）、透射电镜（TEM）、X 射线衍射（XRD）、傅里叶变换红外光谱（FTIR）、高分辨透射电镜（HRTEM）、电导滴定、Zeta 电位测定等测试手段，表征所得纳米纤维素基功能材料的各项特征。

一、纳米氧化银复合纳米纤维素的气凝胶材料制备与表征

氧化银（Ag_2O）已被广泛用于许多工业领域，如清洁剂、着色剂和电极材料等。近几年来还发现其在有机反应中作为催化剂具有高催化活性和高选择性[51]。由于 Ag_2O 的高活性且能与 I 进行选择性反应生成不溶性的碘化银（AgI），研究人员对它的兴趣正不断增加。放射性 ^{131}I 和 ^{129}I 是铀裂变的副产物（^{129}I 的半衰期为 1.57×10^7 年），然而，直接使用 Ag_2O 清除 I 是不切实际的，因为清除 I 的容量和动力取决于 Ag_2O 颗粒的比表面积。制备 Ag_2O 纳米颗粒最经典的方法就是直接沉淀法（硝酸银和氢氧化物混合即可）。这个方法虽然非常简单，但是反应过快，很难对 Ag_2O 颗粒的形状和大小进行控制。如果比表面积小（Ag_2O 颗粒大）则清除能力弱。使用比表面积大的细小的 Ag_2O 颗粒时，清除能力得到提高，但从水中分离出使用过的 Ag_2O 颗粒是非常困难的。已有一些开创性的研究制备出了一维 Ag_2O 与钛酸盐复合的纳米吸附剂[52]，这就为以上问题指明了解决方案：将细小的 Ag_2O 颗粒固着在比表面积较大的基体上，这样就能使 Ag_2O 高效吸附 ^{131}I 和 ^{129}I，可以快速、简便、高效地吸附固定放射性 ^{131}I 和 ^{129}I。

那么能否将直径在 100nm 以下的纳米级纤维作为支架，通过原位湿法化学法在其上原位锚定直径在 20nm 以下的 Ag_2O 纳米晶体。同时最理想的是，基体还可组装成柔性块状物，这样就可以合成新型的吸附剂，不仅能吸附水中的 I，还能吸附空气中的 I 蒸气。

针对以上提出的问题和设想，我们设计出一种方案并进行实验，目标为研发可高效吸附放射性 I 和碘蒸气的气凝胶材料。采用由直径为 $20 \sim 100$nm 的纳米纤丝化纤维素组装成的气凝胶作为模板，采用简单的原位湿法化学法，大量制备形状和体积可控的 Ag_2O 纳米颗粒。在室温下只需用到硝酸银、氨水和氢氧化钠作为原料，无须任何的表面活性剂或模板，由反应物浓度即可控制 Ag_2O 颗粒的大小。让直径为 $2 \sim 20$nm 的 Ag_2O 颗粒在模板上非团聚生长，由此形成负载有 Ag_2O 的无机/有机复合材料（即为 Ag_2O@纳米纤丝化纤维素）。此复合材料比表面积大、体积密度低、Ag_2O 含量高达 92%，且无任何结块。Ag_2O 纳米颗粒可以作为高效吸附剂。Ag_2O 纳米颗粒暴露在每根 CNF 的表面，因此可以轻易接触和捕捉污水甚至是急流中的 I。与溶剂-溶胀型凝胶不同，Ag_2O@纳米纤丝化纤维素柔韧性好，孔隙度高，能吸收水分并通过压缩释放水分，这使其有望在放射性同位素放射废物管理方面发挥重要作用，控制裂变产物泄露并进行安全处理。

（一）样品的制备和测试分析方法

1. 纳米纤维素纤丝（CNF）的制备

采用化学预处理和高强度超声破碎法制备竹纳米纤维素纤丝。将干竹粉进行纯化，制得纳米纤维素纤丝的前驱体。将 5g 竹粉用体积比为 2：1 的苯和乙醇混合液浸没在索氏抽提器中，在 90℃下回流 6h，除去溶于有机溶剂的抽提物，抽提后用水冲洗。然后加入酸化的亚氯酸钠（1.5wt%亚氯酸钠，用乙酸将 pH 调至 4），在 80℃下处理 1h，此过程重复 5 次。接下来用 5wt%的氢氧化钾在 90℃下处理样品 2h，除去木质素、半纤维素和残余淀粉。酸化亚氯酸钠处理和碱处理步骤重复 2 次，随后过滤并用蒸馏水清洗。将样品进一步用 1wt%的盐酸在 80℃下处理 2h，随后用蒸馏水充分清洗，可得到高度纯化的纤维素纤维。由于纤维素在干燥过程中会在纤维间形成较强的氢键，因此纯化后的纤维素必须保持湿润，便于接下来进行纳米纤丝化处理。

将纯化的纤维素分散在水中有利于纳米纤丝化，400ml 水分散液约含 0.5wt%样品。采用频率为 60kHz、钛探头直径为 1cm 的 Sonifiers®细胞破碎仪（S450D，branson ultrasonics corp.）对样品进行超声破碎。随后进行的超声破碎实验工作周期设为 50%（即超声 0.5s 停 0.5s 的重复周期）以减小温度变化，在 300W 的输出功率下超声处理 30min 将纤维分离。超声处理的全过程要在冰水浴中进行。将样品离心（5000r/min，5min）后可得到含有 CNF 的水悬浮液。

2. 纳米 Ag_2O 与 CNF 复合气凝胶的制备

将 CNF/水悬浮液装入透析袋（平均宽 76mm，Sigma-Aldrich），利用叔丁醇进行置换。置换后将含叔丁醇的 CNF 有机凝胶（纤维素的体积分数约为 0.5%）倒入模具容器中，然后放置在−15℃的冰箱中，使用 SCIENTZ-10N 冷冻机干燥机（BT6K-ES，VIRTIS）在 25μPa 下冷冻干燥 4h 即可获得具有开孔结构的 CNF 气凝胶。

将干燥后的气凝胶片浸没在 $0.04dm^3$ 新制备的银氨溶液中，[Ag]/[NH$_3$]物质的量比为 1：2。将样品静置 5min，然后超声处理 5min，以确保溶液在纤维素网络内部均匀分布。所使用的三种银氨溶液（[Ag]：[NH$_3$]=1：2）的浓度分别为 $5×10^{-2}mol/dm^3$（样品 A1）、$1×10^{-2}mol/dm^3$（样品 A2）和 $5×10^{-3}mol/dm^3$（样品 A3）。将样品冷冻干燥得到白色复合凝胶。随后在室温下将纤维素网状结构转移到 $0.04dm^3$ 稀氢氧化钠溶液（pH=10）中，随着纳米颗粒的形成，样品颜色逐渐由白色变为棕黑色。为使反应充分进行，将样品在室温下静置 12h。所有反应均在接触空气的情况下进行。接下来用水清洗除去杂质离子，进行冷冻干燥得到柔性且多孔的块状气凝胶纳米复合材料，形态分明的 Ag_2O 纳米颗粒负载到 CNF 骨架上。Ag_2O 晶体析出后，气凝胶纳米复合材料的颜色变为棕灰色。在随后的对 I⁻和碘蒸气吸附过程中气凝胶纳米复合材料的颜色变为黄色。

3. 气凝胶材料的表征测试与分析方法

FE-SEM（Sirion 200，FEI）和 FEI Quanta 200 SEM-EDS（EDS/EDX Genesis，EDAX

Inc.）用以表征 EDS 光谱中元素和扫描电子显微镜（SEM）图像，拍摄 SEM 图像时，先用自动精镀仪（JFC-1600，日本电子有限公司）为样品镀金以提高样品导电性。将稀气凝胶网络丙酮悬浮液滴到辉光放电的覆碳 TEM 样品支撑网格上。用滤纸吸收过量液体，待样品完全干燥后，利用 FEI Tecnai G2 电子显微镜在 80kV 的 JEOL-2011 下观察样品的扫描电子显微镜图像。用高分辨透射电子显微镜（HRTEM，JEOL-2011）在 90K 和 200kV 下进行形貌分析。TEM（transmission electron microscope）用于对样品进行最为直接的形貌分析，不仅与颗粒大小有关，而且与形貌特征有重要关系。TEM 基于电子波粒二象性，在高压作用下以高速电子为光源，主要分析材料的几何形貌、颗粒度、颗粒度分布、形貌微观成分和物相结构等。其相对于扫描电镜（SEM）具有更高的放大倍数，可用来观察 CNF 的形貌大小，Ag_2O@CNF 气凝胶的 X 射线衍射（XRD）图谱由日本 Rigaku D/MAX2200 型衍射仪测得，采用的是 Cu Kα 射线（$\lambda=1.5406$Å），Ni 滤光片；所用光管电压为 40kV，电流为 30mA。探测范围为 $2\theta=5°\sim90°$，扫描速率为 $4°$/min。用 PeakFit®（Sea-Solve 软件公司，里士满，加利福尼亚）从原材料及产物的衍射图谱中精准确定衍射峰位置，以此来确定纤维素结晶相面积与总面积的比值，由此获得结晶度指数（CrI）。

　　FTIR（fourier transform infrared spectroscopy）由傅里叶变换红外光谱仪（Magna 560，Nicolet，thermo electron corp）测得，波数范围为 $4000\sim400$cm^{-1}，分辨率为 4cm^{-1}。制样时将样品加入玛瑙研钵中，加入 KBr 将混合物研成超细颗粒后进行压片。

　　采用 XPS（X 射线光电子能谱仪，X-ray-photoelectron spectrum）和 SSX-100 ESCA 光谱仪，研究复合材料样品的成分。无定形碳的 C 1s 峰位出现在 285eV，作为键能参考。

（二）样品的形态结构及机理分析

1. CNF 气凝胶和 Ag_2O@CNF 的形态及结构特性

　　图 4-23 描述了 CNF 气凝胶及 Ag_2O@CNF 气凝胶的合成途径。首先将经化学纯化后的竹纤维素水溶液高频超声破碎 30min，使其进行纳米纤丝化（步骤 1）。空穴的爆破打破了纤维素原纤维间相对较弱的氢键和范德瓦尔斯力，并沿轴向将纤维素劈裂。因此，微米级别的纤维素纤维被逐渐分解成直径 60nm 以下的纳米纤维素纤丝（步骤 2）。

　　用叔丁醇将 CNF 分散液中的水置换出来，经过快速冷冻干燥，获得了具有大表面积（284m^2/g）的多孔 CNF 气凝胶（步骤 3）。在室温下，将干燥后的气凝胶样品浸泡在银氨溶液中，样品上沉淀有 $Ag(NH_3)_2^+$（步骤 4）。Ag_2O 颗粒通过以下反应获得：

$$AgNO_3+2NH_3\cdot H_2O \Longleftrightarrow Ag(NH_3)_2^+ +NO_3^- +2H_2O \qquad (4\text{-}9)$$

$$Ag(NH_3)_2^+ +NaOH \Longleftrightarrow AgOH+2NH_3+Na^+ \qquad (4\text{-}10)$$

$$2AgOH \longrightarrow Ag_2O+H_2O \qquad (4\text{-}11)$$

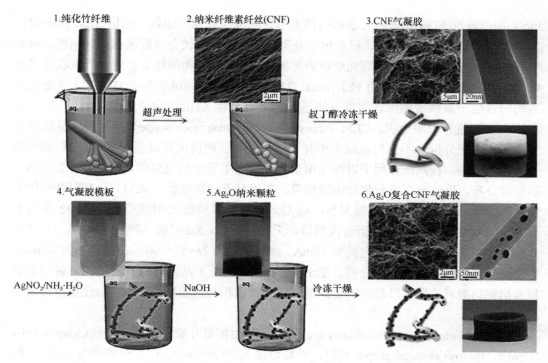

图 4-23　CNF 气凝胶及 Ag₂O@CNF 气凝胶的合成[53]（彩图请扫封底二维码）

1. 将纯化的竹纤维素分散在水中（0.5wt%）后进行高频超声破碎处理；2. 扫描电子显微镜（SEM）图像和纳米纤维素纤丝（CNF）示意图；3. 经叔丁醇置换后快速冷冻干燥得到的 CNF 气凝胶的 SEM 图像、TEM 图像、照片和示意图；4. 将 CNF 气凝胶浸入银氨溶液中得到白色复合材料溶胶；5. 在室温下浸泡在稀 NaOH 溶液中的纤维素网状结构，随着纳米颗粒的生成，颜色逐渐由白色变为棕黑色；6. 冷冻干燥后负载有 Ag₂O 的 CNF 气凝胶的 SEM 图像、TEM 图像、照片和示意图，右上角插图：附着有 Ag₂O 纳米颗粒的 CNF 的 TEM 图像

在室温下，浸入 NaOH 溶液后 $Ag(NH_3)_2^+$ 沉淀前体转化成了 Ag_2O 纳米颗粒，使 CNF 骨架的颜色由白色变为棕黑色（步骤 5）。彻底清洗后进行冷冻干燥，此过程中 Ag_2O 纳米晶体被固定在 CNF 表面，干燥后即可获得具有三维网状结构的改性的棕灰色 CNF 气凝胶（Ag_2O@CNF）（步骤 6）。

对于纳米颗粒的结构，可通过 $AgNO_3$ 和氨水的初始浓度（固定物质的量比 1：2）加以控制。初始浓度分别为 $0.005mol/dm^3$（样品 A1）、$0.01mol/dm^3$（样品 A2）和 $0.05mol/dm^3$（样品 A3），同时保持干燥 CNF 气凝胶（密度 $0.25mol/dm^3$）的体积分数不变（表 4-6），随着托伦试剂[反应 1 中所得的 $Ag(NH_3)_2^+$ 溶液]的增加，负载有 Ag_2O 的 CNF 产品的颜色由浅变深（图 4-24a）。

表 4-6　前驱体浓度不同的复合物的 Ag₂O 纳米颗粒特性[53]

样品	$AgNO_3$（mol/dm³）	$NH_3·H_2O$（mol/dm³）	$Ag(NH_3)_2^+$(mol/dm³)	DTEM（nm）	无机部分含量（wt%）
A1	0.015	0.015	0.005	10±8	54
A2	0.03	0.03	0.01	16±12	72
A3	0.15	0.15	0.05	21±16	92

注：DTEM 为颗粒尺径，是经对 TEM 图像中 Ag_2O 纳米颗粒的尺径统计而得到的数据

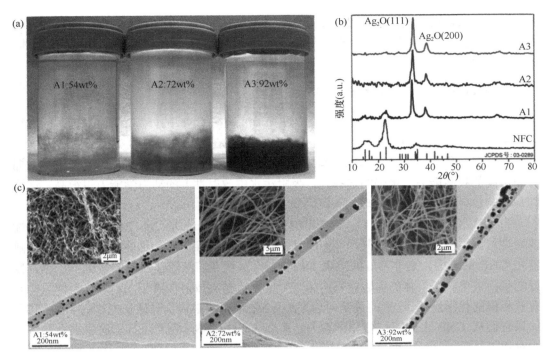

图 4-24　Ag₂O 晶体负载量不同的 Ag₂O@CNF 气凝胶[53]（彩图请扫封底二维码）
（a）样品 A1、A2、A3；（b）样品 A1、A2 和 A3 的 X 射线衍射（XRD）图；（c）样品 A1、A2 和 A3 的 TEM 图像

　　在样品 A1 中，纳米颗粒大范围地分散开，其体积分数为 0.03%（孔隙度 99.97%），而在样品 A3 中，纳米颗粒的分布相对密集，其体积分数为 0.19%（孔隙度 99.81%）。最终产物中的无机组分含量可控制在约 54wt%（样品 A1）、72wt%（样品 A2）、92wt%（样品 A3）。

　　图 4-24b 和 c 显示 CNF 的结构是由纤维素分子链平行堆砌成的，其典型晶面（10$\bar{1}$）、（101）、（021）、（002）和（040）的峰位在 15.0°、16.8°、21.2°、22.9°和 34.8°附近出现。根据 XRD 的解卷积结果，CNF 的 CrI 为 58.7%，属于纤维素 I 型，说明制备的 CNF 仍然保留了天然纤维素的单斜晶结构，具有较高的结晶度。从图 4-24b 还可以看出，随着样品表面 Ag₂O 组分含量的不断增加，纤维素的衍射峰（JCPDS no. 03-0289）逐渐减弱，而 Ag₂O（JCPDS no. 41-1104）的特征衍射峰在 32.8°和 38.1°出现，分别为（111）和（200）晶面。当 Ag₂O 含量高达 92wt%时，纤维素的衍射峰基本消失，说明纤维表面覆盖有大量的无机相。衍射的结果表明了 Ag₂O 晶体为面心立方结构，Ag₂O 衍射峰宽化表明了其晶粒较细，比表面积较大。对比 A1～A3 的衍射峰宽度可以看出，A1 的宽化程度最大，A3 的则相对较小，说明样品 A1 中 Ag₂O 颗粒的粒径最小，A2 次之，A3 中 Ag₂O 的粒径最大。此结果与图 4-24c TEM 图像的观察结果相符。

　　由图 4-24c 低倍数电镜图中可以看到，随着样品无机组分含量的增加，样品 A1 到样品 A3 中 CNF 的形态由卷曲逐步过渡到细直。除此之外，透射电镜图片显示随着托伦试剂浓度的增加，纳米晶体的尺寸从 10nm 增大至 16nm 最终增大至 21nm（表 4-6）。纳米 Ag$_2$O 的颗粒尺寸取决于溶液浓度，这一情况与在非载体上形成的 Ag$_2$O 晶体恰好吻合[54]。可以看到，即使 Ag$_2$O 含量高达 92wt%，纳米颗粒也没有发生团聚形成大块固体，因此不会降低负荷气凝胶吸附材料的比表面积，从而可保证优异的 I$^-$ 吸附效果。

2. Ag$_2$O 与 CNF 基体的结合机理分析

Ag$_2$O 纳米晶粒通过简单的湿法化学过程，沉积在 CNF 的外部表面，Ag$_2$O 的直径为 5～25nm。这些 Ag$_2$O 纳米晶颗粒不会随意地聚集在 CNF 的表面，而是根据 Ag$_2$O 与纤维素相之间界面结合力牢固地与基体结合在一起。制备出的这种复合纳米结构材料拥有非常高的吸附能力、极强的选择性，吸附污水中放射性 I$^-$ 的动力学能力也很高，这些都是影响放射性核素安全处理的关键因素。

为了从水中抓住流动的 I$^-$，制备出的粒径在 10～20nm 的 Ag$_2$O 纳米颗粒，在中性或碱性悬浮液中，大部分银是以 Ag$_2$O 纳米颗粒的形态存在的，这些 Ag$_2$O 纳米颗粒附着在 CNF 的表面，是非常好的吸附 I$^-$ 的物质，甚至在溶液流速很快的情况下，也有良好的吸附效果。在具体的实验中采用稳定 ^{125}I$^-$ 来代替高放射性离子 ^{131}I$^-$。这两种同位素有着相似的化学性质。这里的关键问题是 Ag$_2$O 纳米颗粒必须稳固地长在 CNF 纤维表面。如果它们从 CNF 上脱离，分散在水中，那么这么小的纳米颗粒进行二次收集会非常的困难。

为了考察 CNF 与沉积在其表面的纳米 Ag$_2$O 晶体的相互作用，采用傅里叶变换红外光谱来分析 Ag$_2$O@CNF。从红外图谱（图 4-25a）中可以看到，首先出现了 Ag$_2$O 的吸收峰，分别在波数 2975cm^{-1}、2924cm^{-1}、2854cm^{-1}、1456cm^{-1} 和 1385cm^{-1} 处。同时，纤维素氢键 O2—H··O6 的伸缩振动特征峰（3468cm^{-1}）移到 3397cm^{-1} 处。说明 Ag$_2$O 破坏了纤维素分子之间的氢键，与纤维素羟基形成了新的氢键。随着 Ag$_2$O 含量的增加，1000～1300cm^{-1} 区域的吸收峰，如 C2—OH（1060cm^{-1}）和 C3—OH（1027cm^{-1}）的伸缩振动峰及 C—O—C 的弯曲振动峰（1161cm^{-1}）比 CNF 相应处的峰明显变弱。这主要是由于纳米粒子沉积在纤维素表面，降低了纤维素分子对红外吸收的灵敏度。在图中没有标示出，但是仍需要指出的是，原本 CNF 在 1634cm^{-1}（纤维素吸收水分后—CH 的伸缩振动）和 895cm^{-1} 处[异头碳(C1)—H 的面外弯曲振动]的吸收峰也发生了偏移，分别移至 1645cm^{-1} 和 879cm^{-1} 处。这是因为 Ag$_2$O 的沉积使纤维素吸收水的量发生变化，且减弱了糖苷键对红外吸收的敏感度。从红外图谱上可以看出，沉积在纤维表面的纳米 Ag$_2$O 晶体和纤维素分子之间有一定的作用力，此作用力对沉积在纤维表面的 Ag$_2$O 能起到很好的锚定作用。但同时要指出的是，并没有出现新的配位键，仅靠氢键这样的弱键就能实现 Ag$_2$O 纳米晶体与 CNF 基体的牢固结合。我们试图通过 TEM 进行分析，从而判断 Ag$_2$O 纳米结晶颗粒能否与 CNF 的晶面匹配。只有固定好的复合材料才能用于对水中放射性 I$^-$ 的吸附。图 4-24c 的 TEM 和 SEM 图像，描述了 Ag$_2$O 纳米晶体颗粒通过温和的化学沉积包覆在 CNF 上。大量的 Ag$_2$O 纳米晶体颗粒均匀、密集地分布在 CNF 的外表面上，这些可以通过电子衍射图（图 4-25b）看出。

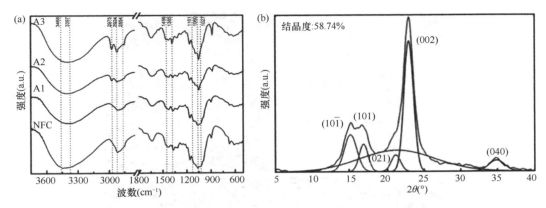

图 4-25　Ag₂O 组分含量不同的 A1、A2、A3 和 CNF 的红外图谱（FTIR）（a）与 CNF 气凝胶的 X 射线衍射（XRD）图（b）[53]

　　这些 Ag₂O 纳米结晶体颗粒是球状的，而且大多数直径为 5～25nm。图 4-26a 中的 Ag₂O 晶体具有面心立方结构，图中的这个颗粒呈五重孪晶，这是立方结构常见的孪晶特征。在图 4-26b 中的多重衍射环上，标注了纤维素和 Ag₂O 的晶格参数。纤维素为单斜晶结构，晶格参数为 a=0.7784nm、b=0.8021nm、c=1.038nm、γ=96.55°。Ag₂O 为面心立方结构（FCC），晶格参数 a=0.475nm。每相中最高强度的衍射环清晰分明，分别是 Ag₂O 的（011）和纤维素的（200）。

　　图 4-26f 表明，纤维素沿着长轴生长平行于[001]方向，宽峰为（10$\bar{1}$）。图 4-26g 展示了 Ag₂O 在[110]方向的衍射图。图 4-26h 显示了 Ag₂O（100）三倍层间距的莫尔条纹，是由两个 Ag₂O 晶体重叠产生的。图 4-26k 给出了(002)$_s$//(110)$_c$ 和(001)$_c$//(110)$_s$ 的嵌合方式，其中 s 和 c 分别代表 Ag₂O 和纤维素。图 4-26i 显示了(001)$_c$//(110)$_s$ 的界面结构。请注意(001)$_c$ 的层间距（1.038nm）恰好约为(110)$_s$ 层间距的 6 倍（1.02nm），这意味着在这个界面中两种原子层平面恰好完全匹配。因此可以推测出 Ag₂O 可以高密度状态分布在纤维素表面，如图 4-26m 中的明场 TEM 图像所示。

　　同时氢键结合是牢固的，当 Ag₂O 纳米颗粒与 CNF 基体在表面结合时，其结合相界面形成共格界面，从而使两相最大化地匹配和适应。所以，Ag₂O 纳米结晶颗粒和 CNF 会形成一个非常匹配的相界面（界面结合），得到新的复合材料 Ag₂O@CNF，且 Ag₂O 纳米结晶颗粒被牢固地固定在 CNF 的外表面上。

　　这种非常高效和高速的动力学保证了 Ag₂O@CNF 作为捕捉 I⁻的吸附剂进行实际应用的可行性。与传统的大块晶体比较，纳米晶的饱和吸附量提高了接近 10 倍，而且吸附过程极快，大大节约了净化成本，为放射性阴离子的高效捕捉提供了崭新的途径[55]。

　　综上得出以下结论。

　　1）以禾本科的竹材为原料，不仅可制备出直径为 20～80nm 的 CNF，还可以 CNF 气凝胶为模板，制备出负载有极大量 Ag₂O 纳米颗粒的气凝胶。证明 CNF 可作为非团聚生长的 Ag₂O 纳米颗粒（直径 5～15nm）的锚定基体，且 Ag₂O 的沉积负载量高达约 500wt%。

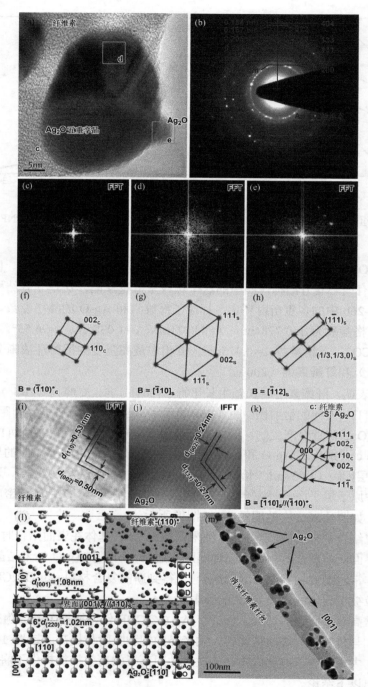

图 4-26   Ag₂O@CNF 的透射电镜（TEM）分析[53]（彩图请扫封底二维码）

（a）CNF 负载有单颗 Ag₂O 纳米颗粒的高分辨透射电镜（high resolution TEM, HRTEM）图；（b）大面积的 Ag₂O@CNF 复合材料的电子衍射环；（c）～（e）分别为（a）中所选区域对应的标有相应字母的快速傅里叶变换（the fast fourier transformation, FFT）图像；（f）～（h）分别是根据图（c）～（e）的 FFT 图像分析出的二维剖面索引图，下标"c"和"s"分别为纤维素相和 Ag₂O 相；（i）纤维素（110）面和（002）面晶格条纹的快速傅里叶反变换（the inverse FFT, IFFT）图像；（j）Ag₂O（111）面和（002）面晶格条纹的快速傅里叶反变换（IFFT）图像；（k）纤维素和 Ag₂O 的复合电子衍射图；（l）（001）c//（110）界面结构的示意图；（m）较低倍数的 TEM 明场（bright field, BF）图像显示了纤维素表面 Ag₂O 的高密度分布

2）创造性地给出了无机-纤维素复合晶体共格界面理论[2]。通过对 FTIR、TEM 图像的深入分析，发现纤维素（001）晶面的间距（1.038nm）恰好约为氧化银（110）晶面间距的 6 倍（1.02nm），因此在这个界面中 Ag₂O 纳米结晶颗粒和 CNF 会形成一个非常匹配的相界面（共格界面），能使两相最大化地匹配和适应，致使二者的结合非常牢固。因此，CNF 能密集负载大量 Ag₂O 的纳米晶颗粒。当 Ag₂O 纳米颗粒与 CNF 基体在表面结合时，其结合界面形成共格界面，且吸附完 I 后，无机纳米结晶颗粒仍能固着在基体上。这个理论为今后无机-纤维素复合材料的结合提出了新的解释理论。

二、埃米级厚度纤维素纳米带的制备与氮掺杂研究

低成本、无金属氮掺杂纳米碳材料可以作为氧化还原反应（ORR）高效催化剂 Pt 的替代品[53]。然而，可作为 ORR 催化剂使用的纳米碳材料仅限于杂原子掺杂的碳纳米管和石墨。具有独特结构的 N 掺杂二维（two-dimensional，2D）碳纳米带（carbon nanoribbon，CNR）的 ORR 催化性能（机制）尚不可知。超细的 N 掺杂的高长径比的 2D CNR 作为无金属的 ORR 催化剂使人们更感兴趣[56]。目前，对于 CNR，常见的是纵向剖开的碳纳米管，可以通过溶液介导氧化、电化学氧化处理和溅射蚀刻等手段获取[57]。然而这些复杂的制备技术手段，难以全面实现 CNR 的高效、绿色、大规模合成。

作为一种取之不尽的自然资源，拥有大比表面积、可控表面位点、大量杂原子掺杂、高机械强度、低密度、优异量子尺寸效应的直径小于 5nm 超薄纳米纤维素纤丝（CNF）在制备高效 ORR 催化剂方面展现出巨大的潜力。以漂白桉木浆为原料，通过高温热解活化工艺合成的纳米碳材料，其大比表面积和良好导电性，作为新的能源材料引起了广泛的关注[58]，但其在电化学催化如 ORR 方面的应用甚少，至今还无文献报道可应用在锌-空气电池（zinc-air battery，ZAB）中。因此，本节介绍了通过 TEMPO 氧化桉木浆并结合机械处理制备出超薄纤维素纳米带（subnanometer cellulose nanoribbon，Cel-NR），在氨气氛围下高温热解获得 N 掺杂碳纳米带（N-CNR），作为 ORR 的功能催化剂并作为锌-空气电池的催化剂应用[59]。

（一）样品的制备和表征分析方法

1. 超薄纤维素纳米带（Cel-NR-NaClO₂ 和 Cel-NR-NaBr）的制备

Cel-NR-NaClO₂ 的制备：漂白桉木浆（1g）加入到 0.05mol/L 磷酸缓冲液（95ml，pH 为 6.8）中，配制浓度 1wt% 的溶液，然后加入 0.1mmol TEMPO、1mmol NaClO 和 10mmol NaClO₂，将反应体系密封。在磁力搅拌下将体系加热到 75℃，分别氧化 120min 和 240min 后加入 5ml 无水乙醇终止反应。用去离子水将得到的样品洗至中性。将得到的样品配制成为浓度为 0.5wt% 的溶液，然后利用超声波细胞破碎仪进行机械处理，1200W 处理 60min。然后利用冻干机冷冻干燥后得到所需要的样品，分别命名为 Cel-NR-NaClO₂-120 和 Cel-NR-NaClO₂-240。氧化原理如图 4-27a 所示。

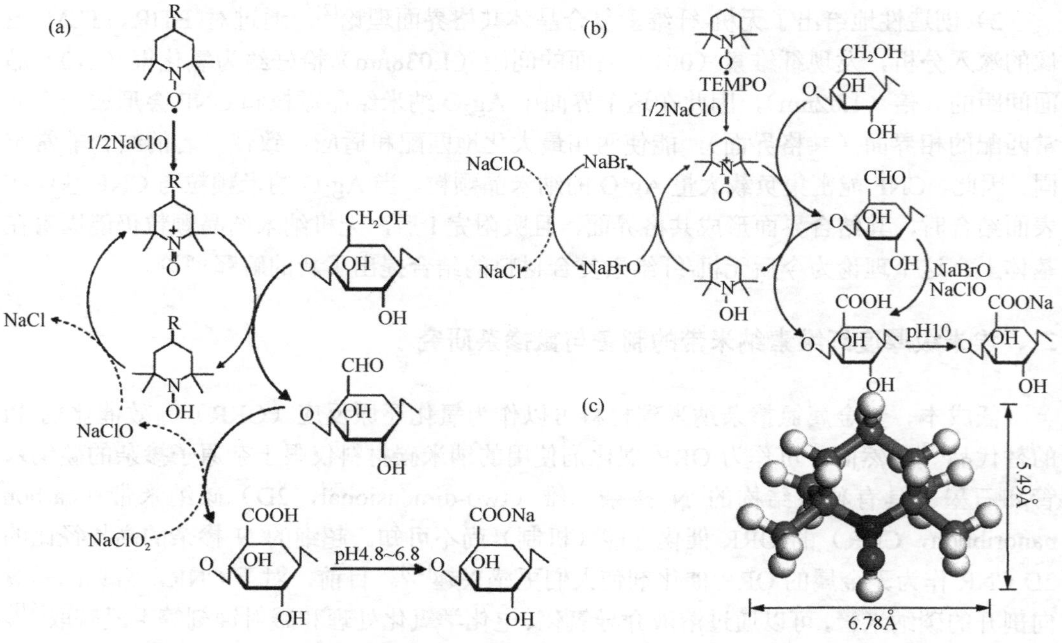

图 4-27 TEMPO/NaClO/NaClO$_2$ 反应体系（a）和 TEMPO/NaClO/NaBr 反应体系（b）及 TEMPO 分子（c）[59]

Cel-NR-NaBr 的制备：漂白桉木浆（1g）加入到 100ml 蒸馏水中，配制浓度 1wt% 的溶液，加入 0.1mmol TEMPO 和 1mmol NaBr，将溶液的 pH 调为 10。加入 1.3～5.0mmol NaClO 溶液后，引发氧化反应。分别氧化 120min 和 240min 后加入 5ml 无水乙醇终止反应，用去离子水将得到的样品洗至中性，将得到的样品配制成为浓度为 0.5wt%的溶液，然后利用超声波细胞破碎仪进行机械处理，1200W 处理 60min。然后利用冻干机冷冻干燥后得到所需要的样品，分别命名为 Cel-NR-NaBr-120 和 Cel-NR-NaBr-240。氧化原理如图 4-27 所示。

漂白桉木浆通过 TEMPO 氧化结合机械处理可以制备出纤维素纳米带 Cel-NR。由 TEMPO/NaClO/NaClO$_2$ 和 TEMPO/NaClO/NaBr 两种不同的氧化体系制备的超薄纤维素纳米带分别为 Cel-NR-NaClO$_2$ 和 Cel-NR-NaBr。两种氧化体系的反应原理如图 4-27a 和 b 所示，TEMPO 的分子结构如图 4-27c 所示。

2. N-CNR 的制备

N-CNR 的制备：将制得的 Cel-NR 利用管式炉高温热解，在氨气氛围中升温到 800℃，得到氮掺杂的超细碳纳米带 N-CNR。未掺 N 对比样品的制备：取制得的 Cel-NR 置于管式炉中，在氮气氛围中升温到 800℃，得到没有 N 掺杂的超细碳纳米带 CNR。

3. 样品的表征测试与分析方法

通过场发射扫描电子显微镜（field emission scanning electron microscope，FE-SEM）对样品表面形貌情况进行了表征。通过原子力显微镜（AFM）对 Cel-NR 表面三维尺寸结构进行了表征。通过透射电子显微镜（TEM）和高分辨透射电子显微镜（HRTEM）对 Cel-NR 与 N-CNR 的精确尺寸及晶格结构进行了表征。通过 X 射线衍射（XRD）、X 射线光电子能谱（XPS）、拉曼光谱（Raman spectra）、^{13}C 交叉极化和魔角旋转固态核磁共振光谱（cross polarization magic angle spinning，^{13}C CP/MAS NMR）和傅里叶变换红外光谱（FTIR）对样品的结构特征进行了表征。其中，XRD 测试射线波长为 $\lambda=1.5406\text{Å}$，步长为 $2\theta=0.02°$，扫描速度为 $4°/\text{min}$，扫描角度范围为 $5°\sim60°$，管电压为 40kV，管电流为 30mA。固态核磁共振采用 4mm 魔角探头，转速 5kHz，脉冲宽度 90，交叉极化时间 0.05s，采样间隔时间 $10\mu\text{s}$，接触时间 $2000\mu\text{s}$，弛豫时间 1s，采集数据点 8192，内标参考物四甲基硅烷。红外测试采用溴化钾压片，透射吸收模式，波长范围 $4000\sim400\text{cm}^{-1}$，分辨率 0.125cm^{-1}。通过比表面积测试（BET）对样品进行了比表面积的测量和孔径分析。通过热重分析（thermo gravimetric analysis，TG）表征了样品的热稳定性，在氮气氛围中进行，控制升温速率在 $10℃/\text{min}$。

（二）样品的表征与分析结果

1. Cel-NR 的 FESEM 和 EDS 形貌表征

图 4-28a 中场发射扫描电子显微镜（FE-SEM）图片为漂白桉木浆原料，直径在 $20\mu\text{m}$ 以上，表面密实、均一；而图 4-28b 中的 Cel-NR-NaClO$_2$ 分布均匀，直径非常细且非常长；图 4-28c 中的 Cel-NR-NaBr 直径较粗且长度较短。从图 4-28 中可以看出不同体系制备的样品 Cel-NR-NaClO$_2$ 和 Cel-NR-NaBr 直径均在 10nm 以下，表明两种结合机械法高频超声处理的 TEMPO 预氧化体系制备出的超细纳米纤维素纤丝直径均小于 10nm。

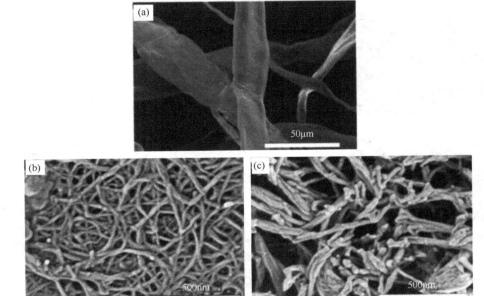

图 4-28　场发射扫描电子显微镜图片[59]

（a）桉木浆；（b）Cel-NR-NaClO$_2$；（c）Cel-NR-NaBr

2. Cel-NR 的 TEM 表征与分析

为了得到不同 Cel-NR 样品的精确尺寸，进一步通过透射电子显微镜（transmission electron microscopy，TEM）对 Cel-NR 的精细结构和表面形貌特征进行表征。

图 4-29a、d、g、j 为 Cel-NR-NaClO$_2$-120、Cel-NR-NaClO$_2$-240、Cel-NR-NaBr-120 和 Cel-NR-NaBr-240 样品的 TEM 图。利用 Nanomeasure 粒径分析和 Digital Micrograph 图像分析软件，对 TEM 图像中 Cel-NR 的长度、宽度进行测量统计，其分布直方图如图 4-29b、e、h、k 和 c、f、i、l 所示。Cel-NR-NaClO$_2$-120 纳米纤丝的宽度为 1～4nm，平均 2.16nm；长度小于 2.0μm，平均 830nm。Cel-NR-NaClO$_2$-240 纳米纤丝的宽度为 0～

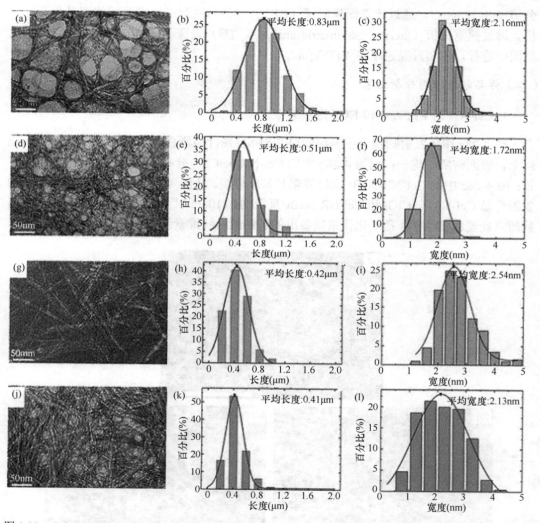

图 4-29　Cel-NR-NaClO$_2$-120、Cel-NR-NaClO$_2$-240、Cel-NR-NaBr-120 和 Cel-NR-NaBr-240 样品的 TEM 图像（a）、（d）、（g）、（j），相应的长度分布直方图（b）、（e）、（h）、（k）和宽度分布直方图（c）、（f）、（i）、（l）[59]

3.5nm，主要分布在 1.72nm；长度小于 1.2μm，主要分布在 510nm。Cel-NR-NaBr-120 的直径为 1～5nm，主要分布在 2.54nm；长度小于 1.2μm，主要分布在 420nm。Cel-NR-NaBr-240 的直径为 0～5nm，主要分布在 2.13nm；长度小于 2μm，主要分布在 410nm。由此可见 TEMPO/NaClO/NaBr 体系得到的纳米纤丝长度较长、宽度更细，且随着氧化时间由 120min 变为 240min，纳米纤丝会在体系中被氧化得更细，同时纤维素链也会断裂，使得纳米纤丝变得更短，而 TEMPO/NaClO/NaClO$_2$ 体系得到的纳米纤丝长度很短、宽度较粗，表明 TEMPO/NaClO/NaBr 体系的氧化程度要比 TEMPO/NaClO/NaClO$_2$ 体系剧烈得多，与图 4-28 所示结果相吻合。

3. Cel-NR 的 AFM 表征

原子力显微镜利用原子之间范德瓦尔斯力的作用来表征样品表面的特性，不但解决了 TEM 中高压电子束对聚合物分子链的冲击降解，还克服了 SEM 在绝缘材料研究上的局限性。利用 AFM 可以更加精确地描述不同 Cel-NR 样品的形状和尺寸。在 NaClO$_2$ 和 NaBr 两个氧化体系中，首先通过 TEMPO 的两个氧化体系预氧化处理一定时间后，然后利用机械高频超声处理 30min，可以制备得到 4 种不同类型的 Cel-NR。在 NaClO$_2$ 氧化体系中，制备得到的 Cel-NR 平均厚度仅为 0.4～0.8nm（图 4-30a～f）。氧化时间从 120min 延长到 240min，Cel-NR 的平均厚度由约 0.92nm 减小到约 0.78nm。然而，在 NaBr 的氧化体系中，Cel-NR-NaBr 的平均厚度大于 2nm（图 4-30g～l）。表明纤维素纳米带在 NaBr 溶液中非常容易聚集。此表征结果与 Cel-NR 的透射电子显微镜（TEM）图像结构分析结果相一致。与 TEMPO/NaClO/NaBr 体系相比，TEMPO/NaClO/NaClO$_2$ 氧化体系制备厚度小于 1nm 的超薄纳米带更有效。

4. Cel-NR 的 FTIR 表征

通过图 4-31 和表 4-7 可分析不同 TEMPO 氧化体系经过不同时间后获得的 5 种纳米纤维素纤丝化学结构的变化。图 4-31 中桉木浆原料与 Cel-NR 的 FTIR 图显示，原料和 Cel-NR 的纤维素分子中游离 O—H 的伸缩振动在 3422cm^{-1} 处呈现吸收峰宽峰，表明 C6 上的—OH 发生选择性氧化[60]。原料在 1635cm^{-1} 处出现伸缩振动吸收峰，主要来自原料中半纤维素的 C=O 伸缩振动，在 1635cm^{-1} 处所有 Cel-NR 中观察到的光谱带是纤维素与水相互作用较强的纤维素分子吸收水的—OH 弯曲振动。纤维素纤丝经氧化反应之后在 1740cm^{-1} 处峰值明显增强，表明纤维素分子 C6 位羟基转化为羧酸钠。同时，随着二次氧化后不同 TEMPO 体系催化活性的增加，峰值逐渐增大。此外，分别在 1060cm^{-1} 和 2915cm^{-1} 处出现 C—O 和 C—H 伸缩振动的两个弱吸收可能是纤维素分子 TEMPO 氧化的结果，解释了 C6 伯羟基被转化为羧酸钠。对 Cel-NR-NaBr 而言，1740cm^{-1} 处的吸收峰为羧酸的特征峰，由氧化过程中 C6 上羟基氧化为羧基引起。而 Cel-NR-NaClO$_2$ 的 1430cm^{-1} 吸收峰变窄，C6 上的 O—H 伸缩振动减弱，是由氧化过程中纤维素 C6 上的羟基转化为羰基引起的，同时羟基伸缩振动峰（3422cm^{-1}）变窄并发生蓝移，证明了纤维素的链间氢键减少。由此可以得出，TEMPO/NaClO/NaClO$_2$ 氧化体系的处理并不改变

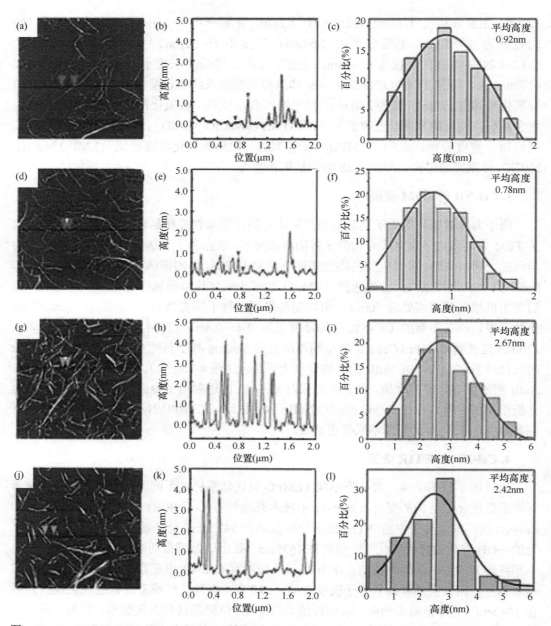

图 4-30　Cel-NR-NaClO$_2$-120、Cel-NR-NaClO$_2$-240、Cel-NR-NaBr-120 和 Cel-NR-NaBr-240 的 AFM 图像（a）、（d）、（g）、（j），厚度（b）、（e）、（h）、（k）和厚度分布直方图为（c）、（f）、（i）、（l）[59]

纤维素的主体结构，但纤维素分子链上的羟基主要转化为羧基，且链间氢键显著减少；而 TEMPO/NaClO/NaBr 氧化体系会进一步将羟基转化为氧化程度更高的羧基，但是链间氢键变化不如 TEMPO/NaClO/NaClO$_2$ 显著。因此，这些光谱解释了纤维素化学结构不变，表面电荷随羧酸酯基团的增加而增加。

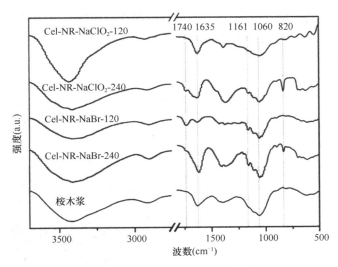

图 4-31 Cel-NR（Cel-NR-NaClO₂-120、Cel-NR-NaClO₂-240、Cel-NR-NaBr-120 和 Cel-NR-NaBr-240）
及漂白桉木浆样品的傅里叶变换红外光谱图[59]

表 4-7 TEMPO 氧化的纤维素纳米带的红外光谱特征峰指认[59]

波数（cm⁻¹）	特征峰归属
3422	氢键—H···O 的伸缩振动
2915	CH₂ 上 C—H 的不对称伸缩振动
1740	C=O 的伸缩振动
1635	C=O 的伸缩特征峰
1430	CH₂ 的不对称剪切振动或 O—H 的剪切振动
1372	CH₃ 的对称剪切振动或 C—O—H 的羟基面内弯曲变形振动
1161	C1—O—C4 糖苷键的不对称伸缩振动
1113	C2—O₂H 上 C—O 的伸缩振动或糖环 C1—O—C5 的面内不对称伸缩振动
1060	C6—OH 伯醇上 C—O 的伸缩振动
820	羟基上 O—H 的面外弯曲变形振动

5. Cel-NR 的 ¹³C NMR 表征与分析

固态 ¹³C NMR 是分析纳米纤维素化学结构的一种有效方法[60]。图 4-32 显示了经过不同氧化过程处理的漂白纸浆和 Cel-NR 的 ¹³C NMR 光谱。纤维素的核磁峰出现在 104.1ppm（C1）、73.2ppm 和 71.9ppm（C2、C3、C5）、87.2ppm 和 83.5ppm（C4），经过 TEMPO 氧化过程后核磁峰没有发生变化。核磁共振光谱表明，64.3ppm 处的碳信号对应于 C6 伯羟基，氧化后纤维内部晶体结构保持不变。约 174.5ppm 出现的峰位是由 TEMPO 氧化样品出现的羧酸钠中碳原子信号引起的，且随着 TEMPO 氧化时间的增加信号增强，信号面积的变化与 61.2ppm 处氧化产物纤维素表面上暴露的 C6 伯羟基的信号面积变化一致。同时，与 Cel-NR-NaBr-120 和 Cel-NR-NaBr-240 的光谱相比，Cel-NR-NaClO₂-120 和 Cel-NR-NaClO₂-240 中 61.2ppm 处信号明显降低，表明在两种

TEMPO 氧化体系中伯羟基单元发生了不同程度的选择性氧化。^{13}C NMR 谱分析表明，TEMPO/NaClO/NaClO$_2$ 和 TEMPO/NaClO/NaBr 体系选择性地将暴露在纤维素表面上的 C6 伯羟基氧化成羧酸根基团。

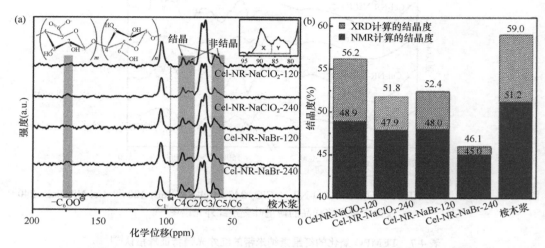

图 4-32　Cel-NR 样品及漂白桉木浆样品的（a）固态 ^{13}C NMR 光谱、（b）结晶度[59]

6. Cel-NR 的 ssNMR、羧基含量、Zeta 电位、XRD 及结晶度表征与分析

为了揭示 TEMPO/NaClO/NaClO$_2$ 和 TEMPO/NaClO/NaBr 氧化体系之间的差异，通过ζ电位分析仪对所得的几种 Cel-NR 进行了测定。如图 4-33a 所示，所有的 Cel-NR 具有约−50mV 相似的ζ-电位。这意味着两个氧化体系中所有的 Cel-NR 表面具有相似的羧酸盐基团含量。该结果表明 TEMPO 介导的氧化体系可以将纳米纤维素纤丝表面上的 C6 羟基选择性氧化为羧酸酯基团。进一步利用电导滴定计算 Cel-NR 的羧酸盐含量（图 4-33a）。TEMPO/NaClO/NaClO$_2$ 体系的羧酸盐含量比 TEMPO/NaClO/NaBr 体系的羧酸盐含量高得多，因为 TEMPO/NaClO/NaClO$_2$ 体系能够将更多纤维素表面的 C6 羟基选择性氧化成纳米带内分子链的羧基。此外，氧化反应时间也会影响 TEMPO 氧化体系的氧化程度，进而影响羧基的含量。使用粉末法 X 射线衍射（XRD）测试所有得到 Cel-NR 样品的晶体结构。从图 4-33b 中可以看到，（101）衍射峰的强度随着 TEMPO 氧化时间的延长而显著降低，出现这种情况应归因于基本纤丝会随着氧化处理沿着（101）面逐渐拆解。如图 4-32b 所示，所有 Cel-NR 的结晶度（CrI）在氧化后显著降低，Cel-NR-NaClO$_2$ 和 Cel-NR-NaBr 的 CrI 都随着氧化时间的增加而进一步降低。此外，Cel-NR-NaBr 样品的 CrI 都低于 Cel-NR-NaClO$_2$，这表明 TEMPO/NaClO/NaBr 体系更可能将结晶区转化为非结晶区。通过固态 ^{13}C NMR 对纤维素 C4 峰解析，可以得到纤维素样品的结晶度。因此，我们将图 4-32 中 C4 结晶区面积（X 区域，87~93ppm）[61]除以总 C4 面积（X+Y 区域，80~93ppm），得到了与 XRD 的 CrI 趋势相同、数值稍低的结晶度（图 4-32b）。

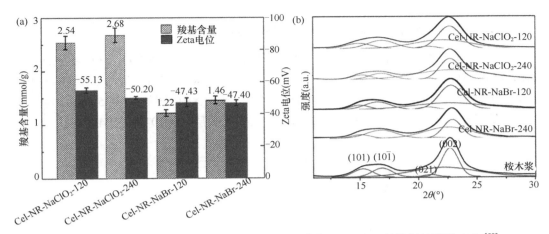

图 4-33 Cel-NR 样品及桉木浆的羧基含量和ζ-电位（a）及 X 射线衍射谱图（b）[59]

7. Cel-NR 的 TG 表征

经不同氧化体系和不同氧化时间处理所得到的 Cel-NR 样品的 TG 与 DTG 曲线如图 4-34 所示。所有得到的样品在 50～150℃的最初质量损失为 5%～10%，这是由于这些材料表面分子间发生氢键断裂及水的蒸发吸收。然而，原材料与通过不同的 TEMPO 氧化体系制备的 Cel-NR 在高温范围内降解行为有所不同。在 TG 曲线中，通过 TEMPO/NaClO/NaClO$_2$ 和 TEMPO/NaClO/NaBr 氧化体系制备的 Cel-NR-NaClO$_2$ 与 Cel-NR-NaBr 在 N$_2$ 气氛中分别于约 285℃与 270℃开始热降解，而对于漂白桉木浆，降解开始于约 350℃。在高温下含有少量羧基基团的 Cel-NR-NaBr 似乎比 Cel-NR-NaClO$_2$ 热稳定性更好，表明 TEMPO/NaClO/NaClO$_2$ 体系的氧化条件制备的样品热稳定性稍好。在 DTG 曲线中，Cel-NR-NaClO$_2$ 和 Cel-NR-NaBr 在 320～400℃均发生了主要的质量损失，而对于漂白桉木浆，质量主要在 350～400℃损耗。所有 Cel-NR 的 DTG 峰值明显低于桉木浆，表明 TEMPO 氧化过程使得结晶的纤维素分子链减少[62]。此外，通过 TEMPO 选择性氧化纤维素表面 C6 上的羟基，会将纤维素表面部分羟基转化为羧酸钠基团，从而降低 Cel-NR 的热稳定性。

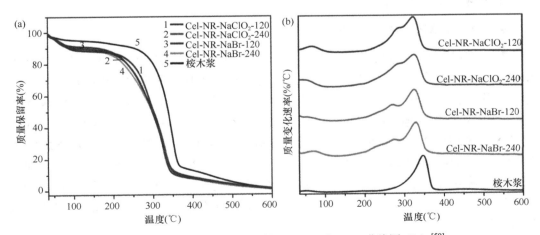

图 4-34 Cel-NR 样品及桉木浆的 TG（a）和 DTG 曲线图（b）[59]

8. N-NR 的 FE-SEM、TEM、EDS 形貌和 XRD 表征

为了获得功能性的超细纳米碳纤维气凝胶，将 Cel-NR-NaClO₂-240 和 Cel-NR-NaBr-240 样品冷冻干燥后在 NH_3 气氛下高温热解获得 N-CNR-NaClO₂ 与 N-CNR-NaBr。氮原子掺杂后的 N-CNR-NaClO₂ 和 N-CNR-NaBr 样品的 XRD 图如图 4-35 所示，氮掺杂碳纤维纳米带显示出典型的低石墨化碳结构，石墨化碳层（002）面在 24°附近。

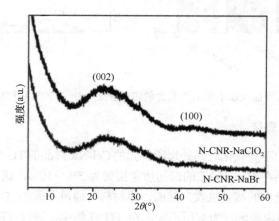

图 4-35　N-CNR-NaClO₂ 和 N-CNR-NaBr 的 X 射线衍射谱图[59]

通过场发射扫描电子显微镜（FE-SEM）和高分辨率 TEM（HRTEM）表征所得的 N 原子掺杂的超薄碳纳米带。FE-SEM 结果（图 4-36a 和 c）表明 N-CNR 从原始的 Cel-NR 中继承了纳米带形态。由于高温退火过程中纤维发生聚集，N-CNR 与直径小于 3nm 的 Cel-NR 不同，其直径约为 10nm。HRTEM 图像显示 N-CNR-NaClO₂ 和 N-CNR-NaBr 由伴随着非结晶和有缺陷碳结构的随机取向石墨烯层组成（图 4-36b 和 d）。进一步利用 TEM 能量色散 X 射线元素映射（图 4-36e）来表征 N-CNR 的组成，揭示了 C 和 N 元素沿着单个纳米带均匀分布。

9. N-NR 的 XPS 表征与分析

我们利用 XPS 来分析所制备的 N-CNR 的组成成分和表面电子价态，图 4-37a 为 N-CNR 的全 XPS 图，可以看到其有 C 1s、N 1s 和 O 1s，表明 C、N 和 O 元素在样品表面均匀分布，这与 TEM 表征分析的结果相一致。N-CNR 的高分辨率 N 1s 光谱（图 4-37b）可以很好地匹配 4 种不同的化学状态，结果表明 N-CNR 由吡啶 N（397.8eV）、吡咯 N（399.1eV）、石墨 N（400.4eV）和氧化 N（404.2eV）组成[63]。 N-CNR-NaBr（38.5%）比 N-CNR-NaClO₂（32.6%）具有更高的吡啶 N 比例。XPS 图表明，吡啶 N 是引起电荷分布不均匀的主要因素。因为吡啶 N 原子对负电子具有亲和性，所以相邻的碳原子带正电荷。因此，带电的碳原子作为碱性的催化活性位点可以通过吸附氧来促进 ORR[64]。

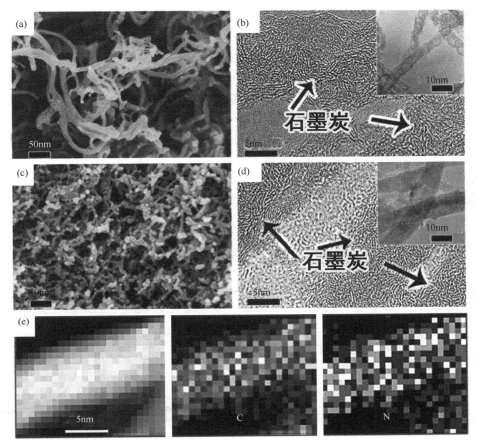

图 4-36　N-CNR-NaClO$_2$ 和 N-CNR-NaBr 样品的 FE-SEM 图像（a）、（c），HRTEM 图像（b）、（d）及 N-CNR 单根纳米带元素映射图像和 C、N、O 元素分布（e）[59]

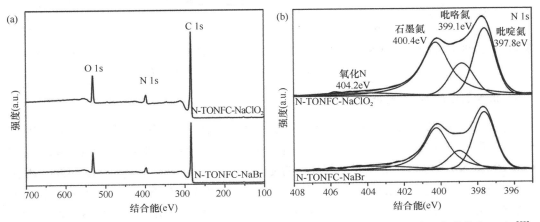

图 4-37　N-CNR-NaClO$_2$ 与 N-CNR-NaBr 的 XPS 图（a）和其中 N 1s 高分辨峰及化学价态（b）[59]

图 4-38a 为 N-CNR-NaClO$_2$ 和 N-CNR-NaBr 样品 C、N、O 的含量（由 XPS 图所得）。图 4-38b 描述了 N-CNR-NaClO$_2$ 和 N-CNR-NaBr 样品中不同氮类型（吡啶氮、吡咯氮、

石墨化氮）的均一化比例。图 4-38c 为 C 1s 的 XPS 图，该谱图出现不对称的峰，表明此种结构中碳有多种存在形式，利用 PeakFit® 软件分峰拟合可以得到 4 个小峰，分别位于 284.2eV（C=C）、285.0eV（C—C）、286.2eV（C—N）和 288.5eV（C=O）[65]。284.8eV 位置 C=C 峰面积最大，此种碳类型是主要的存在物质相，主要是因为高温热解生成了石墨化碳。图 4-38d 为 O 1s 的 XPS 图，氧原子存在主要是由于在高温热解过程中，样品发生不完全碳化[66]。

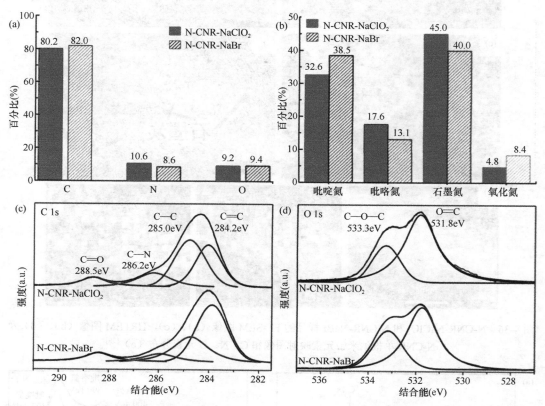

图 4-38　XPS 测试数据中 N-CNR-NaClO₂ 和 N-CNR-NaBr 样品的 C、N、O 含量（a）、不同氮类型的均一化比例（b）及 C 1s 高分辨峰及化学价态（c）、O 1s 高分辨峰及化学价态（d）[59]

10. N-NR 的 BET 表征

为了更进一步研究 Cel-NR 和 N-CNR 的比表面积与孔径分布，我们对 Cel-NR 和 N-CNR 做了氮气吸附-脱附测试分析。如图 4-39a 所示，通过 TEMPO 氧化体系制备的 Cel-NR 和 N-CNR 材料的比表面积分别约为 158.1m²/g 和 193.2m²/g。样品的吸附-脱附等温线图属于 IV 型等温线，IV 型等温线说明材料上面存在的孔洞主要为介孔结构。氮气吸附-脱附等温线的脱附曲线经过 BJH 计算得到的材料孔径分布如图 4-39b 所示，CNR 主要为大孔结构，其孔径分布为 60~200nm，N-CNR 主要为介孔结构，孔径分布在 10~50nm。由此可知，我们通过高温氮化处理得到的 N-CNR 具介孔结构，加入电极材料中有助于改善和提高其电化学性能。

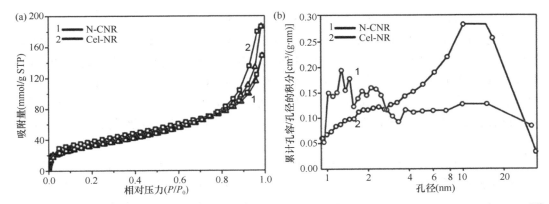

图4-39 Cel-NR 和 N-CNR 样品的氮气吸附-脱附曲线（a）和 Barrett-Joyner-Halenda 孔径分析（b）[59]

11. 机理讨论

基于上述结构和形貌的分析，我们提出了一个纤维素的拆分机理，用以解释两种 TEMPO 氧化体系如何将原纤维分解成为 Cel-NR 层。如图 4-40a 所示，纤维素 I$_\beta$ 基本纤丝由 36 个分子链组成，分子链厚度为 3.12～3.15nm，宽为 5.30～5.34nm。纤维素 I$_\beta$ 的（101）层间间隔为 6.10nm，面间距大于 TEMPO 的分子尺寸（图 4-40c），TEMPO 分子宽度为 5.4nm，TEMPO 分子可以进入（101）片层间以选择性氧化分子间氢键。通过机械超声处理进一步破坏相对较弱的纤维素分子间氢键和范德瓦尔斯力，将纤维素基本原纤维沿长轴分裂成 Cel-NR[67]。

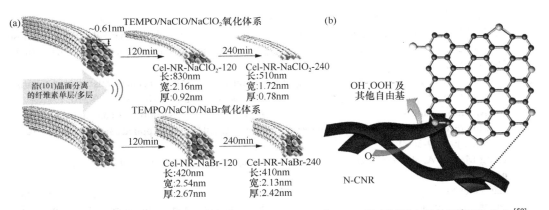

图4-40 超薄纤维素纳米带的结构示意图（a）及 N-CNR 在 ORR 反应过程中的协同机理（b）[59]

在 TEMPO/NaClO/NaClO$_2$ 氧化体系中，反应条件为中性（pH=6.8），TEMPO 分子可沿着纤维素 I$_\beta$（101）面直接进入基本纤丝片层内，可以选择性将纤维素表面的 C6 上羟基氧化，经过 TEMPO 氧化 120min 后，将基本纤丝拆分成厚度为 0.92nm 的纳米带。随着氧化时间延长，240min 后，TEMPO 分子可彻底进入（101）面以氧化分子链的每一层，进而使基本纤丝在机械超声的外力下剥离，成为单层的纳米带。此外，较长时间的氧化处理会导致基本原纤维更严重的水解，使得更多的 1,4-糖苷键断裂，这与纤维素纳米带聚合度的降低及长度的断裂有关。因此，Cel-NR-NaClO$_2$-240（约 510nm）的平均长度比 Cel-NR-NaClO$_2$-120（约 830nm）短得多。

然而，在 TEMPO/NaClO/NaBr 氧化体系中，纤维素分子在碱性条件下（pH=10）被氧化。加入的 NaOH 会直接作用于纤维素分子链和水，使得纤维素分子链上的 C6—OH 形成 NaOH 的包合配合物[68]。这种包和物不仅妨碍 TEMPO 分子进入纤维素分子链 C6—OH 位置，还会使得氧化剂进入（101）平层间的路径变窄。因此，在该氧化系统中，仅有少数 TEMPO 分子进入纤维素 I$_\beta$（101）面，同时基本纤丝的外层纤维素分子链被逐层氧化。

3D 纳米碳纤丝网络内掺杂的氮原子，特别是吡啶 N 会引起不均匀的电荷分布，如图 4-40b 所示。因为吡啶 N 原子对负电子具有亲和性，所以相邻的碳原子带正电荷。因此，带电的碳原子作为碱性的催化活性位点可以通过吸附氧来促进 ORR。

通过以 TEMPO 为媒介将纸浆氧化，结合超声机械力沿着（101）平面拆解纤维素基本纤丝，得到长达数百纳米、宽度约为 2nm、厚度仅仅几个 Å 的纤维素纳米带（Cel-NR），结合多项表征技术，成功提出纤维素沿晶面拆解的新机理。然后通过高温热解将其转化为原子级厚度的碳纳米带，并且具有高密度的 N 原子掺杂，作为 Zn-空气电池的阴极电极表现出高效的 ORR 催化活性和超稳定性。这是一种低成本的可大规模生产二维氮掺杂碳纳米带（N-CNR）的新方法，通过可控合成原子级厚度的 ORR 电催化剂，可开发高性能的 Zn-空气电池。

参 考 文 献

[1] 刘剑霜, 谢锋, 吴晓京, 等. 扫描电子显微镜[J]. 上海计量测试, 2003, (6): 37-39.

[2] Lu Y, Liu H, Gao R, et al. Coherent-interface-assembled Ag$_2$O-anchored nanofibrillated cellulose porous aerogels for radioactive iodine capture[J]. ACS Applied Materials & Interfaces, 2016, 8(42): 29179-29185.

[3] Li C M, Mei C, Xu X, et al. Cationic surface modification of cellulose nanocrystals: toward tailoring dispersion and interface in carboxymethyl cellulose films[J]. Polymer, 2016, 107: 200-210.

[4] Xu X, Liu F, Jiang L, et al. Cellulose nanocrystals vs. cellulose nanofibrils: a comparative study on their microstructures and effects as polymer reinforcing agents[J]. ACS Applied Materials & Interfaces, 2013, 5(8): 2999-3009.

[5] Uhlig M, Fall A, Wellert S, et al. Two-dimensional aggregation and semidilute ordering in cellulose nanocrystals[J]. Langmuir, 2016, 32(2): 442-450.

[6] Gårdebjer S, Bergstrand A, Idström A, et al. Solid-state NMR to quantify surface coverage and chain length of lactic acid modified cellulose nanocrystals, used as fillers in biodegradable composites[J]. Composites Science & Technology, 2015, 107: 1-9.

[7] Foster E J, Moon R J, Agarwal U P, et al. Current characterization methods for cellulose nanomaterials[J]. Chemical Society Reviews, 2018, 47(8): 2609-2679.

[8] Ayache J, Beaunier L, Boumendil J, et al. Sample Preparation Handbook for Transmission Electron Microscopy: Techniques[M]. New York: Springer Science & Business Media, 2010.

[9] Kaushik M, Fraschini C, Chauve G, et al. Moores in the Transmission Electron Microscope-Theory and Applications[M]. London: Intech Open, 2015.

[10] Stinson-Bagby K L, Roberts R, Foster E J. Effective cellulose nanocrystal imaging using transmission electron microscopy[J]. Carbohydrate Polymers, 2018, 186: 429-438.

[11] Azzam F, Heux L, Putaux J L, et al. Preparation by grafting onto, characterization, and properties of thermally responsive polymer-decorated cellulose nanocrystals[J]. Biomacromolecules, 2010, 11(12):

3652-3659.

[12] Saito T, Kimura S, Nishiyama Y, et al. Cellulose nanofibers prepared by TEMPO-mediated oxidation of native cellulose[J]. Biomacromolecules, 2007, 8(8): 2485-2491.

[13] Soni B, Hassan B, Mahmoud B. Chemical isolation and characterization of different cellulose nanofibers from cotton stalks[J]. Carbohydrate Polymers, 2015, 134(10): 581-589.

[14] 王俊. 原子力显微镜在材料成像和光存储中的应用[D]. 大连: 大连理工大学硕士学位论文, 2010.

[15] Brinkmann A, Chen M, Couillard M, et al. Correlating cellulose nanocrystal particle size and surface area[J]. Langmuir, 2016, 32(24): 6105-6114.

[16] Postek M T, Vladar A, Dagata J, et al. Development of the metrology and imaging of cellulose nanocrystals[J]. Measurement Science Technology, 2011, 22(2): 24005-24015.

[17] Schrader B. Infrared and Raman Spectroscopy: Methods and Applications[M]. Weinheim and New York: VCH, 1995.

[18] Hanawalt J D. Manual search/match methods for powder diffraction in 1986[J]. Powder Diffraction, 1986, 1(1): 7-13.

[19] French A D, Cintrón M S. Cellulose polymorphy, crystallite size, and the Segal crystallinity index[J]. Cellulose, 2013, 20(1): 583-588.

[20] Park S, Baker J O, Himmel M E, et al. Cellulose crystallinity index: measurement techniques and their impact on interpreting cellulase performance[J]. Biotechnology for Biofuels, 2010, 3(1): 10.

[21] Jiang F, Dallas J L, Ahn B K, et al. 1D and 2D NMR of nanocellulose in aqueous colloidal suspensions[J]. Carbohydrate Polymers, 2014, 110(22): 360-366.

[22] Atalla R H, Vander Hart D L. Native cellulose: a composite of two distinct crystalline forms[J]. Science, 1984, 223(4633): 283-285.

[23] Sindorf D W, Bartuska V J, Maciel G E. 13C NMR spectra of cellulose polymorphs[J]. Journal of the American Chemical Society, 1980, 102(9): 3249-3251.

[24] Maciel G E, Kolodziejski W L, Bertran M S, et al. Carbon-13 NMR and order in cellulose[J]. Macromolecules, 1982, 15(2): 686-687.

[25] Sèbe G, Ham-Pichavant F, Ibarboure E, et al. Supramolecular structure characterization of cellulose II nanowhiskers produced by acid hydrolysis of cellulose I substrates[J]. Biomacromolecules, 2012, 13(2): 570-578.

[26] 应亚宏. 红外 CO_2 气体浓度传感器系统的研制[D]. 杭州: 中国计量学院硕士学位论文, 2015.

[27] Maréchal Y, Chanzy H. The hydrogen bond network in I_β cellulose as observed by infrared spectrometry[J]. Journal of Molecular Structure, 2000, 523(1): 183-196.

[28] Kondo T. The assignment of IR absorption bands due to free hydroxyl groups in cellulose[J]. Cellulose, 1997, 4(4): 281-292.

[29] Morandi G, Heath L, Thielemans W. Cellulose nanocrystals grafted with polystyrene chains through surface-initiated atom transfer radical polymerization(SI-ATRP)[J]. Langmuir, 2009, 25(14): 8280-8286.

[30] Huan S, Bai L, Liu G, et al. Electrospun nanofibrous composites of polystyrene and cellulose nanocrystals: manufacture and characterization[J]. RSC Advances, 2015, 5(63): 50756-50766.

[31] Kloser E, GrayD G. Surface grafting of cellulose nanocrystals with poly (ethylene oxide) in aqueous media[J]. Langmuir, 2010, 26(16): 13450-13456.

[32] Saito T, Hirota M, Tamura N, et al. Individualization of nano-sized plant cellulose fibrils by direct surface carboxylation using TEMPO catalyst under neutral conditions[J]. Biomacromolecules, 2009, 10(7): 1992-1996.

[33] 何天伦. 录井气体在线拉曼光谱分析检测系统设计[D]. 天津: 天津工业大学硕士学位论文, 2018.

[34] Fukuzumi H, Saito T, Isogai A. Influence of TEMPO-oxidized cellulose nanofibril length on film properties[J]. Carbohydrate Polymers, 2013, 93(1): 172-177.

[35] Agarwal U P, Ralph S A, Reiner R S, et al. Probing crystallinity of never-dried wood cellulose with Raman spectroscopy[J]. Cellulose, 2016, 23(1): 125-144.

[36] Kim S H, Lee C M, Kafle K. Characterization of crystalline cellulose in biomass: basic principles, applications, and limitations of XRD, NMR, IR, Raman, and SFG[J]. Korean Journal of Chemical Engineering, 2013, 30(12): 2127-2141.

[37] Kono H, Yunoki S, Shikano T, et al. CP/MAS ^{13}C NMR study of cellulose and cellulose derivatives.1. Complete assignment of the CP/MAS ^{13}C NMR spectrum of the native cellulose[J]. Journal of the American Chemical Society, 2002, 124(25): 7506-7511.

[38] 张正逢. 研究蛋白质的魔角旋转固体 NMR 实验方法初探[D]. 北京: 中国科学院研究生院(武汉物理与数学研究所)博士学位论文, 2012.

[39] Junka K, Guo J, Filpponen I, et al. Modification of cellulose nanofibrils with luminescent carbon dots[J]. Biomacromolecules, 2014, 15(3): 876-881.

[40] Spinella S, Maiorana A, Qian Q, et al. Concurrent cellulose hydrolysis and esterification to prepare a surface-modified cellulose nanocrystal decorated with carboxylic acid moieties[J]. ACS Sustainable Chemistry & Engineering, 2016, 4(3): 1538-1550.

[41] Montanari S, Roumani M, Heux L, et al. Topochemistry of carboxylated cellulose nanocrystals resulting from TEMPO-mediated oxidation[J]. Macromolecules, 2005, 38(5): 1665-1671.

[42] Fumagalli M, Ouhab D, Boisseau S M, et al. Versatile gas-phase reactions for surface to bulk esterification of cellulose microfibrils aerogels[J]. Biomacromolecules, 2013, 14(9): 3246-3255.

[43] Beck S, Methot M, Bouchard J. General procedure for determining cellulose nanocrystal sulfate half-ester content by conductometric titration[J]. Cellulose, 2015, 22(1): 101-116.

[44] ISO. ISO/DIS 21400–Determination of Cellulose Nanocrystal Sulfur and Sulfate Half-Ester Content (under development)[S]. 2017.

[45] Beck S, Bouchardand J, Berry R. Dispersibility in water of dried nanocrystalline cellulose[J]. Biomacromolecules, 2012, 13(5): 1486-1494.

[46] Canadian Standards Association (CSA). Cellulosic Nanomaterials—Test Methods for Characterization (CSAZ 5100-14)[S]. 2014.

[47] 杨宗义, 刘文礼, 焦小淼, 等. 蒙脱石分散体系中用 Zeta 电位修正静电作用能的计算[J]. 煤炭学报, 2017, 42(6): 1572-1578.

[48] Bhattacharjee S. DLS and zeta potential—what they are and what they are not[J]? Journal of Controlled Release, 2016, 235: 337-351.

[49] Reid M S, Villalobos M, Cranston E D. Benchmarking cellulose nanocrystals: from the laboratory to industrial production[J]. Langmuir, 2016, 33(7): 1583-1598.

[50] Liimatainen H, Suopajärvi T, Sirviö J, et al. Fabrication of cationic cellulosic nanofibrils through aqueous quaternization pretreatment and their use in colloid aggregation[J]. Carbohydrate Polymers, 2014, 103(1): 187-192.

[51] Chen X, Guo Z, Xu W H, et al. Templating synthesis of SnO_2 nanotubes loaded with Ag_2O nanoparticles and their enhanced gas sensing properties[J]. Advanced Functional Materials, 2011, 21(11): 2049-2056.

[52] Bo A, Sarina S, Zheng Z, et al. Removal of radioactive iodine from water using Ag_2O grafted titanate nanolamina as efficient adsorbent[J]. Journal of Hazardous Materials, 2013, 246: 199-205.

[53] Zheng Y, Jiao Y, Ge L, et al. Two-step boron and nitrogen doping in graphene for enhanced synergistic catalysis[J]. Angewandte Chemie International Edition, 2013, 52(11): 3110-3116.

[54] Wang X, Wu H F, Kuang Q, et al. Shape-dependent antibacterial activities of Ag_2O polyhedral particles[J]. Langmuir, 2009, 26(4): 2774-2778.

[55] Yang D, Sarina S, Zhu H, et al. Capture of radioactive cesium and iodide ions from water by using titanate nanofibers and nanotubes[J]. Angewandte Chemie International Edition, 2011, 50(45): 10594-10598.

[56] Zhou M, Wang H L, Guo S. Towards high-efficiency nanoelectrocatalysts for oxygen reduction through engineering advanced carbon nanomaterials[J]. Chemical Society Reviews, 2016, 45(5): 1273-1307.

[57] Ma L, Wang J, Ding F. Recent progress and challenges in graphene nanoribbon synthesis[J]. Chem Phys Chem, 2013, 14(1): 47-54.

[58] Zhu H, Luo W, Ciesielski P N, et al. Wood-derived materials for green electronics, biological devices, and energy applications[J]. Chemical Review, 2016, 116(16): 9305-9374.

[59] Lu Y, Ye G, She X, et al. Sustainable route for molecularly thin cellulose nanoribbons and derived nitrogen-doped carbon electrocatalysts[J]. ACS Sustainable Chemistry & Engineering, 2017, 5(10): 8729-8737.

[60] Saito T, Kuramae R, Wohlert J, et al. An ultrastrong nanofibrillar biomaterial: the strength of single cellulose nanofibrils revealed via sonication-induced fragmentation[J]. Biomacromolecules, 2012, 14(1): 248-253.

[61] Li Q, Reeneckar S. Supramolecular structure characterization of molecularly thin cellulose I nanoparticles[J]. Biomacromolecules, 2011, 12(3): 650-659.

[62] Fukuzumi H, Saito T, Okita Y, et al. Thermal stabilization of TEMPO-oxidized cellulose[J]. Polymer Degradation and Stability, 2010, 95(9): 1502-1508.

[63] Kumar B, Asadi M, Pisasale D, et al. Renewable and metal-free carbon nanofibre catalysts for carbon dioxide reduction[J]. Nature Communications, 2013, 4: 2819.

[64] Guo D, Shibuya R, Akiba C, et al. Active sites of nitrogen-doped carbon materials for oxygen reduction reaction clarified using model catalysts[J]. Science, 2016, 351(6271): 361-365.

[65] Marcano D C, Kosynkin D V, Berlin J M, et al. Improved synthesis of graphene oxide[J]. ACS Nano, 2010, 4(8): 4806-4814.

[66] Li D, Yang D, Zhu X, et al. Simple pyrolysis of cobalt alginate fibres into Co_3O_4/C nano/microstructures for a high-performance lithium ion battery anode[J]. Journal of Materials Chemistry A, 2014, 2(44): 18761-18766.

[67] Svagan A J, Samir M A, Berglund L A. Biomimetic foams of high mechanical performance based on nanostructured cell walls reinforced by native cellulose nanofibrils[J]. Advanced Materials, 2008, 20(7): 1263-1269.

[68] Tamura N, Hirota M, Saito T, et al. Oxidation of curdlan and other polysaccharides by 4-acetamide-TEMPO/NaClO/$NaClO_2$ under acid conditions[J]. Carbohydrate Polymers, 2010, 81(3): 592-598.

第五章　纳米纤维素的流变性能表征

纳米纤维素一般包括纳米纤维素晶体（CNC）和纳米纤维素纤丝（CNF），CNC 一般为棒状结构，结晶度高，直径在 5～20nm，长度在 100～200nm；CNF 为纤丝状结构，结晶度低，直径在 10～100nm，长度可达微米级别[1-4]。在制备与应用过程中，纳米纤维素通常以悬浮液或胶体的形态出现，如 CNC 一般通过硫酸酸解、洗涤、透析得到 1wt%左右的悬浮液，当悬浮液浓度上升，由于其为棒状结构，悬浮液会表现出取向和液晶相转变行为；2,2,6,6-四甲基哌啶氧化物（TEMPO）氧化 CNF 是经过 TEMPO 氧化、高压均质制备得到的，CNF 由于具有高的长径比，在高于 1wt%的浓度就出现明显的凝胶状结构。

流变学是研究物质流动和形变的一门科学，通过研究流变行为，可以构建流变参数与纳米纤维素形态结构之间的联系，实现纳米纤维素形态的有效表征和结构的精确控制，对其实际应用有重要指导作用，因此，越来越多的研究者开始关注纳米纤维素悬浮液和凝胶的流变行为[5-10]。

本章主要介绍在"纳米纤维素绿色制备和高值化应用技术研究"项目实施过程中，关于纳米纤维素悬浮液流变行为方面的研究工作。首先，介绍了流变学的基本理论知识；然后，结合相关研究，描述了典型的 CNC 和 CNF 悬浮液稳态与动态流变行为，并分析了流变学参数与纳米纤维素结构之间的关系；最后，采用 Batchelor 方程结合流变测试，给出了一种用乌氏黏度计快速、准确估算 CNC 长径比的方法，并考察了该方法在各种环境条件下的适用性。

第一节　流变学基本理论

一、基本概念[11-13]

流变学是一门描述在外力作用下物体变形的学科，其中"物体"可以是液体、固体或者气体。理想固体可以产生弹性形变，当外力消除时，形变可以完全回复，表现出弹性；理想流体（液体和气体）所产生的流动形变不可逆，表现出黏性。Maxwell 认为，材料既可以是弹性，又可以是黏性的，即实际物体既不是理想的固体，也不是理想的流体，绝大多数的液体呈现出的流变学特点介于固体和液体中间，称为"黏弹体"。

物质的固-液特性可用 Deborah 参数表征，Deborah 值等于 λ/t，λ 是物质的松弛时间，每种物质都有固定的 λ，理想固体的 λ 无穷大，理想液体的 λ 几乎为零，t 是形变时间，高 Deborah 值为类固体特性，低 Deborah 值为类液体特性。物质在某种应力、剪切速率及时间条件下会呈现出不同的状态。例如，当水从高速喷口喷出后，液滴撞到墙上发生形变，在弹回的瞬间恢复球形，极快的形变过程，时间 t 非常小，因此，Deborah 值非常高，这时的水就表现出弹性特征。而玻璃虽然 λ 值较高，但是长时间观察的话，Deborah 值变小，因此，也可以划入流体的范畴。

流变学主要描述物体的剪切行为，构建剪切应力、应变和应变速率之间的关系，对于理想固体与理想液体，其剪切行为差异如下。理想固体受剪切应力作用后形变如图 5-1 所示。

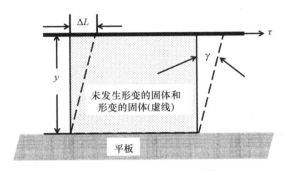

图 5-1　固体的剪切形变[14]

应力-应变方程为

$$\tau = G \cdot \frac{\mathrm{d}L}{\mathrm{d}y} = G \cdot \tan\gamma \approx G \cdot \gamma \qquad (5\text{-}1)$$

$$\gamma = \mathrm{d}L / \mathrm{d}y \qquad (5\text{-}2)$$

式中，τ 为剪切应力，Pa；G 为与固体刚性相关的剪切模量，Pa；γ 为应变；L 为固体长度，m；y 为固体高度，m。

理想液体受剪切应力作用后形变如图 5-2 所示。

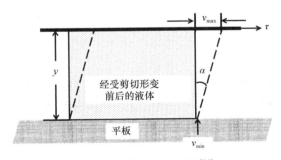

图 5-2　液体的剪切形变[14]

应力-应变方程为

$$\tau = \eta \cdot \dot{\gamma} \qquad (5\text{-}3)$$

$$\dot{\gamma} = \frac{\mathrm{d}v}{\mathrm{d}y} \qquad (5\text{-}4)$$

式中，τ 为剪切应力，Pa；η 为黏度，Pa·s；$\dot{\gamma}$ 为剪切速率，s^{-1}；v 为流速，m/s；y 为固体高度，m。

对比式（5-1）和式（5-3）发现，固体和液体的一个基本差别是：对固体施加剪切应力产生应变,而对液体施加剪切应力产生应变速率。用于测试固体、半固体或者流体黏弹性的仪器称为流变仪,仅用于测定流体黏性流动的一般称为黏度计。

在研究液体的流变学理论时,对于理想液体,牛顿假设其受到的剪切应力随着剪切速率的比为常数,根据式(5-3)即 η 不变,称为牛顿流体,符合规律的液体称作牛顿流体(图 5-3 曲线中的 a)。对于不符合的液体,称为非牛顿流体,黏度 η 随着剪切速率或剪切应力而改变,因此,将流动曲线上某一点的 τ 和 $\dot{\gamma}$ 比值定义为表观剪切黏度 η_a,即

$$\eta_a = \tau / \dot{\gamma} \tag{5-5}$$

大多数流体在低剪切速率下表现为牛顿流体,随着剪切速率增加,黏度下降,呈现剪切变稀行为,也称为假塑性流体(图 5-3 曲线中的 b),主要是由于在剪切应力作用下流动体系的结构发生了改变。还有一些流体由于结构的原因,会表现出剪切增稠(胀塑性)、屈服流动等流变行为。

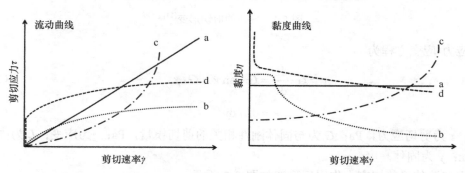

图 5-3　各种常见的流动行为[13]
a. 牛顿流体;b. 假塑性流体;c. 胀塑性流体;d. 有屈服值的假塑性流体

二、流变仪简介

根据不同研究对象和研究内容,研究者会选择不同的流变仪对样品进行测试,这里介绍几种最常见的流变仪,分别为旋转流变仪、毛细管流变仪和落球黏度计[2, 3]。

(一)旋转流变仪

旋转流变仪测量系统是在稳定或变速旋转的情况下测量转矩,用夹具因子将物理量转化为流变学参数,进而获得所测物质的流变学参数,主要的夹具为同轴圆筒、锥板和平行板测量系统。

1. 同轴圆筒旋转流变仪

同轴圆筒旋转流变仪(图 5-4)中,液体装在两个同轴圆筒的中间,两个筒的半径分别为 R_1(外筒)和 R_2(内筒),浸入液体部分长度为 L。一般选择 Couette 测量系统,即内筒静止,外筒以角频率 ω 旋转,采用这种方法的原因是如果内筒旋转而外筒静止,在较低的旋转速率下,就会出现涡流,对测试的准确性有较大的影响。而选择外筒旋转,

则可以保证在较大的旋转速率下筒间的流动为层流。

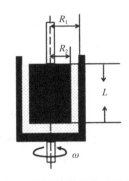

图 5-4　同轴圆筒旋转流变仪示意图

如图 5-4 所示，当测得转矩为 M，体系达到力矩平衡后，求得剪切应力为

$$\tau(r) = \frac{M}{2\pi r^2 L} \qquad (5\text{-}6)$$

式中，r 为圆柱状液层离轴线的距离。

剪切速率与旋转的角速度成正比，与 r^2 成反比：

$$\dot{\gamma}(r) = A\omega / r^2 \qquad (5\text{-}7)$$

式中，A 是仪器常数。

其中，式（5-7）只适用于牛顿流体，对于非牛顿流体，将测定值作 $\tau\text{-}\dot{\gamma}$ 的流动曲线，然后对其进行非牛顿流体的校正，得到表观黏度值。同轴圆筒模式的主要优点是当内外筒间隙很小时，被测流体的剪切速率接近于均一，仪器容易校准，修正量小，缺点是高黏度试样装料困难，较高转速使试样产生法向应力，误差较大，因此，只限于低黏度流体在低剪切速率下使用。

2. 锥板旋转流变仪

锥板旋转流变仪（图 5-5）中，流体置于圆形平板和线性同心锥体之间。以 Couette 测量系统为例，平板半径为 R，锥与板之间的夹角为 α。平板以角频率 ω 均匀旋转，检测锥体所受的转矩为 M，在离同心轴 r 处流体的线速度为 $\gamma\omega$，而剪切面间的距离即为试样厚度 $h = r\tan\alpha$，当锥板夹角很小时（通常 $\alpha < 4°$），$h \cong r\alpha$，剪切速率如式（5-8）所示：

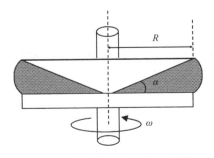

图 5-5　锥板旋转流变仪示意图

$$\dot{\gamma} = \frac{\mathrm{d}w}{\mathrm{d}h} = \frac{rw}{r\alpha} = \frac{\omega}{\alpha} \tag{5-8}$$

式中，$\dot{\gamma}$ 近似和 r 无关，即锥板间剪切速率近似均一。

剪切应力可以由转矩求得，见式（5-9）：

$$\sigma_s = 3M / 2\pi R^3 \tag{5-9}$$

被测流体的黏度为

$$\eta = \sigma_s / \dot{\gamma} = 3\alpha M / 2\pi\omega R^3 = M / b\omega \tag{5-10}$$

式中，$b = 2\pi R^3/3\alpha$，是仪器常数，对牛顿流体和非牛顿流体均适用。

锥板旋转流变仪的优点是试样用量少，样品装填容易，间距测量比较准确，仪器经改装还能测定法向应力。但锥板旋转流变仪只限于较低的切变速率，当切变速率较高时，流体可能会产生次级流动，造成测量误差。

3. 平行板旋转流变仪

平行板旋转流变仪的结构如图 5-6 所示，由两个半径为 R 的同心圆盘构成，上下圆盘都可以旋转，间距为 h，板间距可调，既不能小于 0.3mm 也不能大于 3mm，否则会产生测量误差，选用间隙尺寸时，应当选择至少比最大的颗粒大 3 倍的尺寸。平行板旋转流变仪测量板间的剪切速率不是一个单一的值，如式（5-11）所示。板中心为零，在 R 处较高，对于牛顿流体的测量没有影响，对于非牛顿流体需要经过修正。平行板旋转流变仪主要用于测量高黏度的样品及具有一定屈服值的样品。

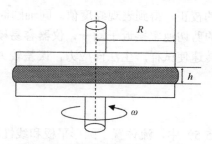

图 5-6 平行板旋转流变仪示意图

$$\dot{\gamma}_{\max} = \frac{R}{h} \cdot \omega \tag{5-11}$$

$$\omega = \frac{2\pi \cdot n}{60} \tag{5-12}$$

式中，R 为平行板半径，m；h 为板间距，m；n 为转子速度，r/min。

（二）毛细管黏度计

毛细管黏度计分为可变压力毛细管黏度计、熔融流动速率仪（熔融指数仪）、重力毛细管黏度计和小孔黏度计，前两种采取施加可变压力的方式使流体流过毛细管，后两种则是采用重力作为驱动力，如图 5-7 所示。

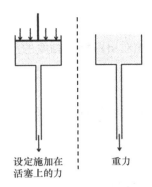

设定施加在
活塞上的力　　　　　重力

图 5-7　不同毛细管黏度计示意图[14]

毛细管黏度计中乌氏黏度计（图 5-8）适用于中低黏度的牛顿流体测量，在测定水、溶剂或者饮料之类的黏度时，精度较高。乌氏黏度计属于重力毛细管黏度计，样品注入通向毛细管入口的料筒，液柱的重量作为液体流经毛细管的驱动力。为了将毛细管入口处的非稳态流动误差降低到最小，通常要求毛细管长径比大于 30。测量时，需要测定一定量的流体通过毛细管的时间 Δt，如图 5-8 所示，测定液面从 a 到 b 所需要的时间 t。

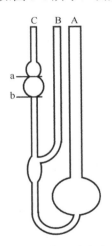

图 5-8　乌氏黏度计

在乌氏黏度计的使用过程中，关注的不是液体的绝对黏度，而是溶质进入溶剂后引起的黏度变化，具体的一些黏度参数如下。

（1）相对黏度（η_r）

$$\eta_r = \frac{\eta}{\eta_0} \qquad\qquad (5\text{-}13)$$

式中，η 为溶液黏度；η_0 为纯溶剂黏度。

（2）增比黏度（η_{sp}）

$$\eta_{sp} = \frac{\eta - \eta_0}{\eta_0} \eta_r - 1 \qquad\qquad (5\text{-}14)$$

（3）比浓黏度（η_{sp}/C）

即浓度为 c 时，单位浓度增加对溶液增比黏度的贡献，其值随着浓度 c 的表示方法不同而异，单位为浓度单位的倒数。

（4）比浓对数黏度（$\ln\eta_r/C$）

即浓度为 c 的情况下，单位浓度增加对溶液相对黏度自然对数值的贡献，其值也是浓度的函数，单位和比浓黏度相同。

（5）特性黏数（$[\eta]$）

$$[\eta] = \frac{\lim\limits_{c \to 0}\eta_{sp}}{c} = \lim\limits_{c \to 0}\ln\eta_r/c \qquad (5\text{-}15)$$

即当浓度无限接近于零时，单位浓度增加对溶液增比黏度或相对黏度自然对数值的贡献，其值不随溶液浓度的大小而变化，但随浓度的表示方法不同而异。$[\eta]$ 的单位是浓度单位的倒数，即 dl/g 或 ml/g。

利用乌氏黏度计测量溶液黏度时，假定液体不存在湍流，即重力全部用于克服液体流动受到的黏滞阻力，根据泊松义耳（Poiseuille）定律：

$$\eta = \frac{\pi PR^4 t}{8lV} = \frac{\pi gh R^4 \rho t}{8lV} = A\rho t \qquad (5\text{-}16)$$

$$\frac{\eta}{\rho} = At \qquad (5\text{-}17)$$

$$A = \frac{\pi gh R^4}{8lV} \qquad (5\text{-}18)$$

式中，η/ρ 为比密黏度，Stocks；A 为仪器常数；h 为毛细管长度；P 为毛细管两端压力差；R 为毛细管内半径；V 为球内体积；l 为管长；t 为时间。

实验中，由于稀溶液中溶液和溶剂的密度相近，$\rho \approx \rho_0$，用同一支乌氏黏度计测定不同浓度的溶液和纯溶剂的流出时间 t 与 t_0，可以得到如下关系：

$$\eta_r = \frac{\eta}{\eta_0} = \frac{A\rho t}{A\rho_0 t_0} = \frac{t}{t_0} \qquad (5\text{-}19)$$

根据式（5-19），可以由纯溶剂的流出时间和溶液的流出时间求出相对黏度，进而获得特性黏数等参数。设计精密的乌氏黏度计对于低黏度或中等黏度的牛顿流体是良好的绝对黏度测量计，用于测定水、溶剂或饮料之类样品的黏度时，乌氏黏度计的准确度要高于旋转流变仪。

（三）落球黏度计

落球黏度计是一种简单而精确的黏度计（图 5-9），适用于气体到中低黏度的牛顿流体，如饮料、血浆等，改变球的直径和密度就可以改变这种黏度计的测量范围。黏度 η（mPa·s）的计算公式为

$$\eta = k \cdot (\rho_1 - \rho_2)\Delta t \qquad (5\text{-}20)$$

式中，k 为仪器标定常数，$\text{mPa·cm}^3/\text{g}$；ρ_1 为球密度，g/cm^3；ρ_2 为流体样品的密度，g/cm^3；Δt 为距离为ΔL 时球坠落的时间间隔，s。

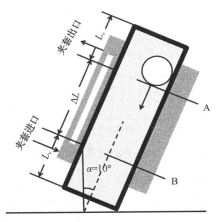

图 5-9　落球黏度计的截面示意图[14]

第二节　纳米纤维素悬浮液的流变行为

CNC 与 CNF 的形态不同，CNC 为棒状结构，直径为 5～20nm，长度为 100～200nm；而 CNF 为纤丝状结构，直径为 10～100nm，长度可达微米级别。因此，CNC 和 CNF 悬浮液也表现出不同的流变行为。本节采用不同纤维素，通过酸解法和 TEMPO 法制备了 CNC 与 CNF，考察了不同浓度 CNC 和 CNF 的稳态与动态流变行为。

一、纳米纤维素晶体悬浮液的流变行为

CNC 的流变特性呈现出浓度相关性，并随着剪切速率的变化而发生改变。Shafiei-Sabet 等[15]结合流变仪和偏光显微镜，研究并解释了 CNC 悬浮液流变行为随浓度发生的变化，总结起来如图 5-10 所示。低浓度、中等浓度（有液晶相出现）和高浓度（凝胶状态）CNC 悬浮液的流变特性分别如图 5-10 中 a、b 和 c 所示。其中，曲线a 出现两个平台区：低剪切速率下，溶液表现出牛顿流体的特点，悬浮液中 CNC 随机排列；随着剪切速率增大，CNC 从无序变为有序排列，黏度随剪切速率增加而减小；随剪切速率进一步增大，再次出现平台区，是由于 CNC 在高剪切速率下随着剪切方向全部取向而导致黏度不变。在曲线 b 中，随着浓度升高，CNC 表现出手性液晶相的三相区流变特性：低剪切速率下，液晶相发生变形和重排，导致黏度 η 随着剪切速率增加而减小；随着剪切速率增加，所有的有序相随剪切方向取向，黏度不变；剪切速率进一步增大后，液晶相被破坏，不再存在液晶相，黏度随剪切速率增大而减小。曲线c 中：所有剪切速率下，CNC 悬浮液均表现出剪切变稀的特点，主要是由于凝胶的破坏和晶相的变形。

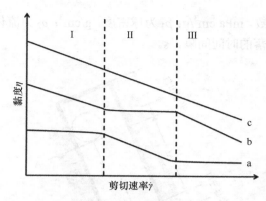

图 5-10 不同浓度下悬浮液的黏度变化曲线[15]

Bercea 等[16]结合平行板旋转流变仪和乌氏黏度计讨论了低浓度 CNC 悬浮液的流变学特性，结果表明 CNC 悬浮液达到一定的临界浓度，会发生各向同性向各向异性的转变。Shafiei-Sabet 等[15]利用平行板旋转流变仪研究了外加离子强度对 CNC 悬浮液微观结构和剪切流变的影响，发现对于各向同性的 CNC 悬浮液，当外加 NaCl 浓度达到 5mmol/L 时能明显减弱电黏性效应而降低黏度；在双相区（晶相和非晶相共存区），当外加 NaCl 达到 5mmol/L 时会减小指纹织构的螺距，导致样品在低剪切速率下黏度增加，在高剪切速率下，有序区域会被破坏，黏度随着外加盐浓度的增加而减小；当 NaCl 含量增加到 15mmol/L 后，则会导致 CNC 不稳定，使其聚集因而黏度和模量增加。

CNC 的形态、浓度及外加盐含量等因素都会影响 CNC 悬浮液的流变行为，本节制备了两种不同长径比的 CNC，系统考察了长径比对 CNC 悬浮液流变行为及微观结构的影响[17]。

（一）柳枝稷和棉花 CNC 及其悬浮液的制备

1. CNC 的制备

本研究采用柳枝稷和棉花作为纤维素原材料，首先对柳枝稷和棉花都进行预处理提取粗纤维素，然后将得到的粗纤维素经过酸解法处理得到纳米纤维素。具体步骤如下：称取 6g 纤维素，加入到 90ml 60%的硫酸溶液中，45℃下加热搅拌 45min，然后加入 10 倍的去离子水终止反应。接着在 4000r/min 下离心 20min 去除大量的酸，最后利用截留分子量为 12 000～14 000 的透析袋在去离子水中进行透析直到 pH 接近中性。最后，在冰水浴中超声处理 20min，将 CNC 分散，再利用滤纸过滤除去聚集体，得到 CNC 悬浮液。

2. 不同浓度 CNC 悬浮液制备

将超声和过滤处理后的 CNC 悬浮液进行冷冻干燥得到 CNC 粉末，然后将不同量的 CNC 粉末加入到一定量的去离子水中进行超声处理，得到不同浓度的 CNC 悬浮液。

（二）CNC 及其悬浮液的相态结构表征

1. CNC 形态表征

采用 AFM 对柳枝稷 CNC 和棉花 CNC 进行形态学观察，首先将一滴浓度为 0.01wt% 的 CNC 悬浮液沉积在云母片上，用滤纸吸去多余的水分，完成 AFM 样品制备。AFM 测量在非接触模式条件下进行。选择弹簧常数 40N/m，圆锥形尖端，曲率半径大约为 8nm 的铝涂覆的硅悬臂，共振频率 300kHz。AFM 图像在 0.8Hz 扫描速率和 512 像素×512 像素分辨率下以低电压模式扫描检测精细结构。用 XEI 软件测量 CNC 的长度、宽度和高度，测量 120 根以上，再对 CNC 的尺寸进行统计分析。

图 5-11 和图 5-12 分别给出了柳枝稷和棉花 CNC 的 AFM 图像与形态统计结果，从统计结果可知（表 5-1），柳枝稷 CNC 长径比（长度/高度）要高于棉花 CNC 长径比，两者的长径比分别为 39 和 13。

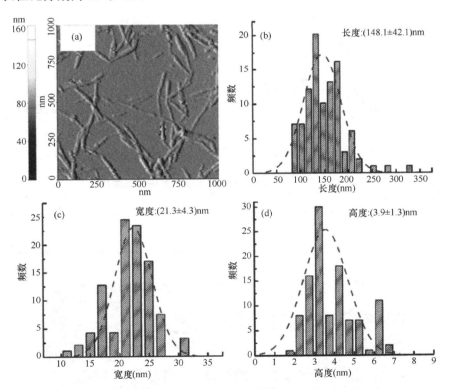

图 5-11　柳枝稷 CNC 的 AFM 及结果分析[18]（彩图请扫封底二维码）

2. CNC 悬浮液形态表征

图 5-13 给出了不同浓度柳枝稷和棉花 CNC 悬浮液的宏观状态，可以发现，随着 CNC 浓度增大，CNC 悬浮液的宏观状态发生明显变化。柳枝稷 CNC 浓度 < 1.5wt% 时，表现出液体状态，> 1.5wt% 时，悬浮液表现出凝胶状态。棉花 CNC > 3.0wt% 时才表现出凝胶状态。柳枝稷 CNC 出现凝胶时的浓度小于棉花 CNC，主要是由于柳枝稷 CNC 具有更高的长径比。

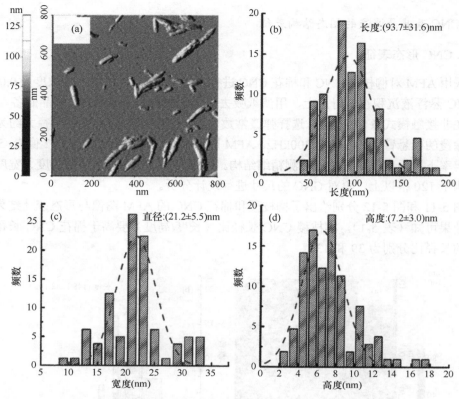

图 5-12　棉花 CNC 的 AFM 及结果分析[18]（彩图请扫封底二维码）

表 5-1　两种 CNC 的 AFM 统计长度、直径和高度统计[18]

样品	长度（nm）	直径（nm）	高度（nm）	长径比
柳枝稷 CNC	148 ± 42.1	21 ± 4.3	3.9 ± 1.3	39
棉花 CNC	94 ± 31.6	21 ± 5.5	7.2 ± 3.0	13

图 5-13　不同浓度柳枝稷 CNC（a）和棉花 CNC（b）悬浮液的宏观状态[17]（彩图请扫封底二维码）

（三）CNC 及不同浓度 CNC 悬浮液的流变行为表征

流变行为测试采用应变控制型旋转流变仪 ARES-G2 进行，采用 60mm 的平行板夹具。稳态流变测试条件：剪切速率为 $10^{-2} \sim 10^{3} \mathrm{s}^{-1}$。动态测试分为动态应变扫描和动态频率扫描，动态应变扫描条件：扫描频率为 10rad/s，应变范围为 0.01%～100%；动态频率扫描条件：扫描频率范围 0.01～100rad/s，应变为 5%（根据应变扫描结果，确保所有样品的测试均在线性黏弹区域）。测试温度均为 25℃。

1. 稳态流变行为分析

图 5-14 给出了 25℃下不同浓度的柳枝稷 CNC 和棉花 CNC 悬浮液的表观黏度（η_{a}）随剪切速率（$\dot{\gamma}$）的变化。图 5-14a 为柳枝稷 CNC 悬浮液的结果，研究发现，柳枝稷 CNC 悬浮液在低浓度下（$c < 0.5$wt%），黏度曲线在低剪切速率下显示出牛顿平台区，在临界浓度以上，显示剪切变稀行为。根据 Bercea 等[16]的研究，CNC 悬浮液在牛顿平台区，CNC 随机取向，因此当 $c < 0.5$wt%时，CNC 悬浮液处于各向同性状态。在较高浓度（$c > 0.5$wt%）下，黏度曲线不存在牛顿平台区，在所有剪切速率下表现出剪切变稀行为，说明当 $c > 0.5$wt%时，CNC 悬浮液进入其他相态。随着柳枝稷 CNC 浓度的增加，η_{a} 增加，剪切变稀行为变得更明显。图 5-14b 中棉花的流变曲线规律和图 5-14a 一致，柳枝稷 CNC 的临界浓度比棉花 CNC 的临界浓度小，这是由于柳枝稷 CNC 具有更高的长径比。

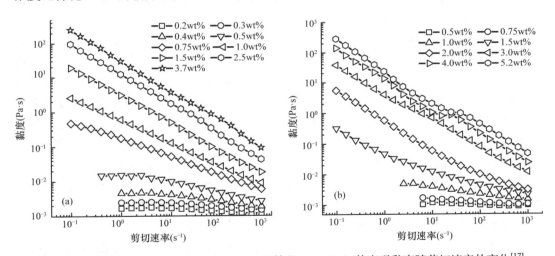

图 5-14　25℃下不同浓度柳枝稷 CNC（a）和棉花 CNC（b）的表观黏度随剪切速率的变化[17]

为研究稳态条件下，CNC 浓度对其悬浮液流变学行为的影响，图 5-15 给出了不同浓度下表观黏度（η_{a}）和非牛顿流体指数（n）对剪切速率的影响曲线。其中，非牛顿流体指数（n）通过 Carreau 模型[8]计算得到，其中 Carreau 函数式为

$$\eta = \frac{\eta_{0}}{\left[1 + \left(\lambda \dot{\gamma}\right)^{2}\right]^{(1-n)/2}} \tag{5-21}$$

式中，η_{0} 为零切黏度；λ 为松弛时间。

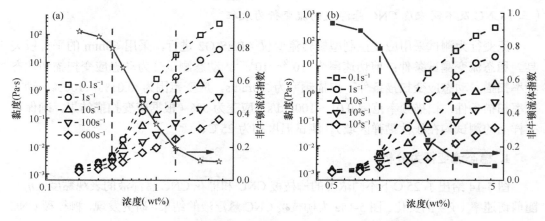

图 5-15　不同 CNC 浓度悬浮液的表观黏度和非牛顿流体指数[17]

（a）柳枝稷 CNC；（b）棉花 CNC；☆和■曲线代表非牛顿流体指数

图 5-15a 给出了柳枝稷 CNC 悬浮液的表观黏度和非牛顿流体指数随着浓度的变化曲线，根据 η_a-c 和 n-c 曲线斜率的变化可以将 n 的变化分为三个部分。两个临界浓度分别记为 $c1$ 和 $c2$（0.4wt%和1.5wt%），表明 CNC 悬浮液可以根据两个临界浓度分为三种相态。当浓度 c < 0.4wt%时，黏度随浓度增加较慢，n 接近 1，此时悬浮液属于牛顿流体，表现出各向同性状态；当 0.4wt% < c < 1.5wt%时，黏度增加较快，尤其在较低剪切速率下变化较大，n 随着浓度增加而减小，这主要是由于 CNC 悬浮液从各向同性的单相态转变为双相，各向异性和各向同性结构共存，即一部分 CNC 形成液晶相，另一部分 CNC 依然保持各向同性结构。因此，CNC 浓度增加对悬浮液的流变性产生了双重影响，一方面，CNC 黏度随浓度增加而增大，是因为悬浮液中 CNC 含量增多而增加了其相互碰撞频率；另一方面，黏度随着液晶相的逐渐形成而减小。随着 CNC 浓度继续增加，所有 CNC 将会取向形成液晶；当浓度 c > 1.5wt%时，黏度和 n 随着浓度增加变化缓慢，不同剪切速率下的黏度增加斜率趋于一致，此时悬浮液已经表现出凝胶状态。

图 5-15b 给出了棉花 CNC 悬浮液的 η_a 和 n 随浓度变化的流变学曲线，其 η_a-c 和 n-c 曲线也可以分为三个阶段，存在两个临界浓度，和柳枝稷 CNC 悬浮液的变化趋势相同。由于柳枝稷 CNC 具有更高的长径比，棉花 CNC 的两个临界浓度均大于柳枝稷 CNC。

CNC 为棒状结构，CNC 的临界交叠浓度可采用棒状形态材料的公式[19]计算，稀溶液到亚浓溶液的临界浓度为 $\Phi^* = (d/L)^2$，其中 Φ^* 表示体积浓度，纳米纤维素晶体的密度 ρ_{CNC} =1.52g/cm^3，水的密度 ρ_{water} =1.0g/cm^3，将 Φ^* 转变为质量浓度（c^*）。根据 AFM 所得 CNC 的长径比，推算出柳枝稷和棉花 CNC 的临界浓度 c^* 分别为 0.1wt%和 0.9wt%。从图 5-5 所得柳枝稷和棉花 CNC 的第一个临界浓度 $c1$ 分别为 0.4wt%和 1.0wt%，与理论计算的 c^* 值较接近。

2. 动态流变行为分析

图 5-16 给出了 25℃下两种 CNC 悬浮液的动态应变扫描曲线（扫描频率 10rad/s）。根据不同应变下储能模量（G'）的变化，可确定各个浓度 CNC 悬浮液的线性黏弹区。

由图 5-16 可知，线性黏弹区的临界应变随着 CNC 浓度的增加而减小，这与浓度增加导致 CNC 悬浮液形成新的结构有关。另外，扫描频率为 10rad/s、应变为 5%的测试条件，可确保样品处于线性黏弹区。

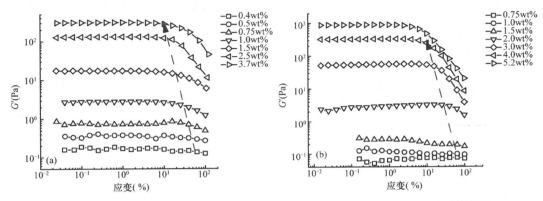

图 5-16　25℃下不同浓度柳枝稷 CNC（a）和棉花 CNC（b）悬浮液的应变扫描[17]

图 5-17 为不同浓度柳枝稷 CNC 悬浮液在 25℃、5%应变下在不同扫描频率的动态频率测试。其中，G' 和耗损模量（G''）都随着浓度的增加而增大，当浓度达到 1.5wt%时，G'-ω 的斜率和 G''-ω 的斜率变化随着浓度的增加而减小。根据动态流变学测量理论，理想液体在低频条件下满足 $G' \propto \omega^2$，$G'' \propto \omega$ 的比例关系。然而，柳枝稷 CNC 悬浮液的 G' 和 ω^2 标度关系即使在 0.4wt%时也远小于 2，说明柳枝稷 CNC 悬浮液和理想液体相比具有更大的刚性。这主要是因为当柳枝稷 CNC 悬浮液浓度大于 0.4wt%，悬浮液中取向 CNC 比例增加，Urena-Benavides[20] 和 Liu[10] 也报道了类似现象。当 CNC 悬浮液浓度大于 1.5wt%，G'、G'' 与 ω 的曲线斜率不再随浓度而改变，并接近于 0，表明凝胶结构形成。图 5-18 是棉花 CNC 的流变曲线，和柳枝稷 CNC 的流变行为类似。

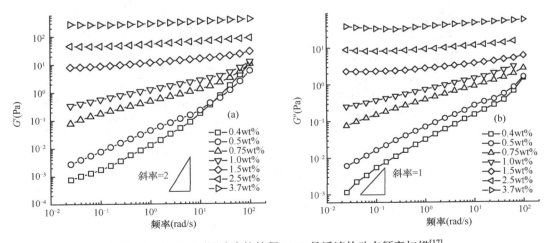

图 5-17　25℃下不同浓度柳枝稷 CNC 悬浮液的动态频率扫描[17]

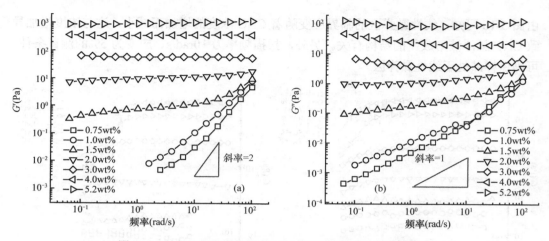

图 5-18 25℃下不同浓度棉花 CNC 悬浮液的动态频率扫描[17]

3. Cox-Merz 规则

根据 Cox-Merz 规则，当稳态测试的剪切速率（s^{-1}）等于动态测试的角频率（rad/s）时，η_a 与复数黏度（η^*）的绝对值大致相等。Cox-Merz 规则是一个将动态测试与稳态测试联系起来的经验规则，涉及线性与非线性流体的性质。如果体系的流变特性不符合 Cox-Merz 规则，则可能表明体系中存在较强的长程相互作用，且分子间相互作用引起的热焓变化要比简单的拓扑缠结更重要。从图 5-19 可知，两种 CNC 悬浮液都不符合 Cox-Merz 原则，且 η^* 均大于 η_a，这与 Urena-Benavides[9]的研究结果类似，可能是由悬浮液中有液晶相存在所致。

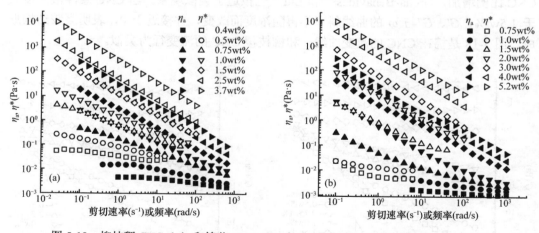

图 5-19 柳枝稷 CNC（a）和棉花 CNC（b）的表观黏度（η_a）与复数黏度（η^*）[17]

通过对柳枝稷和棉花 CNC 悬浮液稳态与动态流变行为的研究，发现随着 CNC 浓度的增加，CNC 悬浮液的流变参数（黏度、模量等）-浓度关系会显示出三个区间，分别对应为均相区、液晶两相区和凝胶相区，并对应两个临界浓度（临界交叠浓度和临界凝胶浓度）。CNC 的长径比和浓度是决定 CNC 悬浮液相结构变化的主要因素，通过流变学方法可研究和调控 CNC 悬浮液的相形态。

二、纳米纤维素纤丝悬浮液的流变行为

CNF 和 CNC 相比，具有更高的长径比，其长度一般可达微米级，直径为 5～100nm，形态上表现为纤丝状。因此，CNF 悬浮液在较低的浓度即可形成凝胶，Shafiei-Sabet 等[21]采用针叶材牛皮纸浆精磨制备 CNF，研究发现当 CNF 浓度为 0.5wt%时悬浮液即呈凝胶状。由于 CNF 长径比较高，容易发生缠结，但不易取向出现液晶行为，因此，CNF 悬浮液的流变行为较 CNC 悬浮液流变行为简单。

本节以五节芒为原料，通过 TEMPO 氧化法结合高压均质制备五节芒 CNF，并研究了一定浓度下 CNF 悬浮液的流变行为[22]。

（一）五节芒纤维素制备及 TEMPO 氧化法制备 CNF

1. 五节芒纤维素制备

将五节芒粉末用蒸馏水浸泡，在 70℃恒温下搅拌，待其变黄后用去离子水洗涤抽滤，除去水溶性杂质；再将所得固体与 0.90mol/L 的氢氧化钾（KOH）溶液混合，在水浴中加热至 90℃搅拌反应 4h，除去半纤维素，用大量去离子水洗至中性进行抽滤，得到黄色絮状物，再将黄色絮状物用无水乙醇浸没，磁力搅拌 4h，除去蜡层，以利于抽滤，再将抽滤产物浸入 0.15mol/L 亚氯酸钠溶液，用乙酸调节 pH 到 3～4，在 70℃水浴下搅拌 5h，抽滤，用去离子水洗至中性得到白色固体，烘干可得五节芒纤维素。

2. TEMPO 氧化制备 CNF

称取一定量五节芒纤维素置于蒸馏水中浸泡 2 天，机械搅碎后加入 TEMPO 和溴化钠，至 TEMPO 完全溶解（红色消失），将次氯酸钠加入上述悬浮液，开始氧化反应，悬浮液初始 pH 为 11～12，随着反应时间增加 pH 逐渐降低，为保持最佳反应速率，向溶液中滴加 0.5mol/L 氢氧化钠溶液以保持悬浮液 pH 为 10，当 pH 不再下降时，反应结束。最后将 TEMPO 处理好的纤维素悬浮液多次抽滤（3～5 次）至中性，再把悬浮液稀释到 5.0g/kg。采用高压均质机对五节芒纤维素悬浮液进行处理，控制压力 105kPa 左右，循环均质 3 次，即得到透明果冻状胶体，装瓶后超声 5min 除去气泡，即得五节芒 CNF 悬浮液。

（二）CNF 的相态结构

采用透射电镜（TEM）对相态结构进行表征。首先用滴管取待测 CNF 悬浮液（固含量约为 0.01%），滴 1 滴在铜网上，用乙酸双氧铀染色，干燥 2min，制成电镜观察用样品，随后用 TEM 进行观察。

图 5-20 为五节芒纤维素通过 TEMPO 氧化处理结合高压均质得到的五节芒 CNF 的 TEM 照片及直径统计结果，由其可知，五节芒 CNF 为直径在纳米级的微细纤维，CNF 之间剥离较好，其直径为（10.0±2.3）nm，长度为微米级。

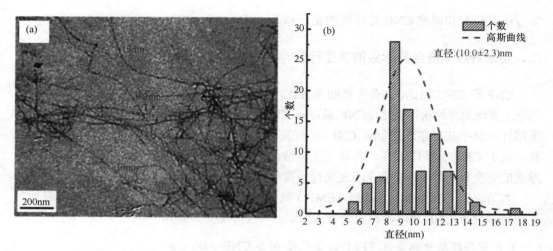

图 5-20　五节芒 CNF 透射电镜照片及其直径统计结果[22]

（三）CNF 悬浮液流变行为

采用应变控制型旋转流变仪（ARES-G2）进行测试。实验采用 60mm 的平行板模具，稳态剪切速率为 0.01～1000s^{-1}，动态测试先在应变扫描频率为 10rad/s、应力范围为 0.01%～100% 的条件下确定线性黏弹区，实验在线性区间即应变幅度 5% 以内进行，扫描频率为 0.01～100rad/s。稳态流变测试：剪切速率范围为 10^{-1}～10^3s^{-1}。动态测试分为动态应变扫描和动态频率扫描，动态应变扫描条件：扫描频率为 10rad/s，应变范围为 0.1%～100%；动态频率扫描条件：扫描频率范围为 0.1～100.0rad/s，应变为 10%（根据应变扫描结果，确保所有样品的测试均在线性黏弹区域）。测试温度均为 25℃。

为获得更宽固含量范围 CNF 悬浮液的流变行为，通过旋转蒸发仪，除去 CNF 悬浮液原液中部分水分，得到较高固含量的 CNF 悬浮液（0.56%）。在该固含量下，CNF 悬浮液表现出明显的凝胶行为。

1. 稳态剪切行为

图 5-21 给出了五节芒 CNF 悬浮液在不同固含量下的表观黏度（η_a）与剪切速率（$\dot{\gamma}$）的关系。CNF 悬浮液的 η_a 随着固含量的增加而上升；当固含量为 0.17% 时，CNF 悬浮液在低剪切速率（小于 0.2s^{-1}）下，表现出牛顿流体行为，当剪切速率大于 0.2s^{-1} 时，开始出现剪切变稀行为；而固含量高于 0.17% 的 CNF 悬浮液，在给定的剪切速率下，CNF 悬浮液均表现出剪切变稀行为，且固含量越高，剪切变稀现象越明显。这主要是由于 CNF 在悬浮液中存在着缠结，剪切会破坏缠结结构，使 CNF 悬浮液的黏度下降，表现出剪切变稀行为；固含量越高缠结密度越高，缠结结构所对应的松弛时间越短，破坏缠结所需的剪切速率越低，因此，CNF 悬浮液固含量越高，表现出的剪切变稀行为越明显。

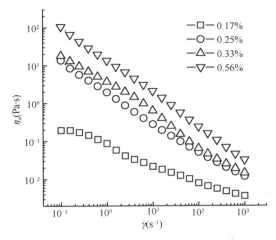

图 5-21 25℃下不同固含量五节芒 CNF 悬浮液的表观黏度与剪切速率[22]

2. 动态流变行为

图 5-22 给出了 25℃下角频率（ω）为 10rad/s 时，不同固含量 CNF 悬浮液的储能模量（G'）对应变的依赖性。可知，随应变增加，G'开始保持不变，当应变大于 10%左右时，G'开始下降，这是由于 CNF 结构被破坏，CNF 的浓度越高，G'开始下降所对应的应变越小。在动态测试的固含量范围内，为保证所有体系都处于线性黏弹区间，控制应变为 10%。

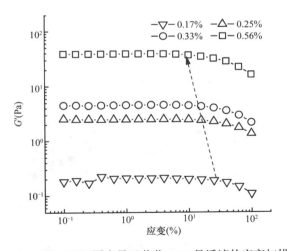

图 5-22 25℃下不同固含量五节芒 CNF 悬浮液的应变扫描[22]

图 5-23 给出了 25℃、应变 10%下，不同固含量五节芒 CNF 悬浮液的 G' 和 G'' 与 ω 的关系。由其可以发现，随着 ω 降低，G' 和 G'' 逐渐下降，在低频率时 G'、G'' 与 ω 的曲线斜率和 CNF 的固含量相关，CNF 固含量越低，斜率越大，随着 CNF 固含量上升，斜率逐渐变小，当固含量为 0.56%时，G' 与 G'' 几乎不随 ω 变化，出现了平台，表明体系在该浓度下，已具有明显的网络结构，表现出凝胶形态。

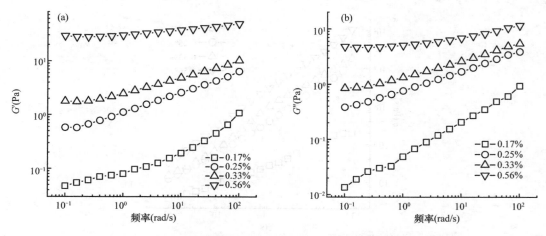

图 5-23　25℃下不同固含量五节芒 CNF 悬浮液的动态频率扫描[22]

3. Cox-Merz 规则

图 5-24 给出了 25℃、应变 10%下，不同固含量五节芒 CNF 悬浮液的表观黏度（η_a）和复数黏度（η^*），与 CNC 悬浮液的 Cox-Merz 规则适用性不同，CNF 悬浮液在固含量为 0.17%、0.25%和 0.33%时，η_a 与 η^*基本重合，表明体系符合 Cox-Merz 规则。而当 CNF 悬浮液固含量为 0.56%时，η_a 大于 η^*，Cox-Merz 规则不适用，可能是随着 CNF 固含量增加，体系中的长程相互作用增加。

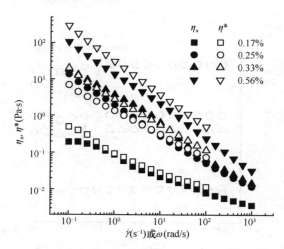

图 5-24　五节芒 CNF 悬浮液的表观黏度（η_a）和复数黏度（η^*）[22]

通过 TEMPO 预氧化结合高压均质，可成功制得五节芒 CNF，其直径为（10.0±2.3）nm，长度达微米级，稳态流变测试表明，五节芒 CNF 悬浮液出现剪切变稀行为，浓度越高，剪切变稀行为越明显；动态流变测试表明，在 CNF 固含量为 0.56%时，体系就出现了 G'、G''平台，表现出凝胶结构，Cox-Merz 规则在此时失效，在凝胶形成前，CNF 悬浮液符合 Cox-Merz 规则。

第三节 纳米纤维素晶体长径比的流变学表征

一、悬浮液流变理论[11, 23, 24]

固体颗粒分散于液体中，因布朗运动而不能很快下沉，此时固体分散相与液体的混合物称悬浮液，包括血液、油漆、墨水、食物、水泥等，控制其结构和流变性能在加工过程中至关重要。悬浮液的流变性能和固体颗粒的形态相关，最简单的为刚性球悬浮液。

在较低的体积分数（φ）（$\varphi \leqslant 0.03$）下，刚性球悬浮液的剪切黏度理论表示为

$$\eta = \eta_s \left(1 + 2.5\varphi\right) \tag{5-22}$$

式中，η 为悬浮液黏度；η_s 为溶剂黏度。

式（5-22）称为 Einstein 公式（适用于极稀溶液且刚性球间无相互作用力）。当刚性球之间存在相互作用时，Einstein 公式不适用。当两球距离足够近时，刚性球之间会产生相互作用，称为流体力学相互作用。流体力学相互作用会导致 η 改变，和 φ^2 相关。Batchelor[25]将两球间的相互作用对 η 的影响用式（5-23）表示：

$$\eta_r \equiv \frac{\eta}{\eta_s} = 1 + 2.5\varphi + 6.2\varphi^2 \tag{5-23}$$

式（5-23）适用于浓度范围 $\varphi \leqslant 0.10$，假设浓度增量为 $\mathrm{d}\varphi$，黏度为 $\eta(\varphi)$，粒子分散均匀的情况下，根据 Einstein 公式，$\mathrm{d}\eta$ 为

$$\mathrm{d}\eta \equiv 2.5\eta(\varphi)\mathrm{d}\varphi \tag{5-24}$$

因此，$\eta = \eta_s \exp(5\varphi/2)$，以此类推得到其他形状粒子的黏度为

$$\eta = \eta_s \exp([\eta]\varphi) \tag{5-25}$$

式中，$[\eta]$ 是特性黏数。

$$[\eta] = \lim_{\varphi \to 0} \frac{\eta - \eta_s}{\varphi \eta_s} \tag{5-26}$$

若悬浮液中固体颗粒为非球形，如图 5-25 所示，粒子运动时会随流动而取向，需要考虑粒子的取向。例如，棒、盘和扁球此类球形粒子悬浮液的流变学黏度与其长径比相关。

非球形粒子悬浮液的黏度取决于 Pèclet 值（Pe）：

$$\mathrm{Pe}_r = \frac{\dot{\gamma}}{D_r} \tag{5-27}$$

式中，$\dot{\gamma}$ 为剪切速率；D_r 为旋转扩散系数。

对直径为 d 的球形粒子：

$$D_r = \frac{k_B T}{\pi \eta_s d^3} \tag{5-28}$$

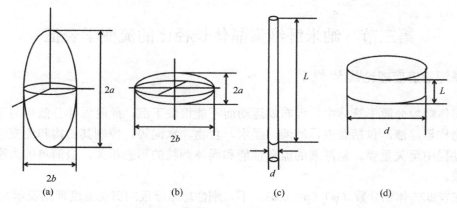

图 5-25　不同形状的非球形粒子[26]

对于长度为 L、直径为 d 的棒状粒子：

$$D_r = \frac{3k_B T\left[\ln(L/d) - 0.8\right]}{\pi \eta_s L^3} \tag{5-29}$$

式中，k_B 为玻尔兹曼常数；T 为温度；η_s 为溶剂黏度，当 Pe_r 值较小时，粒子随机排布，随着 Pe_r 值增大，将会导致粒子随着剪切方向排列，产生剪切变稀行为。

对于长径比较高的粒子，在较低的浓度下粒子间会产生相互作用，因此，稀溶液定义浓度为 $nL^3 \approx \varphi(L/d)^2 \ll 1$，此状态下流体力学相互作用可以忽略不计。

Bachelor 根据稀溶液中棒状分子的动力学分析，提出了悬浮液的特性黏数（$[\eta]$）与棒状分子长径比（L/d）之间的关系：

$$\zeta_{str} = \frac{\pi \eta_s L^3}{6\ln(2L/d)} f(\varepsilon) = \frac{k_B T}{2D_r} \tag{5-30}$$

式中，$\varepsilon \equiv [\ln(2L/d)]^{-1}$

$$f(\varepsilon) = \frac{1 + 0.64\varepsilon}{1 - 1.5\varepsilon} + 1.659\varepsilon^2 \tag{5-31}$$

$$[\eta] = \lim_{c \to 0} \frac{\eta_0 - \eta_s}{\varphi \eta_s} = \frac{8}{45}\left(\frac{L}{d}\right)^2 \frac{\varepsilon f(\varepsilon)}{\rho} \tag{5-32}$$

式中，ζ_{str} 为黏性阻力系数；ρ 为粒子密度。

Bachelor 将粒子的 $[\eta]$ 和长径比结合，推导了刚性棒状大分子溶液（悬浮液）$[\eta]$ 与其 L/d 的定量关系，通过粒子悬浮液的 $[\eta]$，根据式（5-32）即可计算得到粒子的长径比。

$[\eta]$ 可采用 Fedors[27] 提出的拟合浓度关系式（5-33），通过绘制 $\dfrac{1}{2\left(\eta_r^{\frac{1}{2}} - 1\right)}$ 与 $1/c$ 的曲线得到。

$$\frac{1}{2\left(\eta_r^{\frac{1}{2}} - 1\right)} = \frac{1}{c[\eta]} - \frac{1}{c_m[\eta]} \tag{5-33}$$

式中，c 为 CNC 悬浮液的浓度；c_m 为溶液中最大颗粒浓度；$\eta_r = \eta_0/\eta_s$，η_0 为 CNC 悬浮液的黏度，η_s 为溶剂水的黏度。

二、CNC 表面电荷密度对流变法表征 CNC 长径比的影响

荷兰 Utrecht 大学的 Philipse[28]和 Wierenga 等[29]利用[η]与粒子长径比的关系，表征了棒状二氧化硅（SiO$_2$）的长径比；美国 Huston 大学的 Parra-Vasquez 等[30]用该方法表征了碳纳米管的长径比。CNC 呈刚性棒状，根据刚性棒状粒子特性黏数和长径比的关系，得到[η]即可推得长径比。然而，CNC 表面带有负电荷，而且不同原料、不同水解条件所制备的 CNC 表面电荷密度不同，表面电荷的存在会影响测定结果，因此，要用流变学表征 CNC 的长径比，首先要考察表面电荷密度的影响[31]。

为研究表面电荷密度（磺酸基团含量）对 CNC 悬浮液[η]的影响规律，本部分采用硫酸酸解法制备 CNC，再对 CNC 进行碱处理去磺化，此方法可以改变 CNC 的表面电荷密度而不改变其形态[32]，CNC 的去磺化过程见图 5-26。

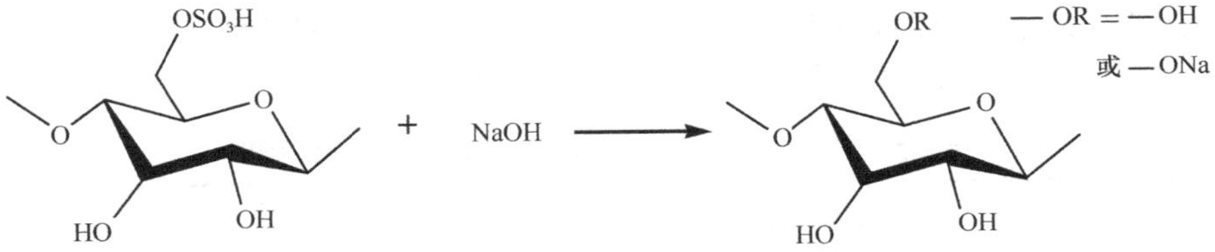

图 5-26　纳米纤维素晶体的去磺化[14]

（一）不同表面电荷密度 CNC 的制备

1. CNC 制备

取 10g 微晶纤维素粉末加入 150ml 64wt%的硫酸，在 45℃恒温水浴中搅拌水解 60min，待反应结束，加入 10 倍去离子水终止反应。得到的悬浮液以 8000r/min 离心 5min，再加入去离子水重复离心两次，然后用再生纤维素透析膜在去离子水中透析，达到 pH 呈弱酸性至中性。之后，悬浮液置于冰水浴中进行超声处理 10min，然后过滤除去聚集体。

2. CNC 去磺化

本实验中采用 NaOH 处理去除 CNC 表面的磺酸基团（SO$_3^{2-}$），将 1mol/L 的 NaOH 溶液加入到 CNC 水性悬浮液中，控制悬浮液中 NaOH 浓度为 0.3mol/L、0.5mol/L 和 0.8mol/L，并将混合物在 60℃下搅拌 1.5h，以减少 CNC 表面的磺酸根含量。在反应期间，由于表面磺酸基团的含量降低，悬浮液中的纤维素纳米颗粒逐渐聚集并沉降在底部。之后再通过离心、透析和超声处理来纯化获得的悬浮液。用 0.3mol/L、0.5mol/L 和 0.8mol/L NaOH 处理的 CNC 被命名为 CNC-1、CNC-2 和 CNC-3，而未处理的 CNC 被命名为 CNC-0。

（二）CNC 表征

1. 元素分析

使用能量色散谱仪（energy dispersive spectrometer，EDS）的元素分析来确定 CNC 样品上磺酸基团的含量。样品测试前先冷冻干燥，用于元素分析的样品在测试前先在室温下真空处理 8h。测量得到 CNC 的硫、碳和氧元素含量。表面羟基被磺酸基团取代的取代度（DS）可以通过式（5-34）和式（5-35）计算。

$$DS = \frac{n_{-oso_3^{-1}}}{n_{surface}(—OH)} \qquad (5\text{-}34)$$

$$n_{-oso_3^{-1}} = n_S = \frac{S\%}{M_S} \qquad (5\text{-}35)$$

式中，$n_{-oso_3^{-1}}$ 和 $n_{surface}$（—OH）分别为磺酸基和羟基的摩尔分数，$n_{surface}$（—OH）等于 1.554mmol/g；S% 代表硫含量，可从元素分析得到；M_S 为 S 的摩尔质量（32g/mol）。

通过 EDS 元素分析得到 CNC 及碱处理去磺化之后 CNC 的 S、O、C 元素含量百分比，并根据式（5-34）计算得到其取代度，结果如表 5-2 所示。

表 5-2　不同浓度碱处理 CNC 的 EDS 分析及结果[31]

样品	S%	C%	O%	DS
CNC-0	1.02	54.91	42.09	0.20
CNC-1	0.78	56.29	41.59	0.16
CNC-2	0.48	56.57	42.23	0.10
CNC-3	0.40	52.91	46.09	0.08

通过元素分析数据可知，硫取代度随 NaOH 处理浓度的提高而减小，磺酸基团的取代度分别为 0.20、0.16、0.10 和 0.08，表明通过此方法可成功制备表面电荷密度不同的 CNC。

2. CNC 形态分析

通过 TEM 分析，可得 CNC-0 的长度为（163±31）nm，直径为（7.8±2.0）nm，长径比是 21.8±5.0，分散性较好，较少有聚集体出现；而经过 NaOH 处理的 CNC 表面电荷会减少，低浓度的 NaOH 对分散性无影响，随着 NaOH 处理浓度提高，CNC 表面电荷密度降低，CNC 出现团聚，这是由于表面电荷减少之后，CNC 之间的相互排斥作用减弱，导致聚集（图 5-27）。CNC 的 TEM 统计结果见表 5-3。

3. 动态光散射和 Zeta 电位测试

Zeta 电位可用于表征表面电荷密度不同 CNC 悬浮液的稳定性，由于 CNC 表面被阴离子磺酸基团覆盖，其悬浮液的 Zeta 电位显示为负值，并且随着 DS 的减小而单调增大（图 5-28）。通常，悬浮液电位绝对值大于 30mV 时稳定，所以，用 0.5mol/L 和 0.8mol/L NaOH 处理导致 CNC 悬浮液的稳定性变差。

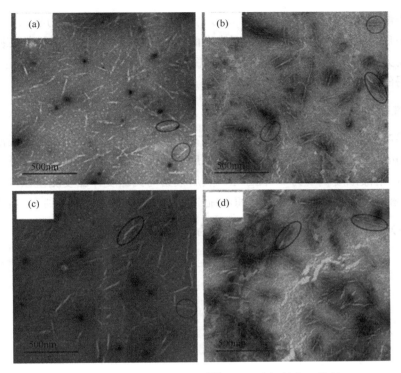

图 5-27　CNC 样品的 TEM 图[31]（彩图请扫封底二维码）

（a）CNC-0，（b）CNC-1，（c）CNC-2，（d）CNC-3；红色和蓝色标出的点分别表示单根的 CNC 和聚集的 CNC

表 5-3　不同浓度碱处理 CNC 的 EDS 分析及结果[31]

样品	样品的 TEM 分析			TEM 长径比统计		
	单根个数	聚集个数	总计	长度（nm）	直径（nm）	长径比
CNC-0	51	9	60	163±31	7.8±2.0	21.8±5.0
CNC-1	46	9	55	152±33	7.1±1.6	21.8±3.7
CNC-2	10	48	58	150±25	12.5±3.7	13.0±4.0
CNC-3	4	47	51	190±35	15.5±6.0	13.5±4.3

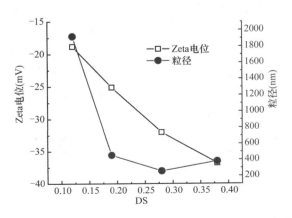

图 5-28　不同 CNC 悬浮液的 Zeta 电位和粒径随 DS 的变化[31]

动态光散射用来测试 CNC 的流体动力学尺寸，CNC 的流体动力学尺寸随着 DS 的减少先减小后增大（图 5-28）。这是因为表面电荷密度减小导致电黏性效应减小，从而导致流体动力学尺寸减小，但是随着表面电荷密度进一步减小，体系不稳定出现聚集，导致所测得的尺寸变大。

4. 特性黏数测定及 CNC 的长径比计算

根据稀溶液理论 $\varphi < (L/d)^2$，结合由 TEM 得到的长径比 21.8，可知稀溶液临界浓度为 0.003g/ml。本实验中，采用的 CNC 浓度为 0.002g/ml，以保证浓度在稀溶液范围。首先将 CNC 溶液浓度调节为 0.002g/ml，然后根据乌氏黏度计黏度测量原理，测定不同浓度 CNC 悬浮液流出毛细管的时间和水流出毛细管的时间，计算得到 η_r，再根据 Fedors 的式（5-33），以 $\dfrac{1}{2\left(\eta_r^{\frac{1}{2}}-1\right)}$ 为纵坐标、1/c 为横坐标作图，如 5-29 所示。

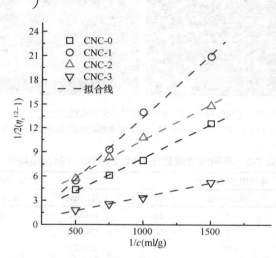

图 5-29   CNC 悬浮液的 Fedors 公式曲线[31]

表 5-4 列出了表面电荷密度不同 CNC 悬浮液的[η]及推算的长径比结果，可知，随着表面电荷密度减小，[η]先减小后增大，减小是由于 CNC 周围带电基团减少，粒子表面双电层效应减弱，电黏性效应减小；增大则是因为表面电荷密度减小到一定程度时破坏了电荷平衡，导致 CNC 聚集。因此，表面电荷密度对测得的长径比有很大影响，表面电荷的存在导致特性黏数增大，需要通过一定方法屏蔽 CNC 的表面电荷，减弱电黏性效应，才可以用流变法预测 CNC 的长径比。

表 5-4   表面电荷密度不同 CNC 悬浮液的特性黏数及长径比计算结果[31]

样品	斜率	R^2	特性黏数	长径比
CNC-0	0.0083	99.77	121	53
CNC-1	0.0154	99.79	65	36
CNC-2	0.0091	99.82	111	50
CNC-3	0.0034	99.82	294	90

表面电荷的存在对流变法测定 CNC 长径比有较大影响，表面电荷密度越大，测量引起的误差越大，导致流变法外推得到的长径比要比 TEM 统计的长径比大；但当表面电荷密度下降到一定程度时，破坏了电荷平衡，则会引起 CNC 聚集，流变法又无法准确表征 CNC 长径比。因此，要用流变法测定 CNC 的长径比，首先要确保 CNC 在悬浮液中有较好的分散性。

三、外加盐对流变法表征 CNC 长径比的影响

根据之前研究，可知 CNC 的表面电荷会影响流变法外推其长径比，Jowkarderis 和 van de Ven[33]研究了外加盐对纳米纤维素纤丝表面电荷的屏蔽效果，表明外加离子可以有效减小电黏性效应。Lenfant 等[34]研究了溶液中外加盐种类对 CNC 表面电荷的屏蔽效果，表明氢离子和钠离子的存在都能有效进行电荷屏蔽。因此，可通过添加外加盐对 CNC 表面电荷进行屏蔽（图 5-30），减小电黏性效应，再测量其特性黏数。

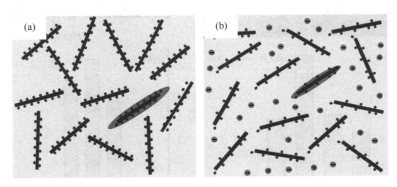

图 5-30　CNC 在悬浮液中的形态示意图[14]（彩图请扫封底二维码）
(a) 无外加电解质的情况；(b) 有外加电解质的情况

本节主要考察外加盐价态和浓度对 CNC 悬浮液特性黏数及流变法外推 CNC 长径比的影响。

（一）不同 CNC 的制备

为更好地说明外加盐的屏蔽效果，本节制备了两组 CNC，其中一组为上一部分中的 CNC-0；另一组采用针叶材纤维素制备，具体方法如下：将针叶材纸浆板撕碎并通过粉碎机粉碎，取 10g 粉末置于烧杯，加入 150ml 64wt%的硫酸，在 45℃恒温水浴中搅拌水解 60min，待反应结束，加入 10 倍去离子水终止反应。得到的悬浮液以 8000r/min 离心 5min，再加入去离子水重复离心两次，然后用再生纤维素透析膜在去离子水中透析，达到 pH 呈弱酸性至中性。之后，悬浮液置于冰水浴中进行超声处理 10min，然后过滤除去聚集体。

（二）CNC 形态分析

本节讨论不同浓度的 NaCl 对 CNC 双电层的屏蔽效果及对流变法外推 CNC 长径比

的影响，采用两种不同原料制备 CNC，上节中微晶纤维素制备的 CNC（长径比为 21.8）记为 CNC-a，另一种为针叶材 CNC，记为 CNC-b。图 5-31 为针叶材 CNC-b 样品的 TEM 图及长度、直径和长径比统计结果，可知 CNC-b 的长度为（165.6±25.1）nm，直径为（12.1±1.87）nm，长径比为 13.9±2.6。

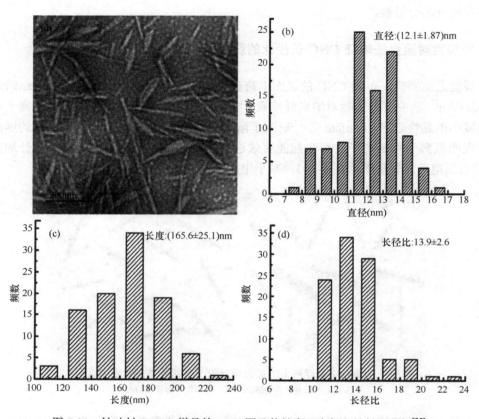

图 5-31　针叶材 CNC-b 样品的 TEM 图及其长度、直径和长径比分析[35]

（三）NaCl 对流变法表征 CNC 长径比的影响

根据稀溶液理论 $\varphi < (L/d)^2$，结合由 TEM 得到的 CNC-a 和 CNC-b 的长径比为 21.8 和 13.9，可得稀溶液临界浓度为 0.003g/ml 和 0.005g/ml，实验选取 0.002g/ml 作为初始浓度，符合稀溶液理论。

图 5-32 给出了不同 NaCl 浓度下 CNC-a 与 CNC-b 悬浮液的 Fedors 曲线，表 5-5 列出了通过图 5-32 计算得到的特性黏数和长径比结果。由其可知，对于两种 CNC，其外推长径比随着 NaCl 浓度增大呈现先减小后增大的趋势，先减小是由于 NaCl 屏蔽了双电层，减小了电黏性效应；后增大是由于过多的 NaCl 打破了电荷平衡，使 CNC 发生聚集，导致[η]增大，此结果与 Jowkarderis 和 van de Ven[33]报道中一致。研究结果表明，在外加盐含量在 1～3mmol/L 时，CNC-a 的长径比计算结果比较接近于 TEM 统计值（21.8±5.0）；对于 CNC-b，当 NaCl 浓度为 0.5～1mmol/L 时，CNC-b 的长径比结果接近于 TEM 统计

值（13.9±2.6）。这表明添加一定量的 NaCl 可屏蔽 CNC 的表面电荷，可通过流变法外推获得准确的 CNC 长径比；然而，对于不同形态的 CNC，NaCl 的添加量不同。

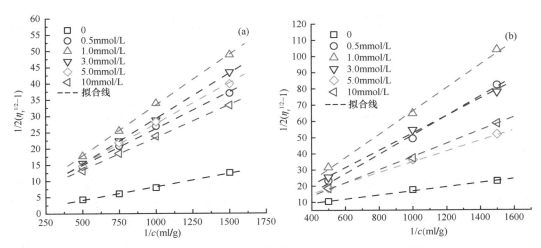

图 5-32　不同外加盐浓度下 CNC 悬浮液的 Fedors 曲线[35]
(a) CNC-a；(b) CNC-b

表 5-5　不同 NaCl 浓度下两种 CNC 的特性黏数和长径比的计算结果[35]

NaCl 浓度	CNC-a			CNC-b		
（mmol/L）	斜率	$[\eta]$（ml/g）	长径比	斜率	$[\eta]$（ml/g）	长径比
0	0.0083	121	53	0.0125	80	40
0.5	0.0225	44	28	0.0599	17	16
1	0.0311	32	23	0.0724	14	14
3	0.0278	36	25	0.0525	19	17
5	0.0243	41	27	0.0379	26	21
10	0.0199	50	31	0.0333	30	23

Debye-Hükel 理论表明，在电解质溶液中电解质的浓度和价态会影响体系双电层厚度，Debye 长度（κ^{-1}）可表示扩散双电层的厚度：

$$\kappa^{-1} = \sqrt{\frac{\varepsilon_0 \varepsilon_r k_B T}{e^2 N_A \sum z_i^2 n_{i,\infty}}} \tag{5-36}$$

式中，ε_r 为电解质溶液的相对介电常数；ε_0 为电解质溶液的介电常数；k_B 为玻尔兹曼常数；T 为绝对温度；e 为净电子电荷数；N_A 为阿伏伽德罗常量；z_i 为离子价数；$n_{i,\infty}$ 为溶液的浓度（mol/m³）。

根据式（5-36）和表 5-6 可知，当 NaCl 浓度为 1~3mmol/L 时，CNC-a 的 Debye 长度分别为 10nm 和 5.6nm，而 CNC-a 的直径为（7.8±2.0）nm，刚好与 Debye 长度吻合，即当 $\kappa^{-1} = d$ 时，计算所得的 NaCl 浓度可对表面电荷达到最佳屏蔽效果。CNC-b 直径为（12.1±1.8）nm，计算的 NaCl 添加浓度应为 0.6mmol/L，与实验结果符合。因此，可以根据 $\kappa^{-1} = d$ 来估算外加 NaCl 的添加量。由于通过酸解法制备的 CNC 直径一般为 5~

15nm，因此若要采用流变法较准确地表征 CNC 的长径比，建议在 CNC 悬浮液中添加 1.0mmol/L 的 NaCl。

表 5-6　计算 CNC 溶液 Debye 长度的参数值

名称	数值	单位	名称	数值	单位
ε_r	8.854×10^{-12}	F/m	T	298.15	K
ε_0	78.304		e	1.602×10^{-19}	C
k_B	1.38×10^{-23}	J/K	N_A	6.022×10^{23}	mol^{-1}

（四）外加盐价态对流变法表征 CNC 长径比的影响

不同价态的外加盐对 CNC 表面电荷的屏蔽效果不同，进而影响流变法计算的 CNC 长径比。根据 Debye-Hükel 理论和之前的研究，可知当 $\kappa^{-1}=d$ 时，计算所得的外加盐浓度即为用流变学表征 CNC 长径比的最佳添加量。由于 κ^{-1} 和外加盐的价态及浓度相关，因此，计算的不同价态外加盐的最佳添加浓度如表 5-7 所示（以 CNC 直径为 12.0nm 计算）。

表 5-7　根据 Debye 长度（$\kappa^{-1}=d=12.0$nm）得到的不同价态外加盐（NaCl、CaCl$_2$ 和 AlCl$_3$）浓度[35]

名称	NaCl	CaCl$_2$	AlCl$_3$
κ^{-1}（nm）	12.0	12.0	12.0
c（mmol/L）	0.6	0.2	0.10

为验证不同价态外加盐最佳添加量是否符合 Debye-Hükel 理论预测值，选择 CaCl$_2$ 和 AlCl$_3$ 考察二价和三价盐的影响，研究外加盐浓度对 CNC-b 悬浮液特性黏数和预测长径比的影响。图 5-33 给出了不同 CaCl$_2$ 和 AlCl$_3$ 浓度下 CNC-b 悬浮液的 Fedors 曲线。表 5-8 给出了不同 NaCl、CaCl$_2$ 和 AlCl$_3$ 浓度下 CNC-b 的 $[\eta]$ 和长径比计算结果。所有外加盐添加体系，$[\eta]$ 与流变法计算的长径比都随着外加盐含量的增加先降低后上升，而当 NaCl 添加浓度为 0.5~3mmol/L，CaCl$_2$ 添加浓度为 0.2~0.4mmol/L，AlCl$_3$ 添加浓度为 0.02~0.05mmol/L 时，流变法所得的长径比基本与 TEM 统计结果吻合。其中，NaCl 与 CaCl$_2$ 的最佳浓度和 Debye-Hückel 理论估算的外加盐浓度吻合，而 AlCl$_3$ 的最佳浓度要低于 Debye-Hückel 理论估算值，这主要是由于 Al^{3+} 在 CNC 悬浮液中充当了物理交联剂，导致 CNC 聚集。

添加 NaCl 可对 CNC 表面电荷进行有效屏蔽，当 NaCl 达到一定添加量时，流变法外推得到的 CNC 长径比与 TEM 统计结果吻合。依据 Debye-Hükel 理论发现，当 $\kappa^{-1}=d$ 时，计算所得的外加盐浓度可以对表面电荷起到最佳屏蔽效果，CNC 的直径一般在 5~15nm，因此，一般选择添加 1~3mmol/L 的 NaCl，可用流变法较准确地表征 CNC 的长径比。对于高价盐 CaCl$_2$，也可以有效屏蔽 CNC 表面电荷，但所需添加量远低于 NaCl；AlCl$_3$ 则因为本身的絮凝作用，在非常低的浓度使 CNC 发生聚集，不能用于 CNC 的表面电荷屏蔽。

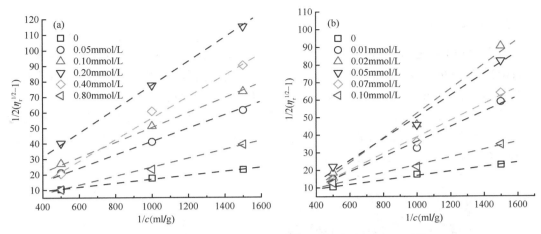

图 5-33　不同外加盐浓度下 CNC-b 悬浮液的 Fedors 曲线[35]

（a）CaCl$_2$；（b）AlCl$_3$

表 5-8　不同 NaCl、CaCl$_2$ 和 AlCl$_3$ 浓度下 CNC-b 的[η]及长径比计算结果[35]

NaCl（mmol/L）	[η]（ml/g）	长径比	CaCl$_2$（mmol/L）	[η]（ml/g）	长径比	AlCl$_3$（mmol/L）	[η]（ml/g）	长径比
0	120	40	0	120	40	0	120	40
0.5	25	16	0.05	37	20	0.01	34	19
1	21	14	0.1	32	18	0.02	21	14
3	29	17	0.2	20	14	0.05	22	14
5	40	21	0.4	26	16	0.07	24	15
10	45	23	0.8	52	24	0.10	68	29

四、CNC 长径比分布对流变法表征 CNC 长径比的影响

通过之前的研究可知，添加适量的 NaCl，用流变法可准确、快速地表征 CNC 长径比。然而，显微观察表征显示，酸解得到的 CNC 并不均一，长度、直径和长径比都存在分布，因此，本节尝试研究 CNC 长径比分布对流变法测定 CNC 长径比的影响。研究思路是制备两种不同长径比的 CNC，按照不同比例混合两者改变长径比分布，然后再通过流变法估算不同长径比分布 CNC 混合物的长径比。本节利用细菌纤维素制备了长径比较高的 CNC，记为 CNC-c，选用针叶材 CNC（长径比 13.9）为长径比较小的 CNC，记为 CNC-b。

（一）CNC-c 的制备

细菌纤维素呈片状，固含量约为 80wt%，先经过干燥处理除去水分，剪碎，然后机械搅拌，后抽滤除水，再用冷冻干燥机冷冻干燥。细菌纤维素的酸解条件为：65wt%的硫酸，在 70℃下水解 45min。

（二）CNC-c 的形态

采用 TEM 对 CNC-c 的形态进行表征。用移液枪吸取一滴 CNC 悬浮液（固含量为 0.01wt%），滴在碳包覆的铜网上，并用滤纸将多余的悬浮液吸除，然后用 2wt%乙酸双氧铀溶液染色 1min，置于汞灯下烘干，使用 TEM 进行观察，加速电压为 80kV。

CNC-c 样品的透射电镜图及长度、直径和长径比结果统计如图 5-34 所示。根据透射电镜的结果，可以得到用细菌纤维素制备的 CNC-c 长度为（251.6±94）nm，直径为（8.0±1.0）nm，长径比为 31.0±9.1。

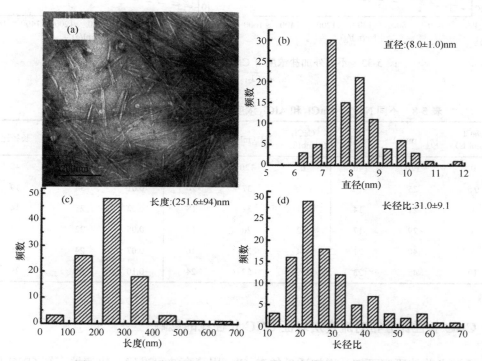

图 5-34　CNC-c 样品的 TEM 图及其长度、直径和长径比分析[35]

（三）CNC 长径比的估算

根据之前的讨论，NaCl 添加量和 CNC 直径相关，因为 CNC-b 与 CNC-c 的直径分别为 12nm 和 8nm，1.0mmol/L 的 NaCl 溶液的 Debye 长度为 10nm。所以，本研究中，采用 1.0mmol/L 的 NaCl 作为外加盐，图 5-35 给出了未添加和添加 1.0mmol/L NaCl 的 CNC-b 与 CNC-c 悬浮液的 Fedors 曲线，计算可得，添加 1.0mmol/L NaCl 的 CNC-b 与 CNC-c 的特性黏数分别为 21ml/g 和 76ml/g，通过 Batchelor 公式计算得长径比分别为 13 和 30，这与 TEM 统计结果完全吻合。表明添加 1.0mmol/L 的 NaCl 后可通过流变法准确表征 CNC-b 与 CNC-c 的长径比；也表明在 CNC-b 和 CNC-c 混合时，仍可添加 1.0mmol/L 的 NaCl 作为外加盐用流变法来表征混合 CNC 的长径比。

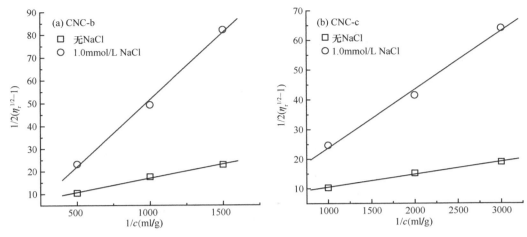

图 5-35　未加 NaCl 和加 1mmol/L NaCl 的 CNC 的 Fedors 曲线[35]

（四）CNC 长径比分布的影响

为获得不同的长径比分布，本部分将 CNC-b 和 CNC-c 按一定的质量比（分别为 2∶8、5∶5 和 8∶2）进行混合，三种混合比例的 CNC 分别记作 CNC-1、CNC-2 和 CNC-3。根据 CNC-b 和 CNC-c 的 TEM 统计结果，计算了混合后 CNC 的重均和数均长径比，列于表 5-9。

表 5-9　CNC-1、CNC-2 和 CNC-3 体系的质量比、数量比、重均长径比、数均长径比、特性黏数和流变估算长径比数据[35]

样品	质量比	数量比	数均长径比	重均长径比	[η]（ml/g）	流变法估算长径比
CNC-1	2∶8	0.166∶1	29.3	28.3	75	30
CNC-2	5∶5	0.664∶1	24.7	22.9	55	28
CNC-3	8∶2	2.66∶1	18.8	17.5	33	18

因为 1.0mmol/L NaCl 可以有效屏蔽 CNC-b 和 CNC-c 的双电层，可以获得准确的 CNC-b 和 CNC-c 长径比，所以将 1.0mmol/L NaCl 添加到 CNC-1、CNC-2 和 CNC-3，通过流变法表征 CNC-1、CNC-2 和 CNC-3 混合物的长径比。图 5-36 给出了 CNC-1、CNC-2 和 CNC-3 混合悬浮液的 Fedors 曲线，计算可得特性黏数和长径比（表 5-9），发现由流变法得到的 CNC-1、CNC-2 和 CNC-3 长径比与 TEM 统计的数均长径比吻合。这表明 CNC 形态的多分散性不会影响流变法表征其长径比，流变法预测的长径比为数均长径比。

两组不同长径比的 CNC 按一定比例进行混合后，仍可通过流变法表征其混合后的长径比，流变法表征的 CNC 长径比为数均长径比。这表明虽然 CNC 具有一定的形态分布，但流变法仍可作为表征其长径比的有效手段。

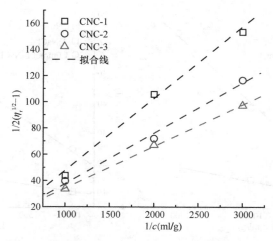

图 5-36　CNC-1、CNC-2 和 CNC-3 混合悬浮液的 Fedors 曲线[35]

参 考 文 献

[1]　Thomas B, Raj M C, Athira K B, et al. Nanocellulose, a versatile green platform: from biosources to materials and their applications[J]. Chemical Reviews, 2018, 118(24): 11575-11625.

[2]　Habibi Y, Lucia L A, Rojas O J. Cellulose nanocrystals: chemistry, self-assembly, and applications[J]. Chemical Reviews, 2010, 110(6): 3479-3500.

[3]　Nechyporchuk O, Belgacem M N, Bras J. Production of cellulose nanofibrils: a review of recent advances[J]. Industrial Crops and Products, 2016, 93: 2-25.

[4]　Isogai A, Saito T, Fukuzumi H. TEMPO-oxidized cellulose nanofibers[J]. Nanoscale, 2011, 3(1): 71-85.

[5]　Xu Y, Atrens A D, Stokes J R. Rheology and microstructure of aqueous suspensions of nanocrystalline cellulose rods[J]. Journal of Colloid and Interface Science, 2017, 496: 130-140.

[6]　Qiao C D, Chen G X, Zhang J L, et al. Structure and rheological properties of cellulose nanocrystals suspension[J]. Food Hydrocolloids, 2016, 55: 19-25.

[7]　Li M C, Wu Q L, Song K L, et al. Cellulose nanoparticles: structure-morphology-rheology relationships[J]. Acs Sustainable Chemistry & Engineering, 2015, 3(5): 821-832.

[8]　Nechyporchuk O, Belgacem M N, Pignon F. Rheological properties of micro-/nanofibrillated cellulose suspensions: wall-slip and shear banding phenomena[J]. Carbohydrate Polymers, 2014, 112: 432-439.

[9]　Urena-Benavides E E, Ao G, Davis V A, et al. Rheology and phase behavior of lyotropic cellulose nanocrystal suspensions[J]. Macromolecules, 2011, 44(22): 8990-8998.

[10]　Liu D, Chen X, Yue Y, et al. Structure and rheology of nanocrystalline cellulose[J]. Carbohydrate Polymers, 2011, 84(1): 316-322.

[11]　Mewis J, Wagner N J. Colloidal Suspension Rheology[M]. New York: Cambridge University Press, 2013.

[12]　Schramm G. 实用流变测量学(修订版)[M]. 北京: 石油工业出版社, 2009.

[13]　华幼卿, 金日光. 高分子物理[M]. 4 版. 北京: 化学工业出版社, 2013.

[14]　李秀雯. 纳米纤维素晶体的流变学表征及其在有机硅橡胶中的应用[D]. 杭州: 浙江农林大学硕士学位论文, 2018.

[15]　Shafiei-Sabet S, Hamad W Y, Hatzikiriakos S G. Ionic strength effects on the microstructure and shear rheology of cellulose nanocrystal suspensions[J]. Cellulose, 2014, 21(5): 3347-3359.

[16]　Bercea M, Navard P. Shear dynamics of aqueous suspensions of cellulose whiskers[J]. Macromolecules, 2011, 33(16): 6011-6016.

[17] Wu Q, Meng Y, Wang S, et al. Rheological behavior of cellulose nanocrystal suspension: influence of concentration and aspect ratio[J]. Journal of Applied Polymer Science, 2014, 131(5): 338-347.

[18] Wu Q, Meng Y, Concha K, et al. Influence of temperature and humidity on nano-mechanical properties of cellulose nanocrystal films made from switchgrass and cotton[J]. Industrial Crops and Products, 2013, 48: 28-35.

[19] Doi M, Edwards S F. The theory of polymer dynamics[M]. Oxford: Oxford University Press, 1988.

[20] Urena-Benavides E E. Cellulose nanocrystals properties and applications in renewable nanocomposites[D]. Clemson: PhD Dissertation, Clemson University, 2011.

[21] Shafiei-Sabet S, Martinez M, Olson J. Shear rheology of micro-fibrillar cellulose aqueous suspensions[J]. Cellulose, 2016, 23(5): 1-11.

[22] 李秀雯, 姜学泓, 王静芳, 等. TEMPO 氧化法制备五节芒纤维素纳米纤丝及其悬浮液稳定性和流变行为表征[J]. 浙江农林大学学报, 2016, 33(4): 667-672.

[23] Ferry J. Viscoelastic Properties of Polymers[M]. New York: Wiley, 1980.

[24] Larson R G. The Structure and Rheology of Complex Fluids[M]. New York: Oxford University Press, 1999.

[25] Batchelor G K. The stress system in a suspension of force-free particles[J]. Journal of Fluid Mechanics, 1970, 41(3): 545-570.

[26] Mewis J, Wagner N J. Colloidal Suspension Rheology[M]. Cambridge: Cambridge University Press, 2012.

[27] Fedors R F. A method for estimating both the solubility parameters and molar volumes of liquids[J]. Polymer Engineering & Science, 1974, 14(2): 147-154.

[28] Philipse A P. The random contact equation and its implications for (colloidal) rods in packings, suspensions, and anisotropic powders[J]. Langmuir, 1996, 12(5): 1127-1133.

[29] Wierenga A M, Philipse A P. Low-shear viscosities of dilute dispersions of colloidal rodlike silica particles in cyclohexane[J]. Journal of Colloid & Interface Science, 1996, 180(2): 360-370.

[30] Parra-Vasquez A N G, Stepanek I, Davis V A, et al. Simple length determination of single-walled carbon nanotubes by viscosity measurements in dilute suspensions[J]. Macromolecules, 2007, 40(11): 4043-4050.

[31] Wu Q, Li X, Fu S, et al. Estimation of aspect ratio of cellulose nanocrystals by viscosity measurement: influence of surface charge density and NaCl concentration[J]. Cellulose, 2017, 24(8): 3255-3264.

[32] Lin N, Dufresne A. Surface chemistry, morphological analysis and properties of cellulose nanocrystals with gradiented sulfation degrees[J]. Nanoscale, 2014, 6(10): 5384-5393.

[33] Jowkarderis L, van de Ven T G M. Intrinsic viscosity of aqueous suspensions of cellulose nanofibrils[J]. Cellulose, 2014, 21(4): 2511-2517.

[34] Lenfant G, Heuzey M C, van de Ven T G M, et al. Intrinsic viscosity of suspensions of electrosterically stabilized nanocrystals of cellulose[J]. Cellulose, 2015, 22(2): 1109-1122.

[35] Wu Q, Li X, Li Q, et al. Estimation of aspect ratio of cellulose nanocrystals by viscosity measurement: influence of aspect ratio distribution and ionic strength[J]. Polymers, 2019, 11(5): 781.

第六章 纳米纤维素晶体的激光粒径分布表征

纳米纤维素晶体（CNC）一般为线棒状纳米颗粒，其结构是由一系列纤维素结晶区通过未断裂的纤维素非晶结构区连接在一起形成的[1]。CNC 的直径和长度取决于 CNC 的来源及其制备条件，一般分别为 5～30nm 和 150～500nm[2]。对于 CNC 大规模的商业应用，监控其粒径的稳定性是非常重要的。目前最常用的 CNC 粒径表征方法是显微镜技术[3-5]，如原子力显微镜（AFM）[6]、透射电子显微镜（TEM）[7]和场发射扫描电子显微镜（field emission scanning electron microscopy，FE-SEM）。然而，电子显微镜测量比较费时费力，不仅制样需要掌握一定的技术，并且统计时需要计算大量的纳米粒子才能获得整个样品的代表性尺寸数据。这些方法无法在 CNC 大规模生产过程中提供颗粒尺寸的快速在线测量，以确保 CNC 质量稳定。

近年来，研究人员一直在寻找方便的方法来确定 CNC 的粒径分布。动态光散射（dynamic light scattering，DLS）是一种快速而有用的常规分析方法，可用于快速检测微/纳米粒子的尺寸。Fraschini 等[8]探讨了利用 DLS 技术测量 CNC 颗粒尺寸和粒径分布的可能性。DLS 可以提供用于控制 CNC 质量的定性信息。本章通过比较 TEM 和 DLS 的结果，探讨了用 DLS 进行粒度分析表征 CNC 粉末可再分散性的可能性[9]。用 DLS 获得的粒径与用 TEM 获得的粒径近似匹配。与 TEM 相比，DLS 是一种快速、简便的测定水中 CNC 粒径分布的方法。

第一节 激光粒径分析原理

一、工作原理

激光粒径分析仪通过激光散射的原理来测量悬浮液、乳液和粉末样品粒径分布，具有测试范围宽、测试速度快、结果准确可靠、重复性好、操作简便等突出特点，是集激光技术、计算机技术、光电子技术于一体的新一代多用途粒径测试仪器[10]。德国物理学家 Gustav Mie 于 1908 年提出了关于介质之中粒径与入射光波长相当的粒子对光散射的理论。米氏光散射理论（Mie theory）是单一的、各向同性的球形粒子在高度稀释介质系统中，光散射与粒子直径、粒子与介质间折射率之差、入射光波长之间关系的理论。当光束遇到颗粒阻挡时，一部分光将发生散射现象，散射光的传播方向将与主光束的传播方向形成一个夹角 θ。θ 角的大小与颗粒的大小有关，粒径越大的颗粒产生的散射光 θ 角越小，粒径越小的颗粒产生的散射光 θ 角越大。研究还表明，散射光的强度代表该粒径颗粒的数量。因此，通过测量不同角度上散射光的强度，就可以得到样品的粒径分布状况。

激光粒径分析仪的光路由发射、接收和测量窗口三部分组成（图 6-1 为参考珠海欧美克仪器公司 TopSizer 激光粒度分析仪绘制的原理示意图）。发射部分由光源和光束处理器件组成，主要是为仪器提供单色的平行光作为照明光。接收器是仪器光学结构的关键，由傅里叶透镜和光电探测器阵列组成。测量窗口主要是让被测样品在完全分散的悬浮状态下通过测量区，以便仪器获得样品的粒径信息。为了测量不同角度上散射光的光强，需要运用光学手段对散射光进行处理。在光束中的适当位置上放置一个傅里叶透镜，再在该傅里叶透镜的后焦平面上放置一组多元光电探测器，当不同角度的散射光通过傅里叶透镜照射到多元光电探测器上时，光信号将被转换成电信号并传输到电脑中，通过专用软件对这些信号进行处理，就可以准确得到样品的粒径分布。

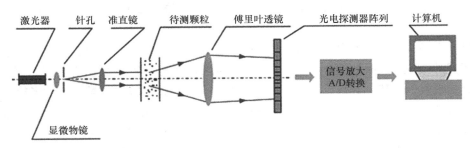

图 6-1　激光粒径分析仪测量原理示意图

二、应用范围

科学研究和生产应用中的固体原料与制品，很多是以粉体形态存在的。颗粒粒径分布对这些产品的质量和性能起着重要的作用。例如，催化剂的粒径分布影响催化效果，水泥的粒径分布影响凝结时间及最终的强度，各种矿物填料的粒径分布影响着制品的质量与性能，涂料的粒径分布会影响涂饰效果和表面光泽，药物的粒径分布影响口感、吸收率和疗效等。因此，在粉体加工与应用领域中，进行颗粒粒径分布测量就显得相当重要。有效地测量与控制粉体的颗粒粒径及其分布，对提高产品质量、降低能源消耗、控制环境污染、保护人类健康等具有重要意义。激光粒径分析仪已经广泛用于粉末、薄膜、膜片料、催化剂、涂料、润滑油、超导体、无线电技术等行业，涉及化学、制药、食品、建材等工业领域，并发挥着越来越大的作用。

粉体涂料作为传统涂料的替代产品，粉体颗粒的大小起着至关重要的作用，对喷涂效果和粉体涂料的应用均有很大的影响。粉体颗粒过大，会导致处理后的涂料表面显得粗糙，也会在喷涂过程中堵塞喷嘴。而粉体颗粒过小，会因为质量太轻、静电吸引力不足而吸附在配件上，造成浪费。此外，粉体涂料的颗粒大小及其粒径分布还会对整体的涂层覆盖效果产生影响。因此，合理地控制粉体涂料的颗粒大小对喷涂效果和喷涂的经济效益就显得至关重要。激光粒径分析仪可以完全表征粉体涂料的粒径大小与分布。

刘培炎[11]利用激光粒径分析仪，比较了以干法和湿法两种方法测试涂料用填料钛白粉、滑石粉、石墨烯的粒径分布结果。研究表明，干法和湿法均能够准确测试涂料中添加的各种粒子的粒径分布，测试结果具有较好的重复性。

煤气化用煤粉需要控制煤粉粒径，鲁应华[12]研究了利用激光粒径分析仪测定煤粉粒径的最佳条件。以水、醇为分散介质，乙醇作分散剂，高速流动进样，对采样持续时间、采样开始时间、采样间隔时间等进行验证。研究表明，激光粒径法具有操作简单、分析速度快、重复性好等优点，可满足煤粉粒径测定要求。

激光粒径分析仪还可应用于直接测定大气中烟尘与灰尘在不同时间、不同位置的含量，从而得出大气中烟尘、灰尘时间-空间分布图，为解决环境污染和预测全球性气候起到一定的指导作用。近年来，大气污染、纳米材料和食品药物的检测等都是激光粒径分析仪应用的新领域。

第二节　激光粒径分析表征纳米粒子粒径研究现状

纳米颗粒，一般指粒径介于 1~100nm 的粒子。由于这种尺寸会表现出独特效应，如量子尺寸效应、表面效应、宏观量子隧道效应等，因此具有许多特有的性质，在催化、滤光、光吸收、医药、磁介质及复合材料等方面有着广阔的应用前景[13]。纳米粒子的粒径及其分布对纳米粒子的性能具有很大的影响。目前，常用于纳米粒子粒径的表征、分析的仪器主要有透射电子显微镜、原子力显微镜、场发射扫描电子显微镜等。由于显微镜表征方法制样复杂，观察视野有限，表征过程费时费力，效率较低，不适合于纳米粒子快速实时检测。激光粒径分析仪能快速表征微小粒子的尺寸，已广泛应用于微/纳米粒子的粒径分析。

一、无机纳米粒子粒径及其分布

硅、钛溶胶是二氧化硅、二氧化钛在水中的分散体系。硅、钛溶胶因分散性好、黏结性强、吸附性佳、热膨胀系数低，已被广泛应用于精密铸造、石油、制药、日化、涂料、造纸、印刷、蓄电池、电子等诸多行业中。随着溶胶制备技术发展和相关行业需求提高，对硅、钛溶胶的颗粒粒径、二氧化物含量等指标的要求越来越高。徐明艳等[14]采用 Zetasizer Nano ZS 型纳米激光粒径分析仪分别测定了两种硅溶胶的粒径。测试结果表明，原液中存在多重散射及粒子间的相互作用；随稀释倍数增加，多重散射及粒子间相互作用被削弱；二氧化硅质量分数低于 10%时，两种硅溶胶的平均粒径值、多分散系数值、粒径分布等均分别趋于一致，在特定浓度下硅溶胶有相对集中、稳定的粒径分布，且测试重现性良好。Tsugita 等[15]以激光粒径分析研究了二氧化硅、二氧化钛溶胶的分散性能。研究表明，单独的二氧化硅、二氧化钛溶胶容易发生团聚，但二者混合后可形成在二价阳离子存在下稳定且相对粒径大小为250nm 的单分散配合物。

氧化锌无毒、无味、无污染，是典型的直接带隙宽禁带半导体材料，主要应用于橡胶、涂料及玻璃等行业。控制氧化锌粒径及其分布对控制其最终性能至关重要。Sonia 等[16]以激光粒径分析测定了具有抗氧化性能的纳米氧化锌的粒径分布，其平均水合直径为（74.48±1.9）nm，分散性指数（PDI）较小，具有较高的单分散性。程益军和宋鹏[17]以激光粒径分析和透射电镜测定纳米氧化锌粒径，并对测试结果进行比较。研究表明，透射电镜和激光粒径分析两种方法各有特点，透射电镜法可以直观地观察到颗粒的形貌和大小，而在工业生产或其他需要快速在线测量的场合，激光粒径分析更有优势。周新木等[18]用 Malvan Nano ZS90 激光粒径分析仪测定了超细、纳米氧化锌粉体的粒径，并考察了两种粉体粒径测定条件。研究表明，粉体的分散性是影响粒径测定结果的主要因素，材料的折射率和吸光度在一定的范围影响不大。在已确定的激光粒径分析测定条件下，测定结果具有好的重现性和较好的准确性。

纳米氢氧化铝具有独特的电、磁、光、声等特性，广泛应用于化学、医药、催化剂、橡胶、塑料、造纸、填充剂、颜料等领域。纳米氢氧化铝的粒径及其分布对产品性能影响较大。刘亚青等[19]以激光粒径分析法研究了分散体系、氢氧化铝溶液浓度、超声分散时间等因素对纳米氢氧化铝粒径的影响，并与电镜所测的纳米氢氧化铝粒径作比较，确定了测定纳米氢氧化铝粒径的最佳条件。

纳米硫酸钡作为一种新型功能材料，具有化学惰性强、耐酸碱、硬度适中、高白度、能吸收有害射线等优点，广泛用于各种涂料、医药、橡胶、造纸、陶瓷、化妆品等领域。刘润静等[20]采用 Zetasizer Nano S90 型激光粒径分析仪研究了纳米硫酸钡的粒径测定条件，考察了超声时间、分散剂种类、分散剂浓度、分散介质及纳米硫酸钡固含量等因素对粒径测定的影响，确定了测定纳米硫酸钡粒径的最佳条件。在最佳条件下，激光粒径分析仪测得的结果与扫描电镜表征结果基本一致。

二、纳米纤维素晶体粒径及其分布

常用的纳米纤维素晶体粒径表征方法为 TEM、AFM、FE-SEM。近年来，已有研究探索了利用激光粒径分析测定 CNC 棒状粒子的粒径及其分布的可行性。

颗粒的直径称作粒径，通常只有圆球形的几何体才有直径；对于非圆球形的几何体，粒径分布测量中的粒径并非颗粒的真实直径，而是虚拟的等效直径。当被测颗粒的某一物理特性与某一直径的同质球体最相近时，就把该球体的直径作为被测颗粒的等效直径。利用颗粒对激光的散射特性作等效对比所测出的等效粒径为等效散射光粒径，激光粒径分析法所测的颗粒直径为等效体积粒径[21, 22]。刘志明等[23]采用激光粒径分析法分别测定了微晶和芦苇浆纳米纤维素晶体的粒径分布。研究结果表明，以微晶纤维素为原料，在控制制备工艺条件下可以制备出三维尺度相近的纳米纤维素晶体，平均粒径为163.8nm；芦苇浆纳米纤维素晶体为非球形颗粒，且不同方向的尺寸相差较大，平均粒径为 942.0nm。谢成等[24]采用激光粒径分析法测定了无催化剂和添加催化剂制备的纳米纤维素晶体的尺寸分布，并分析对比了电子显微镜观察法与激光粒径分析法测定的无催化剂制备的纳米纤维素晶体尺寸分布。结果表明，添加间硝基苯磺酸钠制备的纳米纤维素晶体尺寸分布较均一，体积数均长度为 312.0nm，直径为 10.8nm，电子显微镜观察法与激光粒径分析法的无催化剂制备的纳米纤维素晶体样品尺寸分布测定结果较接近。Yaman 和 Christophe[25]结合 SEM 与激光粒径分析法准确得到棒状 CNC 的直径及长度。先采用 SEM 测得 CNC 的直径，再利用 Broersma 平移扩散系数方程计算出 CNC 的长度。Salim 等[26]利用动态光散射激光粒径分析法，结合 Broersma 平移扩散系数方程和 Nelder-

Mead 单纯形法，提供了一个方便、简单地确定棒状纳米颗粒长度与直径的方法，较为准确地预测了 CNC 的长度和直径。

第三节 纳米纤维素晶体再分散性激光粒径分析

CNC 由于表面富含羟基并且制备过程中带有电荷，一般在水中以分散状态存在。为了降低运输成本，提高运输效率，CNC 产品通常被干燥成粉末出售。CNC 粉末在水中的再分散性对 CNC 的最终使用性能至关重要。CNC 由于制备方法不同，在水中的再分散性也不同。本章选取 2,2,6,6-四甲基哌啶氧化物（TEMPO）氧化法制备的 CNC-1 粉末和硫酸水解法制备的 CNC-2 凝胶为原料，通过激光粒径分析快速表征了 CNC 在水中的再分散性，研究了制备及分散方法对 CNC 再分散性的影响。

一、纳米纤维素晶体粒径分布表征方法比较

为了验证激光粒径分析测量 CNC 样品粒径分布的可行性，将常用的 CNC 粒径表征方法 TEM 分析结果与激光粒径分析的测定结果作了对比。将 CNC-1 粉末用蒸馏水稀释成 CNC 质量分数为 0.5%的分散液，超声分散 10min。分别以 TEM 与激光粒径分析测试上述 CNC-1 样品的粒径大小及其分布（图 6-2 和图 6-3）。TEM 分析表明，CNC-1 样品为棒状结构，长为 200~400nm，宽为 20~60nm，较粗的、较长的可能为几根纤维并列或串联的聚集体[27]。激光粒径分析表明，CNC-1 粒径分布范围为 24~620nm，与 TEM 结果大致相当；激光粒径分析曲线上 CNC-1 粒径为双峰分布，在 55nm 和 240nm 处出现了两个峰值，分别对应于 CNC-1 的平均宽度和平均长度。对比上述不同表征方法的分析结果表明，TEM 与激光粒径分析都能较为准确地表征 CNC 的粒径大小及其分布。但 TEM 不仅设备昂贵，制样、表征过程也较为复杂、耗时；而激光粒径分析法，样品无须干燥，可直接在水相体系中测量样品粒径分布，过程简单、快速，非常适合在线监控 CNC 规模化生产过程中产品的质量。

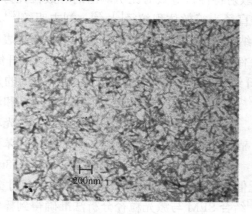

图 6-2 CNC-1 的 TEM 照片[9]

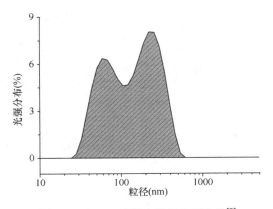

图 6-3　CNC-1 的激光粒径分析曲线[9]

二、分散方法对纳米纤维素晶体粒径分布的影响

（一）超声破碎法

以 SONICS VCX1500HV 超声波破碎仪将 CNC-1 粉末分散在蒸馏水中，研究超声时间及超声功率对 CNC 粒径及其分布的影响。

固定超声功率为超声设备最大功率的 60%，随着超声时间的延长，CNC-1 在水中的分散粒径逐渐变小，粒径分布范围逐渐变窄（图 6-4a）。当超声分散 1min 时，CNC-1 的激光粒径分析曲线呈多峰分布，粒径分布范围宽且在 1μm 以上有较强分布；随着超声时间延长至 6min 时，CNC-1 粒径分布基本在 1μm 以下，实现纳米级分散；当超声时间达到 8min 时，CNC-1 粒径分布范围在 20～750nm；继续延长超声时间至 10min，粒径分布变化不明显。不同超声时间的 CNC-1 水分散体的 TEM 结果与激光粒径分析结果类似（图 6-5）。在超声时间为 1min 时，样品的 TEM 照片中出现明显的团聚现象，表观粒子粒径为微米级；当超声时间延长至 4min 时，微米级团聚明显减少，纳米级分散增多；当超声时间达到 8min 后，CNC-1 水分散体基本实现纳米级分散。

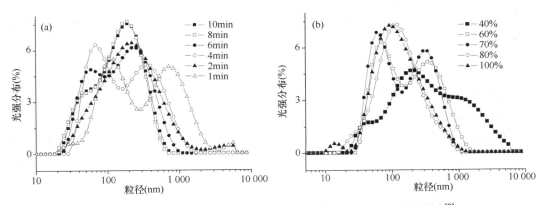

图 6-4　超声时间（a）与超声功率（b）对 CNC-1 粒径分布的影响[9]

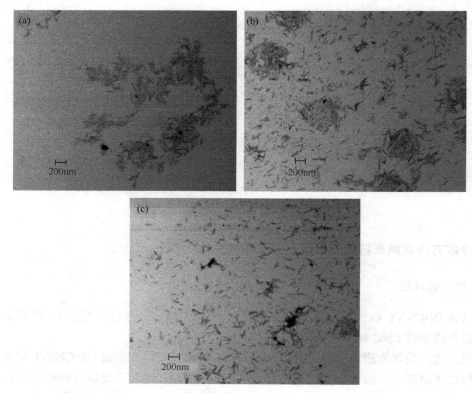

图 6-5　不同超声时间分散的 CNC-1 TEM 照片[9]
（a）1min；（b）4min；（c）8min

固定超声时间为 4min，随着超声功率的增大，CNC-1 在水中的分散粒径逐渐变小（图 6-4b）。当超声功率为超声设备最大功率的 40%时，超声 4min 的样品粒径分布范围宽（20nm～7μm），同样在 1μm 以上有较强分布；当超声功率大于超声设备最大功率的 70%后，超声 4min 的样品粒径分布在 1μm 以下，实现纳米级分散；在超声功率在超声设备最大功率的 100%时，在激光粒径分析图上 10～20nm 处出现一小峰。分析表明，超声功率越大，越能实现几根纤维并列组成的聚集体的进一步破碎，减小 CNC-1 的直径。

（二）高速剪切分散法

以 IKA T25 数字高速分散机将 CNC-1 粉末分散在蒸馏水中，研究剪切时间及剪切速率对 CNC-1 粒径及其分布的影响。

固定剪切速率为 18 000r/min，随着剪切时间的延长，CNC-1 在水中的分散粒径逐渐变小，粒径分布范围逐渐变窄（图 6-6a）。当高速剪切分散 1min 时，CNC-1 的激光粒径分析曲线呈多峰分布，粒径分布范围宽且在 3μm 以上有较强分布；随着剪切时间的延长，3μm 以上的粒径分布峰逐渐减弱；当剪切时间为 5min 时，CNC-1 样品大部分还是块状结构；当剪切时间达到 10min 时，能观察到 CNC-1 棒状结构，但团聚现象严重；当剪切时间大于 15min 时，CNC-1 在水中的粒径分布都小于 2.5μm；当剪切时间为 20min

时，分散效果变化不明显，仍存在严重的团聚现象，未能完全实现纳米级分散；继续延长剪切时间至 30min 时，CNC-1 粒径分布降至 2μm 以下，为双峰分布，峰值在 90nm 与 550nm 处。不同剪切时间下 CNC-1 水分散体的 TEM 结果（图 6-7）与激光粒径分析结果基本吻合。

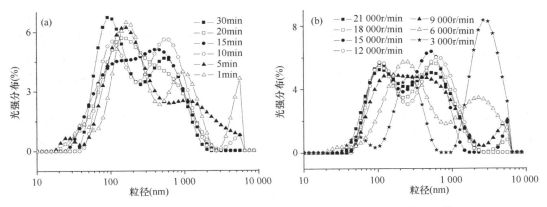

图 6-6　剪切时间（a）与剪切速率（b）对 CNC-1 粒径分布的影响[9]

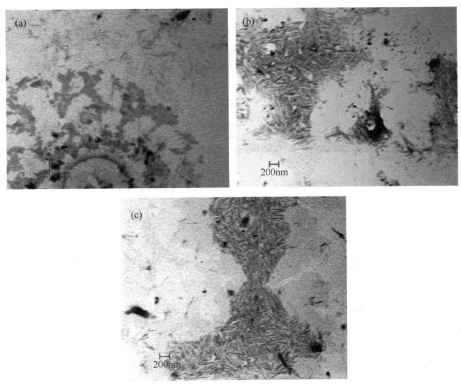

图 6-7　不同剪切时间分散的 CNC-1 TEM 图[9]

（a）5min；（b）10min；（c）20min

　　固定剪切时间为 10min，剪切速率对 CNC-1 在水中的粒径及其分布影响较大（图 6-6b）。随着剪切速率的增大，CNC-1 在水中的分散粒径逐渐变小；当剪切速率为 3000r/min 时，样品在水中的最大粒径为微米级，分散体外观呈明显浑浊；随着剪切速率的增大，微米级的粒径分布峰迅速减弱；当剪切速率达到 21 000r/min 时，CNC-1 在水中的粒径分布均小于 2.5μm。

　　比较超声破碎法和高速剪切分散法对粉末 CNC-1 的分散效率。两种方法的 CNC-1 粒径分布趋势相似，都为双峰分布（图 6-8）。高速剪切分散法在 18 000r/min 转速条件下分散 30min，CNC-1 在水中的粒径分布范围为 30～2000nm；延长分散时间至 50min，CNC-1 粒径分布范围为 28～1900nm，变化不明显，最大粒径分布峰仍在微米级。而超声破碎法在超声功率为超声设备最大功率的 60%条件下分散 4min，CNC-1 在水中的粒径分布范围为 26～1700nm；延长分散时间至 8min，CNC-1 粒径分布范围为 20～700nm，实现纳米级分散。研究结果表明，超声破碎法比高速剪切分散法促进 CNC-1 粉末在水中进行再分散更为高效。

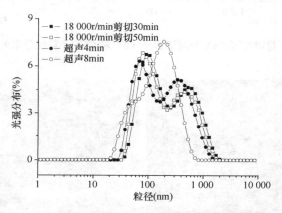

图 6-8　分散法对 CNC-1 粒径分布的影响[9]

三、制备方法对纳米纤维素晶体粒径分布及再分散性的影响

　　硫酸水解法制备的 CNC-2 水分散性好，采用超声破碎法分散，即使使用最小超声功率，几秒钟内就能实现纳米级分散，提高超声功率或者延长超声时间，得到的样品粒径分布区别不明显，因此超声破碎法不适合研究 CNC-2 的再分散过程。选择分散效率稍差的高速剪切分散法比较 TEMPO 氧化法制备的 CNC-1 粉末和硫酸水解法制备的 CNC-2 粉末的再分散性。

　　将硫酸水解法制备的 CNC-2 凝胶冷冻干燥成粉末，再利用高速剪切分散法（IKA T25 数字高速分散机）在蒸馏水中分散，研究不同剪切时间与剪切速率对 CNC-2 粒径及其分布的影响。固定剪切速率为 6000r/min，CNC-2 在水中的粒径及其分布随剪切时间的变化如图 6-9a 所示。CNC-2 在 6000r/min 剪切速率下，2min 后即可实现纳米级分散，且与 CNC-2 样品干燥前的粒径分布曲线相当（图 6-11），最大粒径分布小于 600nm，呈双峰分布。小峰峰值在 5～30nm，与 CNC-2 的直径相当；大峰峰值在 100～200nm，与

CNC-2 的长度相当。图 6-10 为不同剪切时间分散的 CNC-2 TEM 照片。剪切时间为 1min 时，CNC-2 仍有部分团聚；当剪切时间大于 2min 时，CNC-2 实现纳米级分散，也与激光粒径分析结果类似。固定剪切时间为 5min，CNC-2 在水中的粒径及其分布随剪切速率的变化如图 6-9b 所示。当剪切速率为 3000r/min 时，CNC-2 样品在水中仍有部分粒子处于微米级；当剪切速率≥6000r/min 时，CNC-2 在水中的粒径达到纳米级分布。

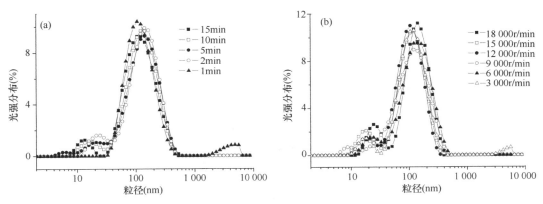

图 6-9　剪切时间（a）与剪切速率（b）对 CNC-2 粒径分布的影响[9]

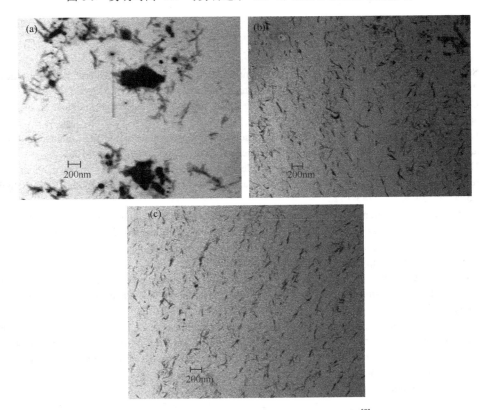

图 6-10　不同剪切时间分散的 CNC-2 TEM 图[9]
（a）1min；（b）2min；（c）5min

　　与 TEMPO 氧化法制备的 CNC-1 相比，硫酸水解法制备的 CNC-2 的再分散性更优（图 6-11）。CNC-1 在 18 000r/min 剪切速率下分散 50min 仍未能实现纳米级分散，而 CNC-2 于 6000r/min 剪切速率下分散 2min 就能实现纳米级分散。由于硫酸水解法制备的 CNC 表面形成的磺酸基团属于强酸，而 TEMPO 氧化法制备的 CNC 表面生成的羧基属于弱酸，磺酸基团在水中的电离性能更好，亲水性更强[28]。

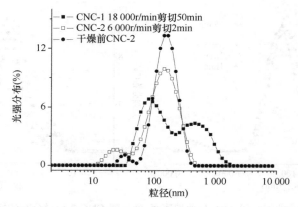

图 6-11　CNC-1 与 CNC-2 粒径分布及其再分散性比较[9]

参 考 文 献

[1]　Samir M, Alloin F, Dufresne A. Review of recent research into cellulosic whiskers, their properties and their application in nanocomposite field[J]. Biomacromolecules, 2005, 6(2): 612-626.

[2]　Czaja W K, Young D J, Kawecki M, et al. The future prospects of microbial cellulose in biomedical applications[J]. Biomacromolecules, 2007, 8(1): 1-12.

[3]　Kvien I, Tanem B S, Oksman K. Characterization of cellulose whiskers and their nanocomposites by atomic force and electron microscopy[J]. Biomacromolecules, 2005, 6(6): 3160-3165.

[4]　Neto W P F, Mariano M, Silva I S V, et al. Mechanical properties of natural rubber nanocomposites reinforced with high aspect ratio cellulose nanocrystals isolated from soy hulls[J]. Carbohydrate Polymers, 2016, 153: 143-152.

[5]　Meng Y, Wu Q, Young T, et al. Analyzing three-dimensional structure and geometrical shape of individual cellulose nanocrystal from switchgrass[J]. Polymer Composites, 2017, 38(11): 2368-2377.

[6]　Moraes A S, Goes T S, Hausen M, et al. Morphological characterization of cellulose nanocrystals by atomic force microscopy[J]. Matéria (Rio J.), 2016, 21(2): 532-540.

[7]　Kaushik M, Chen W C, van de Ven T G M, et al. An improved methodology for imaging cellulose nanocrystals by transmission electron microscopy[J]. Nordic Pulp & Paper Research Journal, 2014, 29(1): 77-84.

[8]　Fraschini C, Chauve G, Berre J F, et al. Critical discussion of light scattering and microscopy techniques for CNC particle sizing[J]. Nordic Pulp & Paper Research Journal, 2014, 29(1): 31-40.

[9]　Wu G M, Li Q, Jin C, et al. Characterization of the redispersibility of cellulose nanocrystals by particle size analysis using dynamic light scattering[J]. Tappi Journal, 2019, 18(4): 223-231.

[10]　http: //www.ck365.cn/baike/1/1371.html. 词条: 激光粒度仪.

[11]　刘培炎. 激光粒度仪干法和湿法测试在涂料粒径分析中的应用[J]. 涂料工业, 2016, 46(12): 58-62.

[12]　鲁应华. 激光粒度法测定煤粉粒度分布[J]. 大氮肥, 2012, 35(5): 303-306.

[13]　张立德, 牟季美. 纳米材料和纳米结构[M]. 北京: 科学出版社, 2001: 146-156.

[14] 徐明艳, 代克, 王乐军, 等. 纳米激光粒度仪在硅溶胶粒度测试中的应用研究[J]. 金刚石与磨料磨具工程, 2015, 35(2): 55-58.

[15] Tsugita M, Morimoto N, Nakayama M. SiO$_2$ and TiO$_2$ nanoparticles synergistically trigger macrophage inflammatory responses[J]. Particle & Fibre Toxicology, 2017, 14: 11.

[16] Sonia S, Linda Jeeva Kumari H, Ruckmani K, et al. Antimicrobial and antioxidant potentials of biosynthesized colloidal zinc oxide nanoparticles for a fortified cold cream formulation: a potent nanocosmeceutical application[J]. Materials Science & Engineering C, Materials for Biological Applications, 2017, 79: 581-589.

[17] 程益军, 宋鹏. 激光粒度仪与透射电镜测试结果的比对[J]. 中国粉体技术, 2010, 16(4): 23-25.

[18] 周新木, 张丽, 曾慧慧, 等. 超细、纳米氧化锌激光粒度分析研究[J]. 硅酸盐通报, 2007, 26(1): 212-216.

[19] 刘亚青, 刘玉敏, 胡永琪. 激光粒度仪测定近纳米氢氧化铝粒径的研究[J]. 现代化工, 2015, 35(3): 175-177.

[20] 刘润静, 靳悦淼, 赵华, 等. 激光粒度仪测定纳米硫酸钡粉体粒度的研究[J]. 无机盐工业, 2015, 46(8): 37-40.

[21] 李建立. 基于光散射的微粒检测[D]. 烟台: 烟台大学硕士学位论文, 2009: 9-60.

[22] 徐怀洲, 陈军. 关于激光粒度仪测试报告的解析[J]. 中国水泥, 2007, (3): 90-92.

[23] 刘志明, 卜良霄, 刘黎阳. 微晶和芦苇浆纳米纤维素的粒度分布分析[J]. 中国野生植物资, 2011, 30(5): 62-65.

[24] 谢成, 刘志明, 赵煦, 等. 三种催化剂对纳米纤维素尺寸分布的影响[J]. 广州化工, 2012, 40(9): 50-52.

[25] Yaman B, Christophe D. Analysis of cellulose nanocrystal rod lengths by dynamic light scattering and electron microscopy[J]. Journal of Nanoparticle Research, 2014, 16: 2174.

[26] Salim K, Mouhamed S, Kam C T. Determination and prediction of physical properties of cellulose nanocrystals from dynamic light scattering measurements[J]. Journal of Nanoparticle Research, 2014, 16: 2499.

[27] Brinkmann A, Chen M H, Couillard M, et al. Correlating cellulose nanocrystal particle size and surface area[J]. Langmuir, 2016, 32(24): 6105-6114.

[28] Mao Y M, Liu K, Zhan C B, et al. Characterization of nanocellulose using small-angle neutron, X-ray, and dynamic light scattering techniques[J]. Journal of Physical Chemistry B, 2017, 121(6): 1340-1351.

第七章　吸附二氧化碳气体的纳米纤维素气凝胶制备工艺与性能研究

本章重点介绍二氧化碳气体捕集技术的研究进展，以及捕集二氧化碳气体的目的和意义；阐述纳米纤维素球形气凝胶的制备工艺，以及纳米纤维素气凝胶氨基化改性工艺；揭示吸附二氧化碳气体的纳米纤维素气凝胶的红外光谱特征、孔径范围及分布、密度和强度、微观形貌、二氧化碳吸附/脱附等性能。

第一节　二氧化碳气体捕集技术的研究进展

一、捕集二氧化碳气体的目的和意义

目前，大气中二氧化碳浓度的持续升高已经成为一个全球性热点环境问题，越来越引起世界各国的关注。二氧化碳浓度的升高已经给自然环境、人类生存条件带来了许多负面影响，如气温升高、海平面升高、频繁的极端天气等。工业革命前，大气中二氧化碳浓度仅为 280mg/L，可是到 2013 年，二氧化碳浓度竟达到 400mg/L，相应的，全球气温升高了 0.8℃。按照目前二氧化碳的排放速度，到 2030 年，大气中二氧化碳的浓度可能达到 600~1550mg/L。大气中二氧化碳浓度升高主要归咎于化石燃料的大量使用。据欧盟有关部门测算，至 2015 年，化石燃料的份额占能源总量的 80%，而且，化石燃料仍然是任何一个工业化国家所依赖的重要能源，不可能在短时间内被其他形式的能源所取代。

2002 年 9 月 3 日，中国国务院前总理朱镕基在约翰内斯堡可持续发展世界首脑会议上讲话时宣布，中国已核准《联合国气候变化框架公约》京都议定书。作为一个发展中国家，我国将在 2012 年后承担起温室气体减排的义务。我国 CO_2 的排放量已位居世界第二，很可能在 2020 年左右超过美国，而成为 CO_2 头号排放大国，这势必会给我国乃至全球带来更加严重的气候和生态上的负面效应，因此必须采取有效的措施控制 CO_2 的排放，减缓"温室效应"的加剧。

理论上说，减排二氧化碳主要有两种方法：一种是利用可再生能源和提高能源利用效率。它们是减排二氧化碳的最佳途径，但是，与之相关的技术应用和发展受到了诸多现实因素的制约，在近期无法满足经济迅速发展的需要。另一种是对二氧化碳进行捕集、储存和利用，该方法被认为是达到二氧化碳减排目标的最为关键的策略。其中，二氧化碳的捕集在整个过程中最为关键，因此，研究二氧化碳捕集分离的新技术、新方法是可持续发展战略的一种必然选择。

二、二氧化碳气体捕集技术的特点

二氧化碳捕集与封存（CO_2 capture storage，CCS）是指将 CO_2 从工业或相关能源的排放源中捕集分离出来，并加以利用或输送到一个封存地点长期与大气隔绝的过程。CO_2 的捕集是 CCS 的第一步，在整个 CCS 过程中，捕集能耗占 CO_2 减排成本的70%以上，因此，开发低成本、运行可靠、环境友好的 CO_2 捕集技术对 CCS 实现大规模工业化至关重要。二氧化碳气体的捕集有三种类型[1]：燃烧前捕集、燃烧后捕集、富氧燃烧，如图 7-1 所示[2]。

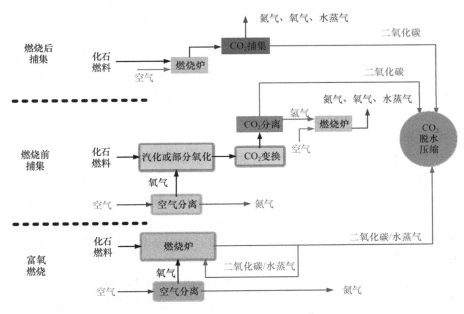

图 7-1　二氧化碳捕集过程总览

燃烧前捕集：主要运用于整体煤气化联合循环系统中。首先，化石燃料与氧或空气发生反应，产生由一氧化碳和氢气组成的混合气体。混合气体冷却后，在催化转化器中与水蒸气发生反应，使混合气体中的一氧化碳转化为二氧化碳，并产生更多的氢气。最后，将氢气从混合气中分离，干燥的混合气中二氧化碳含量可达15%～60%，总压力2～7MPa。二氧化碳从混合气体中分离并被捕获和储存，氢气被用作燃气联合循环的燃料送入燃气轮机，进行燃气轮机与蒸汽轮机联合循环发电。

该技术的捕集系统小，能耗低，在效率及对污染物的控制方面有很大的潜力，因此受到广泛关注。然而，整体煤气化联合循环系统中发电技术仍面临着投资成本太高、可靠性还有待提高等问题。

富氧燃烧：是指化石燃料在接近纯氧气环境中燃烧，燃烧产物主要是二氧化碳、水蒸气及少量的其他成分，经过冷却后二氧化碳含量在80%～98%。通常，由空气分离方法产生纯氧气，少部分烟气再循环与氧气按一定比例进入燃烧室。使用氧气和二氧化碳混合气的目的是控制火焰温度。如果燃烧发生在纯氧中，火焰温度就会过高。在富氧燃烧系统中，由于二氧化碳浓度较高，因此捕集分离的成本较低，但是富氧供给成本较高。另外，由于燃烧发生在低氮环境中，因此大大降低了氮氧化合物的生成量。这样得到的烟气中有高浓度的 CO_2 气体，可以直接进行处理和封存。欧洲已有在小型电厂进行改造的富氧燃烧项目。该技术路线面临的最大难题是制氧技术的投资和能耗太高，还没找到一种廉价低耗的替代技术。

燃烧后捕集：即在燃烧排放的烟气中捕集 CO_2。二氧化碳的捕集法主要有化学溶剂吸收法、吸附法和膜分离法等。

就目前的技术条件来说，只有燃烧后捕集技术可以直接应用于传统燃煤电厂，利用这一技术路线对传统燃煤电厂烟气中的二氧化碳进行捕集，资金投入相对较少，相关技术较为成熟。

当前最好的捕集法为有机胺吸收法。有机胺与二氧化碳发生化学反应后形成一种含二氧化碳的化合物。然后对溶剂加温，化合物分解，释放出有机胺和高纯度的二氧化碳。由于燃烧产生的烟气中含有很多杂质，而存在的杂质会增加捕集的成本，因此从烟气中捕集 CO_2 前，要对烟气进行预处理（水洗冷却、除水、静电除尘、脱硫与脱硝等），去除其中的活性杂质（硫、氮氧化物和颗粒物等），否则这些杂质会与溶剂发生化学反应，消耗大量的溶剂并腐蚀设备。烟气在预处理后，进入吸收塔，吸收塔的温度保持在 40～60℃，二氧化碳被有机胺吸收剂（一乙醇胺、二乙醇胺和三乙醇胺等物质）吸收，然后吸收剂在温度为 100～140℃ 和比标准大气压略高的压力条件下进行再生。高温导致有机胺、水的汽化，因此，吸收剂再生过程能耗较高，导致燃煤电厂的能量效率下降 30% 左右；另外，有机胺的水溶液具有较强的腐蚀性，对设备和环境造成不良影响[3]。为了克服上述问题，目前最有效的方法是采用物理或化学的方法将有机胺固定在多孔吸附材料表面，让液态有机胺转变为固态胺[4, 5]，物理法固定的有机胺容易流失，化学法固定的有机胺较为稳定[6]。固态有机胺与有机胺溶液吸收二氧化碳的机理相同，但是固态有机胺具有较快的吸附动力学、较高的吸附容量、较高的稳定性、环境友好[7]，为了能使固态有机胺尽快工业化应用，目前迫切需要设计出一种高效、低成本、环境友好、易于固定有机胺的多孔材料[4]。

三、固态有机胺二氧化碳捕集材料的研究进展

理论上说，具有下列特性的固体吸附剂即为理想吸附剂：较快的吸附/脱附动力学、较大的吸附容量、无限的再生能力和稳定性、较强的适应能力。一般来说，实际的固体吸附剂不可能同时具有上述特性，根据实际情况，加以权衡。

通常，我们在评价 CO_2 固体吸附剂时必须考虑的参数有：①吸附/脱附动力学，②CO_2 吸附容量，③适宜操作窗口（吸附/脱附温度），④再生性能和循环稳定性，⑤烟道气中各种组分对其性能影响。

在 1992 年，Tsuda 等[8]首次将负载胺的二氧化硅用于 CO_2 捕集，各种含有机胺硅烷进行共缩合反应合成无定形二氧化硅胶体，在干燥条件下，将其用于捕集 CO_2。1995

年，Leal 等[9]首次报道将经有机胺功能化的介孔二氧化硅用于 CO_2 的吸附。自那时起，许多机构开始研究使用固态有机胺捕集 CO_2。有机胺负载在二氧化硅上的方法仅有两种：以物理浸渍方法将有机胺负载在二氧化硅表面；以化学键方法将有机胺连接到二氧化硅表面。作为有机胺支撑体的多孔材料的种类很多：无机材料、有机材料、天然材料、合成材料。本部分主要介绍多孔二氧化硅、多孔碳材料和纳米纤维素。

（一）物理浸渍法固定有机胺于多孔材料表面

二氧化硅是一种常见的多孔无机材料，将其作为二氧化碳吸附材料支撑体的研究已经较为广泛。用物理吸附法将有机胺负载在二氧化硅表面上，过程非常简单。首先，将多孔二氧化硅与胺溶液混合，让有机胺扩散到二氧化硅孔道内，然后通过蒸发的方法去除溶剂[10]。在 2002 年，Xu 等[10]首次报道了胺浸渍二氧化硅用于捕集 CO_2，他们用低分子量聚乙烯亚胺（PEI）浸渍圆柱孔型、孔径为 2.8nm 的高比表面积介孔二氧化硅 MCM-41。随后，多家研究机构报道了用有机胺浸渍二氧化硅制备 CO_2 捕集材料，但这些材料的吸附性能各不相同。Song 广泛研究了采用低分子量、支链 PEI 浸渍二氧化硅捕集 CO_2。Drage 等[11]采用三种不同的低分子量 PEI（相对分子量为 423，线性；相对分子量为 600，支链；相对分子量为 1800，支链）浸渍处理介孔二氧化硅，分别研究了它们的吸附性能。

四乙烯五胺（TEPA）为另一种用于浸渍多孔二氧化硅的超低分子量有机胺，它仅含 4 个 PEI 重复单元。Yue 等[12]用 TEPA 浸渍处理两种不同的多孔二氧化硅支撑体。另外，Yue 等[13] 用 TEPA 和二乙醇胺（DEA）混合液浸渍处理 SBA-15，制备二氧化碳捕集材料，发现 TEPA 和 DEA 混合后产生了协同作用，从而提高了有机胺对二氧化碳的吸附效率。

碳材料是另一种作为二氧化碳吸附材料支撑体的多孔材料，碳材料可以多种形式出现，如多孔活性炭、粉煤灰、石墨烯、氧化石墨烯和碳纳米管。Pis[14]采用二乙醇胺（DEA）、五乙烯六胺（PEHA）和 PEI 浸渍处理商用活性炭，实际上最终得到是有机胺与活性炭的混合物，这些有机胺填充于活性炭的孔内或吸附于其表面，用 DEA、PEHA 和 PEI 浸渍处理后胺装载量分别为 7.86mmol/g、8.05mmol/g 和 6.98mmol/g。

物理浸渍法将有机胺固定于多孔材料表面，过程简单，但是该方法所固定的有机胺容易流失，不仅容易造成原有材料吸附能力下降，而且将有机胺带入大气中造成二次污染；另外，由于物理浸渍法固定的有机胺容易流失，因此经有机胺功能化的多孔材料再生温度低，容易造成再生不彻底，固态吸附剂循环使用时吸附容量显著下降。

（二）有机胺通过化学键固定于多孔材料表面

多种烷氧基硅烷可以用来合成多孔硅材料，一般采用氨基硅烷功能化多孔硅材料，最常用的氨基硅烷为 3-氨基丙基三甲氧基硅烷、N-氨乙基-3-氨丙基三甲氧基硅烷、γ-氨乙基氨丙基三甲氧基硅烷等。Hiyoshi 等[15]用四乙氧基硅烷作为原料合成了 SBA-15 介孔材料，其水热稳定性好。Hiyoshi 用氨基硅烷氨基化改性 SBA-15，研究了功能化改性后 SBA-15 的吸附特性、孔结构、有机胺装载量，并研究了水蒸气对其吸附特性的影响。Wei[16]用四甲氧基硅烷作为原料合成了 SBA-16 有序介孔材料，其具有水热稳定的立方体笼状结构，多个方向上具有大孔结构，有利于功能化基团和 CO_2 分子的传递。用 N-氨乙基-3-氨丙基三甲氧基硅烷功能化 SBA-16，在 333K 条件下测得功能化 SBA-16 的 CO_2 吸附容量为 0.73mmol/g，并发现该材料的吸附容量与其中的胺含量成正比。Huang 等[17]用四乙氧基硅烷作为原料合成了 SBA-48 介孔材料，用 3-氨基丙基三乙氧基硅烷功能化该介孔材料，得到胺装载量为 2.30mmol/g（以总质量计）。用该功能化 SBA-48 介孔材料处理含 CO_2 5%的二氧化碳与氮气混合物时，平衡吸附量为 1.14mmol/g（50mg/g）。在总压为 1atm 条件下，用该材料处理 CO_2 时，平衡吸附容量约 2.05mmol/g。在相对湿度为 64%的情况下，该功能化材料的吸附容量是绝干条件下的两倍。

化石燃料（煤、沥青等）和生物质材料（木材、竹子、种子的壳等）经过碳化与活化过程，制备得到多孔材料——活性炭。活性炭的原料、活化试剂和活化温度严重影响其对 CO_2 的吸附行为。由于普通商用活性炭的孔径分布广、有效孔容低，它对二氧化碳的吸附能力较低[18]。为了获得较高的吸附容量，在活化试剂的选用方面做了大量的研究工作，取得一些成效[19, 20]。但是，到目前为止，未见有关采用物理浸渍或化学键结合的方法对活性炭进行氨基化改性的报道。

气凝胶是一种独特的多孔固体材料，具有低密度、高空隙率、高比表面积和可调控的表面化学性质等特性，在 CO_2 的捕集、挥发性有机物的去除、水中污染物的去除等方面，气凝胶已经受到科学界的高度关注[21]。液态有机胺转变为固态有胺有物理法和化学法，物理法固定的有机胺容易流失，化学法固定的有机胺较为稳定[3]。通过化学法将有机胺固定在气凝胶表面为有机胺固定提供了新思路。纳米纤维素气凝胶不仅具有一般气凝胶的特性，而且它来源于丰富的可再生资源，合成过程无须使用对环境有害的溶剂；另外，它具有较高的柔韧性和机械强度（耐压强度高达 300kPa）[22]。根据纳米纤维素表面富含活性羟基的特点，可对它进行相应的化学改性，提高纳米纤维素气凝胶吸附特定组分的选择性。已有的研究表明，纳米纤维素气凝胶是一种潜在的新一代生物基多孔吸附材料，适用于环境保护和修复[23-25]。

采用偕胺肟（amidoxime）功能化处理纳米纤维素晶体与介孔氧化硅复合材料，结果表明这种复合材料功能化后具有较高的 CO_2 吸附容量（3.30mmol/g，25℃，常压；5.54mmol/g，120℃，常压）、良好的再生性能[26]，但是该功能化过程较为复杂，难以工业化应用。氨基硅烷是一类良好的有机胺功能化试剂，通过硅烷化反应，可将有机胺嫁接到表面富含羟基的纳米纤维素表面，使其具有选择性吸附 CO_2 的能力和较高的吸附容量。而且，氨基硅烷功能化纳米纤维素的过程简单，环境友好，故该方法受到人们高度的关注。N-氨乙基-3-氨丙基甲基二甲氧基硅烷作为一种常用的氨基硅烷功能化试剂，已被用来功能化纳米纤维素纤丝（CNF）[27-29]和纳米纤维素晶体（CNC）[30]，通过冷冻干燥的方法合成了气凝胶，研究结果表明，功能化纳米纤维素气凝胶对 CO_2 的吸附容量为 1.4～2.3mmol/g（25℃，常压）。

第二节　吸附二氧化碳气体的纳米纤维素气凝胶制备工艺研究

一、纳米纤维素球形气凝胶的制备工艺研究

（一）纳米纤维素球形气凝胶的成型及溶剂置换工艺

将纳米纤维素分散在水中，分散成胶体，成型，然后水凝胶干燥得到三维网状结构的纳米纤维素气凝胶，该气凝胶具有比表面积大、机械性能优异等优点[31-33]。

纳米纤维素球形水凝胶的成型采用"无机盐溶液物理凝胶成型法"，制备出纳米纤维素球形水凝胶后，使用"多步法"进行溶剂置换，置换为醇凝胶，最后采用超临界CO_2干燥、脱除溶剂，制备出纳米纤维素球形气凝胶。

制备纳米纤维素球形水凝胶的具体方法及步骤如下。

1）称取一定质量的纳米纤维素，配制成为一定浓度的纳米纤维素悬浮液，超声分散处理20min，然后在室温环境下静置30min制成纳米纤维素胶体。

2）配制一定浓度的二价盐溶液。

3）使用注射器吸取1）中的纳米纤维素胶体，缓慢将其滴入一定温度的二价盐溶液中，滴入后纳米纤维素胶体立即发生物理凝胶化，成为纳米纤维素球形水凝胶；再将水凝胶在二价盐溶液中浸泡24h，过滤，得到纳米纤维素水凝胶。由于水与超临界CO_2流体具有较低的亲和力，因此在对纳米纤维素水凝胶进行超临界CO_2干燥之前，使用一种合适的溶剂来取代水凝胶孔隙中的水分是十分必要的[34]，即所谓的溶剂置换。在超临界CO_2干燥过程中，水凝胶孔隙中即使有少量残余水分存在，也可能对最初制得的高孔隙度水凝胶的网络结构产生巨大的破坏[35, 36]。针对以上问题，通常的解决方法是使用一种在CO_2中具有高溶解性的溶剂来取代水凝胶中的水分，一般采用乙醇或者丙酮[37]。溶剂的选择应以不破坏凝胶自身的组织结构为前提，且应适合气凝胶的制造工艺。此外，值得特别注意的是，应尽可能避免溶剂置换过程导致的凝胶收缩。

溶剂置换可采用一步法或多步法，一步法是将水凝胶直接浸泡在一种新的溶剂中；而多步法则是将水凝胶浸泡在水与新溶剂的混合相中，通过不断提高混合相中新溶剂的浓度来达到溶剂置换的目的[38]。为了避免"一步法"浓度梯度差较大而破坏纤维素水凝胶的原始孔隙结构，需要采用乙醇"多步法"进行溶剂置换，具体方法如下：将纳米纤维素水凝胶依次浸泡在浓度为25%、50%、75%和100%的乙醇溶液中各24h，每种浓度的置换液每隔8h更换一次，整个置换过程在45℃的水浴环境中进行，以保证溶剂置换充分彻底，最后得到纳米纤维素球形醇凝胶。

（二）纳米纤维素球形气凝胶的超临界CO_2干燥工艺

纳米纤维素水凝胶的干燥是制备气凝胶的关键步骤之一，如何有效地除去水凝胶孔隙中的液体溶剂，而保持凝胶原有的多孔网络结构，不发生弯曲、开裂和变形等现象，一直是研究的难点与热点之一。在水凝胶干燥过程中，对干燥工艺的要求极其严格，干燥条件需精确控制，稍有不当便会导致水凝胶的剧烈收缩。

超临界流体（supercritical fluid，SCF）是指温度和压力均高于其临界值的流体。SCF具有独特的性质，它的密度和溶剂化能力接近液体，而黏度和扩散系数接近气体，即SCF兼具液体溶剂的萃取能力和气体的优良传质速率[39]。在临界点附近，微小的温度或压力变化都会引起SCF物理化学性质的显著改变，因此，可以通过改变温度和压力来调节流体的性质，从而实现溶剂在特定条件下的高效分离[40]。

采用美国SFT-150超临界萃取/反应系统对纳米纤维素球形醇凝胶进行超临界CO_2干燥，其具体方法如下。

1）先将系统反应釜预热到30℃，同时打开智能低温恒温循环器（温度设定为5℃），对系统CO_2管路进行冷却处理，减小液体CO_2发生汽化的程度，然后将纳米纤维素球形醇凝胶均匀放置于系统反应釜中，反应釜上下密封阀完全密封。

2）调节温度控制器至目标干燥温度，升温速率为2℃/min，依次打开压缩空气控制阀和CO_2控制阀，然后均匀调节压力控制器，使反应釜内部压力迅速达到目标干燥压力。

3）保持目标干燥温度和压力至目标反应时间，并每隔15min打开泄压阀，匀速置换反应釜中超临界CO_2萃取出的乙醇溶剂，每次置换时间为5min。

4）干燥结束后，依次关闭温度控制器、CO_2控制阀、空气控制阀和压力控制器，打开泄压阀，将反应釜匀速泄压至大气压力，制得纳米纤维素球形气凝胶。

为了优化超临界CO_2干燥工艺，系统分析了超临界干燥温度、压力、时间对纳米纤维素球形气凝胶、收缩率、失重率的影响。

1. 超临界干燥时间对不同浓度醇凝胶收缩率的影响[41]

超临界干燥后的收缩率是衡量干燥效果的重要指标之一。采用图像测量超临界干燥前后的样品尺寸变化，计算得到收缩率。

利用IMAGE-PRO PLUS 6.0图像处理软件测量50颗样品干燥前后的尺寸，计算得到收缩率。使用以下公式计算收缩率。

$$S=(L_0-L_C)/L_0\times100\% \qquad (7\text{-}1)$$

式中，L_0为50颗醇凝胶超临界干燥前测量方向上的长度，mm；L_C为50颗醇凝胶超临界干燥后对应测量方向上的长度，mm。

纳米纤维素的悬浮液浓度取1.5%、2.5%和3.5%，采用单因素实验方法，探讨超临界干燥时间对不同浓度纳米纤维素球形醇凝胶收缩率的影响，干燥时间分别取30min、60min、90min、120min、150min和180min 6个水平，根据前期预备实验的结果，实验设计见表7-1。

表7-1 干燥时间实验设计[41]

实验号	干燥时间（min）	干燥温度（℃）	干燥压力（MPa）
1	30	45	12.0
2	60	45	12.0
3	90	45	12.0
4	120	45	12.0
5	150	45	12.0
6	180	45	12.0

　　按照收缩率测定方法，干燥时间对不同浓度纳米纤维素球形醇凝胶收缩率的影响结果如图 7-2 所示，为便于分析和表述，将浓度为 1.5% 的纳米纤维素球形乙醇凝胶记为 $A_{1.5}$，浓度为 2.5% 的纳米纤维素球形乙醇凝胶记为 $A_{2.5}$，浓度为 3.5% 的纳米纤维素球形乙醇凝胶记为 $A_{3.5}$（下同）。

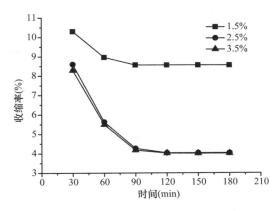

图 7-2　干燥时间对收缩率的影响[41]

　　由图 7-2 可以看出，随着干燥时间的增加，三种不同浓度纳米纤维素球形醇凝胶的收缩率均呈现出先减小后基本保持不变的趋势。对于 $A_{1.5}$，在干燥时间从 30min 增加到 90min 的过程中，其收缩率从 10.3% 降为 8.57%，降幅为 16.80%，当干燥时间大于 90min 时，其收缩率保持不变，约为 8.56%，即达到"收缩率平衡点"。而对于 $A_{2.5}$ 和 $A_{3.5}$，在干燥时间从 30min 增加到 120min 的过程中，其收缩率的降幅最为显著，分别从 8.6% 降为 4.03%，从 8.29% 降为 4.02%，降幅分别达 53.14% 和 51.51%，二者的收缩率平衡点分别为 4.03%（120min）和 4.01%（150min）。虽然 $A_{3.5}$ 达到收缩率平衡点的干燥时间比 $A_{2.5}$ 的要多 30min，但干燥时间从 120min 增加到 150min 的过程中，$A_{3.5}$ 的收缩率仅从 4.02% 下降到 4.01%，降幅极小，对气凝胶的孔隙结构影响甚微，因此，可将其收缩率平衡点达到时间也视为 120min，以提高干燥效率。

　　超临界 CO_2 干燥醇凝胶的整个传质过程可分为以下 4 个阶段：①超临界 CO_2 扩散进入醇凝胶的孔隙结构中；②乙醇在醇凝胶基体内与超临界 CO_2 发生溶剂化效应，溶解于 CO_2 中；③溶解在超临界 CO_2 中的乙醇经复杂多孔的醇凝胶基体扩散至流动着的超临界 CO_2 主体中；④乙醇与超临界 CO_2 在流体萃取区进行质量传递。干燥时间是影响其传质过程的重要单因素，出现图 7-2 结果的主要原因在于：干燥时间过短，醇凝胶中的乙醇溶质和超临界状态下的 CO_2 无法得到充分溶解与交换，即传质过程的 4 个阶段无法完全进行就被终止，使得干燥过程不彻底。在干燥温度和压力均达到实验要求的前提下，当干燥时间为 30min 时，醇凝胶中的乙醇溶质只有小部分被超临界 CO_2 萃取带出，醇凝胶中仍残留大部分乙醇，这样在卸压过程中，由于 CO_2 不再是超临界状态，存留于其中的乙醇溶质会挥发出一部分，产生较强的表面张力作用，从而造成醇凝胶出现大幅度收缩现象。干燥时间越长，乙醇残留量越少，卸压时表面张力作用时间越短，强度越小，故收缩率越小。而收缩率平衡点即为传质过程完成阶段，此时的凝胶收缩率为该浓度下的

"固有收缩率"，该收缩率无法完全克服，主要与基体强度、未达超临界状态前的升温升压过程等因素有关。$A_{1.5}$达到收缩率平衡点的干燥时间要早于其他两种浓度，且随时间的延长，其降幅也小于其他浓度的醇凝胶，推测其原因为：使用"无机盐溶液物理凝胶成型法"制备的醇凝胶，其孔隙骨架结构是通过羟基与羟基形成的分子内和分子间氢键交联而成的，纳米纤维素浓度越低，单位体积内的羟基数量越少，氢键数量也越少，形成的孔隙结构也越疏松，在相同条件下，超临界CO_2扩散进去的阻力相对越小，乙醇溶质的萃取量越多，收缩率平衡点越早出现。同一干燥时间下，纳米纤维素的浓度越高，其干燥收缩率越小。$A_{1.5}$的干燥收缩率显著高于其他浓度下的收缩率，收缩率平衡点约为其他浓度的2倍。而$A_{2.5}$和$A_{3.5}$在各个干燥时间水平下，二者的收缩率相差不是很大，且随着干燥时间的增大，收缩率差距在逐渐减小。这是因为纳米纤维素浓度越高，单位体积内的氢键数量越多，这些氢键可以看作是醇凝胶多孔网络骨架结构中连接纤维与纤维的"增强点"，增强点数量的多少决定着醇凝胶强度的大小，从而影响该浓度下醇凝胶的收缩率平衡点。低浓度的醇凝胶其增强点数量较少，孔隙结构不致密，强度相对较低，收缩率平衡点较高。而当浓度达到一定大小时，增强点的数量达到饱和值，即使提高纳米纤维素的浓度，其强度相差不大，固有和非固有收缩率均相近，差别不大，因此，提高浓度不仅增加实验成本，而且对收缩率的抑制效果不明显。

2. 超临界干燥时间对不同浓度气凝胶失重率的影响[41]

纳米纤维素醇凝胶孔隙中的乙醇溶液是否完全脱除也是衡量干燥效果的重要指标之一，若干燥结束后，网络孔隙中仍残留乙醇溶液，则伴随着乙醇在大气中的持续挥发，由于表面张力的存在，凝胶会继续收缩和开裂，原有的网络骨架遭到破坏。通过测定纳米纤维素球形气凝胶的"失重率"，可以确定醇凝胶是否完全干透，具体实验方法如下。

取50颗干燥的纳米纤维素球形气凝胶，均匀分散地放置于培养皿中，在电子分析天平上进行称重计数（培养皿质量已称取），然后将其放入（103±2）℃的电热恒温鼓风干燥箱中处理24h，取出后立即放入玻璃平衡器中平衡30min，最后进行称重计数，使用式（7-2）计算失重率。

$$W=(M_0-M_C)/M_0×100\% \tag{7-2}$$

式中，M_0为50颗气凝胶放入电热恒温鼓风干燥箱前的质量和，g；M_C为50颗气凝胶从电热恒温鼓风干燥箱中取出后的质量和，g。

干燥时间对不同浓度纳米纤维素球形气凝胶失重率的影响结果如图7-3所示。为便于分析和表述，将浓度为1.5%的纳米纤维素球形气凝胶（超临界干燥）记为$B_{1.5}$，浓度为2.5%的纳米纤维素球形气凝胶（超临界干燥）记为$B_{2.5}$，浓度为3.5%的纳米纤维素球形气凝胶（超临界干燥）记为$B_{3.5}$（下同）。

图7-3表明，当干燥时间为30min和60min时，三种浓度气凝胶失重率的变化规律一致，即对于$B_{2.5}$，其失重率显著高于$B_{1.5}$，而略低于$B_{3.5}$的失重率，但仅低了0.32%和0.22%。当干燥时间为90min时，$B_{1.5}$的失重率消失，$B_{3.5}$的失重率略高于$B_{2.5}$的失重率，但仅高出0.13%；而当干燥时间大于120min时，三种浓度纳米纤维素球形气凝胶

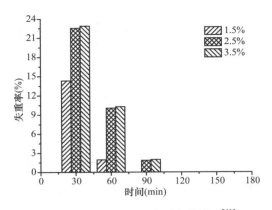

图 7-3　干燥时间对失重率的影响[41]

的失重率均无法测出。对于同一浓度的气凝胶，随着干燥时间的增加，其失重率呈现出显著降低的趋势。失重率的大小是衡量醇凝胶在干燥过程中是否完全干透的另一重要指标。考察干燥时间对醇凝胶干燥效果的影响，需结合收缩率平衡点和失重率两个指标来判断凝胶基体中的乙醇溶质是否被完全萃取，即干燥时间是否合适。本实验失重率的测定值并非乙醇溶质的全部残留量，而是除去超临界干燥卸压过程中挥发的乙醇后，乙醇的实际残留量。在卸压过程中，即使凝胶基体中残留有少量乙醇，表面张力的存在也会造成凝胶的继续收缩，测得的收缩率应大于该浓度下的收缩率平衡点。但收缩率平衡点也需结合收缩率和失重率的变化趋势综合分析得到，即二者相互补充，缺一不可。干燥时间越短，失重率越高，这也进一步验证了干燥时间不足导致气凝胶中仍残留有大量乙醇溶质。相同干燥时间下，低浓度的醇凝胶由于孔隙结构较为疏松，超临界 CO_2 与乙醇溶质的交换阻力相对较小，传质较为充分，更多的乙醇溶解于超临界流体主体中，被超临界 CO_2 流体带至分离器实现分离干燥。干燥时间为 90min 时，$B_{1.5}$ 的失重率就消失，乙醇的实际残留量为 0，结合图 7-2 可以看出，$A_{1.5}$ 的最佳干燥时间为 90min，即可达到 $A_{1.5}$ 的收缩率平衡点。而其他两种浓度的气凝胶其失重率均显著高于 $B_{1.5}$ 的失重率，其原因也与孔隙结构的致密程度有关，即孔隙越致密，传质阻力越大，乙醇被萃取出来越困难，残留量相对较多，需要更长的干燥时间才能达到该浓度下的收缩率平衡点。$B_{2.5}$ 和 $B_{3.5}$ 的失重率相差很小，其原因可能也与气凝胶的孔隙结构有关，即当纳米纤维素浓度达到一定值后，其孔隙结构较为相似，即使浓度提高对其影响也不大，故传质阻力与速率差别不大，失重率相近。结合图 7-2 可以得到，$A_{2.5}$ 和 $A_{3.5}$ 的最佳干燥时间为 120min，这比体积较大的纤维素圆柱形醇凝胶的干燥时间要缩短很多，故纤维素球形气凝胶的干燥效率更高。

3. 超临界干燥温度对不同浓度醇凝胶收缩率的影响[41]

纳米纤维素浓度取 1.5%、2.5% 和 3.5%，采用单因素实验方法，探讨超临界干燥温度对不同浓度纳米纤维素球形醇凝胶收缩率的影响，干燥温度分别取 35℃、40℃、45℃、50℃、55℃ 和 60℃ 6 个水平，根据前期预备实验的结果，实验设计见表 7-2。

表 7-2　干燥温度实验设计[41]

实验号	干燥温度（℃）	干燥时间（min）	干燥压力（MPa）
7	35	120	12.0
8	40	120	12.0
9	45	120	12.0
10	50	120	12.0
11	55	120	12.0
12	60	120	12.0

干燥温度对不同浓度纳米纤维素球形醇凝胶收缩率的影响结果如图 7-4 所示。由其可以得知，随着干燥温度的逐渐升高，三种不同浓度纳米纤维素球形醇凝胶的收缩率均呈现出相似的变化趋势，即收缩率先降低后基本保持不变。在干燥温度从 35℃增大到 45℃的过程中，$A_{1.5}$、$A_{2.5}$ 和 $A_{3.5}$ 的降幅均较为显著，分别为76.77%、84.34%和82.72%，当干燥温度大于 45℃时，达到各个浓度的收缩率平衡点，约为 8.56%、4.03%和 4.025%。在各个温度水平下，纳米纤维素的浓度越低，其醇凝胶收缩率越高。但对于 $A_{2.5}$ 和 $A_{3.5}$，其收缩率在 6 个温度水平相差不大，这点与干燥时间对收缩率的影响结果相似，推测其原因应该也与醇凝胶基体结构中氢键数量，即增强点数量的多少有关。

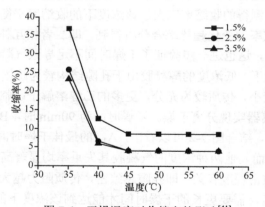

图 7-4　干燥温度对收缩率的影响[41]

干燥温度对超临界 CO_2 干燥的影响较为复杂，对于常见萜类化合物而言，随着温度的增大，物质在 CO_2 流体中的溶解度先逐渐降低再逐渐升高，中间往往出现一个最低值[42]，其最高值和最低值有的可相差上千倍，因此，我们需要避开溶解度最低点所对应的温度值，从而提高单位时间的萃取效率。本实验中，温度对乙醇在超临界 CO_2 流体中溶解度大小的影响集中体现在两个方面，一是在一定压力和时间作用下，随着干燥温度的升高，CO_2 分子的间距会增大，分子间作用力将减小，这样超临界 CO_2 流体的密度会逐渐降低，这将导致其溶剂化效应发生下降，溶解能力和传质速率降低；二是随着干燥温度的升高，乙醇分子的热运动加剧，碰撞机会增加，从而导致其蒸汽压增大，在超临界 CO_2 流体中的溶解度增大。故上述两个方面是相互制约的过程，二者都将存在于超临界干燥体系中，若后者在体系中占主导地位，则乙醇在超临界 CO_2 流体中的溶解度较高，单位时间内从醇凝胶基体中被萃取带出的量也越多，干燥效率提高；若前者占主导地位，结果则相反。因此，温度对物质在超临界流体中溶解度的影响不容忽视。此外，虽然 CO_2 的临界温度约为 31.1℃，但当温度高于 31.1℃ 时，干燥体系并不一定是稳定的超临界状态，它还受到乙醇、纳米纤维素和 CO_2 三相物质的共同影响，故实验中需探究出合适的干燥温度，既要使得 CO_2 流体对乙醇有较高的溶解性，又要使系统达到稳定的超临界状态。35℃ 时纳米纤维素球形醇凝胶收缩率偏大的原因可能在于：此温度偏低，反应釜中 CO_2 未达稳定的超临界状态，故醇凝胶基体仍存在表面张力，因此在干燥过程中（未卸压前）就会造成醇凝胶的持续收缩，收缩率偏大；而在 40℃ 时，收缩率显著低于 35℃ 时的收缩率，这是因为在此温度下，虽然无法判断体系是否达到真正稳定的超临界状态，但至少比 35℃ 时的流体状态更加稳定，即达到或接近超临界状态，在干燥过程中，即使有表面张力的存在，其作用强度也相对较小，故收缩率有所降低。但 40℃ 时的收缩率仍未达到各个浓度的收缩率平衡点，其原因可能在于：①三相体系中的 CO_2 流体仍未达到稳定的超临界状态；②CO_2 流体已达稳定的超临界状态，但在此温度下，其对乙醇的溶解能力较低，120min 内未完全将基体中的乙醇萃取带出，导致其在卸压过程中继续收缩，收缩率高于收缩率平衡点。但当温度达到 45℃、50℃、55℃ 和 60℃ 时，醇凝胶的收缩率已达收缩率平衡点，这时的 CO_2 流体已达到稳定的超临界状态，且对乙醇的溶解能力也较高。

4. 超临界干燥温度对不同浓度气凝胶失重率的影响[41]

纳米纤维素浓度及干燥温度的实验设计同表 7-2，按照失重率测定方法，测定了干燥温度对不同浓度纳米纤维素球形气凝胶失重率的影响，但发现各个温度水平下，其失重率均为 0。在干燥温度为 35℃ 时，如前所述，CO_2 流体未达到稳定的超临界状态，在 120min 的干燥时间内，在高温高压的反应釜中，除少量乙醇被带至分离器以外，剩余绝大多数乙醇都在反应釜中挥发完全，因此失重率无法测出。而在干燥温度为 40℃ 时，大部分乙醇被 CO_2 流体萃取带出，少量乙醇可能在卸压过程中挥发完全，也有可能是在反应釜中挥发完全（CO_2 流体仍未达到最稳定的超临界状态情况下），故其失重率也无法测出。结合图 7-4 可以得到，三种浓度纳米纤维素球形醇凝胶的最佳干燥温度为 45℃。

5. 超临界干燥压力对不同浓度醇凝胶收缩率的影响[41]

纳米纤维素浓度取 1.5%、2.5% 和 3.5%，采用单因素实验方法，探讨超临界干燥压力对不同浓度纳米纤维素球形醇凝胶收缩率的影响，干燥压力分别取 7.5MPa、8.0MPa、8.5MPa、9.0MPa、9.5MPa、10.0MPa、10.5MPa、11.0MPa、11.5MPa 和 12.0MPa 10 个水平。根据前期预备实验的结果，实验设计见表 7-3。

干燥压力对不同浓度纳米纤维素球形醇凝胶收缩率的影响结果如图 7-5 所示。由其可以看出，在干燥压力从 7.5MPa 增大到 9.0MPa 的过程中，三种不同浓度纳米纤维素球形醇凝胶的收缩率均急剧下降，降幅显著。当干燥压力大于 9.0MPa 时，随着压力的升高，$A_{1.5}$ 的收缩率降幅减缓；而 $A_{2.5}$ 和 $A_{3.5}$ 的收缩率则呈现出先缓慢下降后基本保持不

表7-3　干燥压力实验设计[41]

实验号	干燥压力（MPa）	干燥温度（℃）	干燥时间（min）
13	7.5	45	120
14	8.0	45	120
15	8.5	45	120
16	9.0	45	120
17	9.5	45	120
18	10.0	45	120
19	10.5	45	120
20	11.0	45	120
21	11.5	45	120
22	12.0	45	120

变的趋势，当压力为 11.0MPa 时，达到各自的收缩率平衡点，约为 4.04%和 4.02%。在压力临界点附近，压力的轻微变化对醇凝胶干燥效果的影响极为显著。干燥压力是影响超临界 CO_2 流体溶解能力的关键因素之一。一般情况，在合适的温度下，随着干燥压力的增大，CO_2 流体的密度增大，溶质在其中的溶解度呈现出急剧上升的现象，特别是在临界压力附近（7.0～10.0MPa），溶解度增幅更为显著，有的甚至与压力呈比例关系，对溶质的溶解能力较强，故萃取效率有所提高，这也是本实验中三种浓度的醇凝胶在 7.5～9.0MPa 的干燥压力下，收缩率急剧下降的原因之一。但当压力超过某一数值后，压力对 CO_2 流体密度增加的影响减弱，相应溶质溶解度增加速率也变缓。

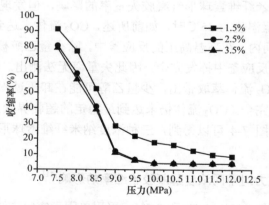

图7-5　干燥压力对收缩率的影响[41]

不同物质、不同溶质，其在干燥时所需的压力差异很大，这主要与多相干燥体系的性质有关，对于弱极性溶质而言，其所需干燥压力相对较低，而对于强极性溶质，则需要较高的干燥压力，有些甚至需要采用"夹带剂"的形式才能干燥彻底，因此，与温度对收缩率的影响相似，当压力略高于临界值 7.38MPa 时，由于受到乙醇、纳米纤维素和 CO_2 三相物质的共同影响，干燥体系并不一定是稳定的超临界状态，因此这种因素也是收缩率偏大的原因之一，需要探究出三组分共同作用下达到稳定超临界状态的压力数值。低压条件下，由于反应釜中 CO_2 未达到稳定的超临界状态，乙醇从醇凝胶孔隙中主要是挥发出来而非被萃取带出，故收缩率偏大，基体强度较低的 $A_{1.5}$ 体现得尤为显著，7.5MPa 时的收缩率高达 91.23%，几乎收缩成无空隙的小颗粒。随着压力的逐渐升高，体系逐渐趋于形成稳定的超临界状态，此过程中，压力对 CO_2 流体溶解能力的影响占主导地位，单位时间内更多的乙醇溶解于 CO_2 流体中，萃取乙醇的效率提高，故收缩率在逐渐降低。干燥压力在 9.0～10.0MPa 时，对于 $A_{2.5}$ 和 $A_{3.5}$，其收缩率降幅变得较为缓慢，其原因可能是：此压力范围内，CO_2 流体对乙醇的溶解度还未达到平衡值，即压力的改变对流体的溶解能力仍有一定程度的影响，120min 的时间内无法将溶质完全萃取出，卸压过程中因乙醇的继续挥发导致收缩率仍略高于收缩率平衡点。而 $A_{1.5}$ 在压力为 10.0～12.0MPa，收缩率仍有小幅度的持续下降，这可能亦与基体强度有关，但 12.0MPa 时的收缩率已是 8.56%，参考干燥时间与干燥温度对收缩率的影响实验，此数值可认为已达到该浓度的收缩率平衡点。

（三）纳米纤维素球形气凝胶的冷冻干燥工艺

冷冻干燥又称为升华干燥，是将湿态的材料先冻结至共晶点温度（或玻璃化转变温度）以下，使材料中的水分变成固态冰，然后在真空度较高的环境下，对材料进行加热，使得材料内部的冰直接升华成水蒸气，再通过水汽凝结系统将水蒸气冷凝，以达到材料干燥的目的，冷冻干燥的过程一般可分为三个阶段，即预冻阶段、升华阶段和解析阶段[43]。该技术已被广泛应用于食品工程、医药工业、材料科学、生物工程、农副产品深加工等领域。在纤维素水凝胶干燥技术中，冷冻干燥是极为重要的技术之一，也是制备纤维素气凝胶广泛采用的干燥方法。选择合适的冻干溶剂是纤维素水凝胶冷冻干燥的关键步骤，一般要求冻干溶剂具有以下特性：①较高的蒸汽压；②较高的熔点；③低毒性、无污染；④可为冷冻干燥过程提供稳定的环境[44]。与超临界 CO_2 干燥法相比，冷冻干燥法制备纤维素气凝胶较为耗时，整个干燥过程一般需要几十个小时。

叔丁醇是一种无毒、可与水完全互溶的醇类物质，具有较高的熔点和蒸汽压，是一种理想的冻干溶剂，它既可以作为独立的冻干溶剂，也可以与水等组合成混合冻干溶剂。当以水作为冻干溶剂时，加入少量的叔丁醇，在冻结过程中可使水的结晶形态转变为针状结晶，从而有利于水分的挥发。

纳米纤维素球形水凝胶使用"多步法"进行溶剂置换得到醇凝胶，最后采用真空冷冻干燥的方式制备出纳米纤维素球形气凝胶。

由于乙醇的凝固点较低，需在-114℃下才能完成冻结，因此一般条件下冻干机无法将其冻结。而叔丁醇的凝固点为 25℃，蒸汽压（20℃下）为 26.8mmHg，易于挥发，材料在干燥过程中可保持在较高温度下，因此可缩短干燥时间。采用"多步法"进行叔丁醇溶剂置换，分别将纳米纤维素球形水凝胶依次浸泡在浓度为 25%、50%、75%和 100%的叔丁醇溶液中各 24h，每种浓度的置换液每隔 8h 更换一次，整个置换过程在 45℃的水浴环境中进行，以保证彻底地进行溶剂置换，且叔丁醇不发生凝固，最后得到纳米纤维素球形醇凝胶。再将纳米纤维素球形醇凝胶均匀分散地放置于培养皿中，然后迅速放入-20℃的冰柜中进行快速冻结，冻结时间为 24h。取出后迅速放入冷冻干燥机中进行真空冷冻干燥处理，工作温度和工作压力（真空度）由系统按照预设程序自动控制，干燥时间为48h，即制得纳米纤维素球形气凝胶。

经真空冷冻干燥处理后，浓度为1.5%、2.5%和3.5%的纳米纤维素球形醇凝胶的收缩率和气凝胶的失重率实验结果见表7-4。为便于分析和表述，将浓度为1.5%的纳米纤维素球形叔丁醇凝胶记为$C_{1.5}$，浓度为2.5%的纳米纤维素球形叔丁醇凝胶记为$C_{2.5}$，浓度为3.5%的纳米纤维素球形叔丁醇凝胶记为$C_{3.5}$（下同）。

表 7-4   冷冻干燥对收缩率和失重率的影响[41]

浓度（%）	收缩率（%）	失重率（%）
1.5	12.388	0
2.5	8.263	0
3.5	7.859	0

从表7-4可以看出，采用叔丁醇真空冷冻干燥法制备得到的纳米纤维素球形气凝胶，其收缩率随着纳米纤维素浓度的增大而逐渐减小。$C_{1.5}$的干燥收缩率显著高于$C_{2.5}$和$C_{3.5}$的收缩率，而$C_{2.5}$和$C_{3.5}$的收缩率则相差不大，这种规律与采用超临界CO_2干燥法得到的收缩率相一致。

与超临界干燥中各浓度下的收缩率平衡点相比，$C_{1.5}$、$C_{2.5}$和$C_{3.5}$的收缩率平衡点均较高，这主要与两种干燥方法的干燥机理不同有关。对于冷冻干燥而言，干燥过程即为叔丁醇的物态变化和移动过程，其基本原理就是纳米纤维素醇凝胶在低温低压的环境下传热和传质的过程[43]。低温低压条件下，在低于叔丁醇三相点（固体、气体和液体三相共存）的固、气两相平衡温度下，若给以足够的升华潜热，被冻结的固态叔丁醇可直接升华为气态，而越过转化为液态叔丁醇的过程，最后在蒸汽压推力的作用下，达到脱除叔丁醇的目的。

如前所述，冷冻干燥的过程一般可分为预冻、升华和解析三个阶段。对于预冻阶段，预冻温度必须低于叔丁醇的共晶点温度，且冻结时间需足够长；冻结速率是影响干燥效率和气凝胶材料质量的重要因素，若冻结速率较慢，水凝胶内部形成的冰晶体积较大，形状多为六角对称形，这样有利于提高干燥效率，即有利于冰晶升华，但产品质量较差，若冻结速率较快，则水凝胶内部形成的冰晶体积较小，形状多为不规则树枝或球形，升华阻力较大，干燥效率较低。也有研究表明，材料在冷冻干燥时的冻结温度应低于填充溶液的玻璃化转变温度[45, 46]，只要降温速率足够快，温度足够低，大部分填充溶液均能从液体状态过渡到玻璃化固体状态，但在绝大多数情况下，由于实验条件的限制，在有限的冷却速率和温度条件下，很难实现完全玻璃化。

二、纳米纤维素气凝胶氨基化改性工艺研究[41]

（一）氨基化改性时间对纳米纤维素气凝胶氮元素含量的影响

纳米纤维素气凝胶氨基化改性工艺中，以3-（2-氨基乙氨基）丙基甲基二甲氧基硅烷（AEAPMDS）为功能化改性剂，同样采用"无机盐溶液物理凝胶成型法"制备出纳米纤维素-AEAPMDS 复合球形水凝胶，然后使用"多步法"进行乙醇溶剂置换，得到的纳米纤维素-AEAPMDS 复合球形醇凝胶进行功能化改性处理后，再采用超临界 CO_2 最佳干燥工艺制备出纳米纤维素-AEAPMDS 复合球形气凝胶。

采用单因素实验方法，探讨氨基化改性时间对纳米纤维素-AEAPMDS 复合球形气凝胶氮元素含量的影响，改性时间分别取 8h、12h、16h、20h 和 24h 5 个水平，实验设计见表 7-5。

表 7-5　改性时间实验设计[41]

实验号	改性时间（h）	改性温度（℃）	改性剂用量（%）
1	8	100	2
2	12	100	2
3	16	100	2
4	20	100	2
5	24	100	2

改性时间对纳米纤维素-AEAPMDS 复合球形气凝胶氮元素含量的影响结果如图 7-6 所示。由其可以看出，随着改性时间的增加，纳米纤维素-AEAPMDS 复合球形气凝胶的氮元素含量呈现出先增大后减小的趋势，当改性时间为 16h 时，氮元素的含量达到最大值，为 2.52%。在改性时间从 8h 增大到 16h 的过程中，气凝胶中氮元素含量的增幅较大，为 76.22%，说明此过程中，随着改性时间的延长，改性效果提高；而在改性时间从 16h 增大到 24h 的过程中，气凝胶中氮元素的含量有所降低，降幅为 11.90%，即改性时间并非越长越好，超过 16h 后，时间的增加反而会抑制氨基化改性的进行。

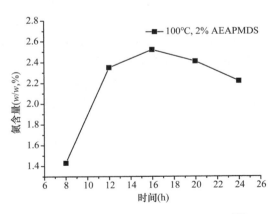

图 7-6　改性时间对氮元素含量的影响[41]

AEAPMDS 改性纳米纤维素球形气凝胶的机理为：①AEAPMDS 中的甲氧基水解生成氨基硅醇；②AEAPMDS 中的羟基与纳米纤维素表面的羟基在加热条件下缩合失去一分子水，生成氨基硅烷改性的纳米纤维素。当改性时间小于 16h 时，随着时间的增加，AEAPMDS 中的羟基与纳米纤维素表面的羟基有更多的机会发生缩合反应，从而有更多的 AEAPMDS 被接枝到基体材料中，故气凝胶中的氮元素含量增幅较大，时间因素对改性效果的影响较为显著；而当改性时间大于 16h 时，氮元素含量降低的原因可能是：反应相长时间处于高温环境中，接枝到基体材料上的氨基官能团随着时间的延长而逐渐被破坏，扩散到乙醇溶液中，故氮元素含量有所下降。根据图 7-6 可以得出，氨基化改性最佳时间为 16h。

（二）氨基化改性温度对纳米纤维素气凝胶氮元素含量的影响

采用单因素实验方法，探讨氨基化改性温度对纳米纤维素-AEAPMDS 复合球形气凝胶氮元素含量的影响，改性时间分别取 80℃、100℃、120℃和 140℃ 4 个水平，实验设计见表 7-6。

表 7-6   改性温度实验设计[41]

实验号	改性温度（℃）	改性时间（h）	改性剂用量（%）
6	80	16	2
7	100	16	2
8	120	16	2
9	140	16	2

改性温度对纳米纤维素-AEAPMDS 复合球形气凝胶氮元素含量的影响结果如图 7-7 所示。由其可以得知，随着改性温度的逐渐升高，纳米纤维素-AEAPMDS 复合球形气凝胶的氮元素含量先增大后减小，当改性温度为 100℃时，氮元素的含量达到最大值，为 2.49%。当温度大于或小于 100℃时，气凝胶中氮元素的含量都会出现大幅度下降，即改性温度对气凝胶氨基化改性效果有着显著的影响。改性温度是影响缩合反应的重要因素。根据 AEAPMDS 的改性机理，AEAPMDS 中的羟基与纳米纤维素表面的羟基只有在加热条件下才会脱去一分子水发生缩合反应，这样改性剂才能接枝成功。而当温度小于100℃时，由于改性体系能量不足，只有部分羟基发生了缩合反应，故氮元素含量较少；温度大于100℃时，气凝胶中氮元素含量发生显著降低的原因可能是：①在一定的改性时间作用下，体系温度过高，接枝到基体材料上的氨基官能团被破坏；②温度升高，分子扩散运动剧烈，"包裹"在纳米纤维素中的 AEAPMDS，在发生缩合反应前就大量扩散到乙醇溶液中，故反应机会较少。根据图 7-7 可以得出，氨基化改性最佳温度为 100℃。

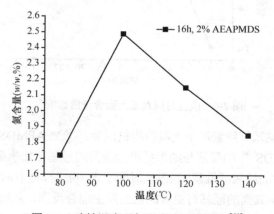

图 7-7   改性温度对氮元素含量的影响[41]

（三）氨基化改性剂用量对纳米纤维素气凝胶氮元素含量的影响

采用单因素实验方法，探讨改性剂用量对纳米纤维素-AEAPMDS 复合球形气凝胶氮元素含量的影响，改性剂用量分别取 2%、3%、4%、6% 和 8% 5 个水平，实验设计见表 7-7。

表 7-7 改性剂用量实验设计[41]

实验号	改性剂用量（%）	改性时间（h）	改性温度（℃）
10	2	16	100
11	3	16	100
12	4	16	100
13	6	16	100
14	8	16	100

改性剂用量对纳米纤维素-AEAPMDS 复合球形气凝胶氮元素含量的影响结果如图 7-8 所示。由其可以看出，随着改性剂用量的逐渐增大，纳米纤维素-AEAPMDS 复合球形气凝胶的氮元素含量逐渐增大。在改性剂用量从 2% 增大到 4% 的过程中，气凝胶中氮元素含量的增幅较大，为 76.98%；而在改性剂用量从 4% 增大到 8% 的过程中，氮元素含量的增幅有所降低，为 14.35%。这说明当改性剂用量小于 4% 时，改性剂用量的增加对气凝胶氨基化改性效果的影响较大，即改性剂用量并非越高越好，超过某一数值不仅对改性效果贡献不大，反而会增加改性成本，因此，改性剂用量的选择应考虑到气凝胶吸附材料的应用要求。

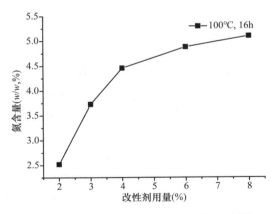

图 7-8 改性剂用量对氮元素含量的影响[41]

从以上三个单因素实验结果可知，改性时间、改性温度和改性剂用量均对气凝胶氨基化改性效果有一定的影响。如前所述，纤维素气凝胶的改性方法通常包括两种，一是直接对纤维素原料进行改性处理，然后再以改性纤维素为基础单元，制备出纤维素气凝胶；其二是以纤维素水凝胶或气凝胶为处理单元，对其进行改性处理，即在成型后的水凝胶或干燥后的气凝胶中进行。而本实验是结合以上两种方法，先将纳米纤维素与改性剂混合，再以混合相为基础单元进行物理成型，最后进行改性处理，其优点在于改性剂被均匀地"包裹"在纳米纤维素中，在同样的改性工艺条件下，改性剂与纳米纤维素的反应机会增加，可以使用更少的改性剂获得更好的改性效果。

（四）氨基化改性固液比对纳米纤维素气凝胶氮元素含量的影响

由图 7-9 可以看出，随着固液比的减小，氨基化纳米纤维素球形气凝胶中的含氮量在不断减少。随着反应体系中乙醇的增加，氨基化纳米纤维素球形气凝胶中的氮元素含量减小。反应介质中乙醇量越大，成型的纳米纤维素胶体内与介质中改性剂浓度差越大，从而增加了改性剂从胶体内扩散至介质中的速度。

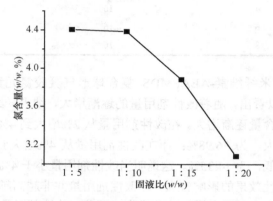

图 7-9　固液比对氮元素含量的影响[47]

第三节　吸附二氧化碳气体的纳米纤维素气凝胶性能研究

一、傅里叶变换红外光谱分析

采用傅里叶变换红外光谱仪分别对经超临界干燥的纳米纤维球形气凝胶和纳米纤维素-AEAPMDS 复合球形气凝胶（改性时间为 16h，改性温度为 100℃，改性剂用量为4%）进行表征，以判断改性剂是否成功接枝到纳米纤维素气凝胶中，二者的红外光谱图如图 7-10 所示。

由图 7-10 可以看出，纳米纤维素球形气凝胶和纳米纤维素-AEAPMDS 复合球形气凝胶在 $3422cm^{-1}$、$2901cm^{-1}$、$1637cm^{-1}$、$1430cm^{-1}$、$1372cm^{-1}$、$1205cm^{-1}$、$1163cm^{-1}$、$1112cm^{-1}$、$1059cm^{-1}$ 和 $897cm^{-1}$ 附近均出现吸收峰，与硫酸水解法制备的纳米纤维素的特征吸收峰相吻合，说明改性与未改性的气凝胶均具备纳米纤维素的主要特征基团，仍然保持纤维素 I_β 型结构；未改性气凝胶的红外光谱与纳米纤维素光谱相一致，再次证明了本实验中气凝胶的成型过程属于物理交联凝胶成型（氢键连接），并未发生化学交联凝胶成型。与纳米纤维素球形气凝胶的红外光谱图不同的是：纳米纤维-AEAPMDS 复合球形气凝胶在 $1646cm^{-1}$ 附近出现吸收峰，这是由于改性剂与水之间产生了相互作用（水解），生成了 NH^{3+}，从而出现 NH^{3+} 变形峰；在 $1541cm^{-1}$ 附近出现吸收峰，此处

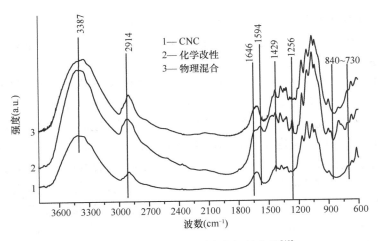

图 7-10 氨基化纳米纤维素红外光谱[48]

为—NH、—NH₂的弯曲振动峰；在 1259cm⁻¹ 附近出现吸收峰，此处为 Si—C 的伸缩振
动峰；在 870cm⁻¹ 和 712cm⁻¹ 附近出现吸收峰，为 Si—O—Si 和 Si—C 的伸缩振动峰。
此外，由于纳米纤维素球形气凝胶在 1200~1000cm⁻¹ 处的吸收峰较强，因此很难辨别
出 Si—O—C、Si—O—Si、Si—OH 的吸收峰，但此处纳米纤维-AEAPMDS 复合球形气
凝胶的 Si—O—C、Si—O—Si、Si—OH 吸收峰相互叠加，使得吸收峰较未改性气凝胶
有明显的增强。氨基化纳米纤维素红外光谱中在 1256cm⁻¹ 处出现新的 C—O—Si 吸收
峰表明：改性剂成功接枝到 CNC 表面。综合以上分析可得，AEAPMDS 改性剂已成功
接枝到纳米纤维素气凝胶中。

由图 7-11 可以看出在气相条件下不同汽化温度和反应温度对接枝量的影响。汽化
6h，然后在 150℃条件下反应 6h，所得到的氨基化纳米纤维素红外光谱中在 1260cm⁻¹
处峰面积（以此表示接枝量）如图 7-11a 所示；在温度 110℃下汽化 6h，然后在不同温
度条件下反应 6h，所得到的氨基化纳米纤维素红外光谱中在 1260cm⁻¹ 处峰面积如
图 7-11b 所示。由图 7-11 可见，提高汽化温度、反应温度有利于增加改性剂的接枝量；

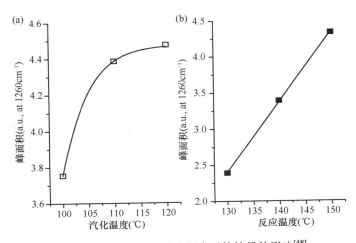

图 7-11 汽化温度和反应温度对接枝量的影响[48]

但是，汽化温度从 110℃升高到 120℃时峰面积从 4.39 提高到 4.48，因此，汽化温度达到 110℃后，汽化温度对改性剂接枝量的影响不再明显。与汽化温度的影响不同，改性剂的接枝量随反应温度线性增加。

由图 7-12 可以看出在气相条件下不同汽化时间和反应时间对接枝量的影响。在汽化温度 110℃下汽化不同时间，然后在 150℃条件下反应 6h，所得到的氨基化纳米纤维素颗粒红外光谱中在 1260cm^{-1} 处峰面积如图 7-12a 所示；在温度 110℃下汽化 6h，然后在反应温度 150℃条件下反应不同时间，所得到的氨基化纳米纤维素颗粒红外光谱中在 1260cm^{-1} 处峰面积如图 7-12b 所示。由图 7-12a 可知，随着汽化时间的增加，氨基接枝量迅速地增加，但是汽化时间达 6h 之后，氨基接枝量基本不再受汽化时间的影响，此时，峰面积达到 4.3。另外，由图 7-12b 可知，随着反应时间的增加，氨基接枝量也迅速地增加，但是反应时间达 6h 之后，反应时间对氨基接枝量的影响明显减小。对比图 7-12a 和 b 可知，相对汽化时间而言，反应时间对氨基接枝量的影响较为显著。

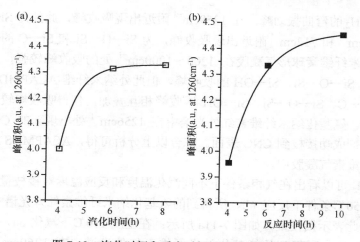

图 7-12　汽化时间和反应时间对接枝量的影响[48]

二、BET 分析

根据 ASAP2020 全自动比表面积及孔隙分析仪的系统预设程序及 N$_2$ 吸附等温线，可得三种不同浓度纳米纤维素球形气凝胶（均采用最佳超临界干燥工艺条件）的孔径分布，如图 7-13 所示。

图 7-13 为采用 BJH 方法获得的三种浓度气凝胶的孔径分布，从中可以看出，在 2nm 左右，三种浓度的气凝胶均存在一个分布峰，但分布峰的强度较弱，说明气凝胶内部存在部分孔径在 2nm 的微孔。而 B$_{1.5}$ 在 45nm 左右出现一个明显的分布峰，且分布峰强度最强，说明 B$_{1.5}$ 的内部存在较多孔径在 45nm 的介孔；B$_{2.5}$ 和 B$_{3.5}$ 均在 30nm 左右出现最强分布峰，说明 B$_{2.5}$ 和 B$_{3.5}$ 的内部均存在较多孔径在 30nm 的介孔，即 B$_{2.5}$ 和 B$_{3.5}$ 的孔径分布相似，且孔径小于 B$_{1.5}$ 的，这与本章前面干燥部分分析得到的结论相一致，也就是 B$_{1.5}$ 的内部孔隙结构较为疏松，孔径相对较大，而 B$_{2.5}$ 和 B$_{3.5}$ 的内部孔隙结构相对较为致密，孔径相对较小。

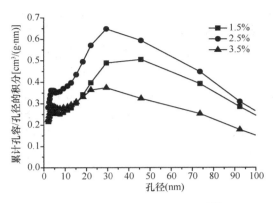

图 7-13　气凝胶的孔径分布图[49]

V：孔容；D：直径；下同

此外，在其他孔径分布范围内（<100nm），三种不同浓度的纳米纤维素球形气凝胶均分布不同。由以上分析可以看出，超临界 CO_2 干燥法得到的气凝胶是以介孔为主，存在少量微孔的多孔性材料，而微孔的存在更有利于对吸附质分子进行固定。同时在超临界干燥过程中，汽-液界面的表面张力为零，因此保留了纳米纤维素球形水凝胶原有的网状结构，避免了其他干燥过程中团聚现象的发生，因此在中低压部分，超临界干燥法得到的气凝胶也能够具有较高的气体吸附量。

由图 7-14 可以看出，三种不同浓度的纳米纤维素球形气凝胶的吸附等温线类型相同，即在吸附等温线的低压区（0.0～0.1）均有一小段吸附量骤增，说明气凝胶中存在少量微孔，主要为单分子层吸附；在吸附等温线的中压区（0.2～0.8），随着相对压力的逐渐增大，N_2 吸附量均缓慢增加，形成多分子层吸附；而在吸附等温线的高压区（0.8～1.0），N_2 吸附量均呈现出快速上升的趋势，N_2 开始凝结为液相。故三种浓度的纳米纤维素球形气凝胶的吸附等温线均符合第 II 类气体吸附等温线的特征，即为反"S"形吸附等温线，且以多分子层吸附为主。

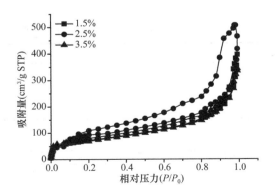

图 7-14　气凝胶的 N_2 吸附等温线[49]

STP：标准状况

从中还可以看出，三种浓度气凝胶的 N_2 吸附等温线在中高压区均出现吸附滞后环，即吸附等温线的吸附分支和脱附分支产生分离的回环，这是由于孔性固体发生毛细凝结现象。吸附滞后环的起始点（闭合点）常由吸附材料的性质决定，与测试气体无关，而滞后环的形状则与孔的形状有关，de Boer 将吸附滞后环的类型分为 5 种，每种代表不同的孔形，但由于吸附材料内部的孔结构千变万化，几乎无法找到单一形状的孔，因此吸附滞后环的形状多为上述 5 种基本滞后环的复合体。综合分析三种不同浓度纳米纤维素球形气凝胶的吸附滞后环形状，可以得出它们均接近于滞后环 II 型，这表明气凝胶中具有丰富的中孔结构。其中 $B_{2.5}$ 的吸附滞后环面积要比 $B_{1.5}$ 和 $B_{3.5}$ 的大，说明 $B_{2.5}$ 的孔径分布范围更宽。

三、密度和强度分析

采用"无机盐溶液物理凝胶成型法"制备的气凝胶的形状并非"正球形"，而是近似于球形颗粒，因此，使用常规测量方法无法精确计算出气凝胶的体积，从而影响气凝胶密度的测定。本实验采用"包蜡法"测定纳米纤维素球形气凝胶的体积，实验方法如下[49]。

1）采用最佳干燥工艺条件制备出不同浓度的纳米纤维素球形气凝胶，各取 50 颗均匀分散地放置于培养皿中，在电子分析天平上进行称重计数（培养皿质量已称取）。

2）将固体石蜡加热至融化状态，将气凝胶样品轻轻浸没在融化的石蜡中，然后迅速取出，由于温度骤降，石蜡层迅速固化，气凝胶的表面会被一层薄薄的石蜡包裹住（石蜡层极薄，由此产生的体积增量在此忽略不计）。

3）由于气凝胶表面的孔隙被石蜡层完全包裹住，即使再次放入液体中，也不会吸附液体，故可将 2）中的气凝胶利用量筒排水法测量出总体积，使用式（7-3）计算其密度。

$$\rho = M/V \tag{7-3}$$

式中，ρ 为气凝胶密度，g/cm^3；M 为 50 颗气凝胶的质量和，g；V 为 50 颗气凝胶的体积和，cm^3。

不同质量分数气凝胶的密度如表 7-8 和表 7-9 所示。其中表 7-8 为 CNC 气凝胶；表 7-9 为 CNF 气凝胶。

表 7-8 不同质量分数 CNC 气凝胶的密度[49]

质量分数（%）	密度（g/cm^3）
1.5	0.0193
2.5	0.0262
3.5	0.0352

表 7-9 不同质量分数 CNF 气凝胶的密度[49]

质量分数（%）	密度（g/cm^3）
1.5	0.0201
2.5	0.0263
3.5	0.0362

从中可以看出，气凝胶的密度随着纳米纤维素的质量分数增加而升高，纤维素在凝胶过程中，通过羟基形成分子间氢键，纤维素相互交织构成三维网络结构。随着纳米纤维素浓度的增加，纤维素的数量和羟基也增加，形成的三维网络结构越密实。气凝胶的密度随着纤维素质量分数的增加而变大，其主要原因是，单位体积内纤维素的质量随着浓度的升高而升高，所以密度也越来越大。

CNC 气凝胶和 CNF 气凝胶的抗压强度见图 7-15。其中三种浓度 CNC 气凝胶 $A_{1.5}$、$A_{2.5}$ 和 $A_{3.5}$ 的抗压强度分别为 0.32MPa、0.40MPa 和 0.46MPa，三种浓度 CNF 气凝胶 $B_{1.5}$、$B_{2.5}$、和 $B_{3.5}$ 的抗压强度分别为 0.37MPa、0.67MPa 和 0.77MPa。随着纳米纤维素质量分数的增加，气凝胶的抗压强度也逐渐增强。

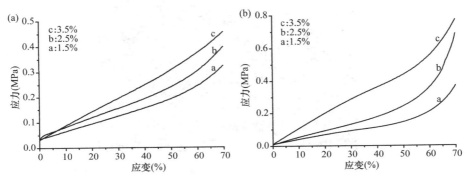

图 7-15　气凝胶抗压强度与纳米纤维素浓度的关系[49]
（a）CNC；（b）CNF

四、电镜分析

采用超临界 CO_2 干燥的方式制备出纳米纤维素球形气凝胶，三种不同浓度纳米纤维素球形气凝胶内部的微观形貌如图 7-16 所示。从放大倍数为 20 000 倍的扫描电镜图中可以明显观察到，三种浓度气凝胶的内部均是由一根根纳米纤维通过"随机组合的方式"连接而成的三维网络结构，纳米纤维之间相互无序交联，交联点即为氢键连接点，从而形成一个个连续而无规则的孔隙，孔径分布范围较广，孔隙并无明显坍塌现象，说明超临界 CO_2 干燥法可以极大程度地保留水凝胶原有的三维网状结构。从图 7-16 中还可以看出，2.5%和 3.5%浓度的气凝胶孔隙结构相对较为致密，单位面积内的纳米纤维数量更多，而 1.5%浓度的气凝胶孔隙结构则相对较为疏松，即使用"无机盐溶液物理凝胶成型法"制备的水凝胶，纳米纤维素浓度的增加并不会改变气凝胶的结构形态，只会影响孔隙的致密程度，这也从表观上验证了前面的成型机理与实验结论。

采用冷冻干燥的方式制备纳米纤维素球形气凝胶，三种不同浓度纳米纤维素球形气凝胶内部的微观形貌如图 7-17 所示。从中可以看出，三种浓度气凝胶的内部微观形态

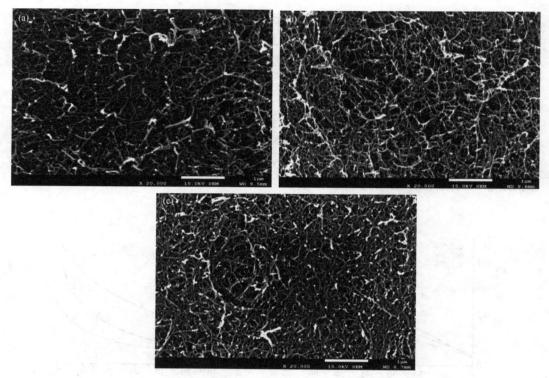

图 7-16　超临界 CO_2 干燥制备的纳米纤维素球形气凝胶的扫描电镜图[49]

(a) 1.5%（×20 000）；(b) 2.5%（×20 000）；(c) 3.5%（×20 000）

均表现为"松软的棉絮状"结构，切面不平整，凹凸不平，似蜂窝状，其上亦布满较多孔隙。从放大倍数为 2000 倍的扫描电镜图中可以明显观察到，冷冻干燥法得到的纳米纤维素球形气凝胶，其内部表现为层、片状结构，并不像超临界干燥法那样是由一根根纳米纤维相互无序交联形成的连续而不规则的孔隙，而是由一片片片状结构的纤维素相互包围而形成的无规则孔隙。这些微观形貌图从表观上再次验证了两种干燥方法具有不同的干燥机理，即叔丁醇冷冻干燥法在冻结阶段会形成针状结晶体，针状结晶体在升华干燥后会留下大量针状孔隙，冻结阶段也确实改变了纳米纤维素球形醇凝胶内部的原始网络结构，纳米纤维之间形成聚集体，从而形成片状结构；而超临界干燥法则是利用 CO_2 在超临界状态下与乙醇溶剂具有良好的相容性，在表面张力为 0 的条件下，快速扩散并渗透进入醇凝胶的孔隙结构中，萃取出乙醇溶剂，并保持原有的孔隙结构，达到快速干燥的目的。在相同浓度条件下，超临界干燥法（最佳工艺条件）制得的气凝胶收缩率更小，干燥效率更高。

五、吸附二氧化碳的性能分析

在不同氨化剂浓度（0～5%）、不同反应温度（80℃、90℃）下对纳米纤维素球形醇凝胶进行改性。图 7-18 所示为在 20℃下氨基化纳米纤维素球形颗粒的 CO_2 气体吸附

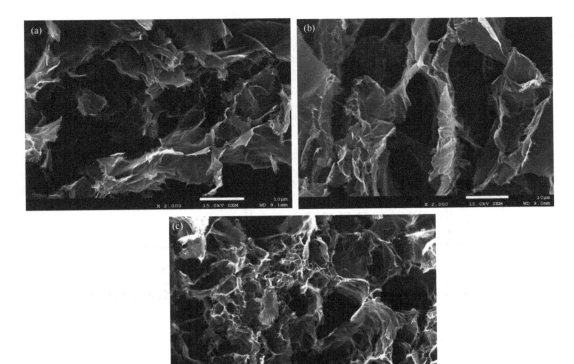

图 7-17　冷冻干燥制备的纳米纤维素球形气凝胶的扫描电镜图[49]
（a）1.5%（×2000）；（b）2.5%（×2000）；（c）3.5%（×2000）

动力学。由其可知：吸附 15min 后，氨基化纳米纤维素基本均吸附饱和。饱和吸附量随着改性剂浓度、改性反应温度的增加而提高。当吸附过程进行到 25min 时，当改性剂浓度为 5%时，反应温度从 80℃提高到 90℃，饱和吸附量从 1.38 升高到 1.75mmol/g；当改性反应温度为 90℃时，改性剂浓度从 3%升高到 5%，饱和吸附量从 1.15 升高到 1.35mmol/g。从图 7-19 可知：在 110℃条件下汽化处理 6h，再在 150℃条件下氨基化反应 6h 后，所得到的氨基化纳米纤维素球形气凝胶在吸附二氧化碳过程中，二氧化碳吸附量随着压力、改性剂用量的增加而增加，在压力为 760mmHg 时，吸附量达到 1.85mmol/g（在氨化剂用量为 8%时）。

　　图 7-20 是改性的纳米纤维素球形气凝胶吸附二氧化碳后经过脱附再吸附循环 10 次的效果。最初氨基化纳米纤维素球形气凝胶吸附容量为 1.78mmol/g，经过吸附和脱附 10 次循环后，尽管吸附容量有所变化，但仍然保持在 1.61mmol/g，下降 9.55%。由此可见，氨基化纳米纤维素球形气凝胶吸附性能稳定性较好。

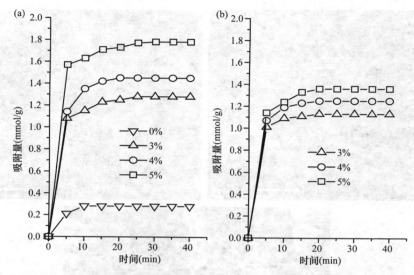

图 7-18 不同条件制备的氨基化纳米纤维素球形气凝胶的 CO_2 气体吸附动力学[48]
（a）80℃；（b）90℃

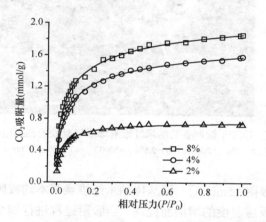

图 7-19 氨基化纳米纤维素球形气凝胶吸附二氧化碳效果[50]

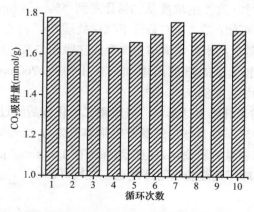

图 7-20 氨基化纳米纤维素球形气凝胶吸附再生循环时的 CO_2 气体吸附性能[51]

参 考 文 献

[1] Bernstein L, Lee A, Crookshank S. Carbon dioxide capture and storage: a status report[J]. Climate Policy, 2006, 6(2): 241-246.

[2] Leung D Y C, Caramanna G, Maroto-Valer M M. An overview of current status of carbon dioxide capture and storage technologies[J]. Renewable and Sustainable Energy Reviews, 2014, 39: 426-443.

[3] Choi S, Drese J H, Jones C W. Adsorbent materials for carbon dioxide capture from large anthropogenic point sources[J]. Chem Sus Chem: Chemistry & Sustainability Energy & Materials, 2009, 2(9): 796-854.

[4] MacDowell N, Florin N, Buchard A, et al. An overview of CO_2 capture technologies[J]. Energy & Environmental Science, 2010, 3(11): 1645-1669.

[5] Drage T C, Snape C E, Stevens L A, et al. Materials challenges for the development of solid sorbents for post-combustion carbon capture[J]. Journal of Materials Chemistry, 2012, 22(7): 2815-2823.

[6] Lu W, Sculley J P, Yuan D, et al. Polyamine-tethered porous polymer networks for carbon dioxide capture from flue gas[J]. Angewandte Chemie International Edition, 2012, 51(30): 7480-7484.

[7] Dawson R, Cooper A I, Adams D J. Chemical functionalization strategies for carbon dioxide capture in microporous organic polymers[J]. Polymer International, 2013, 62(3): 345-352.

[8] Tsuda T, Fujiwara T, Taketani Y, et al. Amino silica gels acting as a carbon dioxide absorbent[J]. Chemistry Letters, 1992, 21(11): 2161-2164.

[9] Leal O, Bolívar C, Ovalles C, et al. Reversible adsorption of carbon dioxide on amine surface-bonded silica gel[J]. Inorganica Chimica Acta, 1995, 240(1-2): 183-189.

[10] Xu X, Song C, Andresen J M, et al. Novel polyethylenimine-modified mesoporous molecular sieve of MCM-41 type as high-capacity adsorbent for CO_2 capture[J]. Energy & Fuels, 2002, 16(6): 1463-1469.

[11] Drage T C, Arenillas A, Smith K M, et al. Thermal stability of polyethylenimine based carbon dioxide adsorbents and its influence on selection of regeneration strategies[J]. Microporous and Mesoporous Materials, 2008, 116(1-3): 504-512.

[12] Yue M B, Chun Y, Cao Y, et al. CO_2 capture by as-prepared SBA-15 with an occluded organic template[J]. Advanced Functional Materials, 2006, 16(13): 1717-1722.

[13] Yue M B, Sun L B, Cao Y, et al. Promoting the CO_2 adsorption in the amine-containing SBA-15 by hydroxyl group[J]. Microporous and Mesoporous Materials, 2008, 114(1-3): 74-81.

[14] Plaza M G, Pevida C, Arenillas A, et al. CO_2 capture by adsorption with nitrogen enriched carbons[J]. Fuel, 2007, 86(14): 2204-2212.

[15] Hiyoshi N, Yogo K, Yashima T. Adsorption characteristics of carbon dioxide on organically functionalized SBA-15[J]. Microporous and Mesoporous Materials, 2005, 84(1-3): 357-365.

[16] Wei J, Shi J, Pan H, et al. Adsorption of carbon dioxide on organically functionalized SBA-16[J]. Microporous and Mesoporous Materials, 2008, 116(1-3): 394-399.

[17] Huang H Y, Yang R T, Chinn D, et al. Amine-grafted MCM-48 and silica xerogel as superior sorbents for acidic gas removal from natural gas[J]. Industrial & Engineering Chemistry Research, 2003, 42(12): 2427-2433.

[18] Drage T C, Blackman J M, Pevida C, et al. Evaluation of activated carbon adsorbents for CO_2 capture in gasification[J]. Energy & Fuels, 2009, 23(5): 2790-2796.

[19] Plaza M G, Pevida C, Arias B, et al. Development of low-cost biomass-based adsorbents for postcombustion CO_2 capture[J]. Fuel, 2009, 88(12): 2442-2447.

[20] Sevilla M, Fuertes A B. Sustainable porous carbons with a superior performance for CO_2 capture[J]. Energy & Environmental Science, 2011, 4: 1765-1771.

[21] Maleki H. Recent advances in aerogels for environmental remediation applications: a review[J]. Chemical Engineering Journal, 2016, 300: 98-118.

[22] Sehaqui H, Zhou Q, Berglund L A. High-porosity aerogels of high specific surface area prepared from nanofibrillated cellulose(NFC)[J]. Composites Science and Technology, 2011, 71(13): 1593-1599.

[23] Bernard F L, Duczinski R B, Rojas M F, et al. Cellulose based poly(ionic liquids): tuning cation-anion interaction to improve carbon dioxide sorption[J]. Fuel, 2018, 211: 76-86.

[24] Kang K S. The method of capturing CO_2 greenhouse gas in cellulose matrix[J]. Journal of Environmental Chemical Engineering, 2013, 1(1-2): 92-95.

[25] Mahfoudhi N, Boufi S. Nanocellulose as a novel nanostructured adsorbent for environmental remediation: a review[J]. Cellulose, 2017, 24(3): 1171-1197.

[26] Dassanayake R S, Gunathilake C, Dassanayake A C, et al. Amidoxime-functionalized nanocrystalline cellulose-mesoporous silica composites for carbon dioxide sorption at ambient and elevated temperatures[J]. Journal of Materials Chemistry A, 2017, 5(16): 7462-7473.

[27] Gebald C, Wurzbacher J A, Tingaut P, et al. Amine-based nanofibrillated cellulose as adsorbent for CO_2 capture from air[J]. Environmental Science & Technology, 2011, 45(20): 9101-9108.

[28] Sehaqui H, Gálvez M E, Becatinni V, et al. Fast and reversible direct CO_2 capture from air onto all-polymer nanofibrillated cellulose polyethylenimine foams[J]. Environmental Science & Technology, 2015, 49(5): 3167-3174.

[29] Gebald C, Wurzbacher J A, Borgschulte A, et al. Single-component and binary CO_2 and H_2O adsorption of amine-functionalized cellulose[J]. Environmental Science & Technology, 2014, 48(4): 2497-2504.

[30] Wu Y, Cao F, Jiang H, et al. Preparation and characterization of aminosilane-functionalized cellulose nanocrystal aerogel[J]. Materials Research Express, 2017, 4(8): 085303.

[31] Gilberto S, Julien B, Alain D. Cellulose whiskers versus microfibrils: influence of the nature of the nanoparticle and its surface functionalization on the thermal and mechanical properties of nanocomposites[J]. Biomacromolecules, 2009, 10(2): 425-432.

[32] Qiuju W, Marielle H, Xiaohui L, et al. A high strength nanocomposite based on microcrystalline cellulose and polyurethane[J]. Biomacromolecules, 2008, 8(12): 3687-3692.

[33] Capadona J R, Kadhiravan S, Stephanie T, et al. Polymer nanocomposites with nanowhiskers isolated from microcrystalline cellulose[J]. Biomacromolecules, 2009, 10(4): 712-716.

[34] Diamond L W, Akinfiev N N. Solubility of CO_2 in water from -1.5 to 100 degrees C and from 0.1 to 100 MPa: evaluation of literature data and thermodynamic modelling[J]. Fluid Phase Equilibria, 2003, 208(1-2): 265-290.

[35] Liebner F, Haimer E, Wendland M, et al. Aerogels from unaltered bacterial cellulose: application of $scCO_2$ drying for the preparation of shaped, ultra-lightweight cellulosic aerogels[J]. Macromolecular Bioscience, 2010, 10(4): 349-352.

[36] Liebner F, Haimer E, Potthast A, et al. Cellulosic aerogels as ultra- lightweight materials. Part 2: synthesis and properties[J]. Holzforschung, 2009, 63(1): 3-11.

[37] Stievano M, Elvassore N. High-pressure density and vapor-liquid equilibrium for the binary systems carbon dioxide-ethanol, carbon dioxide-acetone and carbon dioxide-dichloromethane[J]. Journal of Supercritical Fluids, 2005, 33(1): 7-14.

[38] Robitzer M, David L, Rochas C, et al. Nanostructure of calcium alginate aerogels obtained from multistep solvent exchange route[J]. Langmuir, 2008, 24(21): 12547-12552.

[39] 李淑芬, 张敏华. 超临界流体技术及应用[M]. 北京: 化学工业出版社, 2014.

[40] 朱自强. 超临界流体技术——原理和应用[M]. 北京: 化学工业出版社, 2000.

[41] 宋宇轩. 制备球形纳米纤维素气凝胶的成型和干燥工艺研究[D]. 南京: 南京林业大学硕士学位论文, 2016.

[42] Stahl E, Gerard D. Solubility behaviour and fractionation of essential oils in dense carbon dioxide[J]. Perfumer & Flavorist, 1985, 10: 29-35.

[43] 韩娜. 真空冷冻干燥技术研究进展[J]. 食品工程, 2007, (3): 28-29.

[44] 左建国. 叔丁醇/水共溶剂的热分析及其冷冻干燥研究[D]. 上海: 上海理工大学博士学位论文, 2005.

[45] Duddu S P, Monte P R D. Effect of glass transition temperature on the stability of lyophilized

formulations containing a chimeric therapeutic monoclonal antibody[J]. Pharmaceutical Research, 1997, 14(5): 591-595.

[46] 刘占杰, 华泽钊, 陈建明, 等. 药品冷冻干燥过程中的玻璃化作用[J]. 中国医药工业杂志, 2000, 31(8): 380-383.

[47] 王晓宇. 纳米纤维素晶体和纤丝及其气凝胶的制备与特性分析[D]. 南京: 南京林业大学博士学位论文, 2018.

[48] 曹飞. 氨基化纳米纤维素气凝胶的制备及其吸附研究[D]. 南京: 南京林业大学硕士学位论文, 2018.

[49] 赵华. 硫酸水解法和过硫酸铵氧化法制备纳米纤维素及其气凝胶的特性研究[D]. 南京: 南京林业大学硕士学位论文, 2017.

[50] 吴煜. 纤维素纳米纤丝的氨基化改性及其气凝胶对 CO_2 的吸附[D]. 南京: 南京林业大学硕士学位论文, 2018.

[51] 刘双. 纳米纤维素纤丝制备气凝胶及其吸附 CO_2 性能研究[D]. 南京: 南京林业大学硕士学位论文, 2018.

ion niobate-sodium oxide y chord. 7,9 presents o pocificed anaboysul freeselicrs that journal
5100-57-505.

[29] Yen, S. et al. Free. Frame ocid freesions of effective for free inglish.

第八章　纳米纤维素超疏水涂层的制备与性能研究

近年来，超疏水性在金属[1]、玻璃[2]、纺织品[3]、纸和气凝胶[4, 5]等材料表面上的研究有很多。目前，将一个亲水表面转变为超疏水表面，常见方式是在亲水表面覆盖一层超疏水涂层。在超疏水涂层中，各种无机纳米粒子包括 SiO_2[6]、ZnO[7]、CuO[8]、$CaCO_3$[9]和 TiO_2[10]等通常被作为构建涂层粗糙结构的主要物质。超疏水涂层在制备和功能化等方面已取得了一定的进展[11-13]。减少超疏水涂层在使用过程中对环境的影响是一个重要问题，因此，资源丰富、可自然降解的绿色环保材料将会大力推广[14]。本章介绍了利用天然纳米纤维素材料作为主要结构材料，通过简单的喷涂、滚压等工艺构筑出稳定的超疏水涂层。

第一节　纳米纤维素纤丝超疏水涂层

纳米纤维素纤丝（CNF）可利用植物纤维通过机械法或者化学法制得，具有高长径比和大比表面积[15]，容易相互缠结形成网络结构，有利于粗糙结构的构建。同时，利用 CNF 制备超疏水涂层，也是实现纳米纤维素高附加值利用的有效途径之一。虽然目前对纤维素基材料如纳米纤维素气凝胶[16]、棉花纺织[17]和纸片[18]进行超疏水改性已经有大量的研究，但利用 CNF 作为构筑超疏水涂层的主要结构材料的研究较少见。

一、CNF 超疏水涂层的制备

根据本节的研究，CNF 超疏水涂层主要制备流程如图 8-1 所示[19, 20]。

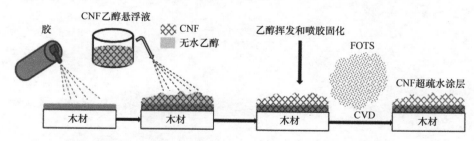

图 8-1　在木质基材上制备 CNF 超疏水涂层的流程图[19]（彩图请扫封底二维码）

（一）溶剂置换

首先用高速离心机将 2.95wt%的 CNF 水悬浮液在 10 000r/min 离心 5min，然后倒掉离心管上层液体，将底层的沉积物重新分散到与倒掉的上层液体同样质量的无水乙醇中，于磁性搅拌机连续搅拌（600r/min）1h，得到 CNF 乙醇悬浮液，上述过程作为一次循环，为得到高纯度的 CNF 乙醇悬浮液，总共进行三次以上循环处理，然后将得到的 CNF 乙醇悬浮液用新鲜无水乙醇稀释为 1.2wt% 的浓度。

（二）喷涂

首先将一种商业型快速固化涂料（Krylon k09116000 covermaxx spray paint）作为胶黏剂喷涂到尺寸为 4.5cm×2.5cm×2.5cm（长×宽×高）的小木块表面，喷涂量为 0.1~0.2g，常温下静置 3~5min，然后用喷枪将 1.2wt% 的 CNF 乙醇悬浮液（0.3~0.5g 的喷涂量）喷涂到木块表面，喷距 48~60cm，空气压缩机的空气压力控制在 0.2~0.4MPa。尽管 CNF 在无水乙醇中呈絮状，但在 1.2wt% 的浓度下没有影响喷涂。

（三）干燥

喷涂后的木块于室温下晾干 3h 以上或于 90℃ 的烘箱里烘干 10min 以上，直至无水乙醇完全挥发和漆层完全固化。

（四）低表面能改性

采用化学气相沉淀法（CVD）对涂层表面进行低能改性，操作如下：将待改性的样品和一个 30ml 的装有 0.5g 全氟辛基三氯硅烷（1H,1H,2H,2H-perfluorooctyltrichlorosilane，FOTS，97%）的敞口小瓶子（5ml）一同放入一个 500ml 容量瓶中，用盖子将大瓶密封，于 80℃ 的烘箱内处理 4h。将样品从瓶子取出后，为去除未反应的 FOTS 和 CVD 过程产生的副产品，于 90℃ 下烘干 30min，制得 CNF 超疏水涂层。

二、CNF 超疏水涂层表面浸润性能

（一）接触角

木材作为一种生物质材料广泛应用于诸多领域，但由于其表面存在大量的亲水羟基，随着周围环境含水率的变化很容易出现膨胀、收缩现象，也常常会出现微生物腐蚀导致其使用寿命减短。对木材进行超疏水处理，使其避免遭受潮湿环境的影响，是保护木材的一种有效措施。图 8-2a~c 展示了用 FOTS 改性后，不同样品表面的润湿性。如图 8-2a 所示，纯木材改性后，用亚甲基蓝染成蓝色的水滴在其表面呈现 2/3 球形，水接触角（water contact angle，WCA）为 143.2°，呈疏水状态，但没达到超疏水，这是因为木材表面本身的导管破裂形成一定的粗糙度；当对只进行过喷胶处理的木材进行改性时，如图 8-2b 所示，水滴呈半球形且黏附于其表面，WCA 减少到 103.5°，这是由于胶黏剂覆盖木材表面的凹槽，使表面变得更平滑，降低了表面粗糙度。

因此，需要利用 CNF 在胶层表面构建合适粗糙结构。表 8-1 为在相同的喷涂量下，不同的 CNF 浓度对涂层表面浸润性的影响。在 0~1.2wt% 的 CNF 浓度，随着浓度的增加，WCA 不断增加和滚动角（sliding angle，SA）不断减小，且在 0.9wt% 的 CNF 浓度后，涂层才显现出超疏水性能，这是因为随着 CNF 浓度增加，才能有足量的 CNF 构建出达到超疏水性能的粗糙结构。而在 1.5wt% 的 CNF 浓度，涂层的 WCA 和 SA 跟 1.2wt%

(a)纯木材表面　　　　　　　　　　　　　(b)胶黏剂处理后的木材表面

(c)CNF涂层表面(疏水)　　　　　　　　　　(d)CNF涂层表面(疏油)

图 8-2　不同样品改性后的表面浸润性[19, 20]（彩图请扫封底二维码）

的 CNF 浓度时仅有微小差别，证明在两浓度区间，可以构建出较好的涂层微观结构。从节约材料上考虑，1.2wt%的浓度为最佳选择。图 8-2c 显示涂覆 CNF 乙醇悬浮液后，木材表面表示出具良好的超疏水特性，WCA 达到 161°，SA 低于 10°，在其表面的水滴呈球状并容易滚动。这得益于 CNF 涂层表面三维网络结构可以提供合适的粗糙度。以上表明，在同样的低表面能条件下，固体材料表面的浸润性能主要由表面粗糙结构决定[21]，如图 8-2d 所示。CNF 涂层不仅拥有优异的超疏水特性，也展现出良好的疏油特性，油滴（甘油）在涂层表面的接触角为 153°，滚动角低于 15°。

表 8-1　CNF 浓度对涂层表面浸润性的影响[20]

CNF 浓度（%）	WCA（°）	SA（°）
0.3	129.6	
0.6	148.8	47
0.9	153.1	10
1.2	161.0	8
1.5	159.7	8

（二）涂层透明度、银镜现象与自清洁测试

　　为研究 CNF 超疏水涂层的透明度，用载玻片作为基材。如图 8-3a 所示，CNF 超疏水涂层显示出半透明性。这是因为喷漆固化成膜后呈透明，虽然 CNF 本身不透明，但喷涂制备的 CNF 涂层没有完全覆盖漆膜，光线可以穿过未被 CNF 覆盖的区域，进而呈现出半透明性，这也间接证明 CNF 涂层结构并不密实，而是三维网络结构。如图 8-3b 所示，常温下将样品完全浸泡在水中，从一定的倾角观察，木材超疏水的一面展现一种银镜现象，而普通木材没显现这种现象，这是由于水与超疏水涂层表面间的界面存在着一空气薄层，入射光被反射[22]。将一些灰尘随机抛洒在一个呈约 5°倾斜的具 CNF 超疏水涂层的木块下部，当水滴滴到其表面时，水滴呈球体沿着斜坡滚下，当与灰尘接触时，灰尘会附到球状水滴上被带走，留下一条干净的滚痕，其过程如图 8-3c 所示。

(a)涂层的透明度　　　　　　　　　　　(b)银镜现象

(c)自清洁性能

图 8-3　CNF 超疏水涂层的透明度、银镜现象和自清洁性能[19, 20]（彩图请扫封底二维码）

三、CNF 超疏水涂层表面微观形貌

由图 8-4a 可知，CNF 是一种高长径比的丝状结构材料[23]。如图 8-4b 所示，纯木材的表面存在许多在砂光过程中因导管破坏而形成的沟槽。对纯木材表面进行喷胶处理后，这些沟槽被填充，变得平滑（图 8-4c）。当进一步喷涂 CNF 乙醇悬浮液到木材表面后，如图 8-4d 所示，形成一个三维网络结构，并出现很多不规则突起形状。出现此结构的原因主要有两个：一个原因是喷涂不均匀，CNF 乙醇悬浮液从喷嘴喷出时，高压气体挤压在喷枪嘴形成的剪切力使 CNF 乙醇悬浮液形成雾滴，雾滴落入较少的区域形成比较平的结构，而在多雾滴叠加的区域就形成了突起状结构；另一个原因是无水乙醇快速挥发，液滴收缩，使得 CNF 和 CNF 之间的距离变得越来越近，最终在 CNF 聚合过程中形成了突起状结构，这些不规则突起状结构本身是微米尺度的。图 8-4e 为 CNF 超疏水涂层的高倍放大图，在这些突起状结构表面，存在许多纳米尺度的小突起结构。

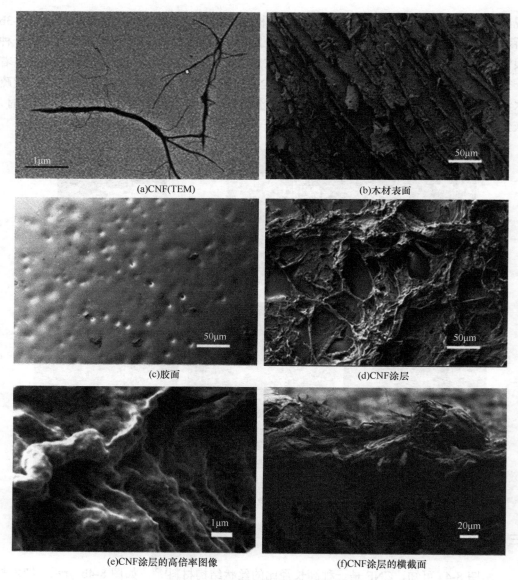

(a)CNF(TEM)

(b)木材表面

(c)胶面

(d)CNF涂层

(e)CNF涂层的高倍率图像

(f)CNF涂层的横截面

图 8-4　不同样品的表面形貌[19, 20]

因此，不规则的大突起状结构及其表面存在的小突起即构筑了超疏水表面所需的微-纳米分层粗糙结构。此三维网络结构类似于普通纸张表面的微观形貌，但普通纸张的主要结构物质由尺寸较大的纤维构筑，对于 CNF 来说形成纳米结构的突起更困难，因此 CNF 涂层比普通纸张更容易进行超疏水改性。图 8-4f 显示样品横截面不同区域的微观形貌，可以清晰地看到木块和 CNF 层被胶黏剂联系在一起，由于喷漆（胶黏剂）和乙醇之间具有一定的兼容性，一部分 CNF 埋入胶黏剂里，这是提高涂层附着力的关键。

四、CNF 超疏水涂层表面物化分析

（一）XPS 分析

疏水改性前后 CNF 表面化学元素的变化如图 8-5 所示。CNF 是一种碳水化合物，因此改性前，主要为 C 和 O 两种元素，结合能分别为 286.88eV 和 533.15eV；改性后，C 和 O 的结合能出现偏移，分别为 291.21eV 和 532.75eV，尤其是 C 的结合能偏移较多，这可能是由改性后接枝到 CNF 表面的 FOTS 中 C 与 CNF 中 C 结合能不同引起的。C 和 O 元素的含量比例出现下降（表 8-2），这是因为 F 和 Si 元素含量增加；而改性后 C/O 的比例从 1.26 增加到 2.67，是因为 FOTS 中不含 O 只含 C，其存在增加了 C 含量。改性后的 CNF 出现了 F 和 Si 两种元素，这与低能改性剂 FOTS[$(CF_2)_5(CH_2)_2SiCl_3$]中所含元素相符，在图谱中没有发现 Cl 元素，是因为在 CVD 改性过程中其以 HCl 的形式挥发掉，暗示改性后的 CNF 表面成功接枝了 FOTS。

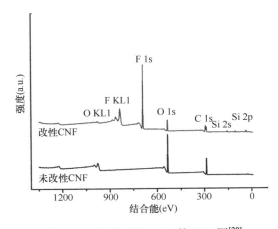

图 8-5　改性前后的 CNF 的 XPS 图[20]

表 8-2　改性前后的 CNF 表面元素含量对比[20]

样品	C（%）	O（%）	Si（%）	F（%）	C/O
未改性 CNF	55.86	44.16			1.26
改性 CNF	33.98	12.74	3.39	49.89	2.67

（二）FTIR 分析

为进一步证实 FOTS 对 CNF 成功改性，利用 FTIR 进行验证。CNF 改性前后的红外光谱如图 8-6 所示。改性后，在 1107cm^{-1} 处出现的新吸收峰是由 Si—O 键的伸展振动造成的，因为 CNF 和 FOTS 本身均不存在 Si—O 键，所以其是由 FOTS 与 CNF 表面的羟基之间经脱水反应形成的，这表明 CVD 是一种使含氟疏水基团嫁接到 CNF 表面的有效方法。出现在 1147cm^{-1} 和 1239cm^{-1} 处的新吸收峰归因于疏水基团上 C—F 键的伸缩振

动[24]。在改性过程中，发生了如图 8-7 所示的化学反应。FOTS 容易与空气中的水分发生水解反应，Cl 原子被羟基取代，然后在 80℃下与 CNF 表面上的羟基发生脱水反应，形成 Si—O 键，将氟硅烷长链接枝到 CNF 表面。

图 8-6　改性前后的 CNF 涂层的红外光谱[19, 20]

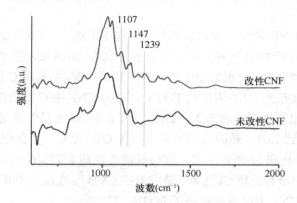

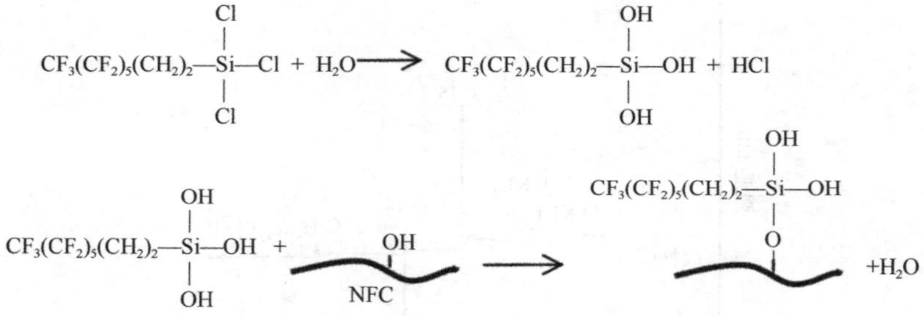

图 8-7　在 CNF 改性过程中发生的化学反应[20]

（三）热稳定性分析

图 8-8 为 CNF 改性前后的热性能曲线，与 Klemm 等[25]的研究类似，可以看出，CNF 热裂解大概分为 4 个阶段：①在 25～100℃温度阶段，因吸附水的脱除造成少量质量损失；②在 100～240℃温度阶段出现少量质量损失是由 C2 位醇羟基脱除造成的；③240～400℃温度阶段是失重速率最快的阶段，是由 C4 位醇羟基脱除造成的；④在 400～600℃温度阶段，质量损失主要是由残留物的缓慢分解和碳化造成的[26]。对于改性后的 CNF，其失重也类似于改性前的 4 个阶段，但不同的是在第一个阶段，其失重速率比改性前慢，是由于改性后 CNF 表面的部分羟基已被氟硅烷基链取代，表面的亲水基团减少，水吸附能力减弱；在 150～400℃温度阶段，由于羟基减少，取代的氟硅烷基链的热稳定性比羟基强很多，此阶段温度不能使其热解，因此改性后 CNF 失重慢。但在 400～500℃阶段，氟硅烷基链也开始发生热解，在 240℃之前失重较少，但在 240～600℃阶段，失重迅速，最终剩余质量仅为 6%～10%，所以 CNF 的热稳定性只是中等，并非高热稳定性物质。

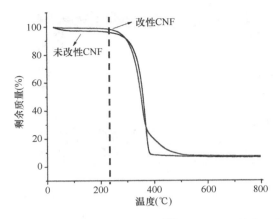

图 8-8　CNF 改性前后的热性能分析[20]（彩图请扫封底二维码）

五、CNF 超疏水涂层机械强度

　　超疏水涂层的机械强度是影响其工作寿命的关键因素之一。值得注意的是超疏水涂层的耐磨性测试方法并非传统意义上的涂层宏观毁坏。这里的耐磨性是以涂层失去超疏水功能（即水接触角大于 150°）为界限，涂层有可能是因为宏观破坏（如涂层脱落、破裂等）而失去超疏水性能，也有可能是因为微观结构被破坏或者表面化学成分改变而丢失超疏水性。所以为更接近实际应用，采用砂纸磨损、刀刻和指划等手段对其耐磨性能进行测试，还对其长时间耐水、耐低温和耐紫外线辐射性能等进行了测试。

（一）砂磨

1. 砂磨测试结果

　　砂磨是目前最常见和有效的评估超疏水涂层机械强度的方法[27]。如图 8-9a 所示，分别在 50g、100g 和 200g 的砝码加压下，样品于 1500 目的砂纸上磨直到 WCA 低于 150° 为止。对于无胶黏剂的 CNF 超疏水涂层，在 200g 砝码负载下，只经一次砂磨循环后，其表面如图 8-9b 所示，被严重破坏（被红圈圈出的区域），从而失去超疏水性能。这是因为没有胶黏剂存在，CNF 层与木材表面间只通过氢键连接，附着力很弱。

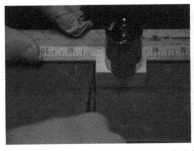

(a)一次砂磨循环演示

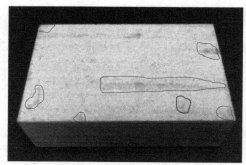

(b)无CNF涂层

图 8-9　一次砂磨循环示意图和无胶 CNF 超疏水涂层在一次砂磨循环后的表面状态[19, 20]

（彩图请扫封底二维码）

对于有胶黏剂的 CNF 超疏水涂层，如图 8-10a 所示，在 50g、100g 和 200g 的负载下，分别可以进行 11 次、8 次和 6 次砂磨循环，即砂磨循环数随着负载的增加而降低。这是因为负载越大，涂层给砂纸的压强越大，砂纸与涂层产生的摩擦力越大，对涂层形貌的毁坏越迅速。但即使在 200g 负载下，涂层经过 6 次砂磨循环也未脱落且 WCA 仍然在 150°以上，这得益于胶黏剂提供的强大附着力。

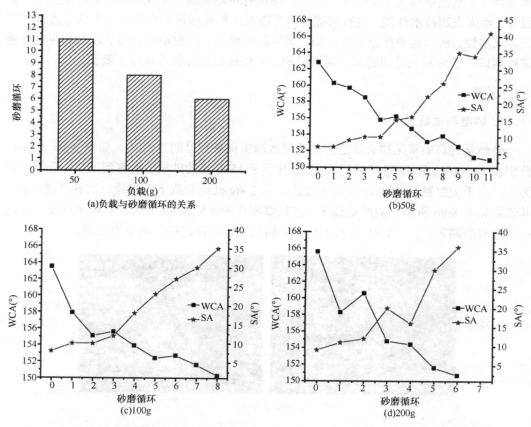

图 8-10　负载与砂磨循环的关系及不同负载下砂磨循环对 CNF 涂层 WCA 和 SA 的影响[19, 20]

2. 耐磨机理

在涂层形成的过程中，使用的是一种可快速固化的胶黏剂，其与无水乙醇之间的兼容性导致靠近漆层的那部分 CNF 与胶黏剂相互混溶在一起，固化后保证了涂层的附着力；而表层的 CNF 由于胶黏剂的快速固化和无水乙醇的快速蒸发，未与胶黏剂完全混合，通过相互缠结和氢键结合力能够形成相对稳定的三维网络结构，为超疏水提供足够的粗糙度。因此，为得到一个具有高黏附力的 CNF 涂层，胶黏剂的选择非常关键。当 CNF 液滴喷到胶层表面时，如果胶黏剂固化太慢，很容易跟乙醇快速混合，有可能导致整个 CNF 层陷进胶黏剂中，无法构建粗糙结构。如果胶黏剂固化速度太快，可能引起 CNF 液滴底部的 CNF 还没来得及与胶黏剂混合即固化，这会导致胶黏剂与 CNF 的结合力差，起不到增强黏附力的效果。上文提到的商业型喷漆刚好满足本研究要求。

如图 8-10b～d 所示，在所有的测试中，涂层表面的 WCA 随着砂磨循环次数的增加而减小。添层耐磨除得益于胶黏剂提供的高附着力外，也得益于在干燥过程中 CNF 高度聚集和氢键作用形成的突起状结构具有一定的强度，可以在一定程度上抵抗砂纸磨损。随着砂磨循环次数增加，相对于砂磨前（图 8-11a），表面结构被磨损变扁平（图 8-11c），

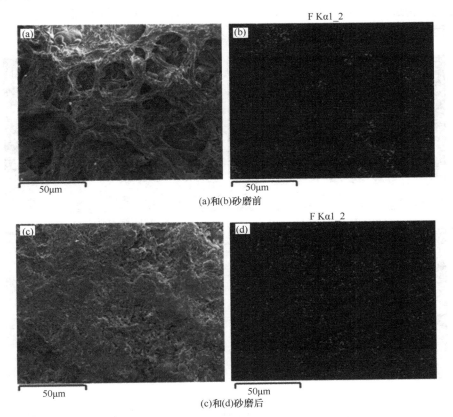

图 8-11　CNF 超疏水涂层砂磨前后的表面形貌及其 F 元素面扫描能谱[20]（彩图请扫封底二维码）

水滴黏附性增大，导致滚动角呈上升的趋势。如图 8-11b 和 d 所示，在 200g 负载下，6 次砂磨循环前后，在有 CNF 的地方都有大量的提供低表面能的 F 元素存在，即砂磨并没有造成表面主要化学元素发生改变，疏水性降低主要是因为砂磨致使 CNF 涂层的微观结构和与砂纸接触的 CNF 突起被磨平，表面变得平滑，粗糙度降低。

（二）刀刻和指划

超疏水涂层在使用过程中，受到刀刻和指划等机械破坏的概率较大，因此，研究超疏水涂层抗刀刻和指划的能力是有意义的。如图 8-12a 所示，刀（刀片厚度约为 0.5mm）刻后，未经胶处理过的涂层有一部分 CNF 与基材分离甚至脱落，这是因为此时基材与 CNF 之间只有氢键连接，附着力太小；同时刀痕很明显，比刀片的厚度宽，这是因为 CNF 层是由单根 CNF 相互缠结形成的，具有一定的收缩应力。但如图 8-12b 所示，经胶处理过的涂层没有出现 CNF 层与基材脱落或者刻痕比刀厚度宽的现象，这得益于喷漆提供的强附着力，当 CNF 被划断时，胶黏剂阻止其脱落和收缩。而当水滴在 10μl 以上时，液滴不被刀痕黏附，其超疏水性能不受影响，这是因为尽管刀刻使得 CNF 层断裂，但由于刻痕缺口很小，正常尺寸的水滴体积是 50μL 左右，可以横跨过这些刀痕。经指划后，涂层并没有脱落，进一步证明此胶黏剂可提供较强附着力；指划主要是对涂层的微观结构进行破坏，过程中未见 CNF 层散落，且其仍然保持超疏水，这得益于 CNF 涂层表面结构具有较高的稳定性（图 8-12c 和 d）。

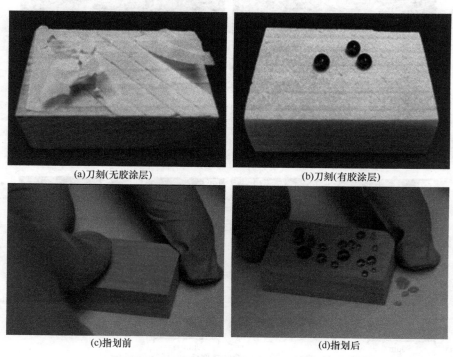

(a)刀刻(无胶涂层)　　　　　　　　　(b)刀刻(有胶涂层)

(c)指划前　　　　　　　　　(d)指划后

图 8-12　CNF 超疏水涂层在刀刻或指划后表面状态[19, 20]（彩图请扫封底二维码）

六、CNF 超疏水涂层耐久性能

（一）长时间泡水

在潮湿的环境或者户外使用超疏水涂层，需要其有良好的耐水能力。为测试 CNF 超疏水涂层的耐水性能，分别将样品完全浸泡在不同温度[24℃（室温）、30℃、40℃、50℃和 60℃]的水里。在此实验温度范围内，发现随着水温度的升高，涂层表面被浸湿的速率加快，认为由涂层表面对温度更高的水滴有更大的吸附作用所致[28]。在 5h 后涂层表面完全被水浸润，但于 103℃的烘箱干燥 3h 后，CNF 涂层并没有从基材脱落，这得益于胶层具有良好的抗水能力。对 WCA 和 SA 进行测定，其结果如图 8-13 所示，在不同温度的水中浸泡过后，WCA 和 SA 的变化跟泡水前相比差异均不明显，WCA 均在 154°以上。这说明在泡水过程中，虽然涂层完全被浸润，只是微观结构内的空气被水挤出，而微观粗糙结构并没有被破坏，展现出良好的耐水性能。

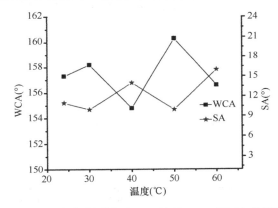

图 8-13　不同温度的水浸渍对 CNF 涂层 WCA 和 SA 的影响[19, 20]

（二）紫外线辐射

对于应用于室外的产品来说，不可避免地受到来自太阳光中紫外线（UV）的辐射。为检测样品的抗紫外线能力，本次使用高强度的紫外线对样品进行测试。通常来说，纤维素容易吸收紫外线并在一定程度上发生衰老退化。图 8-14 显示了紫外线辐射时间对涂层 WCA 和 SA 的影响。在连续辐射 72h 高强度紫外线过程中，涂层疏水性能保持良好，WCA 均大于 150°，而 SA 只在小范围内变动。如图 8-15 所示，在 UV 辐射前后，CNF 表面的化学基团没有发生改变，同样出现 Si—O（897cm^{-1}）和 C—F（1146cm^{-1} 和 1240cm^{-1}）的伸缩振动，这表明此 CNF 疏水涂层具有良好的抗紫外线性能，原因是涂层上的含氟疏水基团具有大量能量，没被紫外线破坏[29]。同时得益于胶层具有良好的稳定性，在高强度的 UV 辐射下，没有出现爆裂或熔化等导致涂层破损而失去超疏水性能。

（三）耐低温

本次实验模拟超低温，使用一个超低温冰箱营造一个低温环境。为了方便测试，使用对温度变化比木材更敏感的载玻片作为基材。将样品置于−30℃低温冰箱 10h，然后取出对其进行水接触角测定。如图 8-16 所示，从冰箱取出后，由于周围环境温度升

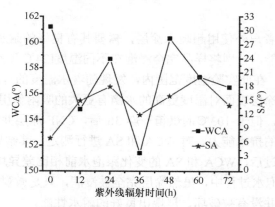

图 8-14　紫外线辐射时长对 CNF 涂层 WCA 和 SA 的影响[19, 20]

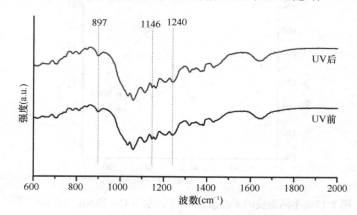

图 8-15　UV 辐射前后 NFC 的 FTIR 图[20]

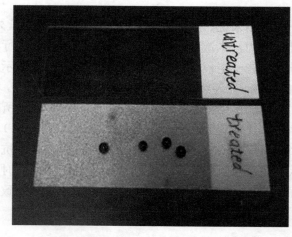

图 8-16　有无 CNF 超疏水涂层的载玻片于−30℃下保持 10h 后的表面浸润性[19, 20]
（彩图请扫封底二维码）

高，未进行超疏水处理的载玻片上出现一层薄雾，由周围空气和载玻片的温差造成。而在用 CNF 超疏水涂层处理过的载玻片表面，没有出现薄雾，水滴在其表面上仍然可以保持球形，且容易滚动，这是因为此低温，并不能破坏涂层的微观结构，表明 CNF 涂层有很好的耐低温性能。

第二节　纳米纤维素晶体 L-CNC 超疏水涂层

超疏水涂层虽然容易制备，但机械耐磨性差影响其进一步广泛应用[30-38]。近年来，为解决此难题，很多学者进行了大量研究。例如，Wang 等[39]用聚二甲基硅氧烷（PDMS）作为连接剂将疏水 SiO$_2$ 粒子通过滚压负载到载玻片表面制得超疏水表面，可以在 150 目砂纸及 50g 砝码的压力下进行 9 次砂磨循环。Xue 等[40]将疏水 SiO$_2$ 粒子、羟基丙烯酸树脂和乙酸丁酯通过超声均匀混合成涂料 A，己二异氰酸酯作为涂料 B，然后将 A 与 B 的混合涂料喷到载玻片表面，得到的超疏水涂层可在 2000 目砂纸及 100g 的砝码下进行 200 次砂磨循环。虽然在耐磨性研究方面取得了一定进展，可大部分研究都是利用无机粒子作为涂层的主要结构材料，在用无机材料增强涂层耐磨性方面的研究较少。

本章第一节制备的 CNF 超疏水涂层，虽然有天然材料的优势，但仅能进行几次砂磨循环，主要原因是 CNF 涂层的微观结构仅是通过常温干燥形成或通过改性形成，强度较低。因此，在本节中，不仅使用高强度含木质素的纳米纤维素晶体（lignin-coated cellulose nanocrystal，L-CNC）粒子构建微观结构，还使用两种不同性质但同样具有高黏附性的胶黏剂（常温下快速固化的环氧树脂和高黏度的双面胶）提供黏附力，通过滚压的方式制备出具有高耐磨性的 L-CNC 超疏水涂层，重点研究这两种不同性质的胶黏剂对涂层砂磨性能的影响。

一、L-CNC 超疏水涂层的制备

L-CNC 超疏水涂层的制备方法与文献[39]描述的方法类似，通过印压法制备 L-CNC 超疏水涂层，根据我们的研究[20, 41]，其制备过程如图 8-17 所示。

（一）L-CNC 粒子的疏水改性

将 2g L-CNC 粒子加到 18g 的甲苯中，搅拌 10min，然后添加 1g 的 FOTS 继续搅拌 5h。为去除甲苯和残留的低能试剂及在改性过程中产生的副产品，通过离心将 L-CNC 粒子与甲苯分离，然后用无水乙醇离心清洗 3 次，然后在 60℃烘箱内干燥 30min。

（二）胶黏剂配制或双面胶剪裁

将可快速固化的双组分环氧树脂（J-B Weld™ Steel Reinforced Epoxy）的两组分按 1：1 的质量比同时挤出，然后连续搅拌 1min 使其混合均匀，由于此环氧树脂在常温下可快速固化，因此需要在均匀混合后的 5min 内使用；双面胶裁成合适的规格备用。

图 8-17　制备 L-CNC 超疏水涂层的示意图[20, 41]（彩图请扫封底二维码）

（三）疏水性 L-CNC 粒子与胶黏剂复合

　　首先将配制好的环氧树脂涂抹在载玻片表面，或者将剪裁好的双面胶粘贴到载玻片表面，然后将疏水性 L-CNC 粒子均匀地放置于 200 目的筛网上，移动到用胶处理后的载玻片上方，通过晃动筛网，使 L-CNC 粒子均匀散落到胶层表面，之后用一个表面光滑的圆形木棒对涂层进行滚压，便得到 L-CNC/双面胶复合超疏水涂层（标记为 D 涂层）与 L-CNC/环氧树脂合超疏水涂层（标记为 E 涂层）。

二、L-CNC 超疏水涂层表面浸润性能

（一）接触角

　　如图 8-18a 和 b 所示，未经任何处理的载玻片区域存在大量的羟基，水滴（亚甲基蓝染蓝）容易在表面铺展开来，而在用超疏水涂层处理过的载玻片区域，水滴可以保持球状长时间不变，且只要轻轻触碰基材便容易滚动，证明有优异的超疏水性能，D 和 E 涂层的 WCA 分别达到 163.5° 和 161.2°，SA 分别只有 6° 和 5°。因为固体表面自由能由最外层元素决定，低能改性后，涂层表面存在着大量的来自 FOTS 的 F 元素，其是目前已知的最低能元素[42]，所以表面能高的水滴很难浸润表面能低的固体表面。另外，微-纳米分层结构的存在会让水滴与固体材料的实际接触面积很小，所以水滴的黏附力很小，可以轻易地滚动。

（二）拒水性与自清洁测试

　　如图 8-19a 和 b 所示，将样品完全浸于水中后取出，未经处理的载玻片区域明显残留有水，但用 L-CNC 粒子处理的区域没有水残留，显示出良好的拒水性。同时拒水性不局限于空气中，在油（正十二烷）里也展现出了很好的拒水性能，研究油下拒水性在轴承和齿轮等领域具有重要意义[43]。如图 8-19c 和 d 所示，将有部分经超疏水处理的载玻片完全沉浸在油下面，当向未经处理的区域滴水时，与在空气中类似，水滴很快铺展

开来，而在处理过的区域，水滴仍然保持圆形。这也表明，即使被油污染过的 L-CNC 超疏水涂层表面，仍然具有良好的拒水性。

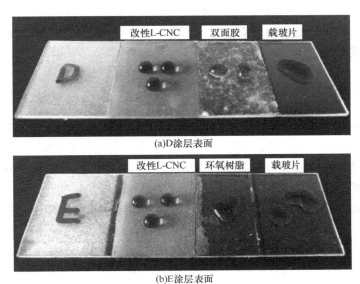

(a)D涂层表面

(b)E涂层表面

图 8-18　不同表面的浸润性[20, 41]（彩图请扫封底二维码）

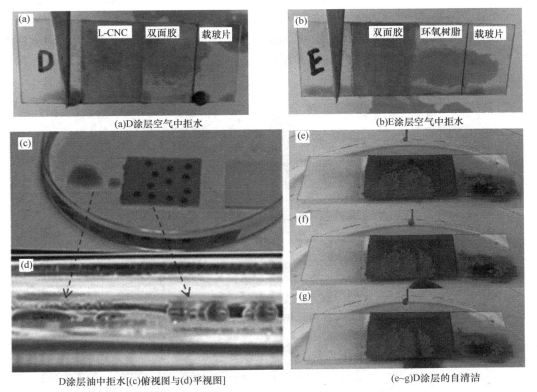

(a)D涂层空气中拒水

(b)E涂层空气中拒水

D涂层油中拒水[(c)俯视图与(d)平视图]

(e~g)D涂层的自清洁

图 8-19　涂层在空气和油中的拒水性及其自清洁性能[20, 41]（彩图请扫封底二维码）

与第一节制备的 CNF 超疏水涂层相似，D 和 E 涂层同样具有良好的自清洁性能。以 D 涂层为例，如图 8-19e～g 所示，在未经处理的载玻片区域滴水时，水滴会带动粉尘蔓延开来，不仅不能去除灰尘，还造成更大污染。然而，经过涂层处理的区域，水滴形成球体滚动，灰尘附在水滴表面被带走，留下一个干净的痕迹。自清洁性能主要得益于其具有小的滚动角。

三、L-CNC 超疏水涂层表面微观形貌

如图 8-20a 所示，双面胶涂层局部表面较光滑，不能为超疏水涂层提供足够的粗糙度。当疏水 L-CNC 粒子被直接分散滚压到胶表面时，便制得 L-CNC/双面胶复合疏水涂层（D 涂层）。如图 8-20c 所示，在 D 涂层中，由于木棒的滚压作用，一些 L-CNC 粒子被完全埋在胶黏剂内部，起不到构建超疏水涂层表面粗糙结构的作用；有些部分埋在胶黏剂中，部分露出胶面，这部分粒子起到构建微观粗糙结构的作用，且具有良好的附着力；还有一些堆垛在顶层的粒子没跟胶黏剂接触，全部暴露在空气中，也能起到构建粗糙结构的作用，但几乎没有附着力。如图 8-20d 所示，L-CNC 粒子直径 2～20μm，呈不规则形状。由其高倍率图像可知，L-CNC 粒子表面并不光滑，存在许多纳米级的凹槽和突起。没完全埋没于胶黏剂里的 L-CNC 粒子及其表面的不规则突起构建了超疏水涂层所需的微-纳米分层结构。如图 8-20b 所示，环氧树脂涂层表面同样光滑，印压疏水 L-CNC 粒子于其表面得到的 L-CNC/环氧树脂复合涂层（E 涂层）跟 D 涂层相似（图 8-20e 和 f）。图 8-20g 和 h 显示了 D 和 E 涂层的横截面，三个不同区域（载玻片、胶层和 L-CNC 微粒）清晰可见。由于双面胶较厚，D 涂层的厚度（胶层+L-CNC 层）大约 120μm，而 E 涂层的厚度大约 30μm。

(a)双面胶   (b)环氧树脂

(c)D涂层   (d)D涂层高倍率图

(e)E涂层　　　　　　　　　　　　(f)E涂层高倍率图

(g)D涂层截面　　　　　　　　　　(h)E涂层截面

图 8-20　不同样品的表面形貌[20, 41]（彩图请扫封底二维码）

四、L-CNC 超疏水涂层表面物化性能

（一）FTIR 分析

图 8-21 为 L-CNC 粒子改性前后的红外光谱曲线。与普通纳米纤维素一样，L-CNC 粒子表面为 CNC，具有一定的活性羟基，容易吸水，需要进行改性。不同的是 L-CNC 粒子是由 CNC 雾滴（水悬浮液）于高温下快速失水聚合而成，结构密实，强度较高。因此，在疏水改性时，只能对粒子表面的羟基进行改性，不能对其内部的进行改性。所以对同样质量的 CNC 与 L-CNC 进行改性时，L-CNC 需要的改性剂更少。与 CNC 疏水改性的结果类似，L-CNC 的低表面能是由 FOTS 中的 C—F 键提供，其伸缩振动在

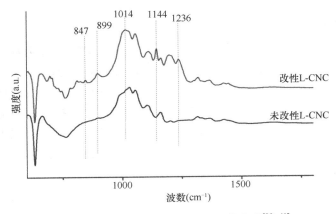

图 8-21　改性前后的 L-CNC 的红外光谱[20, 41]

1236cm^{-1} 和 1144cm^{-1} 处出现了两个新吸收峰。改性后，在 1014cm^{-1}、899cm^{-1} 和 847cm^{-1} 处出现的三个新吸收峰是由 Si—O 键的伸缩振动引起的，Si—O 键由 FOTS 与粒子表面的羟基经脱水形成。这表明，FOTS 已成功接枝到 L-CNC 粒子表面。

（二）热稳定性分析

图 8-22 为 L-CNC 改性前后的热性能曲线。与 CNF 的热稳定性一样，L-CNC 在 25～100℃为吸附水的损失，改性后的失重率略比改性前低，由其表面部分羟基被含 F 的硅烷链代替所致；240～400℃阶段发生 L-CNC 表面羟基的解脱及其主链断裂，此阶段失重最明显；在 400～500℃，改性后的 L-CNC 较未改性的 L-CNC 有一个明显的失重过程，这是由氟硅烷链的分解造成的。总体来说，L-CNC 的热稳定性与第一节中 CNF 的热稳定性差别不大，虽然 L-CNC 粒子中包含有木质素，但其含量少，对粒子热稳定性的影响不明显；低能改性前后 L-CNC 粒子的热稳定性变化也不显著。

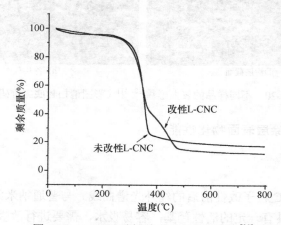

图 8-22 L-CNC 改性前后的热性能曲线[20]

五、L-CNC 超疏水涂层机械强度

（一）砂磨

1. 砂磨测试结果

测试样品的超疏水涂层区域尺寸均为 25cm×25cm，均位于载玻片中间。若 L-CNC 粒子和基材表面之间没有胶黏剂，L-CNC 粒子层很容易被刮掉，因此制备超疏水涂层表面，胶黏剂起重要作用。采用跟第一节相同的条件（1500 目砂纸、100g 负载）对 D 和 E 涂层进行测试［本节使用的基材是载玻片，但经计算（包括基材的质量），其压强约 1.6kPa］。结果如表 8-3 所示，D 和 E 涂层的耐磨性有了较大提高，分别达到 23 次和 17 次砂磨循环。这是因为与第一节的 CNF 涂层相比，由 L-CNC 构建的结构比由 CNF 或 CNC 构建的结构有更高的强度。

表 8-3　不同涂层的砂磨循环对比[20]

样品	CNF 涂层	D 涂层	E 涂层
砂磨循环数	8	23	17

与 PVA 相比，环氧树脂和双面胶较 PVA 可以提供更大的黏附力。如图 8-23 所示，即使增加砂磨强度，用 320 目砂纸及 100g 负载来测试，D 和 E 涂层仍然分别可以进行 12 次和 7 次砂磨循环。

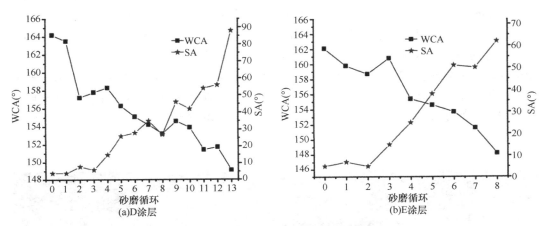

图 8-23　砂磨循环对 WCA 和 SA 的影响[20, 41]

2. 胶黏剂影响涂层耐磨性的机理

D 涂层的耐磨性比 E 涂层的好，主要因为胶黏剂不同。对于 E 涂层来说，使用的环氧树脂为常温快速固化的热固性树脂，固化后有很高的硬度。在砂磨过程中，E 涂层上的 L-CNC 粒子会出现两种情形。一种情形为，一些不与胶接触或者接触面积不大的 L-CNC 粒子容易被磨掉，出现坑洼，这由附着力不足所致；另一种情形为，大部分埋在胶内的 L-CNC 粒子，由于具有较强的附着力，没有被砂纸磨掉，但是粒子表面被磨损，导致粗糙度下降（图 8-24a）。对于 D 涂层来说，使用的双面胶是一种在常温下具有高黏度的压敏性胶黏剂。在砂磨过程中，D 涂层也经历两种情形。一种情形是，在一定砂磨次数内，即使是与胶黏剂接触面积不大的 L-CNC 粒子也可能不会被磨掉，而有一部分会在砂纸的冲击力下深埋于高黏度的胶层内；另一种情形是，与胶层接触面积较大的

图 8-24　L-CNC 粒子在砂磨过程中可能发生的变化[20, 41]（彩图请扫封底二维码）

L-CNC 粒子具有较大的附着力，在砂纸的冲击力下，这些粒子会向前移动一定位移，不过其表面也会遭到磨损（图 8-24b）。两种情形均会让涂层微观结构遭到破坏，而 E 涂层更容易被破坏，由胶黏剂不同所致。当 L-CNC 粒子受到砂纸的冲击力时，双面胶是压敏性胶，具有一定的黏弹性，胶层可以出现变形从而抵消一部分冲击力，但热固性的环氧树脂不能抵消砂纸的冲击力，所以 D 涂层具有更好的耐磨性。

D 和 E 涂层在砂磨前其表面 F 元素的分布情况如图 8-25a、b、e 和 f 所示，在粒子突起表面部分可扫描出大量 F 元素，深坑部分由于 X 射线被阻挡，扫描不出任何元素。从图 8-25c、d、g 和 h 可看出，砂磨后 D 和 E 涂层表面 F 元素的分布更均匀，这是因为砂磨后，涂层厚度减小，表面粗糙度下降，变得相对平坦，X 射线被阻挡的区域减少。值得注意的是，虽然砂磨过后的涂层表面 F 元素分布更均匀，但有部分疏水粒子被埋在胶层内，或者粒子露出胶面的部分在砂磨过程中被磨损（红虚线部分），暴露出未被改性的粒子芯部，或者这个粒子被磨掉，留下坑洼（黄虚线部分），这与上面对砂磨后粒子可能发生的变化的分析结果相符。所以，D 和 E 涂层浸润性的变化主要由涂层的结构变化所致。

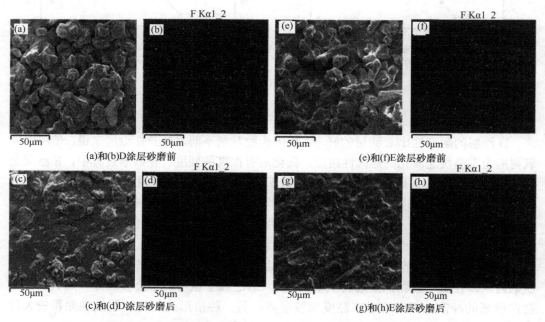

图 8-25　砂磨前后的表面形貌及其 F 元素面扫描能谱[20]（彩图请扫封底二维码）

（二）喷水破坏测试

若要应用于室外，涂层难免遭受雨滴的冲击破坏。在此，利用喷枪喷水对涂层的耐水冲击能力进行检测，测试方法类似于参考文献[44]。如图 8-26a 和 b 所示，即使在严苛的水喷条件下（水喷速度约 5m/s，水压为 50kPa，涂层与喷枪口的距离为 10cm），D 涂层和 E 涂层分别依然能进行 5 次和 8 次循环。随着水喷循环的增加，WCA 呈现减少趋势，SA 呈现增加趋势。6 次循环后重新干燥，D 涂层的 WCA 小于 150°（此时的表面微

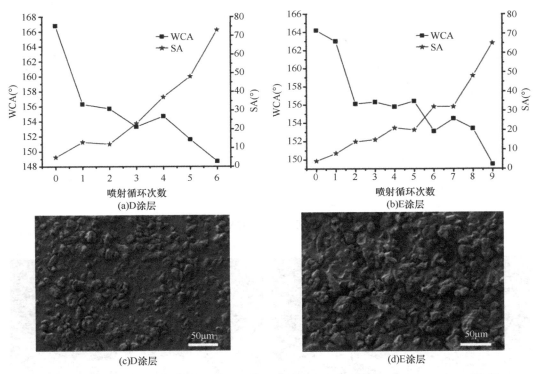

图 8-26　水喷循环对涂层 WCA 和 SA 的影响及在 6 次水喷循环后涂层的表面形貌[20, 41]

观形貌如图 8-26c 所示），L-CNC 粒子较水喷前明显减少，出现大片裸露的胶层，证明水喷的冲击力对涂层微观结构破坏严重。当水滴滴到表面时，水滴的黏附力增加，WCA 减小。而对于 E 涂层，在相同的 6 次水喷循环后，干燥后其 WCA 仍然大于 150°（此时 E 涂层的微观形貌如图 8-26d 所示），单位面积内的 L-CNC 粒子比 D 涂层的多，这是因为环氧树脂比双面胶对 L-CNC 粒子具有更强的附着力，因此更耐水冲击，直到 9 次循环后 E 涂层才失去超疏水性能。这是因为固化后的环氧树脂能提供强大的黏附力，而双面胶不固化，在水喷破坏下容易变形，对粒子的黏附作用减弱。

六、L-CNC 超疏水涂层耐久性能

（一）抗紫外线能力

抗紫外线辐射能力是衡量超疏水表面耐久性的主要指标之一[45]。检测方法与第一节的相同，D 和 E 涂层均暴露于紫外灯下 144h，每隔 24h 对其 WCA 和 SA 测试一次。结果如图 8-27 所示，总体上，D 和 E 涂层的 WCA 呈降低趋势，SA 呈上升趋势，但趋势都不明显，仅有微小变化，证明超疏水涂层可抵抗长时间的紫外线照射。这得益于胶层的强大耐久性，在辐射过程中，没有发生爆裂和熔化等现象。UV 辐射前后，D 和 E 超疏水涂层的微观形貌及 F 元素分布如图 8-28a、d、e 和 f 所示，表面形貌没有明显变化，F 元素分布也未受影响，因此其超疏水性能变化不大。

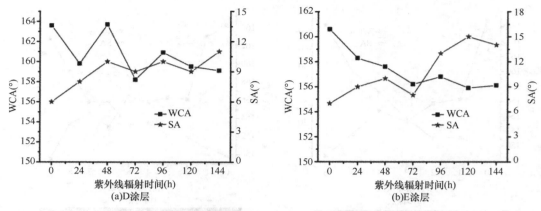

图 8-27 UV 辐射时间对涂层 WCA 和 SA 的影响[20, 41]

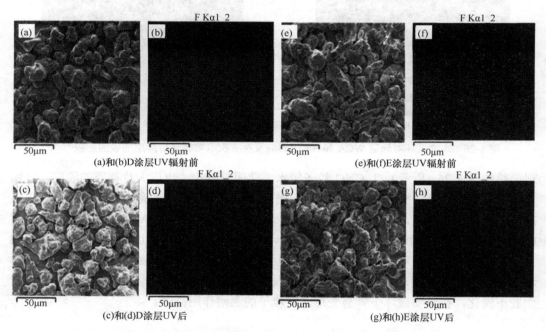

图 8-28 UV 辐射前后涂层表面形貌及其 F 元素面扫描能谱[20]（彩图请扫封底二维码）

（二）抗高温能力

考虑到有可能应用于高温场合，需对超疏水涂层进行耐热测试。用烘箱模拟不同的温度环境。结果如图 8-29a 和 b 所示，在 170℃前，D 和 E 涂层的 WCA 和 SA 变化不明显，证明此超疏水涂层具有优异的热稳定性能。这得益于环氧树脂和双面胶的热稳定性和 L-CNC 粒子的高稳定性。根据前面的 TG 分析可知，L-CNC 在 240℃以后，损失的主要是粒子表面的吸附水，其微观形貌和表面低能物质没有变化，但是到 190℃，D 涂层开始失去疏水性，而 E 涂层不变，这是因为环氧树脂较双面胶有更强的耐热性。为了进一步测试涂层的抗热能力，用镊子将附有 D 和 E 涂层的载玻片放到酒精灯外火焰上（其温度在 500～800℃）加热 1min，结果 D 涂层失去超疏水性能，而 E 涂层虽然被烧黑，但其超疏水性能依然保持。此时 D 涂层的微观形貌如图 8-29c 所示，在如此高的温度下双面胶迅速熔化，导致一部分区域的疏水 L-CNC 粒子全部陷入胶层内，失去超疏水性能。而此时 E 涂层的微观形貌如图 8-29d 所示，在如此高的温度下涂层表面基本没变化，因为环氧树脂为热固性树脂，固化的环氧树脂没有熔化，粒子没有陷进胶内，所以涂层的微观结构依然保持良好，且 L-CNC 粒子和氟硅烷链在短时间的高温下没有分解，因此不影响超疏水性能。

图 8-29 不同的温度对涂层 WCA 与 SA 的影响及其在酒精灯上加热 1min 后的表面形貌[20, 41]

（三）耐酸碱能力

耐酸碱能力也是表征超疏水涂层耐久性的重要指标之一。以 D 涂层为例，测试结果如图 8-30 所示，在 pH 从 1 到 14 的液滴中，涂层的 WCA 均在 157°以上，且相差不明显，证明此超疏水涂层具有优异的耐酸碱能力。采用类似于文献中描述的方法[46]对涂层的 WCA 维持能力进行测试，采用 pH=1、7 和 14 的三种液滴，每隔 3min 测量一次 WCA 值，直到 12min。结果如图 8-31 所示，三种液滴涂层的 WCA 均随时间增加而减少，但依然在 150°以上。在液滴 pH=1 的条件下，涂层的 WCA 只有 3.6°的变化（从 158.6°到 155.0°）；在液滴 pH=14 的条件下，涂层的 WCA 只有 3.2°的变化（从 159.4°到 156.2°）；在液滴 pH=7 的条件下，出现了类似的变化，WCA 减少 4.7°（从 161.0°到 156.3°），三种条件下的 WCA 均出现相似的情况。涂层 WCA 出现微弱变化可能是由于水滴的重力使得它们本身一部分陷入微粒间的缝隙中。在 12min 内，WCA 只是微弱减小，证明涂层具有良好的耐酸碱能力。

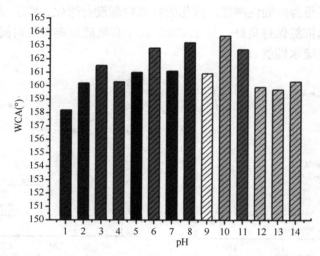

图 8-30   D 涂层在用不同 pH 的液滴测量时的 WCA[20, 41]

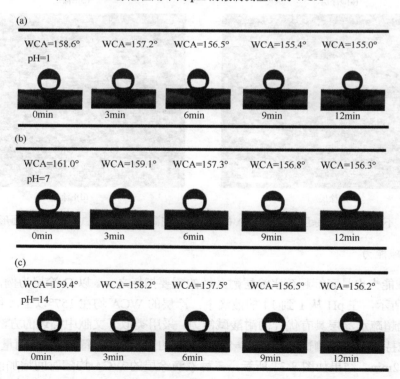

图 8-31   在 D 涂层表面上 pH=1、7 和 14（a~c）的液滴随着时间的变化状态[20, 41]

参 考 文 献

[1] Min H K, Hong S S, Chong N C. Fabrication of a super-hydrophobic surface on metal using laser ablation and electrodeposition[J]. Applied Surface Science, 2014, 288(1): 222-228.

[2] Kim H M, Sohn S, Ahn J S. Transparent and super-hydrophobic properties of ptfe films coated on glass substrate using rf-magnetron sputtering and cat-cvd methods[J]. Surface & Coatings Technology, 2013, 228(8): S389-S392.

[3] Zhang M, Zang D, Shi J, et al. Superhydrophobic cotton textile with robust composite film and flame retardancy[J]. RSC Advances, 2015, 5(83): 67780-67786.

[4] Fu J, Wang S, He C, et al. Facilitated fabrication of high strength silica aerogels using cellulose nanofibrils as scaffold[J]. Carbohydr Polym, 2016, 147: 89-96.

[5] Tang X, Nan S, Wang T, et al. Facile strategy for fabrication of transparent superhydrophobic coatings on the surface of paper[J]. RSC Advances, 2013, 3(36): 15571-15575.

[6] Chang H, Tu K, Wang X, et al. Fabrication of mechanically durable superhydrophobic wood surfaces using polydimethylsiloxane and silica nanoparticles[J]. RSC Advances, 2015, 5(39): 30647-30653.

[7] Ogihara H, Xie J, Saji T. Factors determining wettability of superhydrophobic paper prepared by spraying nanoparticle suspensions[J]. Colloids & Surfaces A Physicochemical & Engineering Aspects, 2013, 434(19): 35-41.

[8] Zeng J, Wang B, Zhang Y, et al. Strong amphiphobic porous films with oily-self-cleaning property beyond nature[J]. Chemistry Letters, 2014, 43(10): 1566-1568.

[9] Zhang H, Zeng X, Gao Y, et al. A facile method to prepare superhydrophobic coatings by calcium carbonate[J]. Industrial & Engineering Chemistry Research, 2011, 50(6): 3089-3094.

[10] Jin C, Jiang Y, Niu T, et al. Cellulose-based material with amphiphobicity to inhibit bacterial adhesion by surface modification[J]. Journal of Materials Chemistry, 2012, 22(25): 12562-12567.

[11] Feng L, Li S, Jiang L, et al. Supe-hydrophobic surface of aligned polyacrylonitrile nanofibers[J]. Angewandte Chemie, 2002, 114(7): 1269-1271.

[12] Ma W, Higaki Y, Otsuka H, et al. Perfluoropolyether-infused nano-texture: a versatile approach to omniphobic coatings with low hysteresis and high transparency[J]. Chemical Communications, 2013, 49(6): 597-599.

[13] Chen N, Pan Q. Versatile fabrication of ultralight magnetic foams and application for oil-water separation[J]. ACS Nano, 2013, 7(8): 6875-6883.

[14] Chen W, Yu H, Liu Y, et al. Individualization of cellulose nanofibers from wood using high-intensity ultrasonication combined with chemical pretreatments[J]. Carbohydrate Polymers, 2011, (4): 1804-1811.

[15] Aulin C, Netrval J, Wågberg L, et al. Aerogels from nanofibrillated cellulose with tunable oleophobicity[J]. Soft Matter, 2010, 6(14): 3298-3305.

[16] Zheng Q, Cai Z, Gong S. Green synthesis of polyvinyl alcohol (pva)-cellulose nanofibril (CNF) hybrid aerogels and their use as superabsorbents[J]. Journal of Materials Chemistry A, 2014, 2(9): 3110-3118.

[17] Wu L, Zhang J, Li B, et al. Mimic nature, beyond nature: facile synthesis of durable superhydrophobic textiles using organosilanes[J]. Journal of Materials Chemistry B, 2013, 1(37): 4756-4763.

[18] Balu B, Berry A D, Hess D W, et al. Patterning of superhydrophobic paper to control the mobility of micro-liter drops for two-dimensional lab-on-paper applications[J]. Lab on A Chip, 2009, 9(21): 3066.

[19] Huang J, Lyu S, Fu F, et al. Preparation of superhydrophobic coating with excellent abrasion resistance and durability using nanofibrillated cellulose[J]. RSC Advances, 2016, 6(108): 106194-106200.

[20] 黄景达. 纳米纤维素基超疏水涂层的构筑及耐磨机理研究[D]. 北京: 中国林业科学研究院博士学位论文, 2018.

[21] Zhu M, Zuo W, Hao Y, et al. Superhydrophobic surface directly created by electrospinning based on hydrophilic material[J]. Journal of Materials Science, 2006, 41(12): 3793-3797.

[22] Larmour I A, Bell S E, Saunders G C. Remarkably simple fabrication of superhydrophobic surfaces using electroless galvanic deposition[J]. Angewandte Chemie International Edition, 2007, 46(10):

1710-1712.

[23] Isogai A, Saito T, Fukuzumi H. Tempo-oxidized cellulose nanofibers[J]. Nanoscale, 2011, 3(1): 71.

[24] Tu K, Wang X, Kong L, et al. Fabrication of robust, damage-tolerant superhydrophobic coatings on naturally micro-grooved wood surfaces[J]. RSC Advances, 2016, 6(1): 701-707.

[25] Klemm D, Philpp B, Heinze T, et al. Comprehensive Cellulose Chemistry. Volume 1: Fundamentals and Analytical Methods[M]. Weinheim: Wiley-VCH Verlag GmbH, 1998.

[26] 戴达松. 大麻纳米纤维素的制备、表征及应用研究[D]. 福州: 福建农林大学博士学位论文, 2011.

[27] Tian X, Verho T, Ras R H A. Moving superhydrophobic surfaces toward real-world applications[J]. Science, 2016, 352(6282): 142-143.

[28] Yu Z J, Yang J, Wan F, et al. How to repel hot water from a superhydrophobic surface[J]? Journal of Materials Chemistry A, 2014, 2(27): 10639-10646.

[29] Chen K, Zhou S, Wu L. Facile fabrication of self-repairing superhydrophobic coatings[J]. Chemical Communications, 2014, 50(80): 11891-11894.

[30] Xie L, Tang Z, Jiang L, et al. Creation of superhydrophobic wood surfaces by plasma etching and thin-film deposition[J]. Surface & Coatings Technology, 2015, 281: 125-132.

[31] Zang D, Feng L, Ming Z, et al. Superhydrophobic coating on fiberglass cloth for selective removal of oil from water[J]. Chemical Engineering Journal, 2015, 262: 210-216.

[32] Zhang F, Shi Z, Jiang Y, et al. Fabrication of transparent superhydrophobic glass with fibered-silica network[J]. Applied Surface Science, 2017, 407: 526-531.

[33] Wang Y, Wang X, Heim L O, et al. Superhydrophobic surfaces from surface-hydrophobized cellulose fibers with stearoyl groups[J]. Cellulose, 2015, 22(1): 289-299.

[34] Liu H, Szunerits S, Pisarek M, et al. Preparation of superhydrophobic coatings on zinc, silicon, and steel by a solution-immersion technique[J]. ACS Applied Materials & Interfaces, 2009, 1(9): 2086-2091.

[35] Jiang B, Zhang H, Sun Y, et al. Covalent layer-by-layer grafting (LBLG) functionalized superhydrophobic stainless steel mesh for oil/water separation[J]. Applied Surface Science, 2017, 406: 150-160.

[36] Niu T, Xu J, Huang J. Growth of aragonite phase calcium carbonate on the surface of a titania-modified filter paper[J]. Crystengcomm, 2014, 16(12): 2424-2431.

[37] Zhang M, Pang J, Bao W, et al. Antimicrobial cotton textiles with robust superhydrophobicity via plasma for oily water separation[J]. Applied Surface Science, 2017, 419.

[38] Mclane J, Wu C, Khine M. Enhanced detection of protein in urine by droplet evaporation on a superhydrophobic plastic[J]. Advanced Materials Interfaces, 2015, 2(1): 97-98.

[39] Wang P, Chen M, Han H, et al. Transparent and abrasion-resistant superhydrophobic coating with robust self-cleaning function in either air or oil[J]. Journal of Materials Chemistry A, 2016, 4(20): 7869-7874.

[40] Xue F, Jia D, Li Y, et al. Facile preparation of a mechanically robust superhydrophobic acrylic polyurethane coating[J]. Journal of Materials Chemistry A, 2015, 3(26): 13856-13863.

[41] Huang J, Wang S, Lyu S. Facile preparation of a robust and durable superhydrophobic coating using biodegradable lignin-coated cellulose nanocrystal particles[J]. Materials, 2017, 10(9): 1080.

[42] 江雷, 冯琳. 仿生智能纳米界面材料[M]. 北京: 化学工业出版社, 2007.

[43] Lu Y, Sathasivam S, Song J, et al. Robust self-cleaning surfaces that function when exposed to either air or oil[J]. Science, 2015, 347(6226): 1132-1135.

[44] Liu S, Liu X, Latthe S S, et al. Self-cleaning transparent superhydrophobic coatings through simple sol-gel processing of fluoroalkylsilane[J]. Applied Surface Science, 2015, 351: 897-903.

[45] Kwak G, Seol M, Tak Y, et al. Superhydrophobic ZnO nanowire surface: chemical modification and effects of UV irradiation[J]. Journal of Physical Chemistry C, 2009, 113(28): 12085-12089.

[46] Xie J B, Li L, Knyazeva A, et al. Mechanically robust, chemically inert superhydrophobic charcoal surfaces[J]. Chemical Communications, 2016, 52(62): 9695.

第九章　纳米纤维素阻燃气凝胶材料的
制备与研究

木材为一种绿色环保的生物质材料，由其获得的纳米纤维素纤丝（CNF）具有较高的长径比和大的比表面积，且表面富含羟基，采用极低浓度的 CNF 水悬浮液，通过冷冻干燥这一简单、绿色的方法即可制备出具有三维网络结构的轻质多孔材料——气凝胶[1, 2]。气凝胶作为目前世界上最轻的固体材料之一，其孔隙率可达到 90%以上，密度可低至 $0.001g/cm^3$，与传统的无机气凝胶（如二氧化硅 SiO_2）和有机（合成聚合物）气凝胶材料相比，纳米纤维素气凝胶材料还具有高柔韧性、可降解性和生物相容性等独特性能，有望应用于污水处理、绿色储能、生物医学等领域[3-5]。

然而纯纳米纤维素气凝胶的三维网络结构主要靠氢键及纤维之间的物理纠缠来形成，受到外力时极易被破坏且对湿度非常敏感，因此 CNF 气凝胶极易变形、回弹性差[6, 7]，尤其是当 CNF 水悬浮液浓度低于 0.5wt%时，CNF 气凝胶内实体物质少，结构柔软，力学强度极低[8]。另外，天然纤维素纤维在高温下不熔融，遇明火后燃烧迅速，火焰蔓延快[9]。纳米纤维素气凝胶比表面积大，表面化学环境活泼，与其他纤维素基材料相比更容易燃烧。以上缺点导致其应用受到限制，因此，深入研究纳米纤维素基阻燃气凝胶不仅可以丰富纳米纤维素基气凝胶的内容，还可以为纳米纤维素基气凝胶材料的实际利用提供基础数据和技术支持，同时在减少不可降解多孔材料的使用、缓解能源危机及保护生态环境方面具有重要的意义。

常见的纳米纤维素气凝胶力学性能改善方法主要有控制成型条件法[10, 11]、化学交联法[6, 12, 13]和材料复合法[14-16]等，通过化学交联在 CNF 气凝胶中构建由共价键形成的三维网络是改善其力学强度及耐水性能的有效途径。另外，磷-氮阻燃剂在天然纤维素材料上具有良好的阻燃效果，在纳米纤维素气凝胶阻燃改性中应用还有待进一步深入研究[17-19]。因此，本章以天然纳米纤维素水悬浮液为实验原材料，以小分子有机羧酸——丁烷四羧酸（BTCA）和三聚氰胺-尿素-甲醛（MUF）预聚体为交联剂，以磷-氮系化合物——N-羟甲基二甲基磷酸基丙烯酰胺（MDPA）和季戊四醇磷酸酯三聚氰胺盐（PPMS）为阻燃剂，考察纳米纤维素种类、交联剂与阻燃剂添加量及比例等参数对纳米纤维素气凝胶的化学结构、微观结构、力学性能和阻燃性能的影响规律，以调控纳米纤维素气凝胶的力学性能和阻燃性能，并通过多种分析手段对其阻燃机理进行研究。

第一节　化学交联型纳米纤维素阻燃气凝胶的制备及研究

一、化学交联型纳米纤维素阻燃气凝胶的制备

（一）化学交联型纳米纤维素阻燃气凝胶的制备方法

1. CNF/交联剂/阻燃剂混合悬浮液的制备方法

先配制浓度为 0.5wt% 的 CNF 水悬浮液，按设计的比例向 CNF 水悬浮液中添加交联剂（丁烷四羧酸，BTCA）和阻燃剂（N-羟甲基二甲基磷酸基丙烯酰胺，MDPA）（质量比，干重，CNF/BTCA/MDPA：10/0/2、10/0/3、10/0/4、10/0/5、10/1/2、10/1/3、10/1/4、10/1/5、10/1.5/2、10/1.5/3、10/1.5/4、10/1.5/5、10/2/2、10/2/3、10/2/4、10/2/5），在 1000r/min 的条件下搅拌约 8h，并超声分散 10min，形成混合均匀的三相复合分散液，室温静置除去气泡后备用[19]。

2. CNF 阻燃气凝胶的制备方法

将 CNF/BTCA/MDPA 混合悬浮液定量装到一定规格的模具中（铜管：直径 25mm，高度 40mm；塑料管：直径 10mm，高度 90mm），后置于液氮浴（–197℃）中冷冻处理一定时间，待分散液完全冻住；然后将冷冻成型的样品于–63℃、1Pa 的冻干机中干燥处理 72h，得到纳米纤维素气凝胶[19]。

将气凝胶样品于高温 170℃处理 3～5min，使 CNF、MDPA 与 BTCA 之间充分反应（可能的反应机理如图 9-1 所示），最终得到化学交联型纳米纤维素阻燃气凝胶成品，所有制备的气凝胶的宏观形貌均为白色，形状完整，如图 9-2 所示。另外，所有气凝胶样品在进行力学性能、阻燃性能、隔热性能等测试之前在（23±1）℃和 50%相对湿度的气候室中调理 24h。

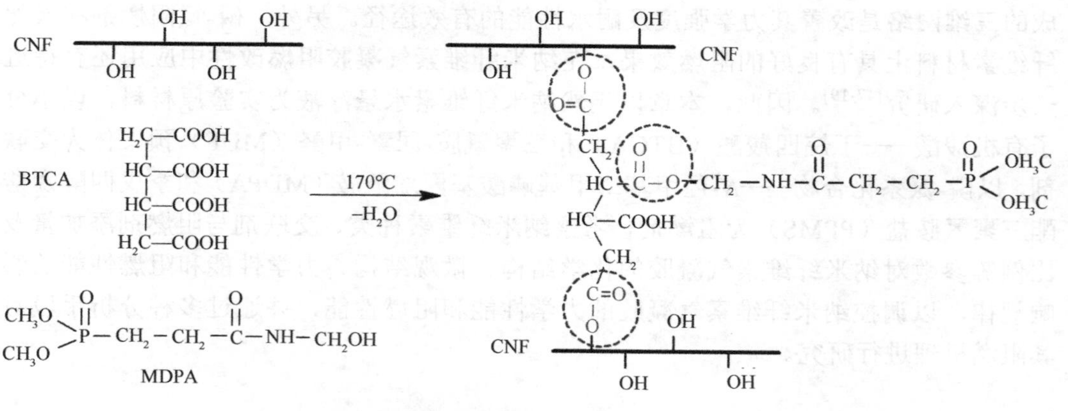

图 9-1　纳米纤维素、MDPA 与 BTCA 的反应机理[18]

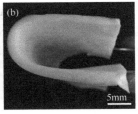

图 9-2　纳米纤维素阻燃气凝胶的宏观形貌[18]（彩图请扫封底二维码）

二、化学交联型纳米纤维素阻燃气凝胶的结构与性能评价

（一）CNF 阻燃气凝胶的物理性能

从表 9-1 中可以看出，纯 CNF 气凝胶的密度仅有 5.76mg/cm^3，孔隙率高达 99.63%，属于一种超轻固体材料（密度小于 10mg/cm^3）。添加 MDPA 后，气凝胶的表观密度呈增大趋势，当 m(CNF)/m(MDPA)为 10/2、10/3 和 10/4 时，气凝胶的密度分别为 8.77mg/cm^3、9.03mg/cm^3 和 9.92mg/cm^3，孔隙率则分别为 99.58%、99.40%和 99.33%，变化不大，依然属于超轻材料的范畴；当 m（CNF）/m（MDPA）为 10/5 时，气凝胶的密度达到 10.69mg/cm^3，孔隙率下降为 99.27%，这主要是因为 MDPA 的加入增加了气凝胶中的实体物质。同时添加 MDPA 和 BTCA 后，气凝胶的表观密度比 CNF/MDPA 气凝胶略为增

表 9-1　不同纳米纤维素气凝胶的表观密度和孔隙率[19]

编号	样品	表观密度（mg/cm^3）	孔隙率（%）
1	纯 CNF 气凝胶	5.76	99.63
2	CNF/2MDPA	8.77	99.58
3	CNF/3MDPA	9.03	99.40
4	CNF/4MDPA	9.92	99.33
5	CNF/5MDPA	10.69	99.27
6	CNF/1BTCA/2MDPA	8.98	99.41
7	CNF/1BTCA/3MDPA	9.70	99.35
8	CNF/1BTCA/4MDPA	10.24	99.31
9	CNF/1BTCA/5MDPA	10.94	99.26
10	CNF/1.5BTCA/2MDPA	9.07	99.41
11	CNF/1.5BTCA/3MDPA	10.03	99.34
12	CNF/1.5BTCA/4MDPA	10.46	99.25
13	CNF/1.5BTCA/5MDPA	11.17	99.24
14	CNF/2BTCA/2MDPA	9.74	99.36
15	CNF/2BTCA/3MDPA	10.83	99.28
16	CNF/2BTCA/4MDPA	11.44	99.24
17	CNF/2BTCA/5MDPA	12.35	99.17

加，其孔隙率则进一步降低，但是当 MDPA 和 BTCA 的添加量均比较高时，对气凝胶的表观密度和孔隙率影响显著，如当 m（CNF）/m（BTCA）/m（MDPA）为 10/2/5 时，其表观密度增加到 12.35mg/cm³，孔隙率下降为 99.17%。这是因为在 BTCA 作用下，MDPA 和 CNF 发生化学反应形成酯键结合，使气凝胶的内部网络结构发生了改变。

（二）CNF 阻燃气凝胶的结构及微观形貌

1. 化学结构

不同 CNF 气凝胶的 FITR 如图 9-3a 所示，与纯 CNF 气凝胶相比，添加 MDPA 后的气凝胶的 FTIR 曲线在 1669cm⁻¹ 出现了新的特征吸收峰，归因于 MDPA 中酰胺键的 C═O 伸缩振动，同时位于 3340cm⁻¹ 处的—OH 特征吸收峰强度变化不明显，说明 MDPA 和纳米纤维素之间没有发生化学反应形成新的化学键结合。同时添加 BTCA 和 MDPA 的气凝胶样品的 FTIR 曲线在 1735cm⁻¹ 处出现了新的酯类 C═O 的伸缩振动吸收峰，同时 1669cm⁻¹ 处属于 MDPA 中酰胺键的 C═O 伸缩振动吸收峰变弱，由此推测 BTCA 上的羧基基团可能与 MDPA 上的羟基发生反应生成了化学键结合，从而成功将其与 CNF 通过共价键连接在一起。

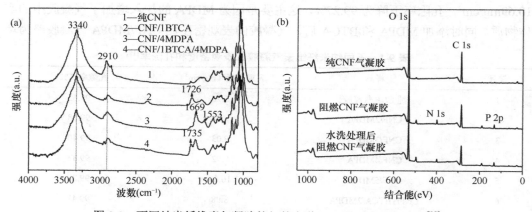

图 9-3　不同纳米纤维素气凝胶的红外光谱（a）和 XPS 图（b）[18]

为了进一步验证 MDPA 和 CNF 之间是否存在共价键连接，通过 XPS 对 CNF/1BA/4MDPA 气凝胶样品进行了元素分析。从图 9-3b 可以看出，从纯 CNF 气凝胶的 XPS 扫描光谱中主要观察到分别位于 284eV 和 532eV 结合能处的 C 1s 和 O 1s 峰；CNF 气凝胶经阻燃处理后，在 399eV 和 135eV 结合能处分别出现两个新的峰，分别归因于 MDPA 中的氮元素和磷元素，其含量（表 9-2）分别为 4.30% 和 5.11%；CNF 阻燃气凝胶经过水洗处理后，氮元素和磷元素含量没有明显变化，分别为 3.65% 和 3.74%。以上结果表明 BTCA 成功地在 CNF 和 MDPA 之间起到了架桥作用，可以有效避免磷-氮阻燃剂在使用过程中流失，实现了环保阻燃的效果。

表 9-2　纳米纤维素气凝胶的元素分析[18]

元素及比例	CNF/1BTCA/4MDPA 气凝胶	CNF/1BTCA/4MDPA 气凝胶水浸泡处理后
N（%）	4.30	3.65
P（%）	5.11	3.74

2. SEM 分析

为研究 MDPA 添加量及其与 BTCA 的添加比例对 CNF 气凝胶微观结构的影响，采用 SEM 对不同 CNF 气凝胶的微观形貌进行了表征，结果如图 9-4 所示。从中可以观察到：所有的气凝胶样品都呈纤维状和 2D 片状骨架共存的三维网状结构，同时显示出一定的层状结构。这是由于冷冻过程中悬浮液的水分子被快速冻结成冰晶，冰晶生长

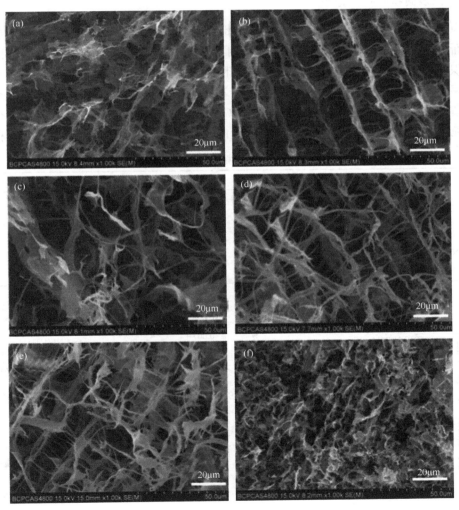

图 9-4　不同纳米纤维素气凝胶的扫描电镜图[18, 19]

（a）纯 CNF 气凝胶；（b）BTCA 交联 CNF 气凝胶；（c）～（f）CNF 阻燃气凝胶（CNF/1BTCA/3MDPA、CNF/1BTCA/4MDPA、CNF/1.5BTCA/4MDPA 和 CNF/2BTCA/5MDPA）

期间将纳米纤维素原纤维推入片层，并在冷冻干燥过程中诱导纳米纤维素发生自我组装，从而产生了层状结构，与 Martoïa 等[10]的研究结果一致。同时还可以观察到气凝胶的层间间隔在 5~20μm，层之间存在宏观多孔结构。经过交联和阻燃处理后的气凝胶与纯 CNF 气凝胶呈现出类似的微观结构，但层间间隔有增大趋势，中间层出现更多的纤维结构，这可以解释为改变 BTCA 和 MDPA 的添加量可以改变 CNF 悬浮液的原始状态并形成新的多相均质状态，最终导致在冷冻过程中气凝胶的微观结构发生了变化。另外，当 m（CNF）/m（BTCA）/m（MDPA）为 10/2/5 时，气凝胶的微观结构发生了显著变化，如丝状结构减少，层间多孔结构消失，这可能是由 BTCA 与 CNF 及 MDPA 过度酯化导致的，也恰好解释了上文中 CNF/2BTCA/5MDPA 气凝胶在弯曲应力下易折断及其压缩应力-应变曲线在 60%应变下急剧增大的现象。

3. 比表面积和孔径分布

为进一步研究 MDPA 与 BTCA 的添加比例对 CNF 气凝胶结构的影响，采用全自动比表面积及孔径分析仪获得气凝胶的氮吸附-脱附等温线，并利用 BET 模型计算出其比表面积，采用 BJH 方法分别估算出其平均孔径和孔体积，结果如表 9-3 和图 9-5 所示。由前期研究可知：纯 CNF 气凝胶和 BTCA 交联 CNF 气凝胶均属于介孔材料，其孔径主要分布在 2~20nm。同时添加 MDPA 和 BTCA 后，气凝胶的 N_2 吸附-脱附等温线在低压段与纯 CNF 气凝胶基本相同，但在高压段的滞后环几乎消失，同时其孔径分布相较于

表 9-3　不同纳米纤维素气凝胶的微观结构参数[13, 18, 19]

样品	BET 比表面积（m²/g）	BJH 平均孔径（nm）	BJH 孔容（cm³/g）
纯 CNF	62.8	14.3	0.215
CNF/1BTCA	35.5	16.5	0.099
CNF/1BTCA/4MDPA	25.0	16.1	0.076
CNF/1.5BTCA/4MDPA	17.4	10.47	0.036
CNF/2BTCA/5MDPA	10.9	9.83	0.020

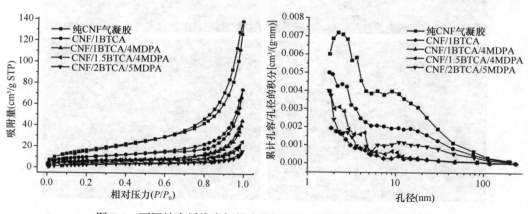

图 9-5　不同纳米纤维素气凝胶的氮吸附-脱附曲线和孔径分布[19]

纯 CNF 气凝胶向更小的孔径方向移动，主要的孔径分布范围为 2～10nm，如图 9-4b 所示，且随着 MDPA 和 BTCA 含量的增加，其比表面积和孔容均显著减小，如 CNF/1BTCA/4MDPA、CNF/1.5BTCA/4MDPA 和 CNF/2BTCA/5MDPA 这三种气凝胶的比表面积分别为 $25.0m^2/g$、$17.4m^2/g$ 和 $10.9m^2/g$，和纯 CNF 气凝胶相比，分别下降 60.2%、72.3% 和 82.6%；孔容分别为 $0.076cm^3/g$、$0.036cm^3/g$ 和 $0.020cm^3/g$，分别比纯 CNF 气凝胶的下降 64.7%、83.3% 和 90.7%，表明 MDPA 和 BTCA 含量的增加会明显降低 CNF 气凝胶中的中孔数量。

（三）CNF 阻燃气凝胶的力学性能

1. CNF 阻燃气凝胶的柔韧性

力学性能作为气凝胶的一项重要性质，也是反映气凝胶结构的重要指标。首先通过测试气凝胶在外力作用下的弯曲表观来表征 MDPA 和 BTCA 对其力学性能的影响，结果见图 9-6。从中可以发现，纯 CNF 气凝胶非常柔软，在外力下几乎可以折叠，并保持其完整的宏观结构，说明本研究制备的纯 CNF 气凝胶具有非常好的柔韧性；单独添加 MDPA 后，气凝胶依然非常柔软，如 CNF/4MDPA 气凝胶表现出和纯 CNF 气凝胶相似的可弯曲特性，说明 MDPA 不会影响 CNF 气凝胶的柔韧性；同时添加 MDPA 和 BTCA 后，气凝胶的硬度有所增加，柔韧性受到了不同程度的影响，当 BTCA 添加量比较低时，对气凝胶的柔韧性影响不大，尽管 CNF/1BTCA/4MDPA 气凝胶长条的宏观形貌在较大弯曲变形下发生破坏，但其薄片依然表现出优异的可折叠性；随着 BTCA 含量的增加，气凝胶的柔韧性显著降低，如 CNF/1.5BTCA/4MDPA、CNF/2BTCA/4MDPA 和 CNF/2BTCA/5MDPA 这三种气凝胶的宏观结构在极小的弯曲变形下就被破坏，尤其是 CNF/2BTCA/5MDPA 气凝胶在弯曲变形下很容易折断，表现出明显的脆性。这说明 BTCA 的添加量及其与 MDPA 的添加比例会对 CNF 气凝胶的柔韧性能产生影响。

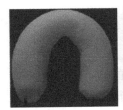纯CNF气凝胶　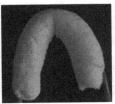CNF/4MDPA气凝胶　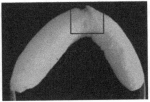CNF/1BTCA/4MDPA气凝胶　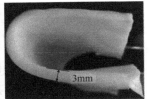

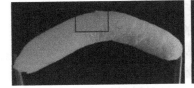CNF/1.5BTCA/4MDPA气凝胶　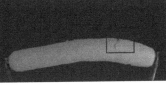CNF/2BTCA/4MDPA气凝胶　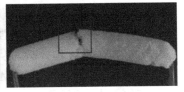CNF/2BTCA/5MDPA气凝胶

图 9-6　不同纳米纤维素气凝胶的柔韧性能[19]（彩图请扫封底二维码）

2. CNF 阻燃气凝胶的压缩性能

为定量研究气凝胶的力学性能，接下来对其进行了轴向压缩测试，通过分析应力-应变曲线并计算压缩模量，定量评价 MDPA 添加量及 MDPA 与 BTCA 的添加比例对 CNF 气凝胶力学性能的影响。

不同 CNF 气凝胶的轴向压缩应力-应变曲线如图 9-7 所示。可以看出，纯 CNF 气凝胶的应力-应变曲线在低应变下表现出线性变形，这可能是由 CNF 孔壁的弯曲变形和大孔的压缩造成的；在低于 70%应变下出现应力缓慢增加的平台区域，归因于孔壁的塑性屈服，即在达到屈服应力后出现水平的高原区域；最后是高应变（大于 70%）下的致密区，由于多孔网络结构的致密化，应力急剧上升，表现出开孔材料的典型变形特性。当 MDPA 和 BTCA 的添加量较低时，CNF/1BTCA/2MDPA、CNF/1BTCA/3MDPA 和 CNF/1BTCA/4MDPA 这三种气凝胶的应力-应变曲线和纯 CNF 气凝胶相似，当 MDPA 和 BTCA 的添加量均比较高时，气凝胶的应力-应变曲线在高应变下发生了明显的改变，如 CNF/1.5BTCA/5MDPA 和 CNF/2BTCA/5MDPA 这两种气凝胶的应力分别在 70%和 60%应变下急剧增加，说明这两种气凝胶在高应变下的延展性较差。

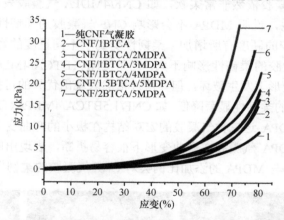

图 9-7 不同纳米纤维素气凝胶的应力-应变曲线[19]

不同 CNF 气凝胶的压缩性能测试结果见表 9-4。由于本研究制备的 CNF 气凝胶的应力-应变曲线在高应变下是非线性的，因此其"模量"的实际值是不清楚的，已有研究表明该类材料仅在低应变（3%~12%）下才具有真正的弹性（在变形后可弯曲恢复）[2, 7, 15]，根据本实验的实际情况，选取 1%~5%应变下的应力-应变曲线计算气凝胶的压缩模量；由于其力学性能对密度有很强的依赖性[2]，为了排除密度的影响，对其比模量（即模量/密度）进行了对比和分析。从表 9-4 可知，纯 CNF 气凝胶（密度 5.76mg/cm³）的压缩模量仅有 2.03kPa。仅添加 MDPA 时，CNF/MDPA 气凝胶的压缩模量随 MDPA 含量的增加变化不大，即便是 m(CNF)/m(MDPA)为 10/5 时，气凝胶的压缩模量也只有 3.08kPa，同时其比模量[0.288MPa/（g·cm³）]低于纯 CNF 气凝胶[0.352MPa/（g·cm³）]，这说明单独添加 MDPA 并不能有效改善 CNF 气凝胶的力学性能。当同时添加 MDPA 和 BTCA 后，气凝胶的压缩模量和比模量均逐渐增加；在 BTCA 添加量相同的情况下，随着 MDPA

表 9-4　不同纳米纤维素气凝胶的力学参数[19]

编号	样品	压缩强度（kPa）	压缩模量（kPa）	比模量[MPa/（g·cm³）]
1	纯 CNF 气凝胶	9	2.03	0.352
2	CNF/2MDPA	11	2.09	0.238
3	CNF/3MDPA	13	2.29	0.254
4	CNF/4MDPA	14	2.94	0.296
5	CNF/5MDPA	15	3.08	0.288
6	CNF/1BTCA/2MDPA	14	3.13	0.349
7	CNF/1BTCA/3MDPA	19	4.05	0.417
8	CNF/1BTCA/4MDPA	24	5.14	0.501
9	CNF/1BTCA/5MDPA	28	5.56	0.508
10	CNF/1.5BTCA/2MDPA	18	3.24	0.357
11	CNF/1.5BTCA/3MDPA	20	4.50	0.448
12	CNF/1.5BTCA/4MDPA	26	5.26	0.503
13	CNF/1.5BTCA/5MDPA	30	6.11	0.547
14	CNF/2BTCA/2MDPA	22	3.91	0.401
15	CNF/2BTCA/3MDPA	27	5.24	0.484
16	CNF/2BTCA/4MDPA	31	6.35	0.554
17	CNF/2BTCA/5MDPA	34	7.03	0.570

注：压缩强度取 80%应变下的强度，压缩模量由 1%～5%应变下的应力-应变曲线计算得到，比模量为压缩模量与密度的比值

含量的增加，气凝胶的压缩模量明显增加，如 m（CNF）/m（BTCA）为 10/1 时，CNF/1BTCA/3MDPA、CNF/1BTCA/4MDPA 和 CNF/1BTCA/5MDPA 气凝胶的压缩模量分别为 4.05kPa、5.14kPa 和 5.56kPa，是纯 CNF 气凝胶的 2～3 倍，同时其比模量也有所增加，分别为 0.417MPa/（g·cm³）、0.501MPa/（g·cm³）和 0.508MPa/（g·cm³）。这可能是因为 BTCA 的引入导致 CNF 和 MDPA 之间产生了充分的相互作用，CNF 和 MDPA 被 BTCA 束缚与交联而形成了复合孔壁，同时使气凝胶网络结构更加紧密，从而表现出较高的抗压强度。在 MDPA 添加量相同的情况下，BTCA 含量从 m（CNF）/m（BTCA）为 10/1 增大为 10/1.5 和 10/2 时，气凝胶的压缩模量有所增加（最大为 7.03kPa），但其比模量变化不大 [最大为 0.570MPa/（g·cm³）]。尽管经交联阻燃处理后 CNF 气凝胶的压缩强度有所提高，但仍低于其他无机纳米粒子阻燃纳米纤维素气凝胶和合成聚合物气凝胶，如纳米纤维素/氧化石墨烯/海泡石（CNF/GO/SEP）阻燃气凝胶[16]、聚酰亚胺（PI）气凝胶[20]、聚乙烯醇（PVA）气凝胶[21]。但是，合成聚合物气凝胶大多由石油化工产品制成，难以生物降解，会对自然环境产生负担。

从图 9-8a 可以看出，纯 CNF 气凝胶很难保持其原始形状，在很小的外力下就会产生很大的变形且很难恢复，这是由于气凝胶内部的 CNF 之间主要靠氢键和相邻纤维之间的物理纠缠结合在一起，纤维之间的相互作用力比较弱，因此气凝胶被压缩后很难恢复到其原始形状；添加 BTCA 和 MDPA 后，BTCA 与 MDPA 及 CNF 发生化学反应使纤维之间产生共价键结合，气凝胶的形状保持能力明显增强（图 9-8b）。从图 9-8c 和 d 可

以看出，纯 CNF 气凝胶和 CNF/1BTCA/4MDPA 气凝胶均可以在高应变（80%）下压缩，表现出良好的延展性；当压力释放后，纯 CNF 气凝胶几乎没有回弹，而 CNF/1BTCA/4MDPA 气凝胶则表现出良好的回弹性能，这归因于 MDPA 在 BTCA 作用下使 CNF 气凝胶形成了新的聚合物交联网络。

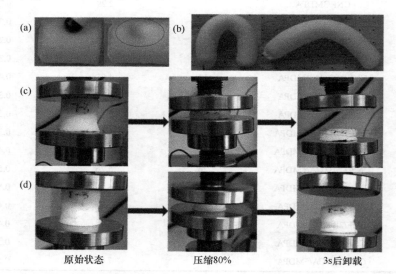

原始状态　　　　　　　　压缩80%　　　　　　　　3s后卸载

图 9-8　纳米纤维素气凝胶受不同外力作用后的回弹性[19]（彩图请扫封底二维码）
（a）和（c）纯 CNF 气凝胶；（b）和（d）CNF/1BTCA/4MDPA 气凝胶

（四）CNF 阻燃气凝胶的热稳定性能和阻燃性能

1. CNF 阻燃气凝胶的氧指数和垂直燃烧测试

为研究 MDPA 和 BTCA 添加量及两者添加比例对 CNF 气凝胶阻燃性能的影响，首先采用氧指数（LOI）法和垂直燃烧法（UL-94）对纯 CNF 气凝胶与经阻燃处理的 CNF 气凝胶的阻燃性能进行了测试，测试结果见表 9-5。由其中数据可知，纯 CNF 气凝胶的 LOI 值仅有 18.2%，和天然纤维素相近，说明纯 CNF 气凝胶同样具有高度易燃的特性；MDPA 和 BTCA 的加入对其阻燃性能产生了不同程度的影响。仅添加 MDPA 时，阻燃气凝胶的 LOI 值比纯 CNF 气凝胶明显增加，如当 m（CNF）/m（MDPA）为 10/3、10/4 和 10/5 时，气凝胶的 LOI 值分别为 24.1%、25.8% 和 26.3%，比纯 CNF 气凝胶的 LOI 值增加 32.4%、41.8% 和 44.5%，UL-94 等级也由原来的 NR 级提升为 V-1、V-0 和 V-0 级，这说明 MDPA 可以显著改善 CNF 气凝胶的阻燃性能和 UL-94 等级，同时其阻燃性能不会随着 MDPA 添加量的增加一直提高；同时添加 MDPA 和 BTCA 时，与只添加 MDPA 的气凝胶相比，CNF/BTCA/MDPA 气凝胶的 LOI 值仅略微增加，如 CNF/1BTCA/4MDPA 气凝胶的 LOI 值由 25.8% 增加到 26.1%，达到了阻燃棉织物相关标准对 LOI 值的规定（26.0%～28.0%），但 BTCA 的添加量对气凝胶的 LOI 值和 UL-94 等级影响不大，这是由于 BTCA 本身不具有阻燃性能且不含阻燃元素，仅其助剂 SHP 中含有一定量的磷元素。

表 9-5　不同纳米纤维素气凝胶的氧指数和 UL-94 测试结果[19]

编号	样品	LOI（%）	UL-94 等级
1	纯 CNF 气凝胶	18.2	NR
2	CNF/2MDPA	22.7	NR
3	CNF/3MDPA	24.1	V-1
4	CNF/4MDPA	25.8	V-0
5	CNF/5MDPA	26.3	V-0
6	CNF/1BTCA/2MDPA	23.1	NR
7	CNF/1BTCA/3MDPA	24.3	V-1
8	CNF/1BTCA/4MDPA	26.1	V-0
9	CNF/1BTCA/5MDPA	26.5	V-0
10	CNF/1.5BTCA/2MDPA	23.2	NR
11	CNF/1.5BTCA/3MDPA	24.3	V-1
12	CNF/1.5BTCA/4MDPA	26.2	V-0
13	CNF/1.5BTCA/5MDPA	26.5	V-0
14	CNF/2BTCA/2MDPA	23.5	NR
15	CNF/2BTCA/3MDPA	24.4	V-1
16	CNF/2BTCA/4MDPA	26.3	V-0
17	CNF/2BTCA/5MDPA	26.6	V-0

综上，同时考虑阻燃剂成本、MDPA 和 BTCA 的添加量及比例对气凝胶物理性能与力学性能的影响，可以得出：在实验中，当 m（CNF）/m（BTCA）/m（MDPA）为 10/1/4 时，CNF 阻燃气凝胶的综合性能最优，因此，采用该比例可以在有效改善气凝胶回弹性能、大幅提高其氧指数和 UL-94 等级的同时保持良好的柔韧性。

2. CNF 阻燃气凝胶的热稳定性能

为表征添加 MDPA 和 BTCA 对 CNF 气凝胶热稳定性的影响，采用热分析仪对其进行热重测试，由于纯 CNF 气凝胶主要靠氢键结合，而且孔隙率高、比表面积大，其中的自由水分子含量较高，在受热初期会释放大量水分子，质量损失率高，因此选择 T_{-10}（失重 10%时对应的温度）、T_{-50}（失重 50%时对应的温度）、$T_{d\ max}$（失重率最大时对应的温度）及 600℃时的质量剩余率等参数对气凝胶的热稳定性进行评价[22, 23]，结果如表 9-6 和图 9-9 所示。从图 9-9a 可以看出，纯 CNF 气凝胶和阻燃 CNF 气凝胶显示出相似的分解模式，主要分为三阶段：第一阶段发生在相对较低的温度（<200℃），该阶段样品只有轻微的质量损失，这归因于样品吸附的水分子和其他挥发性小分子的损失；第二阶段发生在 200～400℃，该阶段样品出现显著的质量损失，说明气凝胶中各组分在该阶段发生了剧烈的热降解；第三阶段发生在 400～600℃，上一阶段分解的剩余产物在高温下继续氧化分解，形成最终的残炭成分。

与纯 CNF 气凝胶相比，添加 MDPA 和 BTCA 后，T_{-10} 略有上升，从 276℃上升到 281～283℃，原因是纯 CNF 气凝胶中相邻的 CNF 主要靠氢键结合，而 CNF、BTCA 与 MDPA 在高温处理过程中发生化学交联反应而形成具网状结构的大分子；同时

CNF/BTCA/MDPA 气凝胶的最大失重速率比纯 CNF 气凝胶小得多，最大热降解温度略有下降，由 320℃下降到 291～302℃，说明 MDPA 的加入使得 CNF 提前降解；当 600℃时，气凝胶的质量剩余率则明显增加，从 9.98wt%上升到 35.6wt%～45.4wt%，提高了 256%～355%，这归因于 MDPA 在较低温度下分解产生的酸性中间体如磷酸酐和磷酸[24]，可在较低温度下催化纤维素发生脱水反应，可以有效抑制左旋葡萄糖的生成，而且磷酸在高温下可以进一步生成聚磷酸，它能更有效地催化纤维素发生脱水反应，促进炭化层的形成[25, 26]，阻止内部纤维素的氧化分解。

表 9-6　不同纳米纤维素气凝胶的 TG 测试结果[19]

样品	T_{-10}（℃）	T_{-50}（℃）	$T_{d\,max}$（℃）	600℃质量剩余率（wt%）
纯 CNF 气凝胶	276	315	324	9.98
CNF/1BTCA	279	327.1	314	17.7
CNF/4MDPA	270	431.4	302	35.6
CNF/1BTCA/4MDPA	282	437.8	303	36.0
CNF/5MDPA	271	479.5	297	43.6
CNF/2BTCA/5MDPA	283	485.3	291	45.4

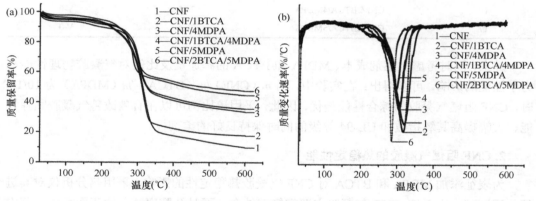

图 9-9　不同纳米纤维素气凝胶的热稳定性分析[19]
（a）TG 曲线；（b）DTG 曲线

3. CNF 阻燃气凝胶的燃烧性能

为研究 CNF 气凝胶的阻燃性能，在空气中对样品进行垂直燃烧实验，如图 9-10 所示。可以看出，纯 CNF 气凝胶样品在接触火源后被迅速点燃，燃烧速度快，移走火源后，在样品顶部仍然有非常明显的阴燃现象，3s 内完全烧掉，宏观形貌出现明显的体积收缩现象；而当 CNF/BTCA/MDPA 气凝胶样品暴露在同样的条件下时，样品表面快速形成一层炭层，火焰蔓延速度相对纯 CNF 气凝胶明显下降，燃烧过程中体积收缩不明显，11s 后撤去火源，火焰立即熄灭，表现出优异的阻燃性能。

为了进一步评价 CNF/BTCA/MDPA 气凝胶的阻燃性能，采用微型燃烧量热仪（MCC）对其在燃烧过程中的热释放速率（HRR）、总热释放量（THR）和热释放速率峰值（PHRR）等参数进行测试，结果见表 9-7 和图 9-11。PHRR 是表征材料燃烧性能的最主要参数，是评价材料火灾危险性的主要依据，通常 PHRR 越大，燃烧速度和火焰蔓延速度就越快，火灾危险性就越大[27, 28]；另外，根据 PHRR 还可以判断材料燃烧过程的平稳程度。

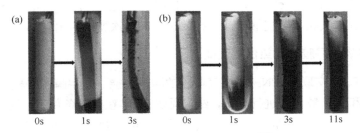

图 9-10　纳米纤维素气凝胶垂直燃烧测试前后的宏观形貌[19]（彩图请扫封底二维码）
（a）纯 CNF 气凝胶；（b）CNF/1BTCA/4MDPA 气凝胶

表 9-7　不同纳米纤维素气凝胶的 MCC 测试结果[19]

样品	热释放速率峰值（W/g）	总热释放量（kJ/g）	热释放峰值对应的温度 $T_{d\,max}$（℃）
纯 CNF 气凝胶	64	5.4	367
CNF/1BTCA	60	4.6	359
CNF/4MDPA	27	2.2	309
CNF/1BTCA/4MDPA	24	2.0	318

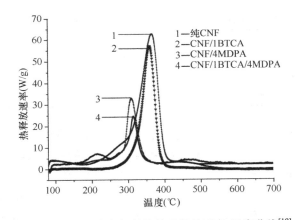

图 9-11　纳米纤维素气凝胶的热释放速率-温度曲线[19]

　　从图 9-11 可以发现，纯 CNF 气凝胶的热释放速率主要呈单峰分布，热释放速率峰值对应的温度主要集中在 300～400℃；和纯 CNF 气凝胶相比，添加 MDPA 的气凝胶在燃烧过程中 THR 和 PHRR 均明显降低，如 CNF/1BTCA/4MDPA 气凝胶的 THR 和 PHRR 分别下降到 2.0kJ/g 和 24W/g，降低约 63.0% 和 62.5%，这说明添加 MDPA 可以有效降低 CNF 气凝胶在燃烧过程中的热释放强度，其 $T_{d\,max}$ 也明显降低，由原来的 367℃下降到 318℃；同时可以发现，当温度高于 400℃后，纯 CNF 气凝胶的热释放速率持续下降，高于 500℃后热释放速率接近于零，而 CNF/4MDPA 和 CNF/1BTCA/4MDPA 气凝胶的热释放速率在470℃左右出现了一个弱小的峰值,在500～700℃依然有一定的热释放速率,热释放速率呈双峰分布,这说明其在燃烧过程中出现二次燃烧。这可能是因为 MDPA 在低温下分解并催化气凝胶表层纤维素快速成炭,焦炭层产生了良好的隔热和隔氧效果,有效抑制了内部纤维素的热降解,随着持续受热及炭层内部热量向外扩散,炭层破裂,可燃气体进入气相,燃烧继续,热释放速率又一次变大,出现第二个峰值。

4. CNF 阻燃气凝胶的隔热保温性能

为表征 BTCA 交联型 CNF 阻燃气凝胶的隔热性能,采用瞬态平板热源法(TPS)对其导热系数和热扩散系数进行测试,结果见表9-8。在室温条件下,纯 CNF 气凝胶的导热系数极低,只有25.5mW/(m·k),接近于空气的导热系数[25.4mW/(m·k)],说明纯 CNF 气凝胶具有优异的隔热保温性能,这归因于其极低的密度和高孔隙率。对 CNF 气凝胶进行化学交联和阻燃处理后,气凝胶的密度增加且孔隙率下降,导致其导热系数增大,如交联 CNF 气凝胶(CNF/1BTCA)和 CNF 阻燃气凝胶(CNF/1BTCA/4MDPA)的导热系数分别为27.3mW/(m·k)和32.6mW/(m·k)。与目前市场上常用的隔热保温材料如聚氨酯泡沫[≤24mW/(m·k)]、聚苯乙烯泡沫[≤41mW/(m·k)]、矿物棉[30～52mW/(m·k)][29]相比,经过 BTCA 交联及 MDPA 阻燃处理后的 CNF 气凝胶的导热系数仍然较低;同时其也低于 Fan 等[30]制备的 Al(OH)₃ 纳米粒子阻燃 CNF 气凝胶[38.5mW/(m·k)]和 Han 等[31]制备的 Mg(OH)₂ 纳米粒子阻燃再生纳米纤维素气凝胶[56～81mW/(m·k)],说明本方法制备的交联型 CNF 阻燃气凝胶具有更好的隔热保温性能。

表 9-8 不同纳米纤维素气凝胶的导热系数和热扩散系数[19]

样品	导热系数[mW/(m·K)]	热扩散系数(mm²/s)
纯 CNF	25.5	1.775
CNF/1BTCA	27.3	1.668
CNF/1BTCAA/4MDPA	32.6	1.062

为进一步研究 BTCA 交联型 CNF 阻燃气凝胶的隔热保温性能,分别在低温和高温环境下对其隔热效果进行了模拟测试,结果如图 9-12 所示。从红外谱图可以发现,用气凝胶样品(厚5mm)的一侧(下表面)接触-30℃的冷源,5min 后,其另一侧(上表面)温度在2～4℃;从图9-12b 可以看出,样品接触热板的一侧温度(下表面)迅速升至 100℃,其上表面的温度则缓慢上升,10min 后趋于稳定(约为 48℃)。以上结果表明 BTCA 交联型 CNF 阻燃气凝胶在低温和高温环境下依然具有良好的隔热保温性能。

同时对其阻燃隔热性能进行了模拟测试,测试结果如图 9-13 所示。从中可以看出,对照组的双层棉织物在被点燃 20s 时已开始烧透,40s 后已完全烧透;而在双层棉织物中间添加一层自制的 BTCA 交联型 CNF 阻燃气凝胶膜(厚3mm)后,棉织物被点燃 40s 后仍没有烧透,60s 后才完全烧透。这说明该 CNF 阻燃气凝胶同时具备了良好的阻燃和隔热性能,结合其氧指数值较低但具有高柔韧性的特点,有望应用于热防护服的隔热层,以及中低温精密仪器异形构件的隔热保温层。

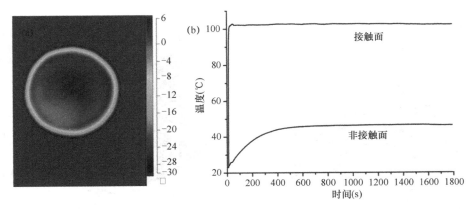

图 9-12 纳米纤维素阻燃气凝胶在不同环境下的隔热效果模拟测试[19]（彩图请扫封底二维码）
（a）-30℃，5min；（b）100℃，30min

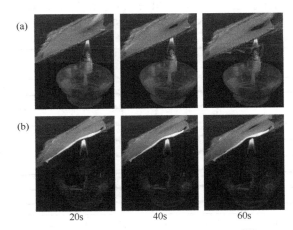

图 9-13 纳米纤维素阻燃气凝胶的阻燃隔热性能模拟测试结果[19]（彩图请扫封底二维码）
（a）双层棉织物；（b）中间夹层为 CNF/1BTCA/4MDPA 阻燃气凝胶

三、阻燃机理探讨

（一）TG-FTIR 分析

采用 TG-FTIR 测试从气相方面分析气凝胶的热降解过程。图 9-14 是气凝胶的 TG-FTIR 三维示意图，分别选取纯 CNF 气凝胶和 BTCA 交联型 CNF 阻燃气凝胶（CNF/1BTCAA/4MDPA）在测试过程中 9 个特征温度点所释放气体物质的红外谱图进行分析，如图 9-15 所示。从图 9-14a 和图 9-15a 可以看出，纯 CNF 气凝胶的红外谱图在 250℃和 280℃时，分别在 $2400\sim2300cm^{-1}$、$1780\sim1650cm^{-1}$ 和 $1550\sim1400cm^{-1}$ 处出现了明显的 H_2O、$C=O$ 和 $C—O—C$ 特征吸收峰，同时在 $2300\sim2400cm^{-1}$ 和 $1050\sim1150cm^{-1}$ 处分别出现了微弱的二氧化碳（$O=C=O$）和 $C—O$ 特征吸收峰，说明此阶段主要是水分子及一些游离小分子物质的释放；在 300℃时，出现了明显的 $O=C=O$ 和 $C—O$ 特征吸收峰，同时在 $2150cm^{-1}$ 和 $2850\sim2960cm^{-1}$ 处分别出现了微弱的 CO 和

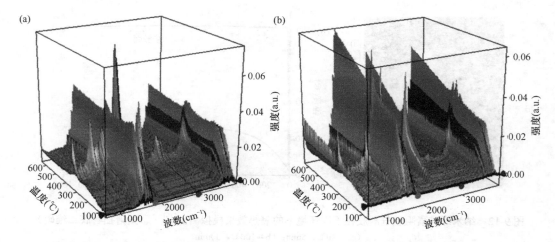

图 9-14　纳米纤维素气凝胶的 TG-FTIR 三维示意图[19]（彩图请扫封底二维码）
(a) 纯 CNF 气凝胶；(b) CNF 阻燃气凝胶

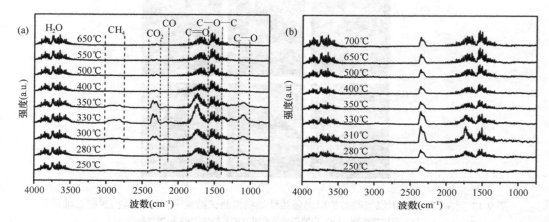

图 9-15　纳米纤维素气凝胶在 TG-FTIR 测试过程中不同阶段气体产物的红外光谱图[19]
(a) 纯 CNF 气凝胶；(b) CNF 阻燃气凝胶

CH_4 特征吸收峰，说明此温度下纳米纤维素已开始慢慢降解；当温度上升到 330℃时，$O=C=O$、CO、CH_4、$C=O$ 和 $C-O$ 的特征吸收峰均达到最强，这是由于纤维素大分子链在该温度下发生了断裂和脱水反应，并伴随激烈的氧化过程，因此生成了大量的小分子挥发物，这一阶段失重速率快且失重量大；当温度高于 400℃后，几乎观察不到 CO、CH_4 和 $C-O$ 的特征吸收峰，但依然可以观察到明显的 $C=O$ 和 $C-O-C$ 特征吸收峰，因为在高温条件下前面阶段分解的剩余产物会继续氧化分解，通过脱羟基、脱水等进行分子重排，形成最终的残炭成分[32]。对于 CNF/BTCA/MDPA 气凝胶，在 250℃和 280℃时，可以观察到明显的 $O=C=O$ 特征吸收峰，而 $C=O$ 和 $C-O-C$ 的特征吸收峰强度要比相同温度下纯 CNF 气凝胶分解产物的弱很多；在 300℃时，$O=C=O$ 和 $C=O$ 的特征吸收峰均达到最强，而且几乎观察不到 CO、CH_4 和 $C-O$ 的特征吸收峰，说明在这一阶段，脱水、脱羧反应比生成左旋葡聚糖的裂解反应变得更明显，放出更多的 H_2O 和 $O=C=O$，这是由于 MDPA 在低温下分解生成的磷酸和磷酸酐，可以催化纤维素在低温下炭化并且抑制左旋葡萄糖的形成，使得可燃性气体释放量减少[33]；当温度上升到 320℃、350℃和 400℃时，O＝C＝O、C＝O 和 C—O—C 的特征吸收峰强度均逐渐减弱，原因是气凝胶表面的炭层抑制了热量向内部的传递，延缓了内部纤维素的热降解；随着温度的进一步升高，在 500℃、650℃和 700℃时，依然可以观察到明显的 O＝C＝O 和 C＝O 特征吸收峰，且 C—O—C 的特征吸收峰强度在 700℃时达到最强，说明此阶段外部热量和空气逐渐突破了炭层的阻隔，气凝胶内部结构发生了热降解。这表明本研究制备的 CNF 阻燃气凝胶的阻燃机理以 MDPA 在凝聚相中的催化作用为主。

（二）残炭分析

　　为了分析 MDPA 在 CNF 气凝胶凝聚相中的阻燃机理，根据 TG 测试结果选择三个不同温度对 CNF/1BTCA/4MDPA 气凝胶样品进行高温处理，收集样品的残留物并用 FTIR 分析其化学结构。图 9-16 是 CNF/1BTCA/4MDPA 气凝胶在空气中进行燃烧测试后的宏观形貌及样品分别经 250℃、310℃和 450℃处理后残留物的 FTIR 图。从图 9-16a 中样品经燃烧测试后剩余物的横截面可以看出，气凝胶的内部没有发生变化，只有表层炭化。从图 9-16b 可以看出，对照组样品的红外谱图上位于 3336cm^{-1} 处的—OH 伸缩振动吸收峰，2904cm^{-1} 处的 C—H 键伸缩振动吸收峰，以及 1167cm^{-1} 和 1054cm^{-1} 处的 C—O 伸缩振动吸收峰在高温处理样品的红外谱图上几乎消失，这说明残炭中纤维素大分子链发生了降解；但在 3431cm^{-1} 处出现了较强的 N—H 键伸缩振动吸收峰，原因是燃烧前样品中的 O—H 含量远远高于 N—H，使得 N—H 键的伸缩振动吸收峰和 O—H 的伸缩振动吸收峰重合；还可以发现，经三个温度处理后的样品的红外谱图均分别在 1624cm^{-1} 和 1272cm^{-1} 处出现了新的特征吸收峰，归因于 P—O—C 键的伸缩振动，当处

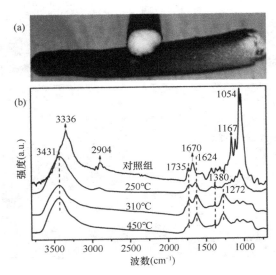

图 9-16　纳米纤维素阻燃气凝胶在空气中燃烧后的宏观形貌（a）和经不同温度
处理后的 FTIR 图（b）[19]（彩图请扫封底二维码）

理温度为 310℃时，样品中这两个吸收峰的强度最大，这是因为 MDPA 在 300℃左右开始分解生成磷酸和磷酸酐；当温度达到 400℃后，P—O—C 键会断裂重组形成 C═C 双键和聚磷酸或焦磷酸类产物。

为进一步分析 MDPA 在 CNF 气凝胶凝聚相的阻燃机理，采用扫描电镜分别对纯 CNF 气凝胶和 CNF/1BTCA/4MDPA 气凝胶在空气中燃烧后的残留物结构进行观察，如图 9-17 所示。纯 CNF 气凝胶燃烧后，原来由 CNF 形成的三维网络结构和层状结构消失，宏观体积收缩，样品炭化层主要是由不连续的炭渣堆积而成，孔隙率明显下降，这就导致外界的热量、氧气及燃烧过程中生成的可燃性气体加速向样品内部传导和扩散。而 CNF/BTCA/MDPA 气凝胶燃烧后，依然保留有原来的三维网络结构，表明其残留物同样具有较高的孔隙率。另外发现其骨架表面出现了一层熔融状物质，据上文可知该物质是 MDPA 分解生成的聚磷酸，它们可以催化纤维素在较低温度下直接脱水炭化，改变纤维素的热降解过程，避免可燃性气体的生成；同时气凝胶表面形成的焦炭层（隔离层），可以减缓表面热量向内部的传递，并阻隔氧气的进入，抑制样品内部的热氧化，中断燃烧的连锁反应，因此，当撤去火源后样品就会立即停止燃烧，达到自熄效果。

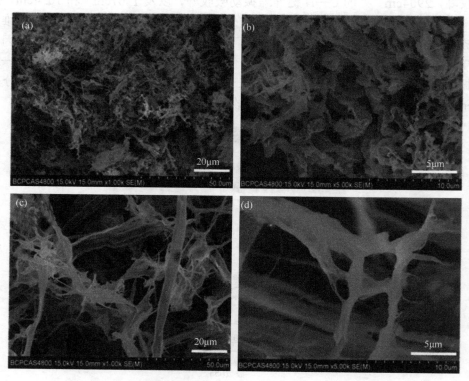

图 9-17　纳米纤维素气凝胶燃烧测试后残炭的扫描电镜图[19]
（a）和（b）纯 CNF 气凝胶；（c）和（d）CNF 阻燃气凝胶

利用能谱（EDS）测定了纳米纤维素阻燃气凝胶及其燃烧后的元素组成和分布，结果如表 9-9 所示。结果表明，碳原子含量略微增加，而氧原子含量明显减少，其质量百分比由原来的 52.40% 下降到 26.46%，降低 49.5%，由此推测气凝胶内部的纤维素骨架结构只发生了轻微降解；磷原子含量相对增加，且 P/C、P/O 值均高于对照组样品，而氮原子含量相对变化较小，说明 MDPA 在高温下分解时并没有释放出含氮的挥发性小分子。

表 9-9 纳米纤维素阻燃气凝胶燃烧前后元素百分含量[19]

元素	质量百分比（%）		原子百分比（%）	
	燃烧前	燃烧后	燃烧前	燃烧后
C	29.32	29.81	38.41	44.62
O	52.40	26.46	51.54	29.73
N	1.24	0.40	1.39	0.51
P	17.05	43.33	8.66	25.14
总计	100			

注：本表中采用的气凝胶样品为 CNF/1BTCA/4MDPA 气凝胶。

综上，CNF/BTCA/MDPA 阻燃气凝胶的阻燃机理主要有以下两点。

1）焦炭层的作用：在凝聚相，MDPA 在较低温度下分解生成磷酸和磷酸酐，燃烧初期使纳米纤维素提前脱水炭化，抑制了可燃性气体的产生，同时在气凝胶表面迅速形成焦炭层；磷酸在高温会进一步分解生成聚磷酸的玻璃状熔融体，覆盖在基材表面形成隔离层，它一方面可以抑制热量向内部未燃烧区域扩散和蔓延，另一方面将可燃性物质与外界氧气于样品表面隔开，从而阻止气凝胶的继续燃烧。

2）微-纳米多孔结构的阻隔作用：CNF/BTCA/MDPA 气凝胶中存在的特殊的三维网络层状结构和微-纳米多孔结构导致小分子物质在其中的扩散途径曲折，扩散路线长，扩散时间增加，因而 CNF 气凝胶在燃烧过程中对气体的阻隔性能提高，纳米纤维素燃烧产生的气体和外界的氧气都不易出去与进入，从而减弱了气凝胶的燃烧性能。

第二节 纳米纤维素/MUF 复合阻燃气凝胶的制备及研究

一、纳米纤维素/MUF 复合阻燃气凝胶的制备

（一）纳米纤维素/MUF 复合阻燃气凝胶的制备方法

1. TEMPO 氧化 CNF 悬浮液的制备

采用漂白桉树木浆纤维作为原材料，按照已有文献[34]中的方法制备 TEMPO 氧化纳米纤维素纤丝（TOCNF），具体过程如下：首先使用 TEMPO/NaClO/NaBr 体系处理针叶桉树木浆纤维，整个过程中保持体系 pH 在 10 左右，然后使用均质机处理得到 TOCNF，最后浓缩得到固含量为 0.4wt% 的 TOCNF 水凝胶。

2. MUF 预聚体的合成方法

根据 Paiva 等[35]报道的方法制备 MUF 预聚体，将适量的三聚氰胺、尿素和甲醛与

蒸馏水混合，放入圆底烧瓶中。添加适量无水碳酸钠将溶液 pH 调节至 8.5～9.0，加热至 70℃后，在一定速率下搅拌 1h，得到 MUF 预聚体。最后将烧瓶置于冷水流中并再次用蒸馏水调节至 pH 为 7.8，将体系冷却至室温。

3. TOCNF/MUF 复合气凝胶的制备

取一定量的 TOCNF（pH 6.8）水悬浮液，按设计的比例向其中添加 MUF 预聚体（TOCNF 与 MUF 的干重比分别为 10/2、10/3、10/4、10/5），在 1000r/min 转速下持续搅拌约 12h，形成混合均匀的复合分散液，室温静置除去气泡。然后在液氮浴中冷冻，将冷冻样品在–57.0℃和 1Pa 的冻干机中冷冻干燥 72h。最后将得到的气凝胶样品置于 150℃的真空烘箱中处理 5～10min，使体系中的 MUF 与 TOCNF 充分反应，最终得到化学交联型纳米纤维素阻燃气凝胶成品，该复合气凝胶表示为 TOCNF/M，所有制备的 TOCNF/M 复合气凝胶形状完整（直径 20mm，高 25mm）。当 TOCNF 与 MUF 的干重比达到 10/5 时，MUF 过多导致气凝胶的体积收缩，因此下面使用 TOCNF 与 MUF 的干重比为 10/4 进行实验。

4. TOCNF/MUF 复合阻燃气凝胶的制备

将制备的 TOCNF/M（10/4）悬浮液与 PPMS 以不同的质量比混合（CN、MUF 与 PPMS 干重比：10/4/3、10/4/4、10/4/5、10/4/6），通过 12h 的持续搅拌获得均匀的悬浮液，随后采用与 TOCNF/M 复合气凝胶相同的方法制备 TOCNF/MUF/PPMS 复合阻燃气凝胶，该复合气凝胶表示为 TOCNF/M/P。纯 TOCNF 气凝胶也通过相似的方法制备。在性能测试之前将所有样品置于恒温恒湿条件下（23℃和 50%相对湿度）24h。整个制备流程如图 9-18 所示。

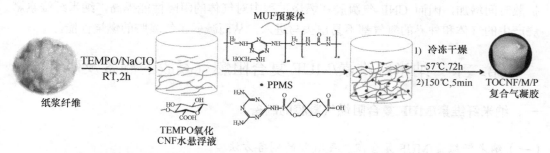

图 9-18　纳米纤维素/MUF 复合阻燃气凝胶的制备流程图[19]（彩图请扫封底二维码）

二、纳米纤维素/MUF 气凝胶的结构与性能评价

（一）TOCNF 气凝胶的物理性能

从表 9-10 中可以看出，纯 TOCNF 气凝胶的表观密度低至 6.04mg/cm³，孔隙率高达 99.61%；与未改性的纯 TOCNF 气凝胶相似，添加 MUF 后，复合气凝胶的表观密度呈增大趋势，当 m（TOCNF）/m（MUF）为 10/2、10/3、和 10/4 时，复合气凝胶的表观密度分别为 6.81mg/cm³、7.59mg/cm³ 和 8.39mg/cm³，依然属于超轻材料的范畴，孔隙率

变化不大，依然高达 99.5%左右；在 TOCNF/4M 气凝胶基础上添加阻燃剂 PPMS 后，和纯 TOCNF 气凝胶相比，TOCNF/M/P 复合气凝胶的表观密度明显增加，如 TOCNF/4M/3P、TOCNF/4M/4P、TOCNF/4M/5P 和 TOCNF/4M/6P 分别为 8.87mg/cm³、9.20mg/cm³、9.82mg/cm³ 和 10.72mg/cm³，孔隙率则略有下降，分别为 99.47%、99.46%、99.43%和 99.38%。

表 9-10 不同 TOCNF 阻燃气凝胶的表观密度和孔隙率[19]

编号	样品	表观密度（mg/cm³）	孔隙率（%）
1	纯 TOCNF 气凝胶	6.04	99.61
2	TOCNF/2M	6.81	99.56
3	TOCNF/3M	7.59	99.55
4	TOCNF/4M	8.39	99.44
5	TOCNF/4M/3P	8.87	99.47
6	TOCNF/4M/4P	9.20	99.46
7	TOCNF/4M/5P	9.82	99.43
8	TOCNF/4M/6P	10.72	99.38

（二）CNF 阻燃气凝胶的结构及微观形貌

1. 化学结构

如图 9-19 所示，FTIR 和 XPS 图揭示了制备的气凝胶中化学官能团的存在与变化。从图 9-19a 可以看出，纯 TOCNF 气凝胶的红外谱图在 3346cm⁻¹、2927cm⁻¹ 和 1412cm⁻¹ 处出现的特征吸收峰分别归属于羧酸根阴离子中—OH 基团的拉伸、—CH₂ 或—CH₃ 的伸缩振动和 C═O 双键的不对称伸缩振动。但是羧基基团中羰基的特征吸收峰从 1640cm⁻¹ 偏移至 1605cm⁻¹，这证明 TOCNF 表面上的部分羧基（—COOH）基团可能已经通过离子交换转化为羧酸钠（—COONa），这个结果与已有文献结果一致[36, 37]。和纯 TOCNF 气凝胶相比，TOCNF/M 复合气凝胶的红外谱图分别在 1652cm⁻¹、1554cm⁻¹、1459cm⁻¹、1351cm⁻¹ 和 814cm⁻¹ 处出现一些新的特征吸收峰，同时位于 1412cm⁻¹ 附近的 C—O 键的对称伸缩振动吸收峰消失，1554cm⁻¹ 和 1652cm⁻¹ 处的峰归属于酰胺键的 C—O 伸缩振动、C—N 及 N—H 的变形振动，814cm⁻¹ 处的吸收峰归因于 MUF 中三嗪环的伸缩振动，这表明 TOCNF 的羧酸基团与 MUF 上的羟基反应形成了酰胺键。和纯 TOCNF 气凝胶及 TOCNF/M 复合气凝胶相比，TOCNF/M/P 复合气凝胶中 O—H 基团的特征吸收峰的位置和强度均发生了明显变化；同时在 3465cm⁻¹、1735cm⁻¹、1278cm⁻¹ 和 893cm⁻¹ 处出现了一些新的特征吸收峰，3465cm⁻¹ 处的吸收峰归因于 NH₂⁺基团的伸缩振动，1278cm⁻¹ 和 893cm⁻¹ 处的吸收峰分别归因于 P═O 键的伸缩振动和 PPMS 螺环状结构中 P—O 键的伸缩振动，并且在 1735cm⁻¹ 处出现了新的酯类羰基 C═O 伸缩振动吸收峰；与 TOCNF/M 复合气凝胶相比，归因于酰胺键的 C—O 伸缩振动的吸收峰有所增强，因此推测 TOCNF 表面上的大量活性 O—H 参与了 MUF 的缩聚反应形成了 C—O—C 共价键结合。

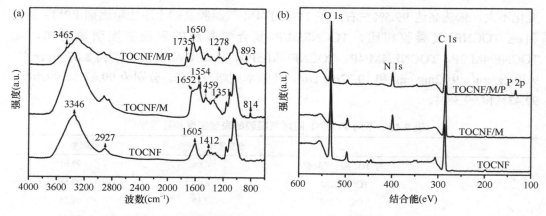

图 9-19　不同 TOCNF 气凝胶的红外光谱（a）和 XPS 图（b）[19]

图 9-20 是纯 TOCNF 气凝胶、TOCNF/MUF 及 TOCNF/MUF/PPMS 复合气凝胶的 XPS 宽谱，和纯 TOCNF 气凝胶及 TOCNF/M 复合气凝胶相比，在水中经浸泡处理后的 TOCNF/M/P 复合气凝胶依然可以在 134.7eV 和 397.9eV 观察到分别归因于 PPMS 的 P 2p 峰（图 9-19b）和归因于 PPMS 及 MUF 的 N 1s 峰。另外，结合图 9-20 中各气凝胶的 C 1s 和 N 1s 峰解析结果可知，TOCNF 确实通过其表面带负电荷的羧基（—COO—）基团与 MUF 或 PPMS 结构上带正电荷的氨基（—NH$_2^+$）发生静电吸附或者电荷中和反应形成了化学键结合。

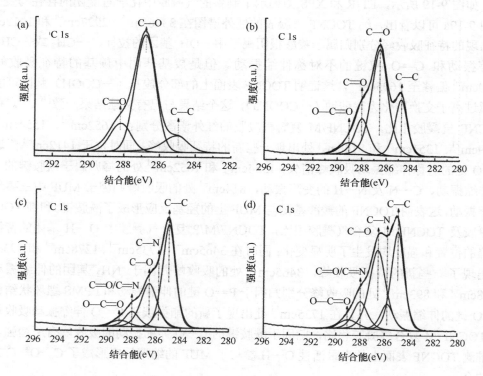

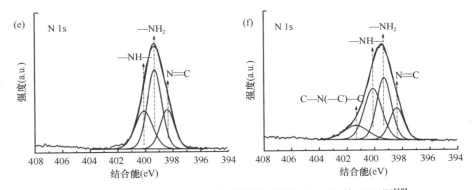

图 9-20　纤维素（a）和纳米纤维素气凝胶（b～f）的 XPS 图[19]

（b）纯 TOCNF 气凝胶；（c）和（e）TOCNF/MUF 复合气凝胶；（d）和（f）TOCNF/M/P 复合气凝胶

2. SEM 分析

采用 SEM 对不同 TOCNF 气凝胶的微观形貌进行表征，结果如图 9-21 所示。从中可观察到：和前文制备的纯 CNF 气凝胶相比，纯 TOCNF 气凝胶表现出更明显的片层结构，这归因于 TOCNF 表面带负电的羧基基团，由于静电斥力的作用，TOCNF 在水悬浮液中分散得更加均匀，而且羧基有助于 TOCNF 之间氢键的形成，使其在干燥过程中更容易成膜。添加少量 MUF 后，如 TOCNF/2M 复合气凝胶表现出与纯 TOCNF 气凝胶相似的微观形貌，这是由于 MUF 预聚体与 TOCNF 悬浮液具有良好的相容性，少量的 MUF 与 TOCNF 混合后可以形成相对均匀的混合体系。随着 MUF 预聚体含量的增加，当 m（TOCNF）/m（MUF）为 10/4 时，复合气凝胶的孔壁厚度明显增加，内部依然表现出规整的层状结构，这可能由大量的 MUF 预聚体分子在 TOCNF 片层结构上聚集或

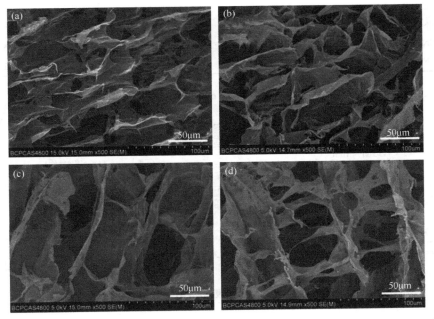

图 9-21　纯 TOCNF 气凝胶（a 和 b）和 TOCNF/MUF 气凝胶（c 和 d）的扫描电镜图[19]

者自身交联所致。当 PPMS 添加量较低时，如 TOCNF/4M/3P 和 TOCNF/4M/4P 复合气凝胶表现出与 TOCNF/M 复合气凝胶非常相似的微观形貌；随着 PPMS 添加量的增大，当 m（TOCNF）/m（MUF）/m（PPMS）为 10/4/5 时，复合气凝胶结构中的层间距变大，结构中出现许多大孔，而且没有观察到 MUF 或 PPMS 分子的聚集现象；当 PPMS 添加量超过一定范围时，PPMS 对 TOCNF/M/P 复合气凝胶的网络结构产生了明显的负面影响，如 TOCNF/4M/6P 复合气凝胶的网络结构主要靠较小的碎片状结构连接在一起，出现这种现象的原因可能是 MUF 和 PPMS 改变了 TOCNF 悬浮液的原始状态并形成了新的多相均相状态，使 TOCNF/M/P 复合气凝胶的微观结构在冷冻过程中形成了不同于纯 TOCNF 气凝胶的微观结构。

3. 比表面积和孔径分布

为进一步研究 TOCNF/M 和 TOCNF/M/P 复合气凝胶的微观结构，通过氮吸附-脱附测量来分析气凝胶的比表面积和孔隙特性，其微观结构参数见表 9-11。根据 IUPAC 分类，所有气凝胶样品的 N_2 吸附-解吸等温线类型均在 II 型和 IV 型之间（图 9-22a），除 TOCNF/5M 复合气凝胶外，其他样品迟滞环为 H_3 型，这表明除 TOCNF/5M 复合气凝胶外，其他气凝胶均为典型的介孔材料。对比表 9-11 中孔参数可知：所有复合气凝胶的比表面积在 20~45m²/g，和纯 TOCNF 气凝胶相比，变化不大；加入 MUF 后，气凝胶

表 9-11　不同纳米纤维素气凝胶的微观结构参数[19]

样品	BET 比表面积（m²/g）	BJH 平均孔径（nm）	BJH 孔容（cm³/g）
纯 TOCNF 气凝胶	36.45	6.92	0.0600
TOCNF/2M	44.39	9.64	0.1070
TOCNF/4M	24.00	8.55	0.0513
TOCNF/5M	22.70	7.84	0.0381
TOCNF/4M/4P	33.18	10.90	0.0987
TOCNF/4M/5P	40.29	10.57	0.1165
TOCNF/4M/6P	29.42	14.43	0.1061

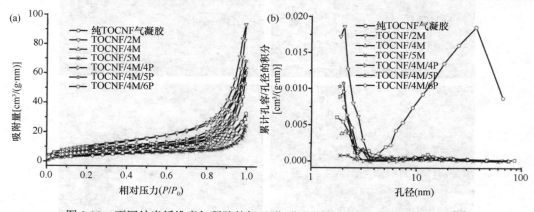

图 9-22　不同纳米纤维素气凝胶的氮吸附-脱附曲线（a）和孔径分布（b）[19]

的比表面积先由原来的 $36.45m^2/g$（纯 TOCNF）提高到 $44.39m^2/g$（TOCNF/2M），然后降低到 $22.70m^2/g$（TOCNF/5M）；在 TOCNF/4M 复合体系中加入 PPMS 后，TOCNF/4M/4P、TOCNF/4M/5P 和 TOCNF/4M/6P 复合气凝胶的比表面积均高于 TOCNF/4M 复合气凝胶；孔参数对比表明，随着 PPMS 含量的增加，复合气凝胶的平均孔径逐渐增大，这一结果与 SEM 中 TOCNF/M、TOCNF/M/P 气凝胶的微观结构变化相一致。尽管在 TOCNF/4M/5P 复合气凝胶的结构中存在较多的大孔结构，但其比表面积相对较高，这说明在形成大孔的同时也形成了一定数量的介孔。

（三）TOCNF 阻燃气凝胶的力学性能

从表 9-12 可以看出，添加 MUF 后，TOCNF/M 复合气凝胶的压缩模量明显增加，当 m（TOCNF）/m（MUF）为 10/4 时，气凝胶的压缩模量达到 21.5kPa，比纯 TOCNF 气凝胶的压缩模量高出 6 倍多。这主要归因于 MUF 可以与 TOCNF 反应形成新的交联网络，在 TOCNF 的柔性网络上引入刚性基团，从而提高了纳米纤维素骨架的强度。同时添加 MUF 和 PPMS 后，TOCNF/M/P 复合气凝胶的压缩模量和比模量明显高于纯 TOCNF 气凝胶与 TOCNF/M 复合气凝胶，气凝胶的压缩性能显著提高，如 TOCNF/4M/5P 复合气凝胶的压缩模量最高，为 73.1kPa（密度为 $9.82mg/cm^3$）。由于气凝胶的力学性能对密度有很强的依赖性，因此通过比模量可以更好地说明所制复合气凝胶的机械特性。随着 PPMS 添加量的增加，TOCNF/M/P 复合气凝胶的比模量呈上升趋势，当 m（TOCNF）/m（MUF）/m（PPMS）为 10/4/5 时，达到最大 $[7.45MPa/（g·cm^3）]$，明显高于文献报道的硅纤维气凝胶 $[0.577\sim1.23MPa/（g·cm^3）]$ 和前文制备的 BTCA 交联型 CNF 阻燃气凝胶 $[0.296\sim0.555MPa/（g·cm^3）]$；当 m（TOCNF）/m（MUF）/m（PPMS）为 10/4/6 时，气凝胶压缩模量和比模量均明显减小，这是由于高添加量的 PPMS 使气凝胶密度相对较高（$10.72mg/cm^3$），并且降低了 TOCNF 与 MUF 之间的相互作用，减弱了气凝胶内部网络结构的连续性，这一点从 SEM 的微观结构结果也可以得到佐证。

表 9-12　不同纳米纤维素气凝胶的力学参数[19]

编号	样品	压缩强度（kPa）	压缩模量（kPa）	比模量[MPa/（g·cm³）]
1	纯 TOCNF 气凝胶	9	2.87	0.47
2	TOCNF/2M	14	4.03	0.59
3	TOCNF/3M	21	12.5	0.94
4	TOCNF/4M	26	21.4	2.64
5	TOCNF/4M/3P	37	50.4	5.68
6	TOCNF/4M/4P	46	65.7	7.14
7	TOCNF/4M/5P	49	73.1	7.45
8	TOCNF/4M/6P	82	44.8	4.18

注：压缩强度取 70%应变下的强度，压缩模量由 1%～5%应变下的应力-应变曲线计算得到，比模量为压缩模量与密度的比值

采用轴向压缩测试对纯 TOCNF 气凝胶、TOCNF/M 及 TOCNF/M/P 复合气凝胶的力学性能进行定量研究，其压缩应力-应变曲线如图 9-23b 所示。与前文制备的 CNF 阻燃气凝胶类似，TOCNF 气凝胶的应力-应变曲线同样显示出三个特征阶段：低应变下的线弹性状态，中间应变下的平台状态，以及大于 60%应变下的致密化状态。TOCNF/4M、TOCNF/4M/4P 和 TOCNF/4M/5P 这三种气凝胶的应力-应变曲线与 TOCNF/4M 气凝胶相似，当 m（TOCNF）/m（MUF）/m（PPMS）达到 10/4/6 时，复合气凝胶的应力-应变曲线发生了显著变化，其应力从 60%应变开始就急剧增加，说明该复合气凝胶在高应变下的延展性较差。

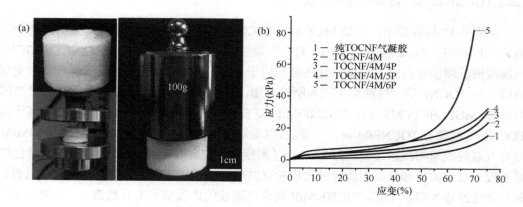

图 9-23　纳米纤维素/MUF 复合气凝胶（a）及其压缩应力-应变曲线（b）[19]
（彩图请扫封底二维码）

（四）TOCNF 阻燃气凝胶的热稳定性能和阻燃性能

1. TOCNF 阻燃气凝胶的氧指数测试

由表 9-13 中数据可知，纯 TOCNF 气凝胶的 LOI 值（19.7%）略高于天然纤维素和前文制备的未改性纯 TOCNF 气凝胶（18.2%），这可能是由 TEMPO 法制备纳米纤维素过程中加入的金属离子 Na$^+$未被完全除去导致的。添加 MUF 后，TOCNF/2M、TOCNF/3M 和 TOCNF/4M 复合气凝胶的 LOI 值分别为 20.2%、21.4%和 23.7%，比纯 TOCNF 气凝胶略为提高，但其 UL-94 等级并没有明显提升，依然为 NR 级，这说明 TOCNF/M 复合气凝胶同样属于易燃材料。在 TOCNF/4M 复合体系的基础上添加不同含量 PPMS 后，TOCNF/M/P 复合气凝胶的氧指数明显提高；复合气凝胶的 LOI 值随 PPMS 的添加量增加而提高，当 m（TOCNF）/m（MUF）/m（PPMS）为 10/4/5 时，TOCNF/M/P 复合气凝胶的 LOI 值达到 30.2%，是纯 TOCNF 气凝胶的 1.5 倍多，达到了 GB 8624—2012 中墙体保温泡沫材料对 B1 级材料的氧指数（≥30%）规定；随着 PPMS 含量的进一步增加，TOCNF/4M/6P 复合气凝胶的 LOI 值达到 31.2%，和 TOCNF/4M/5P 复合气凝胶相比仅增加 1 个百分点，这一结果说明 TOCNF 气凝胶的氧指数值不会随着 PPMS 含量的增加一直提高。

综合考虑 MUF 和 PPMS 的添加量及其比例对气凝胶物理力学性能与氧指数的影响，可以得出：在本实验中，当 m（TOCNF）/m（MUF）/m（PPMS）为 10/4/5 时，TOCNF

阻燃气凝胶的综合性能最优，因此利用该比例可以在有效改善气凝胶抗压性能的同时提高其氧指数和 UL-94 等级。

表 9-13 不同纳米纤维素气凝胶的氧指数结果[19]

编号	样品	LOI（%）
1	纯 TOCNF 气凝胶	19.7
2	TOCNF/2M	20.2
3	TOCNF/3M	21.4
4	TOCNF/4M	23.7
5	TOCNF/4M/3P	26.5
6	TOCNF/4M/4P	29.0
7	TOCNF/4M/5P	30.2
8	TOCNF/4M/6P	31.2

2. TOCNF 阻燃气凝胶的热稳定性能

结合 TG 和 DTG 曲线（图 9-24）及相应的热学数据（表 9-14），分析纯 TOCNF 气凝胶、TOCNF/M 和 TOCNF/M/P 复合气凝胶的热稳定性。TEMPO 法制备的 TOCNF 表面富含反应性羟基和羧基，因此在形成气凝胶后其内部仍含有一定量的水分子，同前文制备的未改性纯 CNF 气凝胶相似，在受热初期失重率也会相对较高，因此同样选

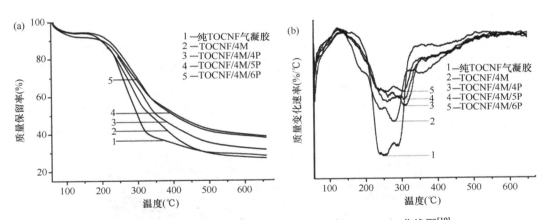

图 9-24 不同纳米纤维素气凝胶的 TG（a）和 DTG（b）曲线图[19]

表 9-14 不同纳米纤维素气凝胶的 TG 测试结果[19]

样品	T_{-10}（℃）	T_{-50}（℃）	$T_{d\,max}$（℃）	600℃质量剩余率（wt%）
纯 TOCNF 气凝胶	201	299	346	28.6
TOCNF/4M	199	337	296	27.3
TOCNF/4M/4P	215	356	310	32.3
TOCNF/4M/5P	216	402	311	38.8
TOCNF/4M/6P	209	409	309	39.5

择 T_{-10}、T_{-50} 和 $T_{d\,max}$（分别为失重 10%、50% 和失重率最大时对应的温度）及 600℃ 质量剩余率等参数对气凝胶的热稳定性进行评价。

由图 9-24a 可以看出，纯 TOCNF 气凝胶、TOCNF/M 及 TOCNF/M/P 复合气凝胶的热降解同样分为三个阶段：初始降解阶段、主要降解阶段和残渣降解阶段。与纯 TOCNF 气凝胶相比，TOCNF/M 复合气凝胶的 T_{-10} 略有降低，从 201℃ 下降为 199℃，这主要是由水分子的蒸发及 MUF 中小分子物质（如固化剂、未反应的尿素和甲醛）的释放引起的[38]；同时其 $T_{d\,max}$ 降低为 296℃；另外，TOCNF/M 复合气凝胶的 600℃ 质量剩余率也略有下降，由于在高温下 MUF 结构中的大量亚甲基醚键易分解形成挥发性物质，因此难以在 TOCNF 气凝胶表面形成有效的炭隔离层。已有文献中 MUF 泡沫在热重分析过程中表现类似的热降解行为[39]。同样，添加 PPMS 后，TOCNF/M/P 复合气凝胶的 T_{-10} 略高于纯 TOCNF 气凝胶，其 $T_{d\,max}$ 明显下降，由 346℃ 下降到 310℃ 左右，这是由于 PPMS 中 P—O—C 键结构的热稳定性较差[40]，在较低温度下降解生成磷酸和磷酸酐，催化 TOCNF 脱水成炭，在气凝胶表面形成隔离层，阻止低温挥发性物质的形成，从而抑制燃烧[39]。另外，纯 TOCNF 气凝胶的 600℃ 质量剩余率为 28.6wt%，明显高于前文制备的未改性纯 CNF 气凝胶，原因可能是 Na$^+$ 增强了其热稳定性；添加 MUF 和 PPMS 后，TOCNF/4M/4P、TOCNF/4M/5P 和 TOCNF/4M/6P 复合气凝胶的 600℃ 质量剩余率分别为 32.3wt%、38.8wt% 和 39.5wt%，这意味着 PPMS 可以使 TOCNF 气凝胶在高温下具有更好的热稳定性。

3. TOCNF 阻燃气凝胶的燃烧性能

图 9-25 是在空气中对纯 TOCNF 气凝胶和 TOCNF/4M/5P 复合气凝胶进行水平燃烧测试的数码照片。可以看出，纯 TOCNF 气凝胶样品在接触火源后被迅速点燃，燃烧剧烈，10s 后完全烧掉；而 TOCNF/MUF/PPMS 复合气凝胶样品暴露在同样的条件下时，样品前端快速成炭，体积明显收缩，火焰水平蔓延速率显著降低，第 20s 时的样品与第 10s 时的区别不大，撤去火源后没有出现阴燃，燃烧立即停止，说明 TOCNF/M/P 复合

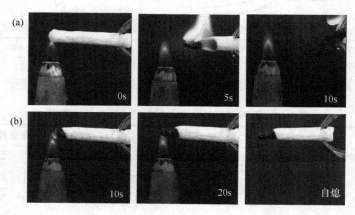

图 9-25　纯 TOCNF 气凝胶（a）和 TOCNF/4M/5P 复合阻燃气凝胶（b）水平燃烧测试的数码照片[19]
（彩图请扫封底二维码）

气凝胶对火焰传播具有较强的阻隔能力，具有良好的自熄特性，揭示 PPMS 在燃烧过程中阻隔了气凝胶的火焰蔓延。

为进一步研究添加 MUF 和 PPMS 对 TOCNF 气凝胶阻燃性能的影响，同样采用微型燃烧量热仪（MCC）获得了复合气凝胶在燃烧过程中的热释放速率峰值（PHRR）和总热释放量（THR）等参数，根据燃烧热释放规律分析复合气凝胶的易燃性和燃烧性，结果见表 9-15。图 9-26 为气凝胶的热释放速率-温度曲线，从中可以看出，与纯 TOCNF 气凝胶相比，TOCNF/P、TOCNF/M 和 TOCNF/M/F 复合气凝胶的热释放速率-温度曲线均发生了显著变化，由一个热释放速率峰值变为两个热释放峰值。对 TOCNF/4M 复合气凝胶而言，第一个热释放峰值对应温度提前至288℃，比纯 TOCNF 气凝胶的降低 65℃，这是由于 MUF 中亚甲基醚键的热稳定性差，在 300℃左右发生断裂释放出大量热量；第二个热释放峰值对应温度出现在 385℃，强度明显降低，三聚氰胺在高温下反应形成交联网络可能会带走一些热量。然而，由于 MUF 的残炭量低，TOCNF/4M 复合气凝胶中的所有 MUF 成分完全分解释放出热量，因此 TOCNF/4M 复合气凝胶的总热释放量（THR）和纯 TOCNF 气凝胶相近。仅添加 PPMS 时，TOCNF/4P 复合气凝胶的 PHRR1 和 THR 分别为 45.2W/g 和 6.5kJ/g，和纯 TOCNF 气凝胶相比，分别降低29.0%和22.6%，且 $T_{max\,1}$ 提前到318℃。同时添加 MUF 和 PPMS 时，复合气凝胶的各燃烧参数进一步降低，如 TOCNF/4M/5P 复合气凝胶的 PHRR1 和 THR 分别为 37.6W/g 和 5.4kJ/g，和纯

表 9-15　不同纳米纤维素气凝胶的 MCC 测试结果[19]

样品	总热释放量（kJ/g）	热释放速率峰值（W/g）		热释放峰值对应的温度（℃）	
		PHRR1	PHRR2	$T_{max\,1}$	$T_{max\,2}$
纯 TOCNF 气凝胶	8.4	63.7		353	
TOCNF/4M	8.4	57.8	38.4	288	385
TOCNF/4P	6.5	45.2	25.6	318	433
TOCNF/4M/5P	5.4	37.6	22.7	315	433
TOCNF/4M/6P	5.1	31.1	21.5	309	436

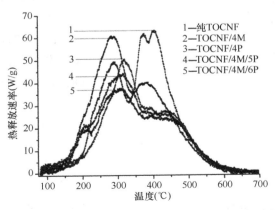

图 9-26　不同 TOCNF 气凝胶的热释放速率-温度曲线[19]

TOCNF 气凝胶相比，分别降低 41.0%和 35.7%，其 $T_{\max 1}$ 提前到 315℃；和 TOCNF/4M 复合气凝胶相比，其第二个热释放速率峰值对应温度向高温处偏移且强度明显降低；随着 PPMS 含量的增加，复合气凝胶的阻燃性能得到了进一步提高（如 TOCNF/4M/6P），说明 PPMS 可以有效降低 TOCNF 及 TOCNF/M 气凝胶在燃烧过程中的热释放速率并延缓燃烧的进行，明显改善 TOCNF 气凝胶的易燃性。

4. TOCNF 阻燃气凝胶的隔热保温性能

从表 9-16 可知，在室温条件下，纯 TOCNF 气凝胶的导热系数为 28.7mW/（m·K），虽然稍高于前文制备的未改性的纯 CNF 气凝胶，但与已有相关文献中的纤维素气凝胶的导热系数相近[29～30mW/（m·K）][41]。加入 MUF 和 PPMS 后，TOCNF/M/P 复合气凝胶的密度从 6.04mg/cm^3 增加到 10.72mg/cm^3，但其导热系数并没有出现显著的增加，如 TOCNF/4M/5P 和 TOCNF/4M/6P 复合气凝胶的导热系数分别为 30.1mW/（m·K）和 32.9mW/（m·K），和常见的合成聚合物泡沫材料如聚苯乙烯泡沫[≤41mW/（m·K）]、矿物棉[30～52mW/（m·K）]相比，TOCNF/M/P 复合气凝胶的导热系数仍然较低。这是由于引入 MUF 和 PPMS 后，其与 TOCNF 发生相互作用减少了纳米纤维素的聚集并增加了结构中的介孔数量。总之，TOCNF/M/P 复合气凝胶的多级多孔结构赋予它们良好的绝热性能。

表 9-16   不同纳米纤维素气凝胶的导热系数和热扩散系数[19]

样品	导热系数[mW/（m·K）]	热扩散系数（mm²/s）
纯 TOCNF	28.7	0.998
TOCNF/4M	27.0	1.183
TOCNF/4M/5P	30.1	0.884
TOCNF/4M/6P	32.9	0.871

对 TOCNF/4M/5P 复合气凝胶在低温和高温环境下的隔热保温性能进行模拟测试，测试结果如图 9-27 所示。可以看出，低温环境下，接触冷源（-30℃）的气凝胶样品（厚 5mm）经过 5min 后其上表面维持在 0～2℃；在高温环境下，其上表面的温度缓慢上升，同样在 10min 后趋于稳定，约为 55℃，略高于前文中的 CNF 阻燃气凝胶。以上结果说明 TOCNF/M/P 复合气凝胶在低温和高温环境下同样具有较好的隔热性能；考虑到其压缩强度较高但阻燃性能适中，且原材料成本较低，TOCNF/M/P 复合气凝胶有望应用于建筑保温材料领域。

三、阻燃机理探讨

（一）TG-FTIR 分析

采用 TG-FTIR 测试从气相方面分析气凝胶阻的热降解过程。图 9-28 是气凝胶的 TG-FTIR 三维图，分别选取纯 TOCNF 气凝胶和 TOCNF/4M/5P 复合气凝胶在测试

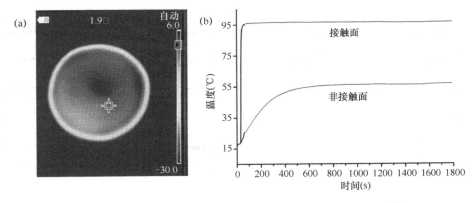

图 9-27 复合阻燃气凝胶在不同环境下的隔热效果模拟测试[19]
（彩图请扫封底二维码）
（a）−30℃，5min；（b）100℃，30min

过程中 5 个特征温度点所释放气体物质的红外谱图进行分析（图 9-30）。从图 9-28a 和图 9-29a 可以看出，纯 TOCNF 气凝胶的挥发性产物中含有大量的水蒸气、二氧化碳（O=C=O）和碳氢化合物。从图 9-28b 和图 9-29b 可以看出，和纯 TOCNF 气凝胶相比，TOCNF/4M/5P 复合气凝胶的热降解行为在 280～380℃出现了显著改变，O=C=O 的吸收峰强度明显减弱，说明二氧化碳的产生量急剧减少；并在 1251cm^{-1} 和 1020cm^{-1} 处出现了 P—O 和 P=O 吸收峰，这归因于 PPMS 结构中 P—O—C 键的分解；同时整个燃烧过程中在 900cm^{-1} 处均出现了归属于 N—H 键（仅存在于伯胺）的特征吸收峰，说明复合气凝胶在燃烧过程中产生了氨气（NH$_3$）。NH$_3$ 作为一种惰性气体，可以起到稀释可燃性挥发物和氧气浓度的作用。

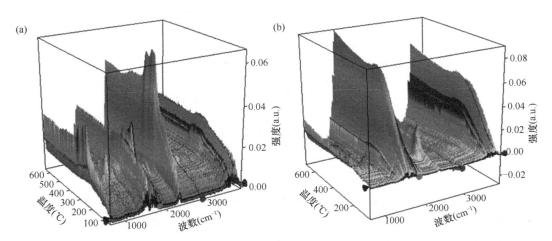

图 9-28 纯 TOCNF 气凝胶（a）和 TOCNF 阻燃气凝胶（b）的 TG-FTIR 三维示意图[19]
（彩图请扫封底二维码）

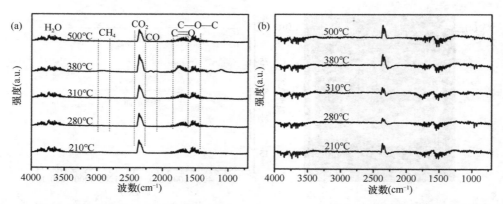

图 9-29　纯 TOCNF 气凝胶（a）和 TOCNF/4M/5P 复合气凝胶（b）在 TG-FTIR 测试过程中不同阶段气体产物的红外光谱图[19]

（二）残炭分析

为进一步研究纳米纤维素/MUF 复合阻燃气凝胶在热解过程中化学结构的变化，利用 FTIR 对降解过程中的固体产物进行表征。图 9-30 是 TOCNF/4M/5P 复合气凝胶样品分别经 300℃、400℃和 600℃处理后残留物的 FTIR 图。与对照组相比，经高温处理后样品的红外谱图上分别位于 3301cm^{-1} 和 2883cm^{-1} 处的 O—H 和 C—H 吸收峰的相对强度明显下降，同时可以观察到位于 1326cm^{-1} 处的 P=O 吸收峰，这归因于聚磷酸的分解，1070～1030cm^{-1} 处 C—O—C 的不对称伸缩和对称伸缩振动峰变弱，说明燃烧后其碳骨架基本被破坏。

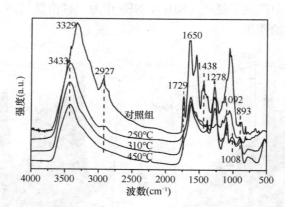

图 9-30　纳米纤维素/MUF 复合阻燃气凝胶在不同温度下处理后的 FTIR 图[19]

为进一步对纳米纤维素/MUF 复合阻燃气凝胶的阻燃机理进行分析，采用 SEM 对 TOCNF/4M/5P 复合气凝胶样品燃烧过后炭层外表面及样品内部的微观结构进行观察，结果如图 9-31 所示。从图 9-31a 可见，燃烧后样品表面连续，颗粒之间连接紧密，这种结构在燃烧过程中会起到隔热隔氧的效果，阻止氧气向材料的表面扩散，对材料的热裂解有一定的抑制作用。图 9-31b 为炭层内表面的形貌，炭化层为疏松多孔结构，可以抑制热量和气体的传播。

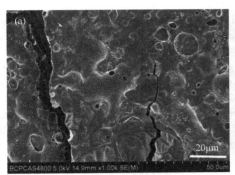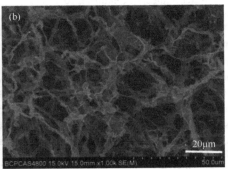

图 9-31　纳米纤维素/MUF 复合阻燃气凝胶在空气中燃烧后的扫描电镜图[19]
（a）炭层外表面；（b）样品内部

　　采用 EDS 对纳米纤维素/MUF 复合阻燃气凝胶燃烧后炭层外表面及内部的元素进行了表征和分析，结果如表 9-17 所示。可以看出，气凝胶燃烧后炭层外表面及内部 C 元素的质量百分比分别为 32.42% 和 25.49%，原子百分比分别为 35.21% 和 29.71%；与此同时，O 元素的质量百分比分别为 22.97% 和 29.87%，原子百分比分别为 22.01% 和 26.15%；N 元素的质量百分比分别为 39.65% 和 43.79%，原子百分比分别为 40.97% 和 43.76%；P 元素的质量百分比分别为 3.96% 和 0.83%，原子百分比分别为 1.81% 和 0.38%。对比发现，炭层外表面的 O 和 N 元素含量均低于样品内部，也就是说在燃烧过程中 MUF 的 N 元素能够产生气体如氮气、氨等而释放，导致炭层外表面的 N 元素减少；而 C 和 P 元素含量则明显高于样品内部，尤其是 P 元素含量增加得最多，约为样品内部含量的 5 倍。结合前述残炭形貌分析、红外光谱分析及元素的 X 射线衍射能谱分析可知，PPMS 用于 TOCNF 气凝胶阻燃改性时主要在凝聚相起作用。

表 9-17　纳米纤维素/MUF 复合阻燃气凝胶燃烧后炭层外表面及内部元素百分含量[19]

元素	质量百分比（%）		原子百分比（%）	
	外表面	内部	外表面	内部
C	32.42	25.49	35.21	29.71
N	39.65	43.79	40.97	43.76
O	22.97	29.87	22.01	26.15
P	3.96	0.83	1.81	0.38
总计	100			

注：本表中采用的气凝胶样品为 TOCNF/4M/5P 复合气凝胶

参　考　文　献

[1] Fischer F, Rigacci A, Pirard R, et al. Cellulose-based aerogels[J]. Polymer, 2006, 47(22): 7636-7645.

[2] Sehaqui H, Salajková M, Qi Z, et al. Mechanical performance tailoring of tough ultra-high porosity foams prepared from cellulose I nanofiber suspensions[J]. Soft Matter, 2010, 6(8): 1824-1832.

[3] Cervin N, Larsson P, Wågberg L. Ultra porous nanocelluloseaerogels as separation medium for mixtures of oil/water liquids[J]. Cellulose, 2012, 19(2): 401-410.

[4] Chook S, Chia C, Chan C, et al. Porous aerogel nanocomposite of silver nanoparticles-functionalized cellulose nanofibrils for SERS detection and catalytic degradation of Rhodamine B[J]. Rsc Advances, 2015, 5(108): 88915-88920.

[5] Lyu S, Chang H, Fu F, et al. Cellulose-coupled graphene/polypyrrole composite electrodes containing conducting networks built by carbon fibers as wearable supercapacitors with excellent foldability and tailorability[J]. Journal of Power Sources, 2016, 327: 438-446.

[6] Zhang W, Zhang Y, Lu C, et al. Aerogels from crosslinked cellulose nano/micro-fibrils and their fastshape recovery property inwater[J]. Journal of Materials Chemistry, 2012, 22(23): 11642-11650.

[7] Ali Z, Gibson L. The structure and mechanics of nanofibrillar cellulose foams[J]. Soft Matter, 2013, 9(5): 1580-1588.

[8] 陈文帅. 生物质纳米纤维素及其自聚气凝胶的制备与结构性能研究[D]. 哈尔滨: 东北林业大学博士学位论文, 2013: 59-89.

[9] Shukla A, Basak S, Ali S, et al. Development of fire retardant sisal yarn[J]. Cellulose, 2016, 1-12.

[10] Martoïa F, Cochereau T, Dumont P J, et al. Cellulose nanofibril foams: links between ice-templating conditions, microstructures and mechanical properties[J]. Materials and Design, 2016, 104: 376-391.

[11] Syverud K, Kirsebom H, Hajizadeh S, et al. Cross-linking cellulose nanofibrils for potential elastic cryo-structured gels[J]. Nanoscale Research Letters, 2011, 6(1): 626-632.

[12] Kim C, Youn H, Lee H. Preparation of cross-linked cellulose nanofibril aerogel with water absorbency and shape recovery[J]. Cellulose, 2015, 22: 3715-3724.

[13] 郭丽敏, 陈志林, 吕少一, 等. BTCA交联纳米纤维素气凝胶的制备及性能研究[J]. 林业科学, 2018, 54(4): 113-120.

[14] Javadi A, Zheng Q, Payen F, et al. Polyvinyl alcohol-cellulose nanofibrils-graphene oxide hybrid organic aerogels[J]. ACS Applied Materials & Interfaces, 2013, 5(13): 5969-5975.

[15] Gawryla M, Berg O, Weder C, et al. Clay aerogel/cellulose whisker nanocomposites: a nanoscale wattle and daub[J]. Journal of Materials Chemistry, 2009, 19(15): 2118-2124.

[16] Wicklein B, Kocjan A, Salazar-Alvarez G, et al. Thermally insulating and fire-retardant lightweight anisotropic foams based on nanocellulose and graphene oxide[J]. Nature Nanotechnology, 2015, 10(3): 277-283.

[17] Yasin S, Behary N, Perwuelz A, et al. Degradation kinetics of organophosphorus flame retardant from cotton fabric[J]. Applied Mechanics and Materials, 2017, 864: 54-58.

[18] Guo L, Chen Z, Lyu S, et al. Highly flexible cross-linked cellulose nanofibril sponge-like aerogels with improved mechanical property and enhanced flame retardancy[J]. Carbohydrate Polymers, 2018, 179: 333-340.

[19] 郭丽敏. 增强阻燃型纳米纤维素基气凝胶研究[D]. 北京: 中国林业科学研究院博士学位论文, 2018.

[20] Meador M, Alemán C, Hanson K, et al. Polyimide aerogels with amide cross-links: alow cost alternative for mechanically strong polymer aerogels[J]. ACS Applied Materials and Interfaces, 2015, 7: 1240-1249.

[21] Shang K, Yang J, Cao Z, et al. A novel polymer aerogel towards high dimensional stability, mechanical property and fire safety[J]. Acs Applied Materials & Interfaces, 2017, 9(27): 22985-22993.

[22] Janowska G, Mikołajczyk T, Boguń M. Effect of the type of nanoaddition on the thermal properties of polyacrylonitrile fibres[J]. Journal of Thermal Analysis & Calorimetry, 2007, 89(2): 613-618.

[23] Janowska G, Mikołajczyk T, Olejnik M. Effect of montmorillonite content and the type of its modifier on the thermal properties and flammability of polyimideamidenanocompositefibers[J]. Journal of Thermal Analysis and Calorimetry, 2008, 92(2): 495-503.

[24] Guo L. General situation and selection of insulation material[J]. Sichuan Electric Power Technology, 2005, 52-55.

[25] Kandola B. Flame-retardant treatments of cellulose and their influence on the mechanism of cellulose

pyrolysis[J]. Rev macromol Chem Phys, 1996, 6(4): 721-794.

[26] Kaur B, Gur I, Bhatnagar H. Thermal degradation studies of cellulose phosphates and cellulose thiophosphates[J]. Macromolecular Materials & Engineering, 1987, 147(1): 157-183.

[27] 舒中俊, 漆中能. 聚合物及其复合材料火灾危险与对策[J]. 工程塑料与应用, 1999, 27(11): 37-39.

[28] 胡小平. 聚乙烯用新型膨胀型阻燃剂的合成与应用及阻燃机理的研究[J]. 成都: 四川大学博士学位论文, 2005: 36-48.

[29] Wang Z, Tian G. Research on insulating material and its choice[J]. Brick & Tile, 2008, 3: 65-67.

[30] Fan B, Chen S, Yao Q, et al. Fabrication of cellulose nanofiber/AlOOH aerogel for flame retardant and thermal insulation[J]. Materials, 2017, 10(3): 311-318.

[31] Han Y, Zhang X, Wu X, et al. Flame retardant, heat insulating cellulose aerogels from waste cotton fabrics by in situ formation of magnesium hydroxide nanoparticles in cellulose gel nanostructures[J]. Acs Sustainable Chemistry & Engineering, 2015, 3(8): 1853-1859.

[32] Ning J, Qiu R. Thermogravimetric analysis and pyrolysis kinetics of cotton fabrics finished with pyrovatex CP[J]. Journal of Fire Sciences, 1986, 4(5): 355-362.

[33] Abou-Okeil A, El-Sawy S, Abdel-Mohdy F. Flame retardant cotton fabrics treated with organophosphorus polymer[J]. Carbohydrate Polymers, 2013, 92: 2293-2298.

[34] Saito T, Hirota M, Tamura N, et al. Individualization of nano-sized plant cellulose fibrils by direct surface carboxylation using tempo catalyst under neutral conditions[J]. Biomacromolecules, 2009, 10(7): 1992-1996.

[35] Paiva N, Henriques A, Cruz P, et al. Production of melamine fortified urea-formaldehyde resins with low formaldehyde emission[J]. Journal of Applied Polymer Science, 2012, 124(3): 2311-2317.

[36] Fujisawa S, Okita Y, Fukuzumi H, et al. Preparation and characterization of TEMPO-oxidized cellulose nanofibril films with free carboxyl groups[J]. Carbohydrate Polymers, 2011, 84(1): 579-583.

[37] Silva T, Habibi Y, Colodette J, et al. A fundamental investigation of the microarchitecture and mechanical properties of tempo-oxidized nanofibrillated cellulose (NFC) based aerogels[J]. Cellulose, 2012, 19(6): 1945-1956.

[38] Ma Y, Zhang W, Wang C, et al. Preparation and characterization of melamine modified urea-formaldehyde foam[J]. International Polymer Processing, 2013, 28(2): 188-198.

[39] Hirata T, Kawamoto S, Okuro A. Pyrolysis of melamine-formaldehyde and urea-formaldehyde resins[J]. Journal of Applied Polymer Science, 1991, 42(12): 3147-3163.

[40] Chen Y, Wang Q. Reaction of melamine phosphate with pentaerythritol and its products for flame retardation of polypropylene[J]. Polymers for Advanced Technologies, 2007, 18(8): 587-600.

[41] Shi J, Lu L, Zhang J. An environment-friendly thermal insulation material from porous cellulose aerogel[J]. Advanced Materials Research, 2013, 773(7): 487-491.

第十章 纳米纤维素导电储能材料的制备与性能研究

随着社会的发展和信息时代的全面到来，各种基于新能源材料的设备和器件逐渐走入大众的生活[1]。目前新能源材料除了需满足更高的能量密度和功率密度要求外，还要求成本低、工艺简单、制造过程绿色无污染、产品可回收利用或易于处理[2]。在这样的背景下，以天然生物质材料为基体制备导电储能材料逐渐成为近几年的研究热点，尤其是纤维素（纳米纤维素），将其作为载体材料及无溶剂黏合剂材料，通过添加导电活性材料如导电高分子、碳纳米材料、金属氧化物等，制备得到生物质基储能材料料及其器件，更是受到广泛关注[3, 4]。这种新型生物质基储能材料，不仅成本低廉、易于回收处理，而且质轻、薄而柔，可用于未来小型化、柔性、可穿戴/可折叠、便携式等电子产品中[5, 6]。

纤维素与导电活性材料相结合的方法有很多种，包括：①将纤维素与导电活性材料直接物理混合，通过过滤或浇铸形成薄膜[7, 8]；②将纤维素化学溶解在离子液体中，然后与导电活性材料混合，得到薄膜或气凝胶[9, 10]；③将纤维素转化成纳米纤维素，然后与导电活性材料进行物理混合，形成薄膜或气凝胶[11-14]。尽管上述所有方法都很简单，但导电活性材料和纤维素材料的简单物理混合易导致导电活性材料分布不均匀、团聚、表面形态无法控制。而且，部分导电活性材料嵌入或包裹在纤维素基质中而不能完全接触到电解液，电化学效率变低。层层（layer-by-layer，LbL）自组装技术是近年来新的研究热点，利用层层自组装技术可以将具有不同微观结构的材料结合起来，包括纳米棒、纳米片、纳米粒子、生物分子及纳米纤维等[15, 16]。利用层层自组装技术不仅可以制备表面形态高度可调的原有形状和大小可控的薄膜，而且可以保留原有纳米复合材料功能表面的结构和形态[17]。采用 LbL 自组装技术，可以有效控制纳米活性物质在木纤维基体表面的大小、薄厚等微观形貌，同时保持了纳米活性物质的纳米形貌[18]。由于传统的 LbL 自组装法通常使用玻璃[19-21]或聚合物膜[22-25]作为载体，活性物质只能组装在薄膜的表面形成多层复合薄膜材料，活性物质无法进入薄膜内部与之进行深入融合。因此，导电活性材料的质量负载不足，且这类材料不适用于大规模化可控组装具有高能量和功率密度的柔性储能器件。而以生物质基气凝胶作为 LbL 自组装的载体可以有效实现上述目标[26, 27]，以气凝胶为载体进行 LbL 自组装，则可以实现活性物质在其内部进行组装。纳米纤维素纤丝（CNF）气凝胶具有三维立体（3D）的纤维网络结构，纤维直径在纳米范围内，具有一定强度的纤维网络和较高的比表面积有利于电极材料获得良好的电化学性能，并提高电极材料的柔韧性[28, 29]。

发展结构有序的多组分纳米复合电极制备方法被认为是实现电化学活性物质高效率利用、电化学性能显著提高的一种有前途的途径。本章以 TEMPO 氧化 CNF 获得纳米纤维素气凝胶，利用气凝胶的三维多孔网络特性、亲水性及优良柔性，将其作为载体材料及无溶剂黏合剂材料，利用 LbL 自组装技术将带正电荷的聚苯胺（PANI）纳米棒与带负电荷的氧化石墨烯（GO）或羧基化多壁碳纳米管（CMCNT）逐层沉积到 CNF 气凝胶的表面，可以制备得到成本低廉、环境友好的有机-无机纳米复合电极材料。PANI、CMCNT 和 GO 及其复合材料是目前储能材料研究领域的热点。CNF 气凝胶的三维纤维网络不仅为 PANI/CMCNT 或 PANI/GO 复合电极提供了良好的 LbL 自组装基体，而且增加了电极的比表面积，促进了电极中电解质离子的渗透和运输。因此，希望本章内容能为未来有效利用导电活性材料提供新的途径[30]。

第一节　储能材料的层层自组装制备

一、纳米纤维素气凝胶的制备

（一）纳米纤维素气凝胶的制备方法

将质量分数为 0.3% 的 TEMPO 氧化 CNF 分散在叔丁醇与水混合溶液（质量比为 2∶3）中，利用超声波破碎仪在低温条件下超声处理 30min，超声功率 600W。随后，将 1,2,3,4-丁烷四羧酸（BTCA）和次磷酸钠（SHP）加入到上述分散液中，室温下搅拌 1h。BTCA 的添加量是 CNF 干重的 1/2，SHP 的添加量是 BTCA 的 1/2，添加 BTCA 与 SHP 的目的是让纳米纤维素气凝胶纤维相互交联。随后将混合溶液倒入模具中在 -30℃ 冰冻 12h，然后放进冷冻干燥机中冷冻干燥 72h。将冷冻干燥后得到的气凝胶在 175℃ 下交联处理 5min，最终得到交联型 CNF 气凝胶。

（二）纳米纤维素气凝胶的交联机理

本研究所选用的交联剂为丁烷四羧酸（BTCA）。BTCA 作为多元羧酸类化合物，每个分子上带有 4 个羧基，能与纳米纤维素发生酯化交联反应[31, 32]，其机理如图 10-1 所示。一般认为，BTCA 与纳米纤维素上的羟基发生酯化交联的机理如下：BTCA 中相邻的两个羧基首先脱水成酐，具有较高反应活性的环状酸酐再进一步与纳米纤维素大分子上的羟基反应生成酯，并且释放一个羧基；如果不存在空间位阻情况，被释放的这个羧基还可以再与另一个相邻的羧基脱水成酐，其与纳米纤维素大分子上的羟基发生酯化反应，从而形成纳米纤维素内在的交联网状结构[33, 34]。

二、导电活性物质分散液的制备

（一）纳米分散液的制备方法

1. 纳米 PANI 分散液的制备方法

将 1g PANI（翠绿亚胺盐）添加到 50ml N,N-二甲基乙酰胺（DMAc）中，并使用高速分散机将混合物搅拌约 12h。取 5ml 上述混合物添加到 45ml pH=3 的 HCl 溶液中，然后将其在冰水浴中超声分散 1h。用超纯水将所得 PANI 的 DMAc/HCl 分散液稀释至

0.5mg/ml，再用浓度为 1mol/L 的 HCl 溶液将稀释液的 pH 调至 2.5，即得到 PANI 纳米分散液。

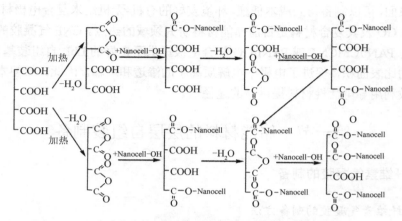

图 10-1　丁烷四羧酸与纳米纤维素交联反应示意图[34]

Nanocell 代表纳米纤维素

2. 纳米 CMCNT 分散液的制备方法

将 0.1g CMCNT 粉末（直径<10nm，长度为 0.5～3μm，—COOH 含量为 3.88wt%）分散在 200ml 超纯水中，并在冰水浴中超声分散 1h，得到 0.5mg/ml 的 CMCNT 悬浮液。

3. 纳米 GO 分散液的制备方法

用超纯水将 2mg/ml 的 GO 悬浮液（薄膜直径：0.5～2μm）稀释至 0.5mg/ml，并在冰水浴中超声分散 1h。

（二）纳米分散液的结构表征

在层层自组装之前，先要对纳米活性物质进行适度处理，以更利于层层自组装。图 10-2 分别为 PANI、CMCNT、GO 的透射电镜（TEM）图像，PANI 为纳米棒，CNT 为纳米线，而 GO 为纳米片层结构。可见，PANI、CMCNT 和 GO 均具有适合于自组装的微观结构。对三者的分散液进行粒径分析，如图 10-2d 所示。PANI 有 1 个粒径分布峰值，而 CMCNT、GO 均有 2 个粒径分布峰值，通过马尔文激光粒径分析仪得出，PANI、CMCNT、GO 平均粒径在 325nm、210nm 和 315nm。激光粒径分析对单分散性球形颗粒的分析结果最为准确，而实际上被测颗粒大多数是多分散性不规则颗粒，导致最终分析结果有一定的误差。因此，激光粒径分析对于颗粒状的 PANI 相对准确些，但是对于纤维状的 CMCNT 和片层状的 GO 误差较大。由于 CMCNT 和 GO 在悬浮液中会因自身布朗运动产生自由转动，因此，激光粒径分析主要反映的是被测样品与激光束夹角在一定视角范围内的几何尺寸。

从图 10-2 的 TEM 可见，PANI、CMCNT 和 GO 均具有适合于自组装的微观结构。PANI 为纳米颗粒状结构，CMCNT 为纳米纤维状结构，而 GO 为纳米片层状结构。通过粒径和 Zeta 电位测试，PANI、CMCNT 和 GO 的平均粒径分别为 323.8nm、211.5nm 和

317.4nm，相应的 Zeta 电位分别为 43.6mV、−44.3mV 和−41.2mV，如表 10-1 所示。这些结果表明，所制备的纳米活性物质具有恰当的纳米粒径和足够的表面电荷，完全可以用于接下来的层层自组装实验。

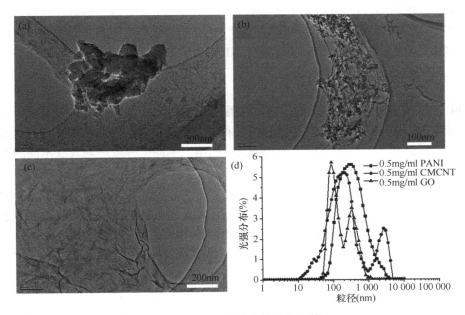

图 10-2　纳米材料的结构表征[30]
（a）PANI 的 TEM；（b）CMCNT 的 TEM；（c）GO 的 TEM；（d）三者的粒径分布图

表 10-1　GO、PANI、CMCNT 分散液的 Zeta 电位[30]

原料	GO	PANI	CMCNT
Zeta 电位（mV）	−41.2（pH6.8）	+43.6（pH2.5）	−44.3（pH6.9）

由表 10-1 可知，GO、PANI、CMCNT 分散液的 Zeta 电位绝对值较大，说明体系比较稳定，同时根据 Zeta 电位值的正负可以判断， GO、PANI、CMCNT 在分散液中显示不同的电性，PANI 带有正电荷，而 GO 和 CMCNT 带有负电荷，即 PANI 所带电荷与GO、CMCNT 相反，这就为层层自组装的进行提供了条件。

三、气凝胶电极材料的 LbL 自组装制备

（一）气凝胶电极材料的制备方法

通过真空抽滤装置，将具有相反电荷的纳米导电活性物质 PANI、CMCNT 和 GO，在可控低负压条件下经真空过滤作用渗透到 CNF 气凝胶中，以完成在气凝胶基体上的组装过程。首先，将 PANI 悬浮液完全滴在 CNF 气凝胶的表面，使气凝胶完全润胀并保持 15min，然后进行真空过滤以除去多余 PANI。其次，以相同的方式，将 CMCNT 或GO 悬浮液滴到 CNF 气凝胶表面，并在气凝胶完全润胀后保留 15min，然后再真空过滤

以除去多余 CMCNT 或 GO，此为一个组装循环。重复上述过程以实现 LbL 自组装。接着将组装完毕的气凝胶用超纯水反复润胀-过滤 3 次，以除去残留的 HCl 和 DMAc。最后，将其冷冻干燥后得到 CNF（PANI/CMCNT）$_n$ 或 CNF（PANI/GO）$_n$ 气凝胶电极，其中下标 n 指的是组装层数。为了获得更好的电化学性能，对 CNF（PANI/GO）$_n$ 气凝胶中的 GO 进行还原处理。具体操作为：将气凝胶置于水热反应釜中，加入一定比例水合肼和氨水，在 90℃下还原 2h，以得到 CNF（PANI/RGO）$_n$ 气凝胶。

（二）气凝胶电极材料的 LbL 自组装工艺

LbL 自组装过程是分子单元经识别、装配和多重结合，成为功能性超分子材料、有序分子聚集体、分子器件或超分子器件的过程。自组装过程的结合力主要包括共价键、配位键、电荷转移、氢键和静电引力等形式。作用力不同会导致产物具有不同的形貌和结构。

一般而言，LbL 自组装多用于功能薄膜材料的自组装研究。但是，薄膜材料的自组装只能发生在材料的表面，这是由于薄膜材料本身致密性高，小分子或颗粒很难进入材料内部。本研究是以 CNF 气凝胶为载体，其具多孔骨架并带有负电荷，内部的三维多孔结构为带正负电荷的粒子进入提供了通道，如图 10-3 所示。

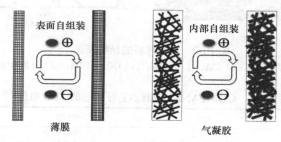

图 10-3　薄膜与气凝胶作为组装载体的差异图（彩图请扫封底二维码）

图 10-4a 为在 CNF 气凝胶上 LbL 自组装 PANI/CMCNT 或 PANI/GO 的过程示意图。最典型的 LbL 自组装方法为通过静电引力和氢键的作用在载体材料上交替沉积带有不同表面电荷的两种或更多种组分的材料。本章以 CNF 气凝胶为 LbL 自组装的载体，交替沉积具有电化学活性的 PANI 纳米颗粒、CMCNT 纳米管和 GO 纳米片。简单的过程是，将 PANI 和 CMCNT（或 GO）纳米分散液交替滴加到 CNF 气凝胶上，确保每次 CNF 气凝胶吸入悬浮液达到饱和，保持适当的时间，以确保纳米材料尽可能多地吸附和沉积到 CNF 气凝胶纤维上，然后再利用真空抽滤的方式将多余的液体去除掉。仅经过 PANI 组装后，白色 CNF 气凝胶变为深绿色，这是由于 PANI 在较低的 pH 下（pH<3）经过质子化掺杂后会呈现具有导电性和电化学活性的翠绿亚胺盐（emeraldine salt，ES）状态[35]。经 CMCNT 或 GO 多次组装后最终变成如图 10-4b 所示的黑色气凝胶。CNF（PANI/CMCNT）$_{10}$ 气凝胶和 CNF（PANI/GO）$_{10}$ 气凝胶的外观结构类似，均为黑色气凝胶。

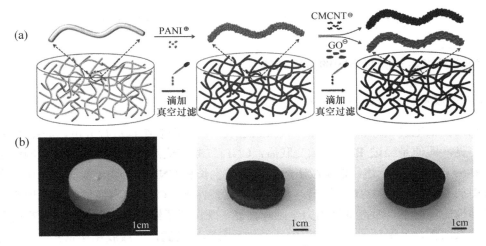

图 10-4　气凝胶电极材料的 LbL 自组装示意图[30]（彩图请扫封底二维码）

（a）在 CNF 气凝胶上 LbL 自组装 PANI/CMCNT 或 PANI/GO 的过程示意图；（b）从左至右依次是 CNF、CNF/PANI 和 CNF（PANI/CMCNT）₁₀ 气凝胶的实物图

　　由于 CNF 是亲水性的，由 CNF 制备的气凝胶在遇到水后，会发生不可逆转的结构塌陷。提高气凝胶制备时 CNF 的浓度可以在一定程度上增加气凝胶的力学强度和密度，但也会使低浓度 CNF 所制备的气凝胶所特有的纳米纤维状结构变为纳米片层状结构，这会导致气凝胶的比表面积变小和通透性变差，进而不适合于作为纳米活性物质的自组装载体。为了解决这一问题，本章在制备 CNF 气凝胶时，通过加入叔丁醇来调节冰晶的生长条件和抑制 CNF 间的缔合，以改变气凝胶的微观结构[36]。同时，加入 BTCA 来对气凝胶进行适度交联，以获得具足够强度和负电荷的 CNF 气凝胶。该方法得到的 CNF 气凝胶不但具有纳米纤维状的微观结构，而且在经历反复几十次的负压真空抽滤后，结构依然保持完整，如图 10-5 所示。

图 10-5　经过 LbL 自组装后 CNF 气凝胶的湿态光学图片[30]（彩图请扫封底二维码）

第二节 储能材料的微观结构与性能评价

一、纳米纤维素气凝胶电极的微观结构

（一）气凝胶电极材料的扫描电镜微观结构

利用扫描电镜（SEM）对 CNF 气凝胶组装前后的微观结构进行分析，如图 10-6 所示。可见，即便是经过 BTCA 微交联后，CNF 气凝胶依然具有纤丝状的多孔网络结构（图 10-6a），如前面所述，这是叔丁醇影响冰晶生长和 CNF 缔合的结果。这说明，在本次采用的 CNF 浓度、BTCA 用量、叔丁醇用量条件下，CNF 气凝胶能够在呈现纤丝状网络结构的情况下，保持良好的力学回弹性能，既保证了组装后的电极具有较高的孔隙率和比表面积，又保证了组装过程中，经过反复真空过滤，气凝胶结构依然保持完整。

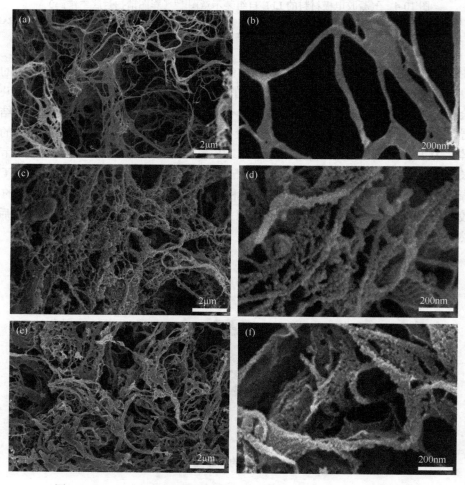

图 10-6 LbL 自组装前后气凝胶的纳米纤丝状网络结构的 SEM 图[30]

（a）和（b）不同放大倍数下 CNF 气凝胶；（c）和（d）不同放大倍数下 CNF（PANI/CMCNT）$_{10}$ 气凝胶；（e）和（f）不同放大倍数下 CNF（PANI/GO）$_{10}$ 气凝胶

在高放大倍率下可以看出（图 10-6b），CNF 表面相对平滑，纤丝间相互交织在一起，纤丝直径范围为 50～200nm。经过 PANI 和 CMCNT 组装 10 次后，CNF（PANI/CMCNT）$_{10}$气凝胶依然保持了纤丝状网络结构（图 10-6c）。在高放大倍率下（图 10-6d）可以明显看到，纳米纤丝表面有颗粒状的粗糙结构，这表明，纳米颗粒状 PANI 和纳米纤维状 CMCNT 均匀地沉积在 CNF 表面，且没有明显的团聚现象。

同样的，经过 PANI 和 GO 组装 10 次后，CNF（PANI/GO）$_{10}$气凝胶也保持了纤丝状的网络结构，如图 10-6e 所示，且 CNF 表面也具有颗粒状的粗糙结构。与CNF（PANI/CMCNT）$_{10}$气凝胶略不同的是，CNF（PANI/GO）$_{10}$气凝胶的纤丝状结构减少了一些，出现了更多的纳米片层状结构，如图 10-6f 所示，这可能是由于本研究所用 GO 的片层尺寸较大，导致直径小的 CNF 纤丝被片层状的 GO 所包裹，形成了纳米片层状结构。

（二）气凝胶电极材料的透射电镜微观结构

用透射电镜（TEM）对 CNF 气凝胶 LbL 自组装前后的微观结构进行分析，如图 10-7和图 10-8 所示。从图 10-7a 和 b、图 10-8a 可观察到，单纯 CNF 缔合形成的纳米纤丝表面平整光滑，没有任何粗糙迹象，这与 LbL 组装前 CNF 气凝胶的扫描电镜结果相一致。经过 LbL 自组装之后，PANI 和 CMCNT 附着在纳米纤丝表面形成粗糙的集束状结构，如图 10-7c 和 d 所示。而 PANI 和 GO 则在纳米纤丝上形成粗糙的褶皱状结构，如图 10-7e和 f 所示。

从局部放大的细节来看，如图 10-8a 所示，CNF 纳米纤丝表面非常平整。仅经过 PANI组装后，PANI 均匀地沉积在纳米纤丝表面形成明显的纳米颗粒状结构（图 10-8b）。经过 10 次组装之后，PANI 和 CMCNT 相互穿插附着在纳米纤丝表面，在最外层可以明显地看到 CMCNT 的纳米纤维状结构（图 10-8c）。PANI 和 GO 则相互堆叠在纳米纤丝表面，在最外层也可以明显地看到 GO 的片层状结构（图 10-8d）。TEM 结果与 LbL 自组装后得到的 CNF（PANI/CMCNT）$_{10}$气凝胶和 CNF（PANI/GO）$_{10}$气凝胶的 SEM 结果相一致。SEM 和 TEM 的微观结构分析结果均表明，纳米活性物质成功地组装到 CNF气凝胶内部的纳米纤丝上。

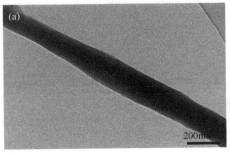

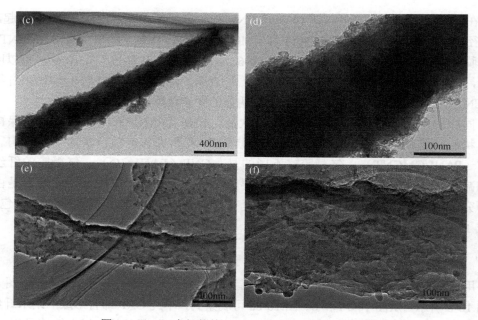

图 10-7　LbL 自组装前后 CNF 纳米纤丝的 TEM 图[30]

（a）和（b）不同放大倍数下 CNF 纳米纤丝；（c）和（d）不同放大倍数下 CNF（PANI/CMCNT）$_{10}$气凝胶中 CNF 纳米纤丝；（e）和（f）不同放大倍数下 CNF（PANI/GO）$_{10}$气凝胶中 CNF 纳米纤丝

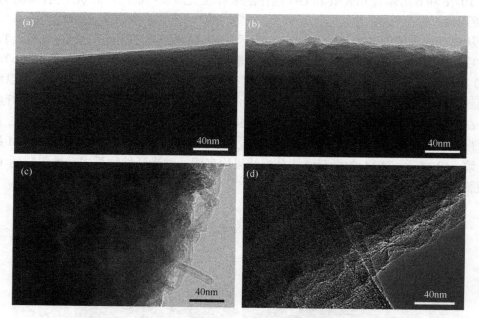

图 10-8　高放大倍率下 LbL 自组装前后 CNF 纳米纤丝的 TEM 图[30]

（a）CNF 纳米纤丝；（b）仅组装 PANI 的纳米纤丝；（c）CNF（PANI/CMCNT）$_{10}$气凝胶中 CNF 纳米纤丝；（d）CNF（PANI/GO）$_{10}$气凝胶中 CNF 纳米纤丝

二、纳米纤维素气凝胶电极的化学结构

（一）气凝胶的 X 射线光电子能谱分析

采用 X 射线光电子能谱（XPS）对未组装的 CNF 气凝胶、CNF（PANI/CMCNT）$_{10}$ 和 CNF（PANI/GO）$_{10}$ 气凝胶电极材料的表面化学特征进行了研究，如图 10-9 所示。XPS 全谱图表明，CNF 气凝胶表面的主要元素为 C、O。而 CNF（PANI/CMCNT）$_{10}$ 和 CNF（PANI/GO）$_{10}$ 气凝胶电极材料主要是 C、O、N，其中，N 元素来自于 PANI。XPS 能够给出气凝胶表面化学元素含量变化，结果如图 10-9b 所示，CNF 气凝胶、CNF（PANI/CMCNT）$_{10}$ 和 CNF（PANI/GO）$_{10}$ 气凝胶电极材料的 C/O 分别为 1.01、3.18 和 1.89。

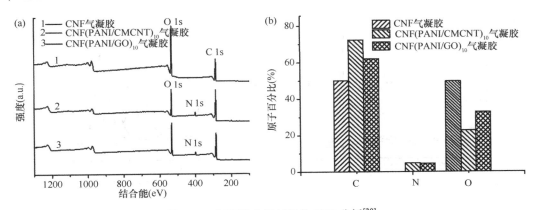

图 10-9　气凝胶电极材料的 XPS 分析[30]

（a）三种气凝胶的 XPS 全扫描谱图；（b）三种气凝胶电极的原子百分比

组装前后三种气凝胶表面的元素组成和比例发生明显的变化，这一变化也反映到三种气凝胶的 C 1s 谱图上，如图 10-10a～c 所示。CNF 气凝胶 C 1s 分别位于 284.8eV（C—C/C=C）、286.2eV（C—O）、288.4eV（C=O）和 289.2eV（O—C=O）；CNF（PANI/CMCNT）$_{10}$ 气凝胶 C 1s 分别位于 284.8eV（C—C/C=C）、285.1eV（C—N/C=N）、286.0eV（C—O）、286.8eV（C=O）和 288.9eV（O—C=O）；CNF（PANI/GO）$_{10}$ 气凝胶 C 1s 分别位于 284.8eV（C—C/C=C）、285.4eV（C—N/C=N）、286.8eV（C—O）、287.3eV（C=O）和 288.9eV（O—C=O）。

与 CNF 气凝胶在 286.2eV 的 C—O 峰强度相比较，CNF（PANI/CMCNT）$_{10}$ 气凝胶和 CNF（PANI/GO）$_{10}$ 气凝胶分别在 286.1eV 和 286.8eV 处的 C—O 峰强度及相对校正位置 284.8eV 的 C—C/C=C 峰强度，均出现了明显的下降。同时，在 CNF（PANI/CMCNT）$_{10}$ 气凝胶 285.1eV 处和 CNF（PANI/GO）$_{10}$ 气凝胶 285.4eV 处出现了 CNF 气凝胶上没有的 C—N/C=N 峰[37]，这应该是与 PANI 有关的特征峰。此外，与 CNF 气凝胶相比，CNF（PANI/CMCNT）$_{10}$ 气凝胶和 CNF（PANI/GO）$_{10}$ 气凝胶 C=O 峰强度比 C—O 峰强度提高的程度更高，这说明，纳米活性物质 PANI/CMCNT、PANI/GO 组分间产生了一定的

共轭相互作用。共轭作用的产生可能与 CMCNT、GO 含有的部分 COOH 基团对 PANI 分子产生掺杂作用有关[38]。

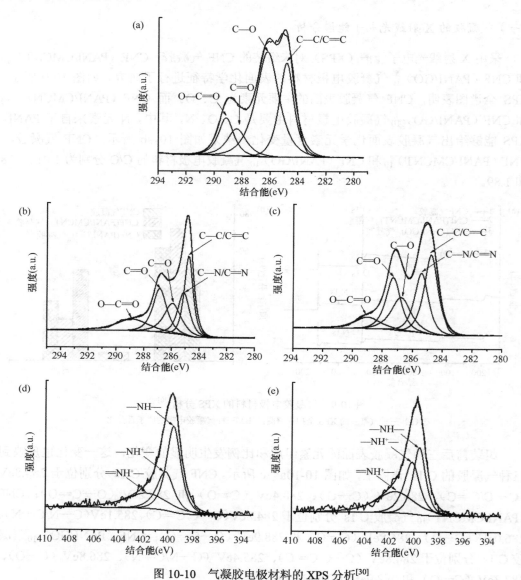

图 10-10　气凝胶电极材料的 XPS 分析[30]

（a）CNF 气凝胶的 C 1s XPS 图；（b）CNF（PANI/CMCNT）₁₀ 气凝胶的 C 1s XPS 图；（c）CNF（PANI/GO）₁₀ 气凝胶的 C 1s XPS 图；（d）CNF（PANI/CMCNT）₁₀ 气凝胶的 N 1s XPS 图；（e）CNF（PANI/GO）₁₀ 气凝胶的 N 1s XPS 图

本节也对 CNF（PANI/CMCNT）₁₀ 气凝胶和 CNF（PANI/GO）₁₀ 气凝胶的 N 1s XPS 图进行了分析，如图 10-10d 和 e 所示。可见，CNF（PANI/CMCNT）₁₀ 气凝胶和 CNF（PANI/GO）₁₀ 气凝胶表面的 N 元素主要以结合能为 399.6eV 的氨基（—NH—）形式存在，其次是结合能分别为 400.3eV 和 400.2eV 的 N 阳离子（—NH⁺—）、结合能分别为 401.8eV 和 401.6eV 的亚氨基（=NH⁺—），说明在气凝胶电极材料的表面有部分 N 原子以＝NH$^+$—和—NH$^+$—的形式存在。

（二）气凝胶的红外光谱分析

利用傅里叶变换红外光谱（FTIR）分析研究 CNF 气凝胶在组装前后的物理化学结构。图 10-11 给出了 CNF 气凝胶组装前后的官能团变化情况。10 次 LbL 自组装后，在 CNF（PANI/CMCNT）$_{10}$气凝胶和 CNF（PANI/GO）$_{10}$气凝胶均出现新的特征峰，分别为 1587cm^{-1} 和 1592cm^{-1} 处的 N＝Q＝N 伸缩振动峰，1491cm^{-1} 和 1502cm^{-1} 处的 N—B—N 伸缩振动峰（其中 B 和 Q 代表苯和醌基团），1311cm^{-1} 和 1313cm^{-1} 处的 C—N 伸缩振动峰，这均是与 PANI 有关联的特征峰[39]。CNF（PANI/GO）$_{10}$气凝胶的这些特征峰均比 CNF（PANI/CMCNT）$_{10}$气凝胶有一定的蓝移，这应该与 PANI 和 CMCNT、GO 的相互作用力不同有关，相比 CMCNT，GO 中的 C＝O 基团含量较多，因而，GO 与 PANI 相互作用时 C＝O 基团的吸电子效应更加明显[40]。可以推测，PANI 与 CMCNT、GO 的相互作用力除了静电引力之外，还具有一定的氢键、共轭、掺杂等化学作用。

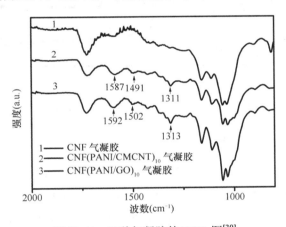

图 10-11　三种气凝胶的 FTIR 图[30]

（三）气凝胶的拉曼光谱分析

通过拉曼光谱也可以获得组装到 CNF 气凝胶内部的纳米活性物质的结构信息。如图 10-12 所示，仅经过 PANI 沉积后，CNF/PANI 气凝胶在 520cm^{-1}、1170cm^{-1}、1218cm^{-1}、1331cm^{-1}、1490cm^{-1}、1597cm^{-1} 出现拉曼吸收峰，分别对应于 C—N—C 面外扭曲振动、C—H 面内弯曲振动、环面内变形振动、C—N·$^+$伸缩振动、醌环的 C＝N 伸缩振动、苯环的 C—C 伸缩振动[41]，应该是 PANI 的吸收峰。由于仅经过 PANI 沉积，CNF/PANI 气凝胶上 PANI 的含量很少，某些峰的强度非常低。

经过 10 次 LbL 自组装后，除了 522cm^{-1} 和 520cm^{-1} 附近的 C—N—C 面外扭曲振动峰之外，CNF（PANI/CMCNT）$_{10}$气凝胶和 CNF（PANI/GO）$_{10}$气凝胶在 415cm^{-1} 与 416cm^{-1} 出现 C—H 面外摇摆振动峰，在 799cm^{-1} 和 792cm^{-1} 出现亚胺变形振动峰[41]，这些都是 PANI 的特征峰，且 PANI 处于掺杂态。同时，原来 CNF/PANI 气凝胶上 1170cm^{-1} 和

1490cm⁻¹ 处的特征峰,经过 10 次 LbL 自组装后,峰位置分别移动到 1165cm⁻¹(1161cm⁻¹) 和 1464cm⁻¹(1470cm⁻¹),出现这种位移现象应该与 PANI 和 CMCNT、GO 的相互作用力不同密切相关。在 1329cm⁻¹ 和 1592cm⁻¹ 附近的强烈特征峰分别属于 CMCNT 与 GO 的 D 峰和 G 峰。G 峰是由氧化石墨烯 sp^2 杂化碳原子引起的,D 峰则来自于 sp^2 杂化转变为 sp^3 杂化[42]。拉曼谱图的结果和 XPS、FTIR 的结果相一致,PANI、CMCNT 和 GO 之间发生了一定的作用力,这种作用力来自于静电吸附、氢键、共轭、掺杂等多种作用。

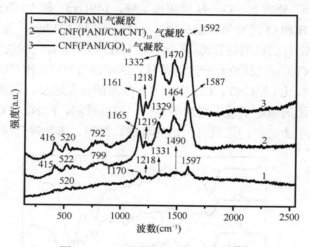

图 10-12　三种气凝胶的拉曼谱图[30]

（四）气凝胶的 X 射线衍射分析

图 10-13 是三种气凝胶的 X 射线衍射（XRD）图谱。 CNF 气凝胶和 CNF（PANI/CMCNT）₁₀ 气凝胶在 14.8°、21.6° 和 33.7° 处分别出现衍射峰。2θ 为 14.8° 处较宽的衍射峰属于纤维素 I 晶型结构的（101）晶面特征衍射峰,2θ 为 21.6° 处的衍射峰属于纤维素 I 晶型结构的（002）晶面特征衍射峰,2θ 为 33.7° 处的衍射峰属于纤维素 I 晶型结构的

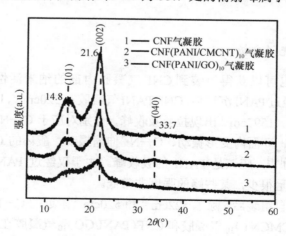

图 10-13　三种气凝胶的 XRD 图[30]

（040）晶面特征衍射峰。CNF（PANI/CMCNT）$_{10}$气凝胶相比CNF气凝胶，衍射峰强度有一定的减弱，尤其是33.7°处衍射峰。对于CNF（PANI/GO）$_{10}$气凝胶，33.7°处衍射峰消失，14.8°处衍射峰强度大幅度减弱，21.6°处衍射峰有所变宽，这可能是由于GO纳米片层的π-π堆积影响了纤维素的结构。总之，纤维素Ⅰ晶型结构的衍射峰基本覆盖了纳米活性物质的衍射峰。

三、纳米纤维素气凝胶电极的物理性能

（一）气凝胶的比表面积与孔隙结构分析

一般而言，电极材料的比表面积越高，孔隙结构越多，这样电解液与电极材料的接触面积越大，够促进电极材料/电解液界面间的电荷转移，同时能提供更多连续的离子扩散路径，从而增加其电化学性能[43]。本节利用氮吸附方法对CNF气凝胶组装前后的比表面积和孔隙结构进行分析，如图10-14所示。组装之前的CNF气凝胶比表面积可达到（63±1）m²/g，孔容达到0.137cm³/g。组装之后的CNF（PANI/CMCNT）$_{10}$气凝胶和CNF（PANI/GO）$_{10}$气凝胶，其比表面积分别达到（183±1）m²/g和（86±1）m²/g，孔容分别达到0.245cm³/g和0.471cm³/g。由此可见，纳米活性物质组装之后得到的气凝胶的比表面积和孔容得到明显的提高。CNF（PANI/CMCNT）$_{10}$气凝胶的比表面积高于CNF（PANI/GO）$_{10}$气凝胶，但孔容略小，说明CNF（PANI/CMCNT）$_{10}$气凝胶具有更多的微孔，而CNF（PANI/GO）$_{10}$气凝胶的中孔和大孔略多一些。这也与前面微观结构的分析结果相一致。

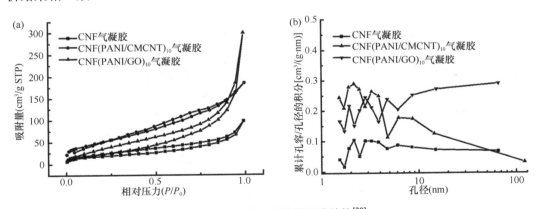

图10-14　三种气凝胶的孔隙结构[30]
（a）氮吸脱-附等温线；（b）BJH孔径分布

（二）气凝胶的质量负载量与导电性能分析

纳米活性物质通过LbL自组装方式交替沉积到CNF气凝胶上，因此，随着LbL自组装次数的增加，纳米活性物质的沉积量会逐步增加，如图10-15a所示。随着LbL自组装次数的增加，CNF（PANI/CMCNT）$_{10}$气凝胶上纳米活性物质的质量负载量呈近似线性增加，10次自组装的质量负载量可达到1.53mg/cm²。CNF（PANI/GO）$_{10}$气凝胶上

纳米活性物质的质量负载量在经过 7 次自组装后增加速率逐渐变缓，在 10 次自组装后可达到 1.47mg/cm²。这应该与 GO 的片层尺寸较大有一定的关系。LbL 自组装开始时，由于 GO 的片层尺寸较大，而 CMCNT 的尺寸较小，因此 GO 更容易沉积到 CNF 气凝胶的纳米纤丝上，所以，在相同的 LbL 自组装次数情况下，CNF（PANI/GO）₁₀ 气凝胶上纳米活性物质的质量负载量比 CNF（PANI/CMCNT）₁₀ 气凝胶要多。但随着 LbL 自组装次数增大，直径较大的 GO 容易阻塞 CNF 气凝胶的孔隙结构，尤其是微孔结构，导致 CNF（PANI/GO）₁₀ 气凝胶在 7 次自组装之后，质量负载量增加速率逐渐变缓。这一结果与 SEM、TEM 微观结构的观察结果相匹配，也与二者比表面积与孔隙结构的分析结果相一致。

采用四探针电阻率测试仪对由 CNF（PANI/CMCNT）₁₀ 和 CNF（PANI/GO）₁₀ 气凝胶压制成的膜电极材料电导率进行了研究，如图 10-15b 所示。曲线表明，随着自组装次数的增加，气凝胶电极材料的电导率逐渐增加。一般来说，随着层层自组装次数的增加，气凝胶上导电活性材料的质量负载量增加，气凝胶电极的电导率会相应增加。这是因为质量负载量的增加导致纳米活性物质的密集堆积，这增加了材料之间的重叠程度及在气凝胶电极中电子传输的连续性。自组装 10 次后，CNF（PANI/CMCNT）₁₀ 气凝胶电导率可达到 0.70S/cm，而 CNF（PANI/GO）₁₀ 气凝胶可达到 0.66S/cm，表明电极材料具有良好的导电性。

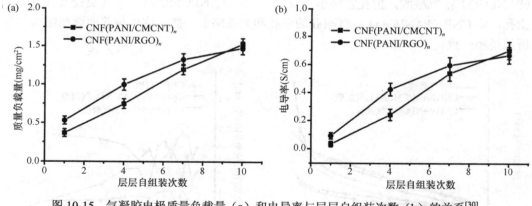

图 10-15 气凝胶电极质量负载量（a）和电导率与层层自组装次数（b）的关系[30]

第三节 储能材料的电化学特性与储能机理

一、纳米纤维素气凝胶电极在三电极下的电化学性能

（一）气凝胶电极材料的电化学性能表征方法

采用电化学工作站测量电化学性能。为了更好地进行电化学性能测试，需要将每个气凝胶电极在 1MPa 下压缩成薄膜电极（图 10-16），再进行后续的电化学测试。同时，对于 CNF（PANI/GO）₁₀ 气凝胶电极，要先将其在水热反应釜中在水合肼和氨存在的环境下于 90℃还原 2h，以便将 GO 还原成 RGO，从而获得更好的电化学性能。

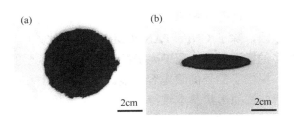

图 10-16 气凝胶压制成膜的图片[30]

三电极测试在 1mol/L H_2SO_4 溶液中进行，分别使用饱和甘汞电极（SCE）和铂（Pt）电极作为参比电极和对电极。利用循环伏安（CV）模式在 0～0.8V 进行不同扫描速率下的测试。利用恒电流充放电（GCD）模式在 0～0.8V 进行不同电流密度下的测试。利用电化学阻抗谱（EIS）模式在 0.001～10^5Hz 下进行测试。

对于三电极测试，根据 CV 曲线计算超级电容器的面积比容量，计算公式如下：

$$C_s = (\int IdU)/(vSU) \tag{10-1}$$

根据 GCD 曲线计算超级电容器的质量比容量，计算公式如下：

$$C_g = (I\Delta t)/(mU) \tag{10-2}$$

式中，C_s 和 C_g 分别为气凝胶电极的面积比容量和质量比容量；I（A）、v（V/s）、S（cm^2）、U(V)、Δt(s) 和 m(g) 分别为电流、电压扫描速率、电极工作面积、电压、放电时间和总电极质量。

（二）气凝胶电极材料的循环伏安性能

图 10-17 是 CNF（PANI/CMCNT）$_{10}$ 和 CNF（PANI/RGO）$_{10}$ 电极在不同扫描速率下的 CV 曲线。结果表明，二者均出现明显的氧化还原峰，主要来自于 PANI 的掺杂和去掺杂过程中的氧化还原反应[37]。应当注意的是，作为碳材料的 CMCNT 和 RGO，不仅提供双层电容特性，而且由于其表面保留一定量的含氧官能团，可提供一些额外的赝电容特性。

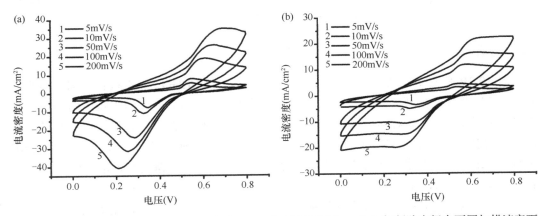

图 10-17 CNF（PANI/CMCNT）$_{10}$（a）和 CNF（PANI/RGO）$_{10}$（b）气凝胶电极在不同扫描速率下的 CV 曲线[30]

在相同的扫描速率下，CNF（PANI/CMCNT）$_{10}$ 的氧化还原峰明显比 CNF（PANI/RGO）$_{10}$ 强烈。究其原因，除了 CNF（PANI/CMCNT）$_{10}$ 比 CNF（PANI/RGO）$_{10}$ 具有更高的比表面积和更多的微孔结构，利于离子扩散外[44]，更重要的是，CMCNT 比 RGO 含有更多的含氧基团，提供了额外的赝电容性能。此外，随着扫描速率的增加，积分曲线的面积逐渐增加，但曲线的形状基本维持不变，这是电极材料具有良好的倍率特性和稳定性的表现。随着扫描速率的增加，阳极峰向高电位转移，阴极峰则向低电位转移，与电极自身电阻有关系。

最大电流密度与扫描速率的关系如图 10-18 所示，最大电流密度随扫描速率呈非线性增加。根据幂律方程 $I=av^b$，其中 I 和 v 分别表示电流密度和扫描速率[37, 45]，对其进行对数计算，从 $\lg I$ 和 $\lg v$ 线性图的截距与斜率可以分别得到可调参数 a 和 b，当 b 值为 0.5 时，是一个理想的扩散控制过程；当 b 值为 1 时，是一个理想的非扩散控制过程；当 b 值介于两者之间时，是一个复合型控制过程[37, 45]。在阳极扫描中，CNF（PANI/CMCNT）$_{10}$ 和 CNF（PANI/RGO）$_{10}$ 电极的 b 值分别达到 0.51 和 0.54，这意味着两个电极是通过非扩散和扩散的复合型机理来控制其氧化还原过程。

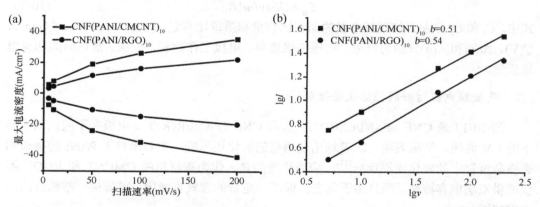

图 10-18　CNF（PANI/CMCNT）$_{10}$ 和 CNF（PANI/RGO）$_{10}$ 气凝胶电极扫描速率与最大电流密度的关系图（a）及对数曲线图（b）[30]

（三）气凝胶电极材料的恒电流充放电性能

图 10-19 是 CNF（PANI/CMCNT）$_{10}$ 和 CNF（PANI/RGO）$_{10}$ 电极在不同扫描速率下的 GCD 曲线。由其可知，随着电流密度的增加，充放电时间逐渐缩短。两种电极的 GCD 曲线均表现为非对称型三角放电曲线，这表明电极材料赝电容特性更加明显。在相同的电流密度下，CNF（PANI/CMCNT）$_{10}$ 电极的充放电时间更长，这说明 CNF（PANI/CMCNT）$_{10}$ 电极具有更好的恒电流充放电性能。需要注意的是，两种电极的 GCD 曲线均具有一定的压降。

一般来说，交联型纳米纤维素气凝胶具有良好的力学回弹性。本研究采用 BTCA 交联纳米纤维素，获得的交联纳米纤维素气凝胶在水相体系中保持良好的弹性。虽然气凝胶在制备电极时被压缩成薄膜，但在没有外力保护的水溶液体系中，纳米纤维素薄膜会不可避免地发生部分的力学回弹，导致电极内导电网络之间的距离增加，电子传输的相关路径减少，从而降低电极的电导率，使电极材料具有的一定的压降。

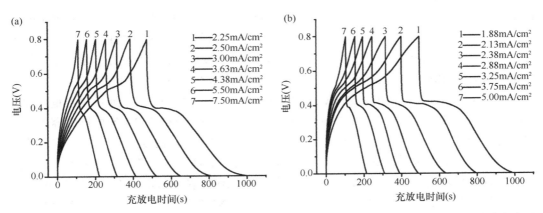

图 10-19　CNF（PANI/CMCNT）$_{10}$（a）和 CNF（PANI/RGO）$_{10}$（b）气凝胶电极在不同电流密度下的 GCD 曲线[30]

（四）气凝胶电极材料的交流阻抗性能

电化学交流阻抗性能也能反映电极的电容性能，图 10-20 是 CNF（PANI/CMCNT）$_{10}$和 CNF（PANI/RGO）$_{10}$电极的 EIS 曲线。从 EIS 曲线和实轴的交点可知，两个电极的等效串联电阻基本相同。对于 EIS 曲线，在低频区，CNF（PANI/CMCNT）$_{10}$电极曲线的斜率比 CNF（PANI/RGO）$_{10}$电极略高，表现出更好的电容性能；在高频区，CNF（PANI/CMCNT）$_{10}$电极曲线的圆弧半径更小，表示其电荷转移电阻更小些。这表明，CNF（PANI/CMCNT）$_{10}$在电解液中具有更好的离子扩散可及度，这与二者的孔隙结构和比表面积测试结果相一致。

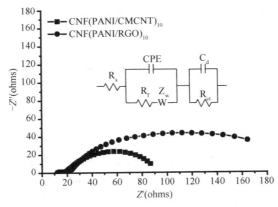

图 10-20　CNF（PANI/CMCNT）$_{10}$和 CNF（PANI/RGO）$_{10}$气凝胶电极的 EIS 曲线[30]

R_s：介质电阻；R_{ct}：电荷转移电阻；CPE：恒相位元件；R_f：扩散电阻；C_d：双电层电容；Z_w：warburg 阻抗

（五）气凝胶电极材料的比容量性能

良好的离子扩散可及度赋予了 CNF（PANI/CMCNT）$_{10}$ 更高的电容性能。图 10-21a 是在不同扫描速率下两种电极的面积比容量曲线，图 10-21b 是在不同电流密度下的质量比容量曲线。CNF（PANI/CMCNT）$_{10}$ 在 1mV/s 扫描速率具有 1.21F/cm^2 的面积比容量，而 CNF（PANI/RGO）$_{10}$ 在相同扫描速率下仅有 0.90F/cm^2 的面积比容量。即便是扫描速率增大到 10mV/s，其相应的面积比容量分别为 0.49F/cm^2 和 0.39F/cm^2。同样的，CNF（PANI/CMCNT）$_{10}$ 在 2.25mA/cm^2 电流密度下具有 965.80F/g 的质量比容量，大于 CNF（PANI/RGO）$_{10}$，其在 1.875mA/cm^2 电流密度下仅有 780.64F/g 的质量比容量。即便是电流密度增大到 7.5mA/cm^2，CNF（PANI/CMCNT）$_{10}$ 的质量比容量依然保持在 666.08F/g。在相同的测试条件下，本研究所制备的电极材料的容量特性优于先前报道的 PANI/RGO 组装电极[46]、PANI/RGO 自组装薄膜电极[47]及 PANI/RGO 自组装空心球电极[48]。这些良好的电化学特性进一步证实，以多孔 CNF 气凝胶为骨架层层自组装 PANI、CMCNT 和 RGO 可以制备出具优异电化学性能的电极材料。

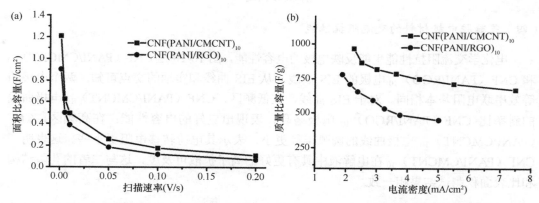

图 10-21　CNF（PANI/CMCNT）$_{10}$ 和 CNF（PANI/RGO）$_{10}$ 气凝胶电极的比容量值[30]

二、纳米纤维素气凝胶电极在二电极下的电化学性能

（一）气凝胶电极材料的电化学性能表征方法

二电极测试采用 PVA/H$_3$PO$_4$ 凝胶作为全固态超级电容器器件的电解质。PVA/H$_3$PO$_4$ 凝胶的制备方法如下：将 6g H$_3$PO$_4$ 加入到 60ml 蒸馏水中，稀释备用，再将 6g PVA 添加到 H$_3$PO$_4$ 溶液中，在 80℃恒温水浴中持续搅拌至 PVA 完全溶解。

对称式全固态超级电容器器件的制备方法如下：将气凝胶电极按一定尺寸裁剪成规则形状（图 10-22a），将其一面用导电银浆与铝片连接，浸入 PVA/H$_3$PO$_4$ 凝胶电解质中。浸渍时间为 30min，使电解液充分浸润电极，完成后将电极片放置在空气中，自然晾干。最后将两个电极膜片以三明治结构进行压片处理（图 10-22b）。固态电解质起到电解质和隔膜的双重作用，此方法可以最大限度地降低器件的厚度。

二电极下的电化学测试条件与三电极下电化学测试一样，此处不再重复叙述。对于二电极测试，根据 CV 曲线计算超级电容器的面积比容量，计算公式如下：

$$C_s = 4(\int I dU)/(vSU) \tag{10-3}$$

根据 GCD 曲线计算超级电容器的面积比容量，计算公式如下：

$$C_{s'} = 4(I\Delta t)/(SU) \tag{10-4}$$

根据 GCD 曲线计算超级电容器的质量比容量，计算公式如下：

$$C_g = 4(I\Delta t)/(mU) \tag{10-5}$$

式中，C_s、$C_{s'}$ 和 C_g 分别为超级电容器器件的面积比容量和质量比容量；I（A）、v（V/s）、S(cm^2)、U(V)、Δt(s) 和 m(g) 分别为电流、电压扫描速率、电极工作面积、电压、放电时间和总电极质量。

根据 GCD 曲线计算超级电容器的面积能量密度 E（mWh/cm^2），计算公式如下：

$$E = 1/4(U^2 C_s/2) \tag{10-6}$$

根据 GCD 曲线计算超级电容器的面积功率密度 P（mW/cm^2），计算公式如下：

$$P = E/\Delta t \tag{10-7}$$

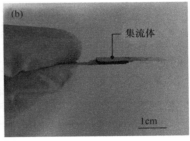

图 10-22　气凝胶电极（a）和超级电容器器件（b）的示意图片[30]（彩图请扫封底二维码）

（二）层层自组装次数对超级电容器的电化学性能影响

为了验证所制备的样品在实际应用中的表现，我们制备了全固态对称式超级电容器，并对其电化学实际表现进行了研究。首先研究了层层自组装次数对超级电容器电极电化学性能的影响，如图 10-23 所示。图 10-23a 和 b 是不同组装次数下两种电极在 50mV/s 下的 CV 曲线。可见，随着自组装次数的增加，CV 曲线变得越来越规整，曲线积分面积也逐渐增大，根据 CV 曲线计算出的面积比容量也逐渐增大（图 10-23e）。在相同自组装次数下，CNF（PANI/CMCNT）$_n$ 的面积比容量均大于 CNF（PANI/RGO）$_n$，而且 CNF（PANI/CMCNT）$_n$ 的面积比容量与自组装次数呈近似线性关系。相类似的规律也表现在 GCD 曲线上。在 1.0mA/cm^2 的电流密度下，自组装次数的增加致使 GCD 曲线越来越接近对称三角形，充放电时间变长，压降下降，如图 10-23c 和 d 所示。根据 GCD 曲线得到的质量比容量也随着自组装次数增加而增加（图 10-23f）。这是因为，随着自组装次数的增加，电极上纳米活性物质的质量负载量逐渐增加，导致纳米活性物质堆积程度增加，电极内部形成更多的连续导电网络，为电子传输提供了更多的路径，从而提高了其电化学性能。为此，接下来详细研究了由自组装次数为 10 次电极组装的超级电容器器件的电化学性能。

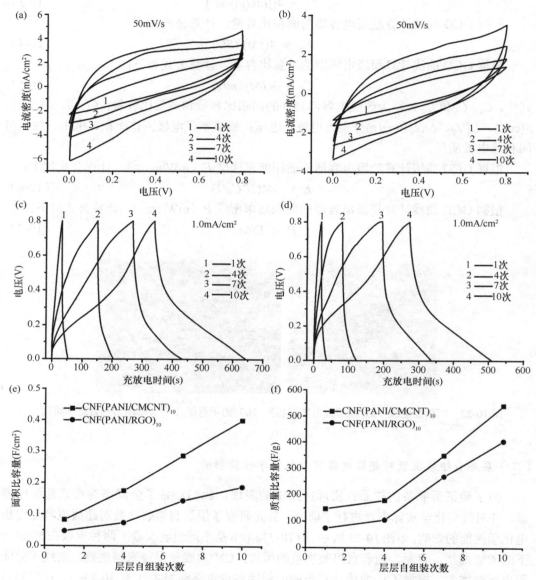

图 10-23　不同组装次数下的 CV 曲线、GCD 曲线和比容量曲线[30]

（a）和（c）CNF（PANI/CMCNT）$_n$；（b）和（d）CNF（PANI/RGO）$_n$；（e）面积比容量；（f）质量比容量

（三）超级电容器的循环伏安性能

对由自组装次数 10 次电极所制备的全固态对称式超级电容器进行详细的电化学性能研究，图 10-24 是 CNF（PANI/CMCNT）$_{10}$ 和 CNF（PANI/RGO）$_{10}$ 电极在不同扫描速率下的 CV 曲线。由其可知，在不同扫描速率下测量的 CNF（PANI/CMCNT）$_{10}$ 和

CNF（PANI/RGO）$_{10}$超级电容器的 CV 曲线近似矩形，没有任何明显的氧化还原峰。随着扫描速率从 5mV/s 增加到 200mV/s，CV 曲线仅轻微变形，并且在 200mV/s 扫描速率下矩形并没有明显变形，尤其是 CNF（PANI/CMCNT）$_{10}$，这说明超级电容器内部具有良好的电荷转移性能。在相同的扫描速率下，CN（PANI/CMCNT）$_{10}$ 器件比 CNF（PANI/RGO）$_{10}$ 器件具有更大的 CV 积分曲线面积和更规则的矩形曲线。

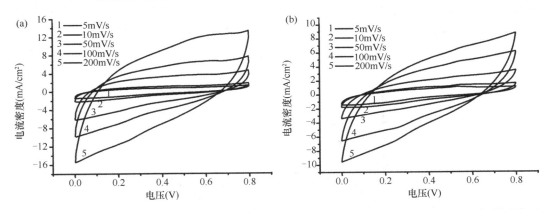

图 10-24　CNF（PANI/CMCNT）$_{10}$（a）和 CNF（PANI/RGO）$_{10}$（b）超级电容器在不同扫描速率下的 CV 曲线[30]

（四）超级电容器的恒电流充放电性能

图 10-25 给出了 CNF（PANI/CMCNT）$_{10}$ 和 CNF（PANI/RGO）$_{10}$ 超级电容器在不同电流密度下的 GCD 曲线。随着电流密度的增加，两种超级电容器的充放电时间逐渐缩短。两种超级电容器的 GCD 曲线均呈近似对称的三角形，尤其是 CNF（PANI/CMCNT）$_{10}$，GCD 曲线更加规整一些，表现出良好的充放电性能。两种超级电容器的压降非常小，比三电极测试的压降要小很多，这与超级电容器器件用的是固体电解液有关系。在相同的电流密度下，CNF（PANI/CMCNT）$_{10}$ 呈现出比 CNF（PANI/RGO）$_{10}$ 更规则的充放电等腰三角形曲线，充放电时间也更长。这与循环伏安模式的结果相一致。

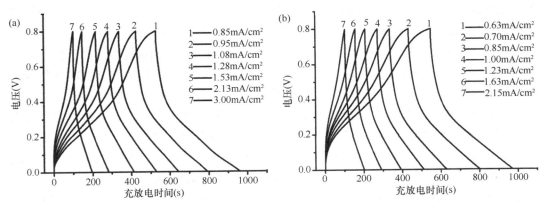

图 10-25　CNF（PANI/CMCNT）$_{10}$（a）和 CNF（PANI/RGO）$_{10}$（b）超级电容器在不同电流密度下的 GCD 曲线[30]

（五）超级电容器的交流阻抗性能

图 10-26 给出了 CNF（PANI/CMCNT）$_{10}$ 和 CNF（PANI/RGO）$_{10}$ 超级电容器的 EIS 曲线。利用 EIS 曲线可以测量出等效串联电阻，CNF（PANI/CMCNT）$_{10}$ 和 CN（PANI/RGO）$_{10}$ 的等效串联电阻分别为 15.8Ω 和 23.1Ω，这表明 CNF（PANI/CMCNT）$_{10}$ 比 CNF（PANI/RGO）$_{10}$ 具有更小的内阻。在低频区，CNF（PANI/CMCNT）$_{10}$ 电极曲线的斜率比 CNF（PANI/RGO）$_{10}$ 电极更高，表明前者具有更好的电容性能。

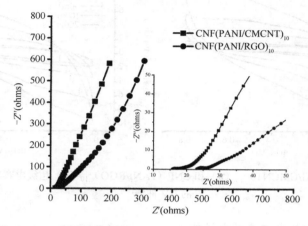

图 10-26　两种超级电容器的 EIS 曲线（内图为低频部分）[30]

综合 CV、GCD 和 EIS 分析，CNF（PANI/CMCNT）$_{10}$ 比 CNF（PANI/RGO）$_{10}$ 具有相对较好的电化学性能是因为 CNF（PANI/CMCNT）$_{10}$ 具有更优良的纤丝状网络微观结构和更高的比表面积，更利于离子扩散和电子传输。

（六）超级电容器的比容量性能

图 10-27 给出了 CNF（PANI/CMCNT）$_{10}$ 和 CNF（PANI/RGO）$_{10}$ 超级电容器的比容量值曲线。通过 CV 曲线计算得到的 CNF（PANI/CMCNT）$_{10}$ 和 CN（PANI/RGO）$_{10}$ 超级电容器电极在 1mV/s 扫描速率下的面积比容量分别达到 1.59F/cm^2 和 1.46F/cm^2。当扫描速率增加到 10mV/s 时，面积比容量分别为 0.69F/cm^2 和 0.50F/cm^2。在二电极测试模式下，以 CNF 气凝胶为载体经 LbL 自组装制备的电极，其面积比容量高于使用类似活性材料和不同制备方法制备的电极，如以 CNF 膜经 LbL 自组装的 PANI/RGO 复合电极[49]、碳纳米管/PANI 水凝胶膜基复合电极[50] 和 3D 多孔 RGO/PANI 复合电极[51]。此外，由 GCD 曲线计算出 CNF（PANI/CMCNT）$_{10}$ 和 CNF（PANI/RGO）$_{10}$ 超级电容器电极的质量比容量分别为 603.4F/g（电流密度 0.85mA/cm^2）和 451.6F/g（电流密度 0.63mA/cm^2）。两个超级电容器电极的倍率性能仅有轻微的下降，当电流密度从 0.85mA/cm^2 增加到 3.0mA/cm^2，CNF（PANI/CMCNT）$_{10}$ 的容量保持率为 76.3%；当电流密度从 0.63mA/cm^2 增加到 2.15mA/cm^2，CNF（PANI/RGO）$_{10}$ 的容量保持率为 78.4%。

组装的纳米复合电极所表现出的优越储能性能和倍率性能，可以归因于电极自身独特的多层结构和复合纳米结构。由 PANI/CMCNT 和 PANI/RGO 在 CNF 表面上组装所形成的杂化结构，形成了一个相互连接的电极网络结构，它可以缩短离子迁移和扩散路径，从而促进氧化过程中的离子快速嵌入/嵌出。此外，高比表面积 CNF 气凝胶所形成的三维纳米纤丝状网络结构不仅起到纳米活性材料载体的作用，而且由于 CNF 具有的天然亲水性，有利于水性电解质在电极内部渗透。

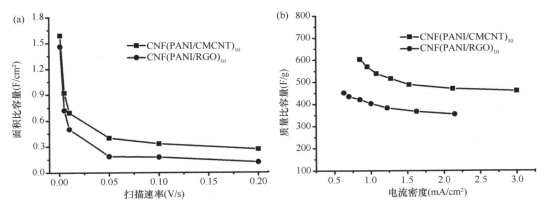

图 10-27　CNF（PANI/CMCNT）$_{10}$ 和 CNF（PANI/RGO）$_{10}$ 超级电容器的比容量值[30]

（七）超级电容器的功率密度和能量密度

通过 GCD 曲线可以计算出所制备的全固态超级电容器的功率密度和能量密度，可以进一步研究了其在实际应用中的电化学性能。如图 10-28 所示，两类超级电容器的功率密度和能量密度之间表现出明显的对应关系。可见，CNF（PANI/CMCNT）$_{10}$ 超级电容器在 $0.34mW/cm^2$ 的功率密度下具有 $147.2mW·h/cm^2$ 的能量密度，并且在较高的功能密度（$1.20mW/cm^2$）下依然保持在 $112.3mW·h/cm^2$。CNF（PANI/RGO）$_{10}$ 超级电容器的性能略低于 CNF（PANI/CMCNT）$_{10}$，在 $0.25mW/cm^2$ 的功能密度下其能量密度为 $106.6mW·h/cm^2$，在较高的功能密度（$0.86mW/cm^2$）下依然保持在 $83.6mW·h/cm^2$。

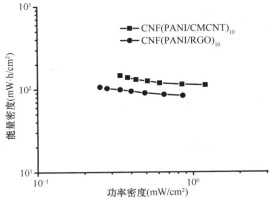

图 10-28　CNF（PANI/CMCNT）$_{10}$ 和 CNF（PANI/RGO）$_{10}$ 超级电容器的功率密度与能量密度[30]

（八）超级电容器的循环稳定性和柔性性能

利用 CV 测量方法，在 10mV/s 的扫描速率下对两种类型超级电容器的循环稳定性进行测试，如图 10-29a～c 所示。经过 5000 次 CV 循环后，CNF（PANI/CMCNT）$_{10}$ 超级电容器容量保持率为 90.5%，而 CNF（PANI/RGO）$_{10}$ 超级电容器的容量保持率为 89.3%。这种优异的电化学耐久性表明，所制备的全固态超级电容器具有良好的电荷存

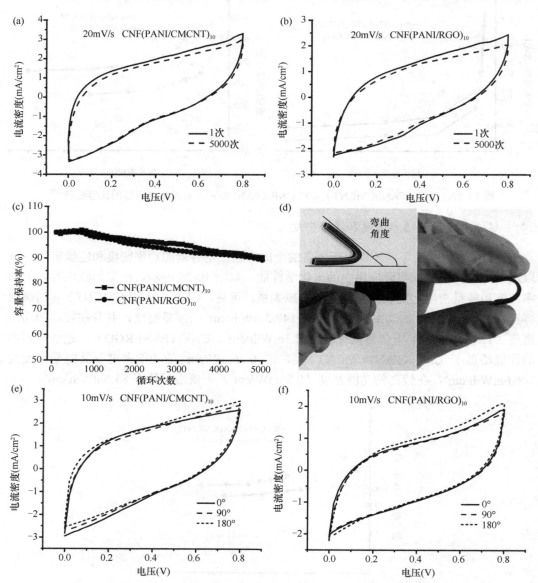

图 10-29 CNF（PANI/CMCNT）$_{10}$（a）和 CNF（PANI/RGO）$_{10}$（b）超级电容器在经过 5000 次循环后 CV 曲线对比图；（c）两种超级电容器在不同循环次数下的容量保持率；（d）电极在正常和弯曲状态下的实物图；CNF（PANI/CMCNT）$_{10}$（e）和 CNF（PANI/RGO）$_{10}$（f）超级电容器在不同弯曲角度下的 CV 曲线[30]（彩图请扫封底二维码）

储反应可逆性，而且纳米活性材料在 CNF 气凝胶上具有稳定的黏附性。由于纳米纤维素的骨架作用，两种电极均具有良好的柔性，图 10-29d 为电极在正常和弯曲状态下的实物图。为了评估其柔性在可佩戴电子器件中的潜在用途，对两类超级电容器在不同弯曲角度下的电化学性能进行了表征。从图 10-29e 和 f 中可以看出，在不同弯曲角度下 CV 曲线的积分面积没有明显变化，表明弯曲对电极性能基本没有影响。

三、纳米纤维素气凝胶电极的储能机理

CNF（PANI/CMCNT）$_{10}$ 和 CNF（PANI/RGO）$_{10}$ 气凝胶电极的储能机理可以从三个方面来阐述。一是纳米活性物质（聚苯胺、碳纳米管、石墨烯）复合电极的储能机理；二是 CNF 作为骨架结构的优势；三是层层自组装的优势。

首先是纳米活性物质复合电极的储能机理。超级电容器储能机理分为两种：一种是基于双电层效应储能，即双电层电容；另一种是依靠氧化还原反应储能，即法拉第准电容。由于本研究采用的是导电高分子（聚苯胺）和碳材料（碳纳米管、石墨烯）复合电极的形式，因此，其储能机理是由二者共同作用产生的。下面从储能机理上分别进行叙述。

双电层电容：双电层是指在电解液中性质不同的两相界面处所形成的正、负电荷的集中分布层。双电层可以存储电量，其电容量公式可以写成：$C=Q/v=\varepsilon S/4\pi d$。式中，$C$ 为电容量，V 为工作电压，Q 为吸附电量，ε 为介电系数，S 为电极面积，d 为双电层间距。如图 10-30 所示，电解液与电极接触时，电荷将在极化电极和电解液的界面自发分配，以使系统能够达到电化学平衡；外加电压充电时，电解液中正、负离子分别向负极表面和正极表面扩散，电子则通过外电路由正极转移到负极，在极化电极与电解液的界面处异性电荷相互吸引并发生定向排布，从而形成双电层储能。充电完成后，因形成双电层的异性电荷间存在静电引力作用，双电层保持稳定。外接负载放电时，形成双电层的正、负离子将从电极表面重新扩散回电解液中，体系重现电荷自发分配状态[52]。依靠双电层电容存储能量的超级电容器电极材料主要为各种具有高比表面积的碳材料，如碳纳米管、石墨烯、活性炭等。

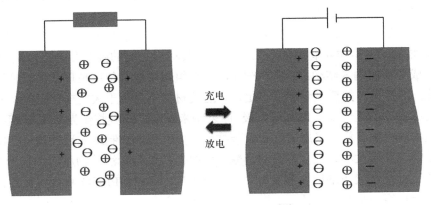

图 10-30　双电层工作原理[53]

法拉第准电容：法拉第准电容也称法拉第赝电容，在电极表面或体相中，当二维或准二维空间发生电化学活性物质的欠电位沉积，产生可逆的化学吸附/脱附，或者氧化/还原反应时，就会产生与电极充电电位相关的电容。

对于法拉第准电容，存储电荷过程包括双电层的静电荷吸附存储和电解液中离子在电化学活性物质中由于氧化还原反应而存储于电极中。其中，双电层中的电荷存储与前述类似。对于化学吸附/脱附的机理，大致过程为：在外加电场的作用下，电解液中的离子（一般为 H^+ 或 OH^-）由溶液扩散到电极与溶液界面，然后通过界面的电化学反应进入到电极表面活性氧化物的体相中。由于电极材料多为具较大比表面积的氧化物，会发生较多的电化学反应，大量电荷就被存储到电极中，放电时这些离子又会重新返回到电解液中，同时所存储的电荷通过外电路释放出来，这就是法拉第准电容的充放电机理[53]。

导电高分子超级电容器的电容也属于法拉第准电容，其机理是：本征态导电高分子作为电极活性材料，在充放电过程中快速发生可逆 n 型或 P 型掺杂/脱掺杂的氧化还原反应，从而使电荷在聚合物存储[54]。

碳电极材料和赝电容电极材料（导电聚合物）均存在优点和不足：碳材料导电性好，但主要依靠双电层电容储能，理论比容量相对低，能量密度提高空间有限；而赝电容材料的理论比容量虽然高，但比表面积低、导电性差，致使材料利用率低，实际比容量不高，功率特性差。为了获得同时具备高比容量、高功率特性的电极材料，人们尝试将两类材料进行复合，以发挥各自的优势，取长补短。双电层/赝电容复合电极材料具有较高的比表面积、发达的孔结构，并且具有良好的导电网络，因此电化学性能优良。

其次是纳米纤维素作为骨架结构的优势。天然纳米纤维素纤维具有的多孔结构及易于吸附电解质的性能使其成为储能材料的理想骨架支撑材料。与传统的支持材料（金或者不锈钢材料）相比，天然纳米纤维素纤维材料不仅能起到支撑的作用，而且其所具有的多孔亲水结构吸附电解质后可以作为电解质的内部存储场所，该电解质存储场所有利于电解质向活性物质表面扩散。纳米纤维素中的亲水性基团能够与电解液发生充分浸润，保证电解液与纳米纤维素纤维基体上活性物质充分接触；纳米纤维素纤维相互交织形成相互贯通的三维网络孔洞结构，不但可作为电解液的存储仓库，有利于电解液中离子的快速传输，而且可以将电化学反应过程中产生的应力吸收并释放掉，从而使超级电容器具有良好的循环稳定性。

最后是层层自组装的优势。LbL 自组装技术是近年来新的研究热点，是制备碳材料/导电聚合物纳米复合电极材料的有效方法。组装材料之间的强亲和力促使聚合物-无机复合物形成分层的纳米结构。由于传统的 LbL 自组装法通常使用玻璃或聚合物膜作为载体，因此，活性材料的质量负载量不足，且这类材料不适用于大规模化可控组装具有高能量和功率密度的柔性超级电容器电极。而以纳米纤维素气凝胶作为 LbL 自组装的载体可以有效实现上述目标。采用层层自组装技术，可以有效控制纳米活性物质在纳米纤维素纤维基体表面的大小、尺寸等微观形貌，同时保持了纳米活性物质的纳米形貌。CNF气凝胶的三维纤维状网络结构不仅为 PANI/CMCNT 或 PANI/RGO 复合电极提供了一个良好的层层自组装平台，而且可以增加电极的比表面积，促进电解质离子在电极内部的传输和渗透。

参 考 文 献

[1] He J, Wang N, Cui Z, et al. Hydrogen substituted graphdiyne as carbon-rich flexible electrode for lithium and sodium ion batteries[J]. Nature Communications, 2017, 8(1): 1172.

[2] Zhao D, Chen C, Zhang Q, et al. High performance, flexible, solid-state supercapacitors based on a renewable and biodegradable mesoporous cellulose membrane[J]. Advanced Energy Materials, 2017, 7(18): 1700739.

[3] Jeong S S, Böckenfeld N, Balducci A, et al. Natural cellulose as binder for lithium battery electrodes[J]. Journal of Power Sources, 2012, 199: 331-335.

[4] Gui Z, Zhu H, Gillette E, et al. Natural cellulose fiber as substrate for supercapacitor[J]. ACS Nano, 2013, 7(7): 6037-6046.

[5] Weng Z, Su Y, Wang D W, et al. Graphene-cellulose paper flexible supercapacitors[J]. Advanced Energy Materials, 2011, 1(5): 917-922.

[6] Jabbour L, Bongiovanni R, Chaussy D, et al. Cellulose-based Li-ion batteries: a review[J]. Cellulose, 2013, 20(4): 1523-1545.

[7] Jabbour L, Destro M, Gerbaldi C, et al. Aqueous processing of cellulose based paper-anodes for flexible Li-ion batteries[J]. Journal of Materials Chemistry, 2012, 22(7): 3227-3233.

[8] Feng J X, Ye S H, Wang A L, et al. Flexible cellulose paper-based asymmetrical thin film supercapacitors with high-performance for electrochemical energy storage[J]. Advanced Functional Materials, 2014, 24(45): 7093-7101.

[9] Böckenfeld N, Jeong S S, Winter M, et al. Natural, cheap and environmentally friendly binder for supercapacitors[J]. Journal of Power Sources, 2013, 221: 14-20.

[10] Brandt A, Pohlmann S, Varzi A, et al. Ionic liquids in supercapacitors[J]. MRS Bulletin, 2013, 38(7): 554-559.

[11] Leijonmarck S, Cornell A, Lindbergh G, et al. Single-paper flexible Li-ion battery cells through a paper-making process based on nano-fibrillated cellulose[J]. Journal of Materials Chemistry A, 2013, 1(15): 4671-4677.

[12] Gao K, Shao Z, Li J, et al. Cellulose nanofiber-graphene all solid-state flexible supercapacitors[J]. Journal of Materials Chemistry A, 2013, 1(1): 63-67.

[13] Zheng Q, Cai Z, Ma Z, et al. Cellulose nanofibril/reduced graphene oxide/carbon nanotube hybrid aerogels for highly flexible and all-solid-state supercapacitors[J]. ACS Applied Materials & Interfaces, 2015, 7(5): 3263-3271.

[14] Yang X, Shi K, Zhitomirsky I, et al. Cellulose nanocrystal aerogels as universal 3D lightweight substrates for supercapacitor materials[J]. Advanced Materials, 2015, 27(40): 6104-6109.

[15] Bucur C B, Jones M, Kopylov M, et al. Inorganic-organic layer by layer hybrid membranes for lithium-sulfur batteries[J]. Energy & Environmental Science, 2017, 10(4): 905-911.

[16] Jana M, Saha S, Samanta P, et al. A successive ionic layer adsorption and reaction (SILAR) method to fabricate a layer-by-layer (LbL) MnO$_2$-reduced graphene oxide assembly for supercapacitor application[J]. Journal of Power Sources, 2017, 340: 380-392.

[17] Marmisollé W A, Azzaroni O. Recent developments in the layer-by-layer assembly of polyaniline and carbon nanomaterials for energy storage and sensing applications. From synthetic aspects to structural and functional characterization[J]. Nanoscale, 2016, 8(19): 9890-9918.

[18] Xiao F X, Pagliaro M, Xu Y J, et al. Layer-by-layer assembly of versatile nanoarchitectures with diverse dimensionality: a new perspective for rational construction of multilayer assemblies[J]. Chemical Society Reviews, 2016, 45(11): 3088-3121.

[19] Marmisollé W A, Maza E, Moya S, et al. Amine-appended polyaniline as a water dispersible electroactive polyelectrolyte and its integration into functional self-assembled multilayers[J]. Electrochimica Acta, 2016, 210: 435-444.

[20] Hyder M N, Lee S W, Cebeci F C, et al. Layer-by-layer assembled polyaniline nanofiber/multiwall

carbon nanotube thin film electrodes for high-power and high-energy storage applications[J]. ACS Nano, 2011, 5(11): 8552-8561.

[21] Shariki S, Liew S Y, Thielemans W, et al. Tuning percolation speed in layer-by-layer assembled polyaniline-nanocellulose composite films[J]. Journal of Solid State Electrochemistry, 2011, 15(11-12): 2675-2681.

[22] Han S T, Zhou Y, Wang C, et al. Layer-by-layer-assembled reduced graphene oxide/gold nanoparticle hybrid double-floating-gate structure for low-voltage flexible flash memory[J]. Advanced Materials, 2013, 25(6): 872-877.

[23] Lee S W, Kim B S, Chen S, et al. Layer-by-layer assembly of all carbon nanotube ultrathin films for electrochemical applications[J]. Journal of the American Chemical Society, 2008, 131(2): 671-679.

[24] Aulin C, Karabulut E, Tran A, et al. Correction to transparent nanocellulosic multilayer thin films on polylactic acid with tunable gas barrier properties[J]. ACS Applied Materials & Interfaces, 2013, 5(20): 10395-10396.

[25] Wang X, Gao K, Shao Z, et al. Layer-by-layer assembled hybrid multilayer thin film electrodes based on transparent cellulose nanofibers paper for flexible supercapacitors applications[J]. Journal of Power Sources, 2014, 249: 148-155.

[26] Nyström G, Marais A, Karabulut E, et al. Self-assembled three-dimensional and compressible interdigitated thin-film supercapacitors and batteries[J]. Nature Communications, 2015, 6: 7259.

[27] Lyu S, Chen Y, Han S, et al. Layer-by-layer assembled polyaniline/carbon nanomaterial-coated cellulosic aerogel electrodes for high-capacitance supercapacitor applications[J]. RSC Advances, 2018, 8(24): 13191-13199.

[28] Chen W, Yu H, Lee S Y, et al. Nanocellulose: a promising nanomaterial for advanced electrochemical energy storage[J]. Chemical Society Reviews, 2018, 47(8): 2837-2872.

[29] Jiang F, Li T, Li Y, et al. Wood-based nanotechnologies toward sustainability[J]. Advanced Materials, 2018, 30(1): 1703453.

[30] Lyu S, Chen Y, Zhang L, et al. Nanocellulose supported hierarchical structured polyaniline/nanocarbon nanocomposite electrode via layer-by-layer assembly for green flexible supercapacitors[J]. RSC Advances, 2019, 9(31): 17824-17834.

[31] 郭丽敏, 陈志林, 吕少一, 等. BTCA 交联纳米纤维素气凝胶的结构及性能[J]. 林业科学, 2018, 54(4): 116-123.

[32] 吕少一, 陈艳萍, 韩申杰, 等. 交联剂用量对纳米纤维素交联气凝胶结构的影响[J]. 木材工业, 2017, (6): 11-15.

[33] Xiao H G, Yang C Q. FTIR spectroscopy study of the formation of cyclic anhydride intermediates of polycarboxylic acids catalyzed by sodium hypophosphite[J]. Textile Research Journal, 2000, 70(1): 64-70.

[34] 徐晓红, 王夏琴. 丁烷四羧酸对黏胶纤维的交联改性[J]. 纤维素科学与技术, 2008, 16(2): 6-11.

[35] Focke W W, Wnek G E. Conduction mechanisms in polyaniline (emeraldine salt)[J]. Journal of Electroanalytical Chemistry and Interfacial Electrochemistry, 1988, 256(2): 343-352.

[36] Jiang F, Hsieh Y L. Assembling and redispersibility of rice straw nanocellulose: effect of tert-butanol[J]. ACS Applied Materials & Interfaces, 2014, 6(22): 20075-20084.

[37] Jeon J W, Kwon S R, Lutkenhaus J L. Polyaniline nanofiber/electrochemically reduced graphene oxide layer-by-layer electrodes for electrochemical energy storage[J]. Journal of Materials Chemistry A, 2015, 3(7): 3757-3767.

[38] Golczak S, Kanciurzewska A, Fahlman M, et al. Comparative XPS surface study of polyaniline thin films[J]. Solid State Ionics, 2008, 179(39): 2234-2239.

[39] Zhang L, Huang D, Hu N, et al. Three-dimensional structures of graphene/polyaniline hybrid films constructed by steamed water for high-performance supercapacitors[J]. Journal of Power Sources, 2017, 342: 1-8.

[40] Wu M, Snook G A, Gupta V, et al. Electrochemical fabrication and capacitance of composite films of

carbon nanotubes and polyaniline[J]. Journal of Materials Chemistry, 2005, 15(23): 2297-2303.

[41] Wei Z, Wan M, Lin T, et al. Polyaniline nanotubes doped with sulfonated carbon nanotubes made via a self-assembly process[J]. Advanced Materials, 2003, 15(2): 136-139.

[42] Kudin K N, Ozbas B, Schniepp H C, et al. Raman spectra of graphite oxide and functionalized graphene sheets[J]. Nano Letters, 2008, 8(1): 36-41.

[43] Li Y, Fu Z Y, Su B L. Hierarchically structured porous materials for energy conversion and storage[J]. Advanced Functional Materials, 2012, 22(22): 4634-4667.

[44] Kim S Y, Hong J, Kavian R, et al. Rapid fabrication of thick spray-layer-by-layer carbon nanotube electrodes for high power and energy devices[J]. Energy & Environmental Science, 2013, 6(3): 888-897.

[45] Shao L, Jeon J W, Lutkenhaus J L. Porous polyaniline nanofiber/vanadium pentoxide layer-by-layer electrodes for energy storage[J]. Journal of Materials Chemistry A, 2013, 1(26): 7648-7656.

[46] Lee T, Yun T, Park B, et al. Hybrid multilayer thin film supercapacitor of graphene nanosheets with polyaniline: importance of establishing intimate electronic contact through nanoscale blending[J]. Journal of Materials Chemistry, 2012, 22(39): 21092-21099.

[47] Sarker A K, Hong J D. Layer-by-layer self-assembled multilayer films composed of graphene/polyaniline bilayers: high-energy electrode materials for supercapacitors[J]. Langmuir, 2012, 28(34): 12637-12646.

[48] Luo J, Ma Q, Gu H, et al. Three-dimensional graphene-polyaniline hybrid hollow spheres by layer-by-layer assembly for application in supercapacitor[J]. Electrochimica Acta, 2015, 173: 184-192.

[49] Wang X, Gao K, Shao Z, et al. Layer-by-layer assembled hybrid multilayer thin film electrodes based on transparent cellulose nanofibers paper for flexible supercapacitors applications[J]. Journal of Power Sources, 2014, 249: 148-155.

[50] Zeng S, Chen H, Cai F, et al. Electrochemical fabrication of carbon nanotube/polyaniline hydrogel film for all-solid-state flexible supercapacitor with high areal capacitance[J]. Journal of Materials Chemistry A, 2015, 3(47): 23864-23870.

[51] Zhou Q, Li Y, Huang L, et al. Three-dimensional porous graphene/polyaniline composites for high-rate electrochemical capacitors[J]. Journal of Materials Chemistry A, 2014, 2(41): 17489-17494.

[52] 张治安. 基于氧化锰和碳材料的超级电容器研究[D]. 成都: 电子科技大学博士学位论文, 2005.

[53] 谭强强. 用于超级电容器的纳米复合碳基材料的制备与性能研究[D]. 北京: 中国科学院电工研究所博士后研究工作报告, 2005.

[54] 李英芝. 聚苯胺基纳米复合材料的制备及在超级电容器中的应用[D]. 上海: 东华大学博士学位论文, 2012.